O'Reilly精品图书系列

MLOps权威指南

[美] 诺亚·吉夫特（Noah Gift）
[美] 阿尔弗雷多·德萨（Alfredo Deza）著
黄绿君 高峰斌 李杰 译

Beijing · Boston · Farnham · Sebastopol · Tokyo

O'Reilly Media, Inc. 授权机械工业出版社出版

图书在版编目（CIP）数据

MLOps 权威指南 / (美) 诺亚·吉夫特（Noah Gift），(美) 阿尔弗雷多·德萨（Alfredo Deza）著；黄绿君，高峰斌，李杰译 .—北京：机械工业出版社，2023.2

（O'Reilly 精品图书系列）

书名原文：Practical MLOps: Operationalizing Machine Learning Models

ISBN 978-7-111-72421-6

I. ① M… II. ①诺… ②阿… ③黄… ④高… ⑤李… III. ①机器学习－指南 IV. ① TP181-62

中国国家版本馆 CIP 数据核字（2023）第 010536 号

北京市版权局著作权合同登记 图字：01-2021-6756 号。

书　　名 / MLOps 权威指南

书　　号 / ISBN 978-7-111-72421-6

策划编辑 / 李忠明

责任编辑 / 冯润峰

责任校对 / 龚思文　张　薇

责任印制 / 常天培

出版发行 / 机械工业出版社

地　　址 / 北京市西城区百万庄大街 22 号（邮政编码 100037）

印　　刷 / 北京铭成印刷有限公司

开　　本 / 178 毫米 × 233 毫米　16 开本　24 印张

版　　次 / 2023 年 4 月第 1 版　2023 年 4 月第 1 次印刷

定　　价 / 139.00 元（册）

客服电话：（010）88361066　68326294

O’Reilly Media, Inc.介绍

O’Reilly以“分享创新知识、改变世界”为己任。40多年来我们一直向企业、个人提供成功所必需之技能及思想，激励他们创新并做得更好。

O’Reilly业务的核心是独特的专家及创新者网络，众多专家及创新者通过我们分享知识。我们的在线学习（Online Learning）平台提供独家的直播培训、互动学习、认证体验、图书、视频，等等，使客户更容易获取业务成功所需的专业知识。几十年来O’Reilly图书一直被视为学习开创未来之技术的权威资料。我们所做的一切是为了帮助各领域的专业人士学习最佳实践，发现并塑造科技行业未来的新趋势。

我们的客户渴望做出推动世界前进的创新之举，我们希望能助他们一臂之力。

业界评论

“O’Reilly Radar博客有口皆碑。”

——***Wired***

“O’Reilly凭借一系列非凡想法（真希望当初我也想到了）建立了数百万美元的业务。”

——***Business 2.0***

“O’Reilly Conference是聚集关键思想领袖的绝对典范。”

——***CRN***

“一本O’Reilly的书就代表一个有用、有前途、需要学习的主题。”

——***Irish Times***

“Tim是位特立独行的商人，他不光放眼于最长远、最广阔的领域，并且切实地按照Yogi Berra的建议去做了：‘如果你在路上遇到岔路口，那就走小路。’回顾过去，Tim似乎每一次都选择了小路，而且有几次都是一闪即逝的机会，尽管大路也不错。”

——***Linux Journal***

目录

附录 323

前言

为什么写这本书

我们都把大部分职业生涯花在了自动化上。当我们第一次见面时，Alfredo 不懂 Python，Noah 建议每周自动化一项任务。自动化是 MLOps、DevOps 和本书自始至终的核心要点。你应该把本书中的所有例子和观点放在未来自动化的背景下。

如果让 Noah 总结一下他在 2000 年到 2020 年是如何度过的，那就是自动化他能自动化的任何事情，从电影剪辑到软件安装，再到机器学习管道。作为湾区初创公司的工程经理和首席技术官，他从零开始创建了许多数据科学团队。因此，他在 AI/ML 革命的早期阶段就看到了将机器学习投入生产的许多核心问题。

在过去的几年里，Noah 一直是杜克大学、西北大学和加州大学戴维斯分校的兼职教授，主要讲授云计算、数据科学和机器学习工程课程。这些教学和工作经验使他对实际部署机器学习解决方案所涉及的问题有独特的看法。

Alfredo 曾是一名系统管理员，拥有丰富的运维背景，对自动化也有极大的热情。如果没有一键式自动化，就不可能构建弹性基础设施。当灾难情况发生时，没有什么比重新运行脚本或管道就可以重新创建崩溃的内容更令人欣慰的了。

受 COVID-19 的影响，我们俩都在思考一个问题："我们为什么不将更多模型投入生产？" Noah 在他为《福布斯》撰写的一篇文章中谈到了其中的一些问题。这篇文章总结的前提是数据科学出了问题，因为组织没有看到投资回报。

后来在 O'Reilly 的 Foo Camp 上，Noah 主持了一个主题为"为什么我们不能在生产中将机器学习速度提高 10 倍？"（Why can we not be 10X faster at ML in production?）的会议。我们与许多人进行了精彩的讨论，包括 Tim O'Reilly、Mike Loukides、Roger Magoulas 等。讨论的结果是："是的，我们可以快 10 倍。"因此，感谢 Tim 和 Mike 引发了如此有趣的讨论，并让这本书得以出版。

机器学习感觉很像过去几十年中出现的许多其他技术。这些技术从开始到获得结果往往需要数年。史蒂夫·乔布斯曾提出 NeXT 让构建软件的速度提高 10 倍的愿景（他确实做到了）。你可以在 YouTube 上找到那个采访。那么，目前机器学习存在哪些问题呢？

- 关注于“代码”和技术细节而不是业务问题
- 缺乏自动化
- HiPPO（最高薪人士的意见，Highest Paid Person’s Opinions）
- 不是云原生
- 缺乏解决可解决问题的紧迫性

引用 Noah 在讨论中所提出的：“我完全反对精英主义。编程是一项人人都有的权利。认为只有一部分人才能从事这项工作的想法是错误的。”机器学习也一样，技术不能只掌握在选定的一群人手中，这一点也非常重要。借助 MLOps 和 AutoML，这些技术可以进入公众的手中。通过让这项技术得到普及，我们可以用机器学习和人工智能做得更好。“真实”的 AI/ML 从业者将模型投入生产，在“真实”的未来，医生、律师、机械师和教师等人将借助 AI/ML 来完成工作。

本书是如何组织的

这本书的各章内容独立，读者可以根据自己的需求选择阅读。每章末尾都有练习题和讨论题，可以帮助读者加深对内容的理解，并激发批判性思维。

这些讨论题和练习题也非常适合数据科学、计算机科学或 MBA 课程的教学使用，同时非常适合有上进心的自学者。最后一章介绍的几个案例研究有助于大家像 MLOps 专家一样构建工作组合。

本书的最后还有几个附录，其中收集了用于实现 MLOps 的一些宝贵资源。

章节

前几章介绍 DevOps 和 MLOps 的理论与实践，包括如何创建持续集成和持续交付等，还涵盖一个关键主题——Kaizen，即对所有事物进行持续改进的想法。

关于云计算的内容有三章，涵盖 AWS、Azure 和 GCP。Alfredo 作为微软的开发人员支持者，是 Azure 平台上 MLOps 的理想知识来源。同样，Noah 花了数年时间让学生接受云计算培训，并与谷歌、AWS 和 Azure 的教育部门合作。这三章是熟悉基于云的 MLOps 的绝佳材料。

其他几章涵盖 MLOps 的关键技术领域，包括 AutoML、容器、边缘计算和模型可移植性。这些主题包括许多前沿新兴技术。

在最后一章中，Noah 给出他在一家社交媒体初创公司工作时的真实案例研究，并介绍他们在执行 MLOps 时面临的挑战。

附录

附录是在完成 *Python for DevOps*（O'Reilly）和本书期间出现的论文、想法和有价值的项目的集合。使用它们可以帮助你对未来做出判断。

练习题

在本书的练习题中，我们充分利用 GitHub 和 YouTube 演示。与"一图胜千言"的说法一致，简历上一个指向可复现 GitHub 项目的 YouTube 链接可能抵得上 10 000 字描述，并有助于得到更好的工作机会。

在阅读本书和练习时，请考虑以下批判性思维框架。

独立思考和讨论

根据 Jonathan Haber 在 *Critical Thinking*（MIT 出版社基础知识系列）和批判性思维非营利性基金会（*https://oreil.ly/FXoTU*）中的说法，讨论问题是批判性思维的基本组成部分。由于社交媒体中错误信息和浅薄内容的泛滥，世界迫切需要批判性思维。掌握以下技能会让你与众不同。

理智的谦虚：承认自己知识的局限。

理智的勇气：即使面对社会压力，也能为自己的信念辩护。

理智的换位思维：能设身处地地为他人着想。

理智的自主性：能树立自我意识，形成独立判断。

理智的诚实：能够用相同的标准对待自己和他人。

理智的坚持：能够提供支持自己立场的证据。

相信理性：相信有无可争辩的事实并且相信理性是获得知识的最佳解决方案。

公正：能够真诚地努力公平对待所有观点。

使用这些标准评估每一章中的讨论题。

章首引语的由来

Noah

我于 1998 年底大学毕业，花了一年时间在美国和欧洲的小联盟进行职业篮球训练，同时担任私人教练。我的后备计划是在 IT 部门找到一份工作。我申请成为帕萨迪纳加州理工学院的系统管理员，并且侥幸获得了 Mac IT 专家职位。我认为成为一名低薪职业运动员的风险回报比太大，于是接受了这份工作。

说加州理工学院改变了我的生活一点都不为过。午餐时，我玩极限飞盘时听说了 Python 编程语言，我学会了这门语言以便可以“融入”我的极限飞盘朋友圈，他们是加州理工学院的教职员工或学生。后来，我直接为加州理工学院的行政部门工作，并且是加州理工学院的私人 Mac 专家，为 30 多岁获得诺贝尔奖的 David Baltimore 博士提供服务。我以许多意想不到的方式与许多名人互动，这增强了我的自信并扩大了我的人脉。

我还与许多后来在 AI/ML 领域取得了令人难以置信的成就的人有过很多阿甘式的邂逅。有一次，我与斯坦福大学人工智能负责人李飞飞博士和她的男朋友共进晚餐。她的男朋友花了一整个夏天和他爸爸一起写视频游戏给我留下了深刻的印象。我想：“谁会做那种事？”后来，我在著名物理学家 David Goodstein 博士的办公桌下安装了一个邮件服务器，因为他总是因邮箱存储空间超过限制而向 IT 部门抱怨。这些经历让我对构建“影子基础设施”有了兴趣。因为我直接为行政部门工作，所以如果有充分的理由，我就可以藐视这些规则。

Joseph Bogen 博士也是我偶然遇到的人之一，他是一位神经外科医生，也是加州理工学院的客座教授。在我在加州理工学院遇到的所有人中，他对我的生活产生了最深远的影响。有一天，我接到服务台的电话，要求到他家帮他修理计算机，后来变成了每周到他家与他和他的妻子 Glenda 共进一次晚餐。从大约 2000 年到他去世的那一天，他一直是我的朋友和导师。

当时，我对人工智能非常感兴趣，我记得加州理工学院的一位计算机科学教授告诉我这是一个没有前途的领域，我不应该专注于它。尽管有这样的建议，我还是制订了一个计划，到 40 岁时要能熟练地使用多种软件编程语言，以及编写人工智能程序。瞧，我的计划成功了。

我可以明确地说，如果没有遇到 Joseph Bogen，我不会做我今天所做的事情。当他告诉我他进行了第一次大脑半球切除术，切除了半个大脑，以帮助一位患有严重癫痫症的患者时，我大吃一惊。我们会花几个小时谈论意识的起源，20 世纪 70 年代使用神经网络确定谁将成为空军飞行员，以及你的大脑是否包含“两个你”——每个半球一个。最重要的是，Bogen 让我对自己的智力有了信心。在那之前，我一直很怀疑自己能做什么，但我们的对话让我实现了思维的飞跃。作为一名教授，我思考他对我的生活产生了多大的影响，我希望将其传递给与我互动的其他学生，无论是作为他们的老师还是他们偶遇的人。你可以从 Joseph Bogen 博士的加州理工学院主页（*https://oreil.ly/QPIIi*）和他的传记（*https://oreil.ly/EgZQO*）的档案中自行阅读这些引语。

排版约定

本书中使用以下排版约定：

斜体（*Italic*）

  表示新的术语、URL、电子邮件地址、文件名和文件扩展名。

等宽字体（`Constant width`）

  用于程序清单，以及段落中的程序元素，例如变量名、函数名、数据库、数据类型、环境变量、语句以及关键字。

等宽粗体（**`Constant width bold`**）

  表示应由用户直接输入的命令或其他文本。

等宽斜体（*`Constant width italic`*）

  表示应由用户提供的值或由上下文确定的值替换的文本。

该图示表示提示或建议。

该图示表示一般性说明。

该图示表示警告或注意。

示例代码

可以从 *https://github.com/paiml/practical-mlops-book* 下载补充材料（示例代码、练习、勘误等）。

这里的代码是为了帮助你更好地理解本书的内容。通常，可以在程序或文档中使用本书中的代码，而不需要联系 O'Reilly 获得许可，除非需要大段地复制代码。例如，使用本书中所提供的几个代码片段来编写一个程序不需要得到我们的许可，但销售或发布 O'Reilly 的示例代码则需要获得许可。引用本书的示例代码来回答问题也不需要许可，将本书中的很大一部分示例代码放到自己的产品文档中则需要获得许可。

非常欢迎读者使用本书中的代码，希望（但不强制）注明出处。注明出处时包含书名、作者、出版社和 ISBN，例如：

Practical MLOps，作者 Noah Gift 和 Alfredo Deza，由 O'Reilly 出版，书号 978-1-098-10301-9

如果读者觉得对示例代码的使用超出了上面所给出的许可范围，欢迎通过 *permission@oreilly.com* 联系我们。

O'Reilly 在线学习平台（O'Reilly Online Learning）

O'REILLY® 40 多年来，O'Reilly Media 致力于提供技术和商业培训、知识和卓越见解，来帮助众多公司取得成功。

我们拥有独一无二的专家和革新者组成的庞大网络，他们通过图书、文章、会议和我们的在线学习平台分享他们的知识和经验。O'Reilly 的在线学习平台允许你按需访问现场培训课程、深入的学习路径、交互式编程环境，以及 O'Reilly 和 200 多家其他出版商提供的大量文本和视频资源。有关的更多信息，请访问 *http://oreilly.com*。

如何联系我们

对于本书，如果有任何意见或疑问，请按照以下地址联系本书出版商。

美国：

O'Reilly Media，Inc.
1005 Gravenstein Highway North
Sebastopol，CA 95472

中国：

北京市西城区西直门南大街 2 号成铭大厦 C 座 807 室（100035）
奥莱利技术咨询（北京）有限公司

要询问技术问题或对本书提出建议，请发送电子邮件至 *errata@oreilly.com.cn*。

本书配套网站 *https://oreil.ly/practical-mlops* 上列出了勘误表、示例以及其他信息。

关于书籍、课程、会议和新闻的更多信息，请访问我们的网站 *http://www.oreilly.com*。

我们在 Facebook 上的地址：*http://facebook.com/oreilly*

我们在 Twitter 上的地址：*http://twitter.com/oreillymedia*

我们在 YouTube 上的地址：*http://youtube.com/oreillymedia*

致谢

来自 Noah

如前所述，如果没有 Mike Loukides 邀请我参加 Foo Camp 并与 Tim O'Reilly 进行精彩的讨论，本书就不会出版。接下来，我要感谢我的合著者 Alfredo。在与 Alfredo 合作的两年多时间里，我有幸写了五本书，两本由 O'Reilly 出版，三本自行出版，这主要归功于他热爱工作和完成工作的能力。对工作的热忱也许是最好的天赋，而 Alfredo 就富有这种技能。

我们的编辑 Melissa Potter 做了大量工作，使内容成形，她编辑之前和之后几乎是两本不同的书。能与这样一位才华横溢的编辑合作，我感到很幸运。

我们的技术编辑，包括 Steve Depp、Nivas Durairaj 和 Shubham Saboo，在为我们提供关于在何处进行调整以及何时调整的重要反馈方面发挥了至关重要的作用。许多改进尤其归功于 Steve 的全面反馈。另外，我要感谢 Julien Simon 和 Piero Molino 用现实世界的 MLOps 想法改进了我们的书。

我要感谢我的家人 Liam、Leah 和 Theodore，他们在疫情期间给了我空间，使我能在紧迫的期限内完成这本书。我也期待着阅读他们将来写的一些书。还要感谢我在西北大学、杜克大学、加州大学戴维斯分校和其他学校教过的所有学生，他们的许多问题和反馈都写进了这本书。

最后，我要感谢 Joseph Bogen 博士，他是 AI/ML 和神经科学的早期先驱。如果我们没有在加州理工学院相遇，那么我成为教授或这本书存在的可能性就为零。他对我的生活产生了非常大的影响。

来自 Alfredo

我非常感谢我的家人 Claudia、Efrain、Ignacio 和 Alana 对我写作的支持，他们的支持和耐心对于完成本书至关重要。再次感谢 Noah，感谢所有与他合作的机会。这是另一个令人难以置信的旅程。我珍惜我们的友谊和我们的专业关系。

感谢 Melissa Potter（毫无疑问是我合作过的最好的编辑）的出色工作。我们的技术编辑在发现问题和突出需要改进的地方做得很好，这是非常难得的。

也非常感谢 Lee Stott 在使用 Azure 方面提供的帮助。没有他的帮助，关于 Azure 的内容就不会写得那么好。感谢 Francesca Lazzeri、Mike McCoy 以及我就本书联系过的微软的所有其他人。他们都给了我很大的帮助。

第1章

MLOps 简介

Noah Gift

自 1986 年以来，我经历过几次毁灭性打击，一些原因是我专注度不够，但更主要的原因是我故意挑战各个方向的极限——在盆栽上去冒险就相当于冒险去爱。最好的结果需要你冒着被伤害的风险，而且还不一定能成功。

——Joseph Bogen 博士

科幻小说的优势之一是可以没有约束地对未来进行想象。有史以来最具影响力的科幻节目之一就是电视节目《星际迷航》，该节目于 20 世纪 60 年代中期首次播出。这部影视作品影响并激发了掌上电脑和手持无线电话等技术设计师的灵感。此外，《星际迷航》影响苹果联合创始人 Steve Wozniak 创造了苹果计算机。

在这个机器学习创新的时代，《星际迷航》原始剧集中许多基本思想都与即将到来的 MLOps 产业革命相关。例如，《星际迷航》中的手持三录仪可以利用预训练的多类分类模型立即对物品进行分类。但是，最终在未来科幻世界，像科学官员、医疗官员、船长等领域专家不需要花几个月时间来训练机器学习模型。他们的科学船（企业号）上的船员也不叫数据科学家，只是他们的工作经常使用数据科学。

《星际迷航》中许多机器学习方面的科幻未来在 21 世纪 20 年代来看已不再是科幻。本章我们将引导读者掌握把科幻变成现实的基础理论。

1.1 机器学习工程师和 MLOps 的兴起

随着机器学习 (ML) 在全球范围内被广泛采用，我们需要以系统有效的方式构建机器学习系统，从而导致对机器学习工程师的需求骤增。这些 ML 工程师反过来又把 DevOps 的最佳实践应用在新的机器学习领域。主要的云提供商都有针对这些从业者的认证。我作为机器学习主题专家，有 AWS、Azure、GCP 的直接使用经验。在某些情况下，这包括帮助创建机器学习认证和官方培训材料。除此之外，我在杜克大学和西北大学的顶级数据科学项目中教授机器学习工程与云计算。我目睹了机器学习工程专业的兴起，因为许多以前的学生都成了机器学习工程师。

谷歌有一个专业机器学习工程师认证（*https://oreil.ly/83skz*）。它把 ML 工程师描述为“能够设计、构建机器学习模型并将其投入生产以解决业务难题的人”。Azure 有一个微软认证：Azure 数据科学家助理（*https://oreil.ly/mtczl*）。它将这种类型的从业者描述为“能够应用他们的数据科学和机器学习知识来实施和运行机器学习工作负载”的人。最后，AWS 描述经其认证的机器学习专家（*https://oreil.ly/O0cLK*）为“对给定的业务问题能够设计、实现、部署、维护机器学习解决方案”的人。

看待数据科学与机器学习工程的一种方法是思考科学与工程本身。科学面向研究，工程面向生产。随着机器学习的发展不仅仅局限于研究方面，公司都渴望在围绕人工智能与机器学习的招聘方面获得好的投资回报率。根据 payscale.com 和 glassdoor.com 的调查显示，在 2020 年底，数据科学家、数据工程师、机器学习工程师的薪资中位数基本相同。根据 LinkedIn 在 2020 年第四季度的数据，有 19.1 万个云计算岗位、7 万个数据工程师岗位、5.5 万个机器学习工程师岗位、2 万个数据科学家岗位，具体信息如图 1-1 所示。

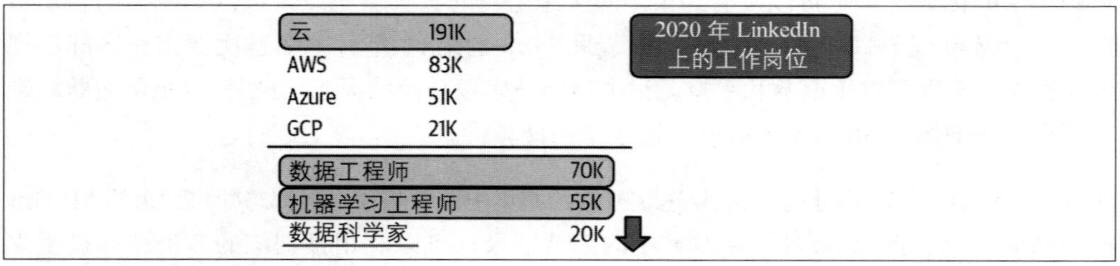

云	191K
AWS	83K
Azure	51K
GCP	21K
数据工程师	70K
机器学习工程师	55K
数据科学家	20K

2020 年 LinkedIn 上的工作岗位

图 1-1：机器学习工作岗位

看待这些岗位趋势的另一种方式是，把它们作为技术成熟度曲线的一部分。很多公司意识到要想获取好的投资回报率（ROI），就需要具备云计算、数据工程、机器学习等硬技能的员工。这些公司对这类工程师的需求比对数据科学家的需求要大得多。因此，21 世纪 20 年代这十年可能会显示出把数据科学作为一种行为而非职位的加速发展。DevOps 是一种行为，就像数据科学一样。让我们想想 DevOps 和数据科学的理念，两者都是评估世界的方法，未必是一种独特的工作职位。

让我们看一下在组织中评价机器学习工程方案成功与否的工作有哪些。首先，统计投入生产环境的机器学习模型的数量。其次，评估应用这些机器学习模型的投资回报率。这些指标能提高模型的运营效率。成本、正常运行时间、运维人员是预测机器学习项目成败的重要依据。

先进的技术组织会利用方法与工具来降低机器学习项目失败的风险。那么他们应用的机器学习工具与工作流程有哪些呢？以下是部分清单：

云原生机器学习平台

AWS SageMaker、Azure ML Studio 和 GCP AI 平台

容器化工作流

Docker 容器、Kubernetes 以及私有和公共容器注册表

无服务器技术

AWS Lambda、AWS Athena、Google Cloud Functions、Azure Functions

机器学习专用硬件

GPU、Google TPU（TensorFlow 处理单元）、Apple A14、AWS Inferentia 弹性推理

大数据平台和工具

Databricks、Hadoop/Spark、Snowflake、Amazon EMR（Elastic Map Reduce）、Google Big Query

机器学习的明确模式是它与云计算密切相关。这是因为机器学习的基础要素需要大量计算、大量数据和专用硬件。因此，云计算平台与机器学习工程的集成有着天然的协同增效作用。更加支持上述观点的实践是在云平台构建专用平台以增强 ML 的可操作性。如果你在做机器学习项目，那么很可能是在云上进行操作。接下来，我们讨论 DevOps 在这一过程中扮演的角色。

1.2 什么是 MLOps

为什么机器学习生产没有快 10 倍？大多数解决问题的机器学习系统都涉及机器学习建模的所有环节：数据工程、数据处理、问题可行性和业务一致性。一个问题是关注代码和技术细节，而不是用机器学习解决业务问题。还缺乏自动化手段和 HiPPO 的氛围。最后，很多机器学习系统并不是云原生的，它们使用学术数据集与软件包，从而无法扩展到大规模问题上。

反馈循环越快（参见 Kaizen），关注诸如最近 COVID 的快速检测、探测现实世界中掩码与非掩码的计算机视觉解决方案、快速药物发现这类业务问题的时间就越多。解决这些问题的技术是存在的，但这些解决方案在现实世界不可用。为什么会这样？

什么是 Kaizen？在日语中这个词意味着改进。Kaizen 作为一种软件管理哲学，它源于二战结束后的日本汽车工业。它是很多其他技术的基础，如看板、根因分析与 5 问法、六西格玛。要实践 Kaizen，必须对世界状态进行准确与现实的评估，并要在追求卓越的过程中每日追求增量的进步。

模型之所以没有进入生产环境是因为 MLOps 作为关键行业标准的推动近期才出现。MLOps 和 DevOps 是同宗的，因为 DevOps 本来就需要自动化。如果它不是自动化的，那么它就是坏掉的。类似地，对于 MLOps，系统中不能存在人工操作的组件。自动化的历史表明人在执行重复性任务时价值最低，但是在作为设计者和专门人才利用技术时价值最高。同样，开发人员、模型和运营之间的协调必须依靠透明的团队精神和健康的协作。我们可以把 MLOps 当成用 DevOps 方法自动化机器学习的过程。

什么是 DevOps？它结合了最佳实践，包括微服务、持续集成和持续交付，消除运营、开发和团队合作之间的障碍。你可在我们的 *Python for DevOps*（O'Reilly）一书中阅读有关 DevOps 的更多信息。Python 是脚本程序、DevOps 和机器学习的主要语言。因此，本书侧重于 Python，就像 DevOps 书侧重于 Python。

对于 MLOps，不仅软件工程过程需要完全自动化，数据和建模也是如此。模型训练和部署作为一个新的环节被添加到传统的 DevOps 生命周期中。最后，额外的监控和仪器必须能解释破坏了自上次训练以来数据之间的变化，就像数据漂移。

将机器学习模型投入生产存在的一个根本问题是数据科学行业的不成熟。软件行业已经用 DevOps 解决类似问题，现在机器学习社区也开始应用 MLOps。让我们深入了解如何做到这一点。

1.3 DevOps 和 MLOps

DevOps 是一套技术和管理实践，旨在提高组织发布高质量软件的速度。DevOps 的一些优点包括快速性、可靠性、可扩展性和安全性。这些好处是通过坚持和遵循以下最佳实践产生的：

持续集成 (CI)

CI 是持续测试软件项目并根据测试结果改善项目质量的过程。它是自动化测试过程，并使用开源和 SaaS 构建的服务器，例如，GitHub Actions、Jenkins、Gitlab、CircleCI 或云原生构建像 AWS CodeBuild 这样的系统。

持续交付 (CD)

在无须人工干预的情况下将代码交付到新环境。CD 是自动部署代码的过程，通常通过使用 IaC 实现。

微服务

微服务是一种具有独特功能的软件服务，几乎没有对外依赖。最受欢迎的基于 Python 的微服务框架之一是 Flask。例如，机器学习预测端点就非常适合作为微服务。这种微服务可以使用多种技术，包括 FaaS（函数即服务）。云函数的一个完美例子是 AWS Lambda。微服务是容器就绪的，并使用 CaaS（容器即服务）通过 Dockerfile 将 Flask 应用程序部署为一个服务，如 AWS Fargate、Google Cloud Run 或 Azure App Services。

基础设施即代码 (IaC)

基础设施即代码（IaC）是将基础设施检查为源代码仓库并部署它，同时可以将更改推送到该仓库的过程。IaC 允许幂等行为并确保基础设施不需要人工来创建它。纯粹用代码定义，并且被检查进入源代码控制仓库的云环境是一个很好的示例。流行技术包括特定云的 IaC，如 AWS Cloud Formation 或 AWS SAM（无服务器应用模型）（*https://oreil.ly/4Q3XE*）。多云选项包括 Pulumi（*https://pulumi.com*）和 Terraform（*https://terraform.io*）。

监控和仪表

监控和仪表是一个组织对软件系统性能和可靠性做出决策的流程和技术。通过日志系统和诸如 New Relic、Data Dog 或 Stackdriver 这类的应用程序性能监控工具，监控和仪表可以收集生产环境中应用程序或数据科学软件系统中的行为数据。这个过程就是 Kaizen 发挥作用的地方，数据驱动的组织会每日或每周采用这些仪表让事情变得更好。

有效的技术交流

此技能涉及创建有效的、可重复的和高效的沟通方法。有效的技术交流的绝佳范例就是采用 AutoML 进行系统的初始原型设计。当然，最终，AutoML 模型可能会被保留或丢弃。尽管如此，自动化仍是一种防止解决棘手问题的信息工具。

有效的技术项目管理

这个过程可以高效地使用人力和技术解决方案来管理项目，比如票务系统和电子表格。合适的技术项目管理需要将问题分解成小的、模块化的工作，所以才会有增量的进步。机器学习的一个反模式通常是一个团队在一个生产机器模型上“完美地”解决了一个问题。相反，每天或每周交付较小的成果是更具可扩展性和谨慎的模型构建方法。

持续集成和持续交付是 DevOps 最重要的两个支柱。持续集成涉及将代码合并到源代码控制仓库中，这个过程通过测试自动检查代码质量。持续交付是当代码发生更改时，自动测试和部署到临时环境或生产环境。这些技术是 Kaizen 精神或持续改进的自动化形式。

一个很好的问题是团队中谁应该实施 CI/CD？答案是所有 MLOps 团队成员都应帮助开发和维护 CI/CD 系统。维护良好的 CI/CD 系统对团队和公司来说是面向未来的投资。

ML 系统也是一个软件系统，但它包含一个独特的组件：机器学习模型。DevOps 的相同优势可以应用于 ML 系统。拥抱自动化是诸如数据版本控制和 AutoML 之类新方法在借鉴 DevOps 理念方面有许多前景的原因。

1.4 MLOps 需求层次

考虑机器学习系统的一种方法是考虑马斯洛的需求层次，如图 1-2 所示。金字塔的较低层反映了“生存”需求，人类的真实潜能在基本生存和情感需求得到满足之后才会出现。

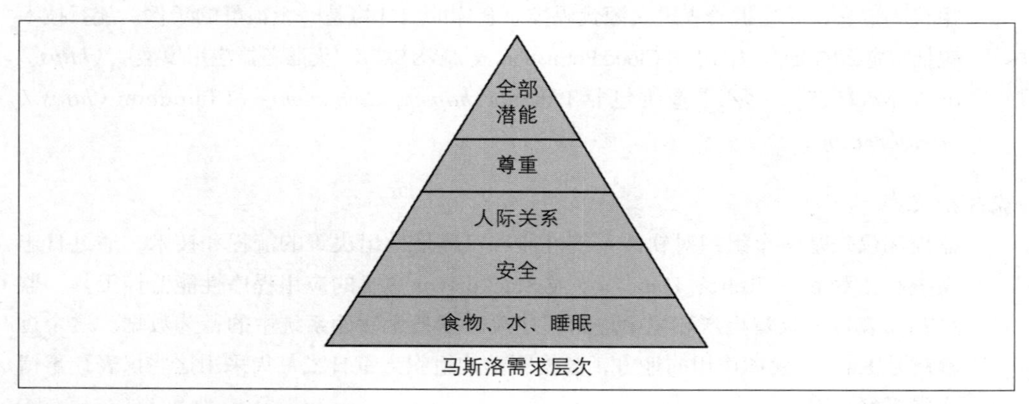

图 1-2：马斯洛需求层次理论

同样的概念也适用于机器学习。ML 系统是一个软件系统，当 DevOps 和数据工程最佳实践到位的话，软件系统能有效、可靠地运行。如果组织中 DevOps 的基本规则不存在或数据工程没有完全自动化，那该如何发挥机器学习的真正潜能？图 1-3 的机器学习需求层次不是一个明确指南，但是一个好的开始。

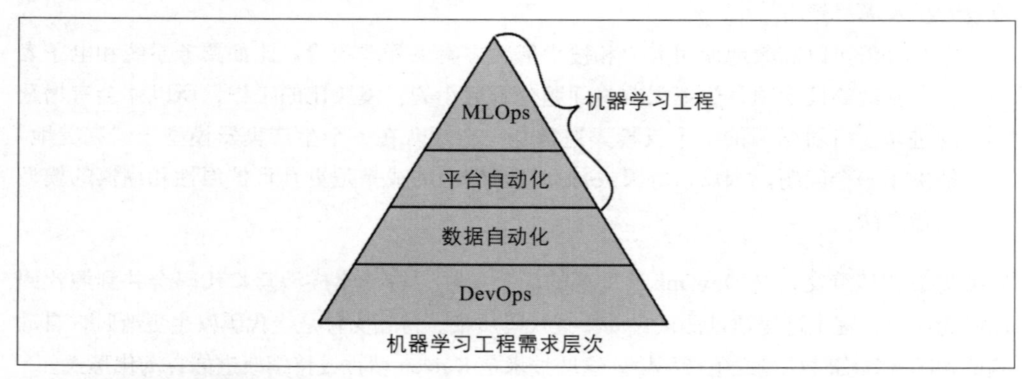

图 1-3：机器学习工程需求层次

阻碍机器学习项目的主要因素之一是必要的 DevOps 基础。这个基础完成后，接下来是数据自动化，然后是平台自动化，最后是真正的 ML 自动化或 MLOps。MLOps 的巅峰是一个有效的机器学习系统。那些操作和构建机器学习应用程序的人是机器学习工程师或数据工程师。让我们从 DevOps 开始深入了解 ML 层次的每一步并确保你牢牢掌握如何实施它们。

1.4.1 实施 DevOps

DevOps 的基础是持续集成。没有自动化测试，DevOps 没办法向前推进。对用现代工具创建的 Python 项目来说，持续集成相对比较容易。第一步是搭建 Python 项目的脚手架，如图 1-4 所示。

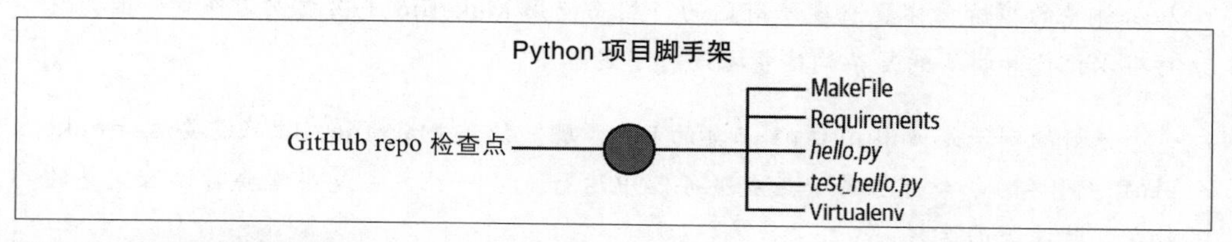

图 1-4：Python 项目脚手架

Python 机器学习项目的运行环境大多在 Linux 操作系统上。因此，后续的 Python 项目结构直接用来实现机器学习项目。你阅读本节时，可以访问此源代码 GitHub（*https://oreil.ly/4dei0*）上的示例来参考。具体包含如下组件：

Makefile

Makefile 是基于 Unix 的操作系统中通过 `make` 系统运行的“配方”（recipe）。因此，Makefile 是简化持续集成步骤的理想选择。Makefile 是一个项目很好的起点，并且通常演化成需要被自动化的新片段。

如果你的项目使用 Python 虚拟环境，则在使用 Makefile 之前你需要对虚拟环境进行源代码配置，因为 Makefile 只运行命令。Python 新手经常将 Makefile 与虚拟环境混淆。类似地，假设你使用 Microsoft Visual Studio 之类的代码编辑器。这种情况下，你需要告诉编辑器你的 Python 虚拟环境，这样它才能准确地提供语法高亮、代码校验和其他可用库。

Make install

此步骤通过 `make install` 命令安装软件。

Make lint

此步骤通过 `make lint` 命令检查语法错误。

Make test

此步骤通过 `make test` 命令运行测试。

```
install:
	pip install --upgrade pip &&\
		pip install -r requirements.txt
lint:
	pylint --disable=R,C hello.py

test:
	python -m pytest -vv --cov=hello test_hello.py
```

> **为什么是 Makefile**
>
> Python 初学者听到 Makefile 的常见反应是“我为什么需要这个？”一般来说，对增加工作量的事情持怀疑态度是有益的。然而使用 Makefile 是在减少工作量，因为它对难以记住和拼写的复杂构建步骤进行了追踪。
>
> 一个很好的例子是使用 `pylint` 工具的 lint 步骤。使用 Makefile，你只需要运行 `make lint`，同样的命令可在持续集成服务器中运行。另一种方式是在需要时输入完整的命令，就像下面这样：
>
> ```
> pylint --disable=R,C *.py
> ```
>
> 在项目生命周期中，这个序列很容易出错，并且敲重复命令很乏味。而敲出下面的命令则更简单：
>
> ```
> make lint
> ```
>
> 当你采用 Makefile 方法时，它会简化工作流并使与持续集成系统的融合更加容易。只需要更少的代码，这对自动化来说是一件好事。更进一步，shell 自动补全能够识别 Makefile 命令，这将使“tab 补全”变得容易。

requirements.txt

requirements.txt 是 Python 默认安装工具 `pip` 中使用的约定。如果不同的包需要安装不同环境的话，一个项目可以包含一个或多个这种文件。

源代码和测试

Python 脚手架的最后一部分是添加源代码文件和测试文件，如下所示。这些脚本保存在文件 *hello.py* 中：

```
def add(x, y):
    """This is an add function"""

    return x + y


print(add(1, 1))
```

接下来，使用 `pytest` 框架创建测试文件非常简单。这个脚本将在与 *hello.py* 相同目录的 *test_hello.py* 中，这样 `from hello import add` 能够正常工作：

```
from hello import add


def test_add():
    assert 2 == add(1, 1)
```

Makefile、*requirements.txt*、*hello.py* 和 *test_hello.py* 这 4 个文件都需要开始持续集成之旅，除非创建本地 Python 虚拟环境。为此，首先创建它：

```
python3 -m venv ~/.your-repo-name
```

请注意，通常有两种方法可以创建虚拟环境。首先，许多 Linux 发行版包含命令行工具 `virtualenv`，它的功能与 `python3 -m venv` 相同。

接下来，运行 source 命令激活这个环境：

```
source ~/.your-repo-name/bin/activate
```

为什么要创建和使用 Python 虚拟环境？这个问题对 Python 新手来说十分普遍，这里有一个直观的回答。因为 Python 是一种解释型语言，它可以从操作系统的任何地方“抓取”库。Python 虚拟环境把第三方包隔离到特定目录。还有很多其他工具也可以解决这个问题。它们有效地解决了同样的问题：Python 库和解释器独立于特定项目。

设置好 Python 脚手架后，你可以执行以下本地持续集成步骤：

1. 使用 `make install` 为项目安装库。

   输出类似于图 1-5［此例展示 GitHub Codespaces（*https://oreil.ly/xmqlm*）中的运行］

   ```
   $ make install
   pip install --upgrade pip &&\
           pip install -r requirements.txt
   Collecting pip
     Using cached pip-20.2.4-py2.py3-none-any.whl (1.5 MB)
   [.....more output suppressed here......]
   ```

2. 运行 `make lint` 对项目进行代码校验：

   ```
   $ make lint
   pylint --disable=R,C hello.py

   ------------------------------------
   Your code has been rated at 10.00/10
   ```

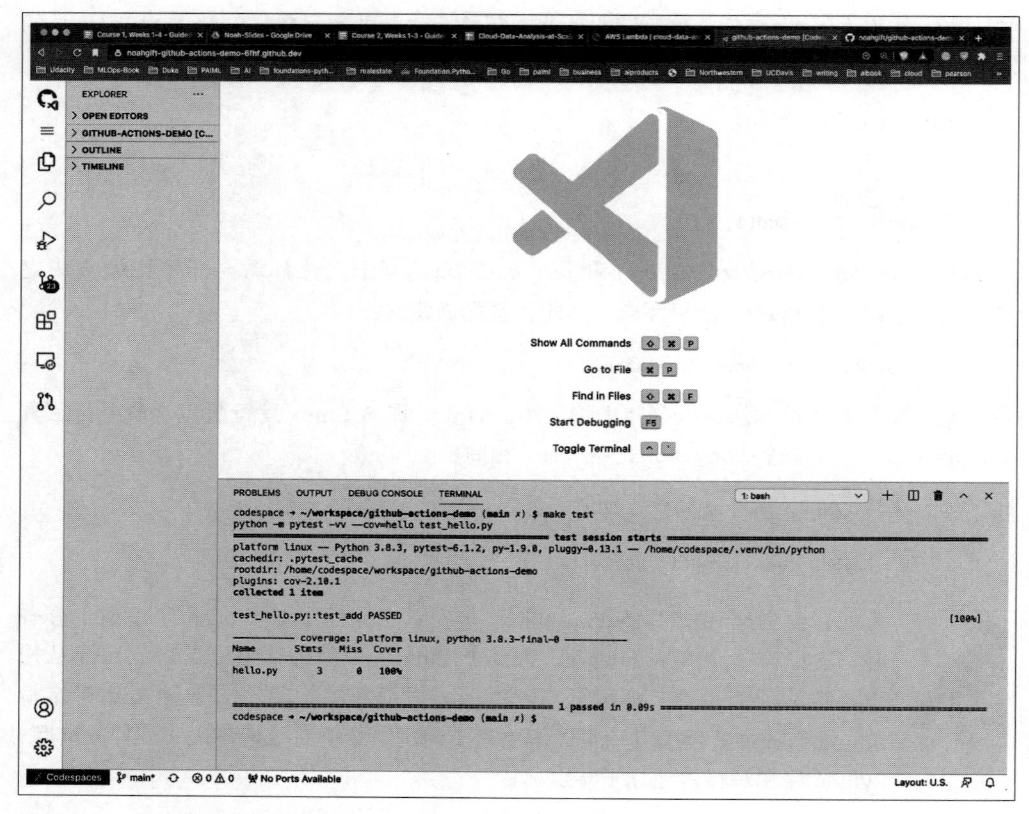

图 1-5：GitHub Codespaces

3. 运行 `make test` 来测试项目：

```
$ make test
python -m pytest -vv --cov=hello test_hello.py
===== test session starts ====
platform linux -- Python 3.8.3, pytest-6.1.2,\
/home/codespace/.venv/bin/python
cachedir: .pytest_cache
rootdir: /home/codespace/workspace/github-actions-demo
plugins: cov-2.10.1
collected 1 item

test_hello.py::test_add PASSED

----------- coverage: platform linux, python 3.8.3-final-0 -----------
Name        Stmts   Miss  Cover
-------------------------------
hello.py        3      0   100%
```

如果这个过程在本地生效，就可以直接将相同过程集成到远程 SaaS 构建服务器。具体选项包括一个云原生构建服务器（如 AWS Code Build、GCP CloudBuild、Azure DevOps

Pipelines）GitHub Actions，或者一个开源自托管构建服务器（如 Jenkins）。

1.4.2 GitHub Actions 持续集成环境配置

实现持续集成的最直接方法之一是将 Python 脚手架项目与 GitHub Actions 一起使用。为此，你可以在 GitHub UI 中选择“Actions”来创建一个新对象，或者在你创建的目录中生成一个新文件，如下所示：

```
.github/workflows/<yourfilename>.yml
```

GitHub Actions 文件可以直接创建，如下就是一个例子。请注意，要根据 Python 项目解释要求配置确定的 Python 版本。在这个例子中，我想检查在 Azure 上运行的特定 Python 版本。持续集成的步骤很容易完成，因为困难是在前期生成 Makefile：

```
name: Azure Python 3.5
on: [push]
jobs:
  build:
    runs-on: ubuntu-latest
    steps:
    - uses: actions/checkout@v2
    - name: Set up Python 3.5.10
      uses: actions/setup-python@v1
      with:
        python-version: 3.5.10
    - name: Install dependencies
      run: |
        make install
    - name: Lint
      run: |
        make lint
    - name: Test
      run: |
        make test
```

当在 GitHub 上执行“push”事件时，GitHub Actions 的概览如图 1-6 所示。

此步骤完成了设置持续集成的最后一部分。把机器学习项目自动推送到生产环境的持续部署是下一个逻辑步骤。这个步骤会利用持续交付流程和 IaC（基础设施即代码）把代码部署到指定位置，如图 1-7 所示。

1.4.3 DataOps 和数据工程

ML 需求层次的下一步是数据流的自动化。例如，想象一个只有一口井的城镇。日常生活很复杂，因为我们根据需求来安排水的流动路线，我们认为理所当然的事情可能无法正常工作，例如按需热水淋浴、按需洗碗或自动灌溉。同样，没有自动数据流的组织也不能可靠地做 MLOps。

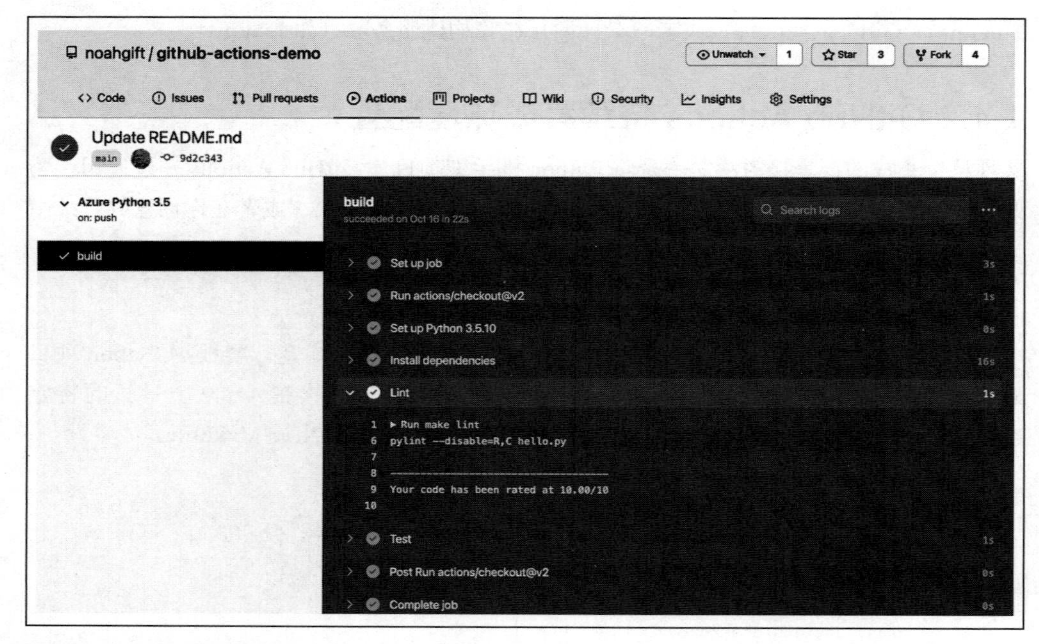

图 1-6：GitHub Actions

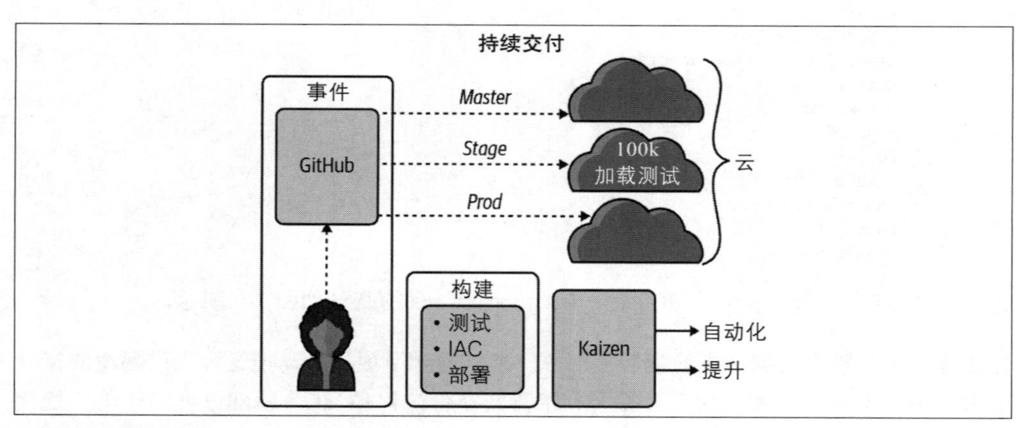

图 1-7：持续交付

许多商业工具正在发展以执行 DataOps。例如，由 Airbnb 设计、后来开源的 Apache Airflow（*https://oreil.ly/p55kD*）可以调度和监控其数据处理任务。AWS 的工具包括 AWS Data Pipeline 和 AWS Glue。AWS Glue 是一种无服务器 ETL（提取、加载、转换）工具，它能检测数据源的模式，然后存储数据源的元数据。其他工具像 AWS Athena 和 AWS QuickSight 可以查询和可视化数据。

这里要考虑的一些要素有数据规模、信息变更频率、数据清洗程度。许多组织使用集中式数据湖作为所有数据工程活动的集中地。数据湖有助于构建自动化的原因是，它在I/O方面提供了“近乎无限”的规模，同时还具有高耐用性和可用性。

数据湖与基于云的对象存储系统（如Amazon S3）是同义的。数据湖允许数据“原地”处理而无须四处移动。数据湖通过近乎无限的容量和计算特征来实现这一目标。

当我在电影行业工作时，像《阿凡达》（*https://oreil.ly/MSh29*）这样的电影，数据量巨大，移动数据需要通过一个超级复杂的系统才能完成。现在有了云，这个问题就解决了。

图1-8展示了一个基于云数据湖的工作流。许多任务都在确定的位置执行，而无须移动数据。

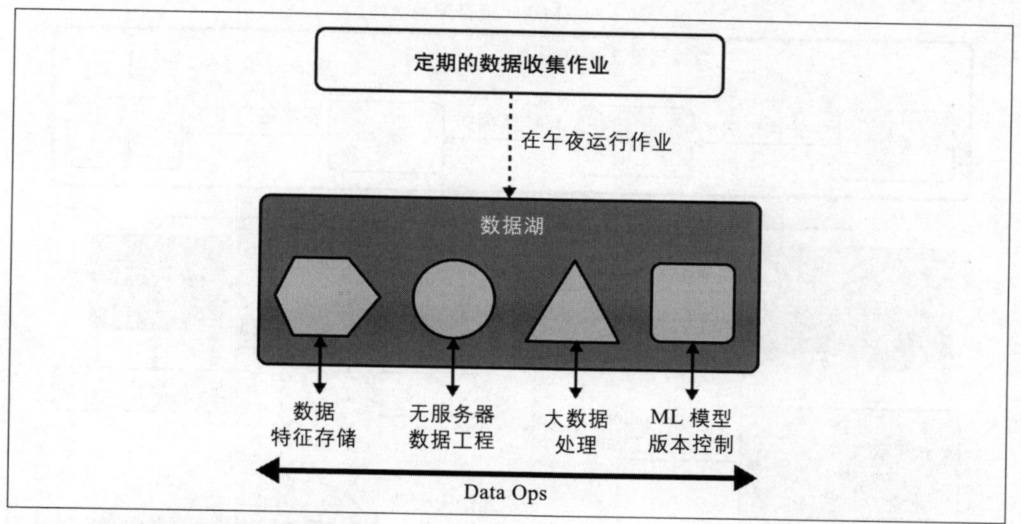

图1-8：基于云数据湖的数据工程

专门的职位，例如数据工程师，可以把所有的时间都花在构建处理这些不同用例的系统上：

- 定期收集数据和运行作业。
- 处理流式数据。
- 无服务器和事件驱动的数据。
- 大数据作业。
- ML工程任务的数据和模型版本控制。

就像一个没有自来水的村庄不能使用自动洗碗机，一个没有数据自动化的组织无法使用先进的机器学习方法。因此，数据处理需要自动化和可操作化。此步骤使ML任务能够沿着该链条进行操作和自动化。

1.4.4 平台自动化

一旦有了自动化数据流，下一步就要考虑组织怎样使用高级平台构建机器学习解决方案。如果一个组织已经将数据收集到云平台的数据湖中，例如 Amazon S3，那么将机器学习工作流绑定到 Amazon SageMaker 是很自然的。同样，如果一个组织使用谷歌，那么它可以通过谷歌 AI 平台或 Azure 使用 Azure Marching Learning Studio。同样，如果一个组织使用 Kubernetes 而不是公有云，则 Kubeflow（*https://kubeflow.org*）是合适的。

解决这些问题的一个比较好的平台示例如图 1-9 所示。AWS SageMaker 为现实世界的机器学习问题编排了一个复杂的 MLOps 序列，包括启动虚拟机、读写 S3、配置生产端点。在生产环境中执行没有自动化的基础设施步骤是鲁莽的。

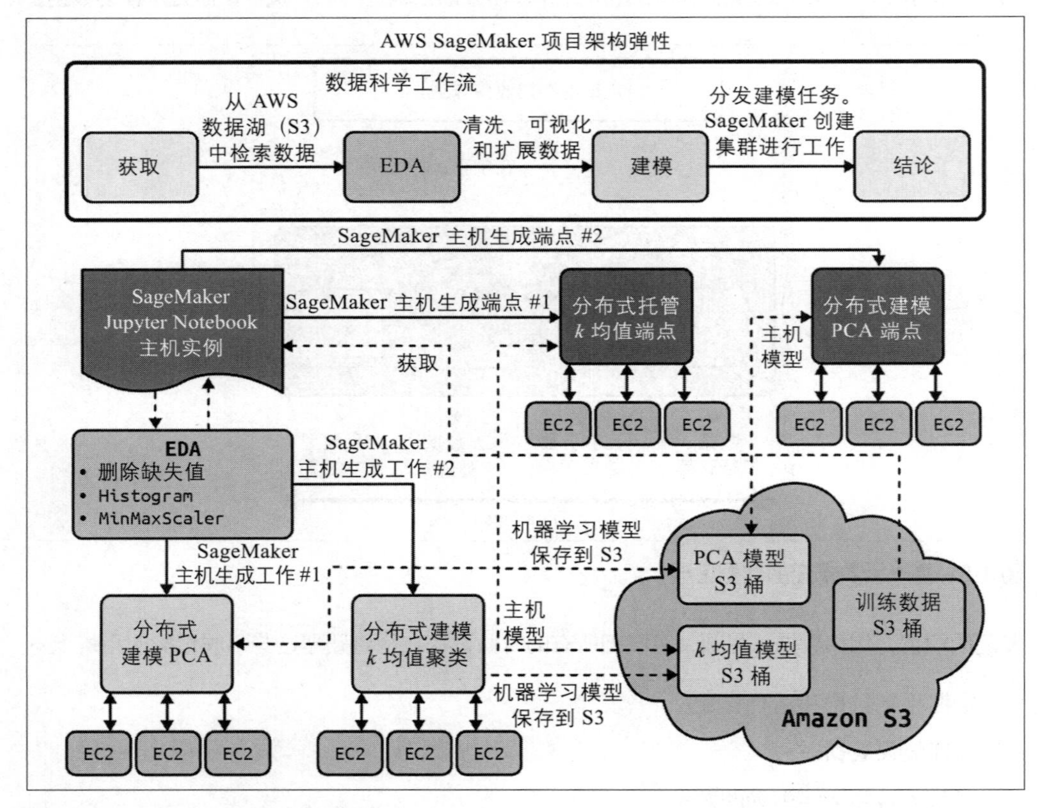

图 1-9：SageMaker MLOps 管道

ML 平台解决了现实世界的重复性、可扩展性和可操作性问题。

1.4.5 MLOps

假设所有需求层次都已完成（DevOps、数据自动化和平台自动化）MLOps 是可能的。

记得之前说过使用 DevOps 方法自动化机器学习过程就是 MLOps。构建机器学习系统的方法就是机器学习工程。

因此，MLOps 是一种行为，就像 DevOps 是一种行为一样。如果有些人作为 DevOps 工程师工作，那么软件工程师就能使用 DevOps 最佳实践更频繁地执行任务。类似地，机器学习工程师就能使用 MLOps 最佳实践来创建机器学习系统。

DevOps 和 MLOps 是最佳实践的结合吗

还记得本章前面描述的 DevOps 实践吗？MLOps 建立在这些实践之上并将其扩展来直接处理机器学习系统问题。

阐明这些最佳实践的一种方法是考虑它们创建了具有稳健模型打包、验证和部署的可重复模型。此外，也增强了模型的解释性和性能监控能力。图 1-10 给出更多细节。

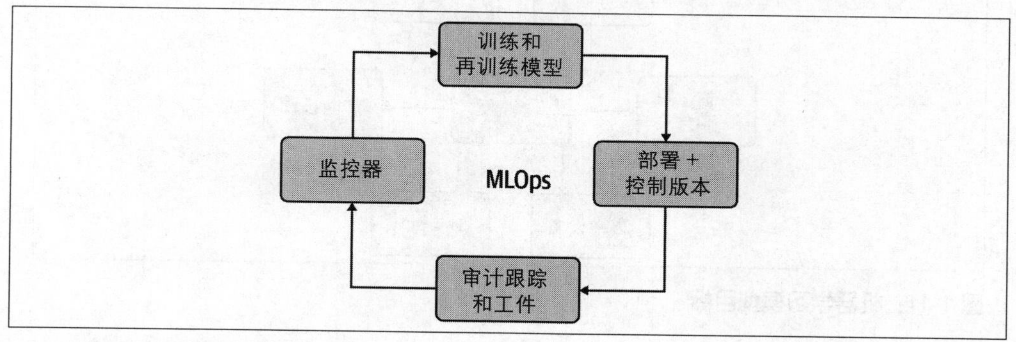

图 1-10：MLOps 反馈循环

反馈循环包括以下内容：

基于可重用 ML 管道创建和重新训练模型

仅创建一次模型是不够的。数据会变，客户会变，建模人员也会变。该解决方案是版本化的可重用 ML 管道。

机器学习模型的持续交付

ML 模型的持续交付类似于软件的持续交付。若所有步骤都实现了自动化，包括自动化基础设施，使用 IaC，则模型在任何时间都可以部署到新的环境中，包括生产环境。

MLOps 管道的审计跟踪

对机器学习模型进行审计至关重要。机器学习中有很多问题，包括安全性、偏见和准确性。因此，有用的审计跟踪功能是非常重要的，就像生产环境中软件工程项目的日志功能。此外，审计跟踪是反馈循环和实际问题的一部分，这样你可以不断改善问题的解决方法。

观察模型数据漂移以改进未来的模型

机器学习的独特性之一是模型的数据会产生"漂移"。两年前为客户工作的模型，今天很可能不再适用。通过监控数据漂移，即自上次模型训练后的数据变化增量，我们可以在生产环境出现问题之前避免准确性问题。

在哪里部署

MLOps 的一个关键方面是创建云原生平台模型，然后部署到许多不同的目标，如图 1-11 所示。这种一次构建多次部署的能力是现代机器学习系统的关键特性。一方面，将模型部署到可以弹性伸缩的 HTTP 端点是一种典型的模式，但不是唯一的方式。边缘机器学习使用称为 ASICS 的专用处理器。这方面的例子包括谷歌的 TPU 和苹果的 A14。

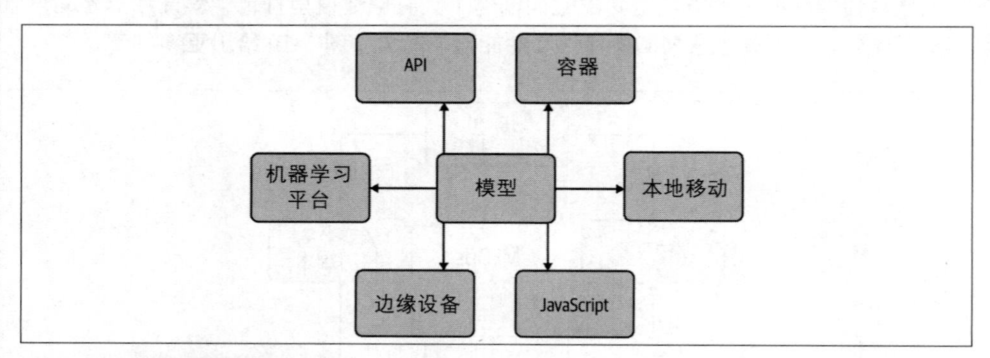

图 1-11：机器学习模型目标

在图 1-12 中，云平台可以使用 AutoML，就像在 Google AutoML vision 中一样，它可以将 TensorFlow 部署到 TF Lite、TensorFlow.js、Core ML（来自苹果的 ML 框架）、Container 或 Coral（使用 TPU 的边缘硬件）。

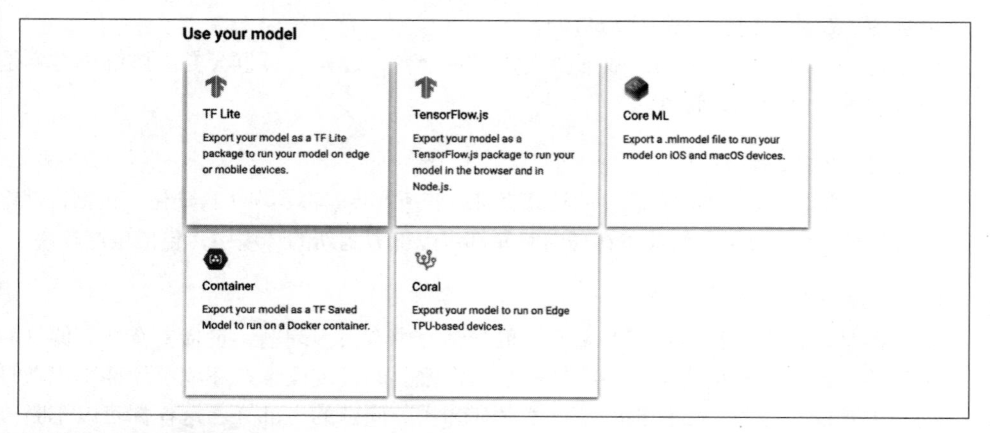

图 1-12：GCP AutoML

1.5 小结

本章讨论了在机器学习环境中使用 DevOps 原则的重要性。不仅仅是软件，机器学习增加了新的复杂性用以管理数据和模型。解决这种复杂性的方法就像软件工程社区使用 DevOps 拥抱自动化一样。

建书架不同于种树。书架需要初始的设计然后是一次性构建。涉及机器学习的复杂软件系统更像是种一棵树。一棵树的成功长成需要多个动态输入，包括土壤、水、风和太阳。

同样，考虑 MLOps 的一种方法是 25% 准则。在图 1-13 中，软件工程、数据工程、建模和业务问题同等重要。MLOps 的多学科特性，使其实现比较困难。但是，有许多公司遵循此 25% 准则在开发 MLOps 工具。

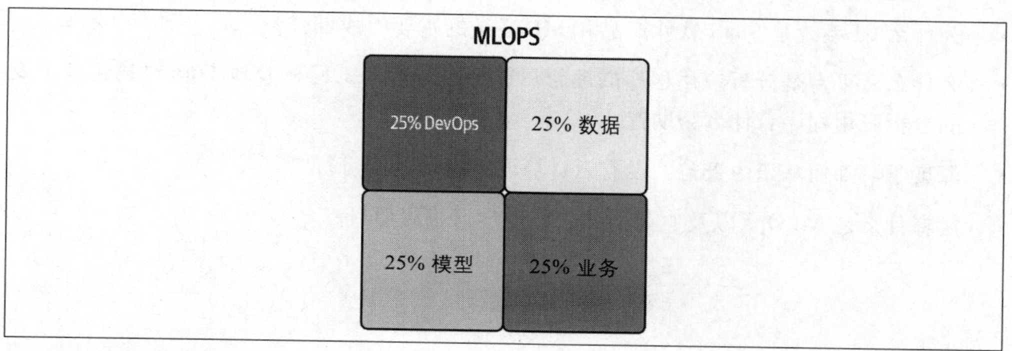

图 1-13：25% 准则

特斯拉汽车就是一个很好的例子。它们在半自动驾驶汽车中为客户提供想要的东西。它们有优秀的软件工程实践，因为它们会不断更新。同时，汽车系统不断根据收到的新数据训练模型进行改进。遵循 25% 准则的另一个例子是 Amazon Alexa 设备。

下一章将讨论 MLOps 所需的基础技能。内容包括面向程序员的数学、数据科学项目示例，以及一个完整的端到端 MLOps 过程。通过完成本章末尾提供的练习题，你将能很好地理解这些内容。

练习题

- 使用 `Makefile`、代码校验、测试创建一个存储 Python 脚手架的 GitHub 仓库。然后，在你的 Makefile 文件中执行代码格式化等额外步骤。
- 使用 GitHub Actions（*https://oreil.ly/csmNI*），使用两个或更多 Python 版本测试 GitHub 项目。

- 使用云原生构建服务器（AWS Code Build、GCP CloudBuild 或 Azure DevOps 管道）为你的项目执行持续集成。
- 通过集成 Dockerfile 把 GitHub 项目加载到容器中，并向 Container Registry 自动注册新的容器。
- 使用负载测试框架［例如 locust（*https://locust.io*）或 loader io（*https://loader.io*）］，为应用程序创建一个简单的负载测试，当你向 staging 分支推送变更时自动执行该测试。

独立思考和讨论

- 持续集成（CI）系统解决哪些问题？
- 为什么 CI 系统是 SaaS 软件产品和 ML 系统的重要组成部分？
- 为什么云平台是分析应用程序的理想目标平台？数据工程和 DataOps 对构建基于云的分析应用程序有什么帮助？
- 深度学习如何从云中受益？没有云计算深度学习是否可行？
- 解释什么是 MLOps 以及它如何增强机器学习工程项目。

第2章 MLOps基础

Noah Gift

医学院的经历令我感到可悲，许多事实的起源很少有人解释，它们的用处也很少被证明是合理的。班上96名学生中大多数并不像我一样厌恶死记硬背和喜欢提出质疑。有一次，当一位生物化学讲师声称推导出能斯特方程时，这一点尤为明显。全班都在忠实地抄写他在黑板上写的东西。一年前我才在加州大学洛杉矶分校上过化学专业的物理化学课程，我认为他是在虚张声势。

“你从哪里得到 k 的值？”我问。

全班同学对我大喊：“让他写完！我们只需照抄。”

——Joseph Bogen 博士

拥有坚实的基础对任何技术工作都至关重要。在本章中，几个关键的构建模块为本书的其余部分奠定了基础。在与刚接触数据科学和机器学习的学生打交道时，我经常发现他们对本章涵盖的术语存在误解。本章旨在为使用 MLOps 方法论奠定坚实的基础。

2.1 Bash 和 Linux 命令行

大多数机器学习工作在云端进行，并且大多数云平台假设你将在某种程度上用终端与其进行交互。因此，了解 Linux 命令行的基础知识对于执行 MLOps 至关重要。本节旨在引导你掌握足够的知识，以确保你成功执行 MLOps。

当我让学生接触终端时，他们通常会表现出震惊和恐惧的表情。在大多数现代计算领域，由于有了像 MacOS 操作系统或 Windows 这样功能强大的 GUI 界面，这种最初的反应是可以理解的。但是，当你的工作环境涉及处理云、机器学习或编程等“高级任务”时，考虑终端是一种较好的方法。如果你需要执行高级任务，可以使用这种方法。因此，Linux 终端的能力可以极大地提升任何技能集。此外，如果你熟悉 Bash 和 Linux，那么大多数情况下在云端 shell 环境中进行开发会更好。

如今，大多数服务器运行在 Linux 上，许多新的部署正在使用容器，也运行在 Linux 上。MacOS 操作系统终端与 Linux 非常接近，特别是在你安装了 Homebrew（*https://brew.sh*）等第三方工具后，大多数命令都相似。你应该了解 Bash 终端，本节将为你提供足够的知识来掌握它。

要学习的这个终端的关键和简约组件是什么呢？这些组件包括使用基于云的 shell 开发环境、Bash shell 和命令、文件和导航、输入 / 输出、配置和编写脚本。因此，让我们逐个深入研究这些主题。

2.2 云端 shell 开发环境

无论你是刚接触云计算还是拥有数十年的经验，从个人工作站转向基于 Web 的云端 shell 开发环境都是值得的。一个很好的比喻是，对于一个每天都想在海滩上冲浪的冲浪者，从理论上讲，他每天可以单程行驶 50 英里[编辑注 1] 到海滩，但这会非常不方便，效率低下且成本高昂。如果你负担得起，更好的策略是住在海滩上，每天早上醒来，步行到海滩，然后开始冲浪。

同样，云端开发环境解决了多个问题：它更安全，因为你不需要传递开发者密钥。由于你可能无法从云中来回传输大量数据，所以许多问题在使用本地计算机时无法解决。基于云的开发环境中的工具进行了深度集成，这可以提高工作效率。与搬到海滩不同，云端开发环境是免费的。所有主要云都在免费层上提供其云端开发环境。如果你不熟悉这些环境，我建议你从 AWS 云平台开始。使用 AWS 有两种方式。第一种方式是 AWS CloudShell，如图 2-1 所示。

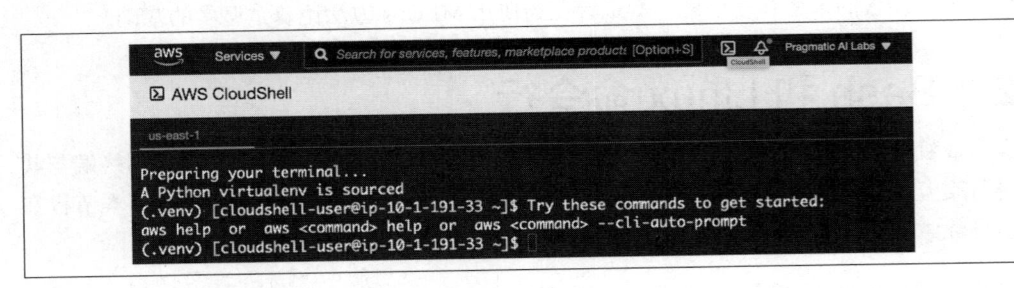

图 2-1：AWS CloudShell

AWS CloudShell 是一个 Bash shell，在 shell 中内置了独特的 AWS 命令补全功能。如果

编辑注 1：1 英里等于 1609.344 米。

你经常使用 AWS CloudShell，最好编辑 `~/.bashrc` 以自定义你的使用偏好。为此，你可以使用内置的 `vim` 编辑器。很多人不愿意学习 `vim`，但在云端 shell 时代，一定要精通它。你可以参考官方 vim 常见问题解答（*https://oreil.ly/wNXdm*）来了解如何完成工作。

使用 AWS 的第二种方式是 AWS Cloud9 开发环境。AWS CloudShell 和 AWS Cloud9 环境之间的一个关键区别在于，AWS Cloud9 是一种更全面的开发软件解决方案的方式。例如，在图 2-2 中，你可以看到一个 shell 和一个 GUI 编辑器，用于对多种语言（包括 Python、Go 和 Node）进行语法高亮显示。

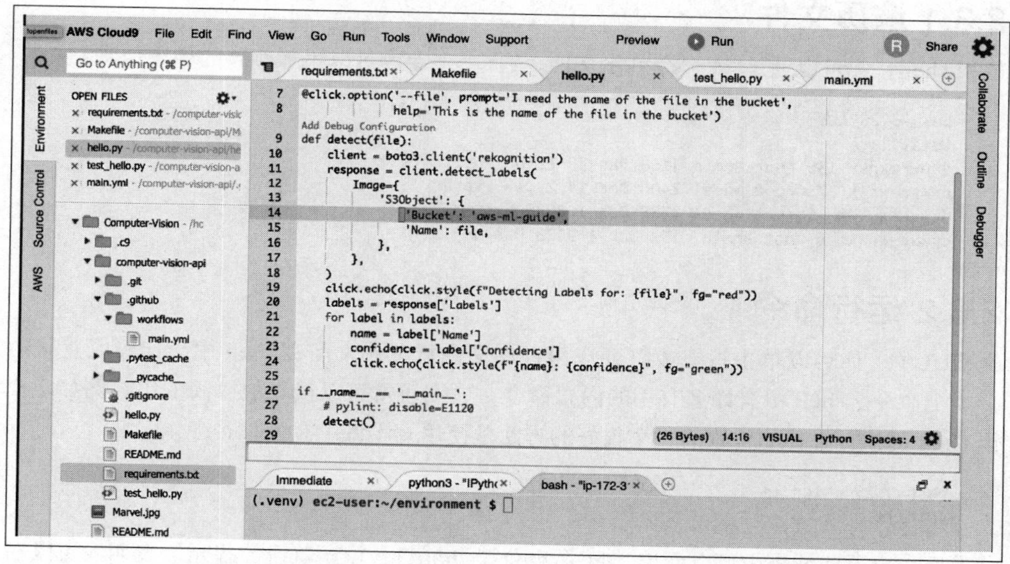

图 2-2：AWS Cloud9 开发环境

特别是在开发机器学习微服务时，Cloud9 开发环境是理想的，因为它允许你从控制台向已部署的微服务发出 Web 请求，并且与 AWS Lambda 深度集成。另一方面，假设你在另一个平台上，例如微软 Azure 或谷歌云，相同的概念同样适用，因为基于云的开发环境是构建机器学习微服务的理想环境。

我创建了一个名为“Bash Essentials for Cloud Computing”的可选视频资源，以便引导你了解基础知识。你可以在 O'Reilly 平台（*https://oreil.ly/jEWr2*）或 Pragmatic AI Labs YouTube 频道上观看学习。

2.3 Bash shell 和常用命令

shell 是一个交互式环境，包含提示和运行命令的能力。如今，大多数 shell 运行 Bash 或 ZSH。

在你通常用于开发的环境中要做的一些直接有价值的事情是安装 ZSH 和 vim 配置。对于 vim，推荐参考 awesome vim（*https://oreil.ly/HChFQ*）进行设置；而对于 ZSH，推荐参考 ohmyzsh（*https://ohmyz.sh*）进行设置。

什么是“shell”？归根结底，它是一个控制计算机的用户界面，就像 MacOS 中的 Finder 一样。作为 MLOps 从业者，了解如何使用最强大的用户界面，即命令行，进行数据处理是值得的。以下是你可以做的一些事情。

2.3.1 遍历文件

使用 shell，你可以通过 ls 命令列出文件。通过 -l 参数可以添加额外的列表信息：

```
bash-3.2$ ls -l
total 11
drwxrwxr-x 130 root admin 4160 Jan 20 22:00 Applications
drwxr-xr-x  75 root wheel 2400 Dec 14 23:13 Library
drwxr-xr-x@  9 root wheel  288 Jan 1 2020 System
drwxr-xr-x   6 root admin  192 Jan 1 2020 Users
```

2.3.2 运行命令

在 GUI 中，你可以单击按钮或打开应用程序来进行工作。而在 shell 中，你可以直接运行一个命令。shell 中有许多有用的内置命令，它们通常可以很好地协同工作。例如，找出 shell 可执行文件的位置的一个很好的方法是使用 which。示例如下：

```
bash-3.2$ which ls
/bin/ls
```

从上面命令返回结果中可以看出，ls 命令位于 */bin* 目录中。这个“提示”表明我可以在这个目录中找到其他可执行文件。下面这行命令列出了 */bin/* 中可执行文件的计数（管道运算符 | 将稍后解释，但简而言之，它接受来自另一个命令的输出作为输入）：

```
bash-3.2$ ls -l /bin/ | wc -l
37
```

2.3.3 文件和导航

在 GUI 中，你可以打开一个文件夹或文件。在 shell 中，你也可以通过命令完成同样的事情。

pwd 命令展示了你当前所在的完整路径：

```
bash-3.2$ pwd
/Users/noahgift
```

通过 cd 命令，你可以进入到一个新的目录：

```
bash-3.2$ cd /tmp
```

2.3.4 输入 / 输出

在前面的示例中，ls 的输出重定向到了另一个命令。管道是用于完成更复杂任务中输入和输出操作的一个示例。使用 shell 将一个命令的输出通过管道传输到另一个命令是很常见的。

下面这个示例展示了一个具有重定向和管道的工作流。请注意，首先，字符串“foo bar baz”重定向到了一个名为 *out.txt* 的文件。接下来，这个文件的内容通过 cat 打印出来，然后它们通过管道传输给命令 wc，wc 命令可以通过添加 -w 参数计算单词数或通过添加 -c 参数计算字符数：

```
bash-3.2$ cd /tmp
bash-3.2$ echo "foo bar baz" > out.txt
bash-3.2$ cat out.txt | wc -c
   12
bash-3.2$ cat out.txt | wc -w
    3
```

以下是将 shuf 命令的输出重定向到一个新文件中的另一个示例。你可以从我的 GitHub 仓库（*https://oreil.ly/CDudc*）下载该文件。shuf 命令可以随机打乱给定输入文件的行，同时获取指定数量的行。在这个例子，它读取一个将近 1 GB 的文件并获取前 100 000 行，然后使用 > 操作符输出到一个新文件中：

```
bash-3.2$ time shuf -n 100000 en.openfoodfacts.org.products.tsv >\
10k.sample.en.openfoodfacts.org.products.tsv
1.89s user 0.80s system 97% cpu 2.748 total
```

当 CSV 文件太大而无法在笔记本电脑上使用数据科学库处理数据时，使用这样的 shell 技术可以节省大量的时间。

2.3.5 配置

ZSH 和 Bash shell 配置文件存储每次打开终端时调用的环境设置。正如我之前提到的，建议在基于云的开发环境中自定义你的 Bash 环境。对于 ZSH，可以在 *.zshrc* 文件中进行配置；而对于 Bash，可以在 *.bashrc* 文件中进行配置。以下是我在我的 MacOS 笔记本电脑上的 *.zshrc* 文件中配置的示例。第一项是别名，它允许我输入命令 flask-azure-ml，cd 到一个目录中，并一举获得一个 Python 虚拟环境。第二部分是我导出 AWS 命令行工具变量的地方，以便我可以进行 API 调用：

```
## Flask ML Azure
alias flask-azure-ml="/Users/noahgift/src/flask-ml-azure-serverless &&\
source ~/.flask-ml-azure/bin/activate"

## AWS CLI
export AWS_SECRET_ACCESS_KEY="<key>"
export AWS_ACCESS_KEY_ID="<key>"
export AWS_DEFAULT_REGION="us-east-1"
```

总之，我建议你在笔记本电脑和基于云的开发环境中自定义你的 shell 配置文件。当你在常规工作流程中构建自动化时，这项小投资会带来巨大的回报。

2.3.6 编写脚本

也许你在编写第一个 shell 脚本时觉得有点令人生畏。shell 语法比带有奇怪字符的 Python 可怕得多。幸运的是，在许多方面，它更容易上手。编写 shell 脚本的最佳方法是将命令放入文件中，然后运行它。以下是“hello world”脚本的一个很好的例子。

第一行称为“shebang”行，告诉脚本使用 Bash。第二行是一个 Bash 命令，`echo`。Bash 脚本的好处在于你可以在其中粘贴任何你想要的命令。这一事实使得你即使几乎没有编程知识也可以直接实现小任务的自动化：

```
#!/usr/bin/env bash

echo "hello world"
```

接下来，你可以使用 `chmod` 命令设置可执行标志以使该脚本可执行。最后，通过附加 `./` 来运行它：

```
bash-3.2$ chmod +x hello.sh
bash-3.2$ ./hello.sh
Hello World
```

shell 的主要内容是你必须至少具备一些基本技能才能进行 MLOps。但是，它很容易上手，而且在不知不觉中，你可以通过 shell 脚本的自动化和 Linux 命令行的使用显著改进日常工作。接下来，让我们从云计算的基础部分开始。

2.4 云计算基础和构建模块

可以肯定地说，几乎所有形式的机器学习都需要某种形式的云计算。云计算中的一个关键概念是近乎无限资源的构想，如“Above the Clouds: A Berkeley View of Cloud Computing”（*https://oreil.ly/Ug8kx*）中所述，如果没有云，就不可能做很多机器学习模型。例如，《微积分的力量》一书的作者 Stephen Strogatz 提出“通过正确的方式运用无穷大，微积分可以解开宇宙的秘密。”几个世纪以来，如果没有微积分来处理无限数，像找到圆的形状这样的特定问题是不可能解决的。云计算也是一样；机器学习中的许多问题，尤其是模型的操作化，如果没有云也是不可行的。如图 2-3 所示，云提供近乎无限的计算和存储，并且无须移动数据即可处理数据。

事实证明，通过 AWS SageMaker 或 Azure ML Studio 等机器学习平台使用近乎无限的资源，在不移动数据的情况下进行数据处理的能力是云的杀手级功能，如果没有云计算就无法复制。与这个杀手级功能相结合的是我称之为“自动机定律”的某种概念。一旦公众开始谈论垂直领域的自动化——自动驾驶汽车、IT、工厂、机器学习——它最终会发生。

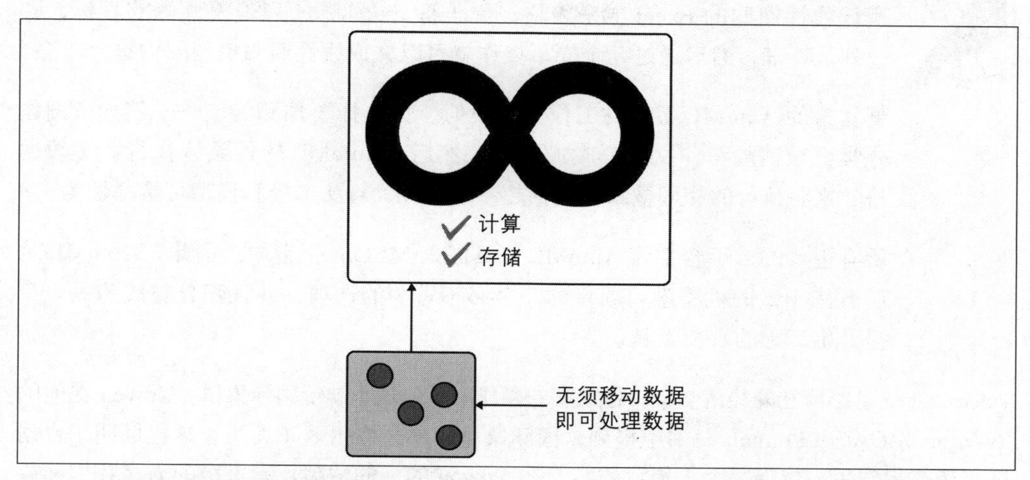

图 2-3：云计算利用近乎无限的计算和数据

这个概念并不意味着一些神奇的独角兽出现，在项目上撒上仙尘，项目就会变得更易于管理；而是人类善于作为一个集体来发现趋势。例如，我十几岁的时候在电视行业工作时，只有“线性”编辑的概念。这个工作流程意味着你需要三个不同的磁带来叠化黑色屏幕——源磁带、剪辑母带和包含黑色素材的第三个磁带，先使用母带录制另一部录影机的画面，然后根据母带时间，按顺序将片段放入。

我记得人们在谈论不断更换新磁带需要多少工作，以及如果这个工作流程变得自动化会多么棒。后来通过引入非线性编辑，它确实变得完全自动化。这项技术允许你存储素材的数字副本并执行素材的数字处理，而不是在线性磁带中插入新素材。这些非线性编辑系统在 20 世纪 90 年代初期耗资数十万美元。如今，我在价值 1000 美元的笔记本电脑上就能进行更复杂的编辑，其存储容量足以存储数千个此类磁带。

21 世纪初期的云计算也发生了同样的情况。我工作过的许多公司都使用自己的数据中心，这些数据中心由维护它们的团队组成。当云计算的初始组件出现时，许多人说：“我敢打赌，未来的公司可以在他们的笔记本电脑上控制整个数据中心。”许多数据中心技术人员对他们成为自动化受害者的想法嗤之以鼻，然而，自动机定律再次生效。2020 年及以后的大多数公司都拥有某种形式的云计算，而新的工作都会利用云计算的这种力量。

同样，通过 AutoML 实现机器学习自动化是一项重要的进步，它可以更快地创建模型，具有更高的准确性和更好的可解释性。因此，数据科学行业的工作将发生变化，就像磁带编辑和数据中心运维人员的工作发生变化一样。

AutoML 是机器学习建模方面的自动化。AutoML 的一个粗略而直接的示例是执行线性回归的 Excel 电子表格。你告诉 Excel 哪一列是要预测的目标，哪一列是特征，然后通过几个简单操作就可以完成线性回归模型的构建。

更复杂的 AutoML 系统的工作方式类似。你选择要预测的值——例如，图像分类、数值趋势、文本分类或聚类。然后，AutoML 软件系统执行许多数据科学家将执行的相同技术，包括超参数调优、算法选择和模型可解释性等。

所有主要的云平台都将 AutoML 工具嵌入 MLOps 平台中。因此，AutoML 是所有基于云的机器学习项目的一个必不可少的选项，并且正日益成为另一个提升生产力的重要工具。

Tyler Cowen 是彭博社的经济学家、作家和专栏作家，他从小就玩国际象棋。Cowen 在他的 *Average is Over*（Plume）一书中提到，国际象棋软件最终击败了人类，这也证明了自动机定律在起作用。然而，令人惊讶的是，在 Cowen 的书的结尾，专家级的人类和国际象棋软件结合战胜了单独的国际象棋软件。最终，这个故事可能会发生在机器学习和数据科学上。自动化可能会取代简单的机器学习任务，并使控制 ML 自动化的领域专家效率提升数倍。

2.5 云计算入门

一种开始使用云计算的推荐方法是设置多云开发环境，如 O'Reilly 视频课程：Cloud Computing with Python（*https://oreil.ly/MGZfz*）中所示。该视频是本节的绝佳辅助学习资料，但不是必需的。多云环境的基本结构表明，云端 shell 是所有这些云的共同点，如图 2-4 所示。

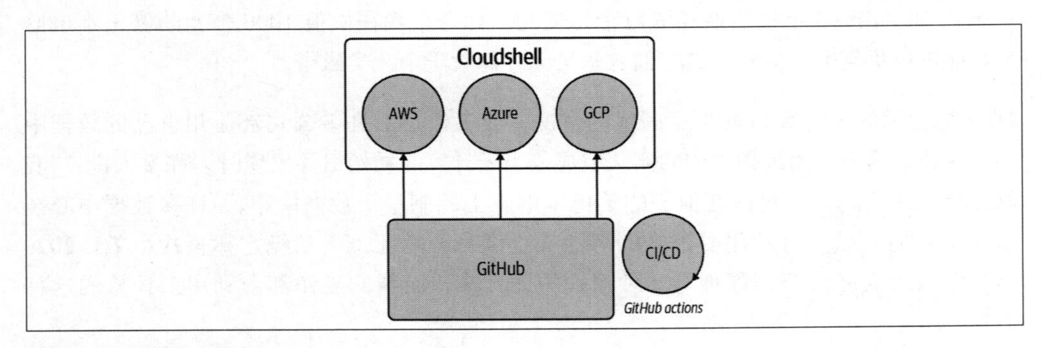

图 2-4：启动云计算

使用 GitHub 或类似服务的源代码存储仓库是所有三个云环境最初进行通信的中心位置。三个云（AWS、Azure 和 GCP）中的每一个都通过云端 shell 提供基于云的开发环境。在

第 1 章中，必要的 Python 脚手架展示了开发可重复和可测试结构的优势。通过 GitHub Actions 的 CI/CD（持续集成 / 持续交付）过程可确保 Python 代码正常运行且具有高质量。

测试和检查 Python 代码是一个验证软件项目质量的过程。开发人员将在本地运行测试和代码检查，以辅助保持软件的高质量。这个过程类似于当你想打扫房间时打开扫地机器人。扫地机器人是一个有用的助手，可以使你的房间保持良好的卫生状态。同样的，运行 lint 和测试代码可以使你的代码保持良好的质量状态。

CI/CD 管道在外部环境中运行这些质量控制检查，以确保应用程序在发布到另一个产品之前正常工作。该管道允许软件部署可重复且可靠，并且是现代软件工程最佳实践——这些软件工程最佳实践的另一种说法是 DevOps。

如果你正在学习云计算，则使用以上三种主要的云是熟悉云计算的好方法。这种跨云工作流很有帮助，因为它巩固了知识。毕竟，事物的名称不同，但概念是相同的。如果你在某些术语方面需要帮助，请参阅附录 A。

接下来让我们深入研究 Python，它是 DevOps、云计算、数据科学和机器学习的基础语言。

2.6 Python 速成课程

Python 占据主导地位的一个关键原因是该语言是为开发人员而不是计算机进行了优化。像 C 或 C++ 这样的语言具有出色的性能，因为它们是“更底层”的语言，这意味着开发人员必须更加努力地解决问题。例如，C 语言程序员必须分配内存、声明类型和编译程序。另一方面，Python 程序员可以输入一些命令并运行它们，而且 Python 中的代码量通常要少得多。

不过，为了使用方便，Python 的性能比 C、C#、Java 和 Go 慢得多。此外，Python 具有语言本身固有的局限性，包括缺乏真正的线程、缺乏 JIT（即时）编译器以及缺乏类似于 C# 或 F# 等语言中的类型推断。但是，对于云计算，语言性能不会引起太多问题。因此，可以说 Python 的性能不会成为瓶颈是因为两件事：云计算和容器。借助云计算，设计是完全分布式的，使用了 AWS Lambda 和 AWS SQS（简单排队服务）等构建在云上的技术。同样，像 Kubernetes 这样的容器化技术承担了构建分布式系统的重任，因此 Python 线程突然变得无关紧要。

AWS Lambda 是一种运行在 AWS 平台上的函数即服务（FaaS）技术。它命名为 FaaS，是因为 AWS Lambda 函数可以只是几行代码——字面意思是一个函数。然后，这些函数可以附加到如云排队系统、Amazon SQS 或上传到 Amazon S3 对象存储的图像之类的事件上。

> 我们可以认为云是一个操作系统。在 20 世纪 80 年代中期，Sun Computer 使用了营销口号“网络就是计算机”。这个口号在 1980 年可能为时过早，但在 2021 年却非常准确。例如，你可以在云中生成 AWS Lambda 函数，而不是在单台机器上生成线程，它的行为就像一个具有无限可扩展资源的操作系统。

在我参加的一次谷歌的演讲中，退休的伯克利计算机科学教授、TPU（TensorFlow 处理单元）的共同创建者 Patterson 博士提到，在等效矩阵运算上，Python 语言性能比 C 语言慢 64000 倍，如图 2-5 所示。这也是由于 Python 没有真正的线程的另一个实际例子。

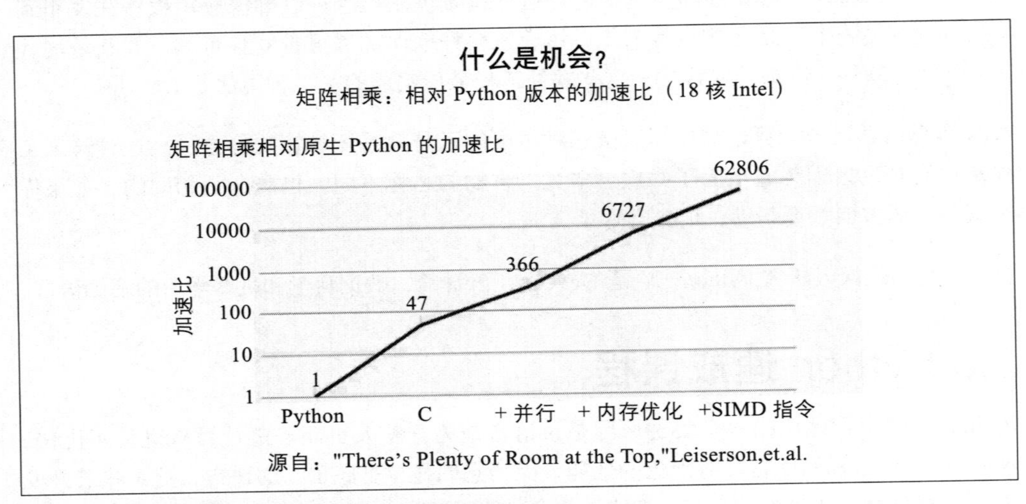

图 2-5：在矩阵运算上，Python 性能比 C 语言慢 64000 倍

与此同时，一篇名为“Energy Efficiency across programming languages”（*https://oreil.ly/4g5u2*）的研究论文表明，Python 中的许多操作比 C 语言中的等效操作需要多 50 倍的能源。这项对能效的研究也将 Python 与其他语言进行了对比，在执行任务所需的能源方面，Python 是性能最差的语言之一，如图 2-6 所示。随着 Python 作为地球上最受欢迎的语言之一而广泛流行，它确实引起了人们的担忧，即它是否更像是一个燃煤发电厂而不是绿色能源太阳能系统。最终，Python 可能需要再次解决能源消耗问题。一种解决方案可能是让主要的云提供商积极为 Python 构建一个新的运行时，该运行时利用现代计算机科学技术，如 JIT 编译器。

我在数据科学编程新手身上看到的最后一个技术障碍是他们采用传统的计算机科学方法来学习编码。例如，云计算和机器学习与传统的软件工程项目非常不同，比如可以通过 GUI（图形用户界面）开发面向用户的应用程序。相反，云计算和机器学习世界的大部分内容都涉及编写小函数。大多数情况下，不需要像面向对象编程等这些内容。

二叉树				
	能源消耗	执行时间	能耗时间比值	峰值内存 (Mb)
(c) C	39.80	1125	0.035	131
(c) C++	41.23	1129	0.037	132
(c) Rust $\Downarrow_2$	49.07	1263	0.039	180
(c) Fortran $\Uparrow_1$	69.82	2112	0.033	133
(c) Ada $\Downarrow_1$	95.02	2822	0.034	197
(c) Ocaml $\downarrow_1$ $\Uparrow_2$	100.74	3525	0.029	148
(v) Java $\uparrow_1$ $\Downarrow_{16}$	111.84	3306	0.034	1120
(v) Lisp $\downarrow_3$ $\Downarrow_3$	149.55	10570	0.014	373
(v) Racket $\downarrow_4$ $\Downarrow_6$	155.81	11261	0.014	467
(i) Hack $\uparrow_2$ $\Downarrow_9$	156.71	4497	0.035	502
(v) C# $\downarrow_1$ $\Downarrow_1$	189.74	10797	0.018	427
(v) F# $\downarrow_3$ $\Downarrow_1$	207.13	15637	0.013	432
(c) Pascal $\downarrow_3$ $\Uparrow_5$	214.64	16079	0.013	256
(c) Chapel $\uparrow_5$ $\Uparrow_4$	237.29	7265	0.033	335
(v) Erlang $\uparrow_5$ $\Uparrow_1$	266.14	7327	0.036	433
(c) Haskell $\uparrow_2$ $\Downarrow_2$	270.15	11582	0.023	494
(i) Dart $\downarrow_1$ $\Uparrow_1$	290.27	17197	0.017	475
(i) JavaScript $\downarrow_2$ $\Downarrow_4$	312.14	21349	0.015	916
(i) TypeScript $\downarrow_2$ $\Downarrow_2$	315.10	21686	0.015	915
(c) Go $\uparrow_3$ $\Uparrow_{13}$	636.71	16292	0.039	228
(i) Jruby $\uparrow_2$ $\Downarrow_3$	720.53	19276	0.037	1671
(i) Ruby $\Uparrow_5$	855.12	26634	0.032	482
(i) PHP $\Uparrow_3$	1 397.51	42316	0.033	786
(i) Python $\Uparrow_{15}$	1 793.46	45003	0.040	275
(i) Lua $\downarrow_1$	2 452.04	209217	0.012	1961
(i) Perl $\uparrow_1$	3 542.20	96097	0.037	2148
(c) Swift		n.e.		

图 2-6：在能源消耗方面，Python 位于性能最差语言之一

计算机科学主题包括并发性、面向对象编程、元编程和算法理论。不幸的是，研究这些主题与云计算和数据科学中大多数编程所需的编程风格是相互独立的。并不是说这些主题没有价值，它们有利于平台、库和工具的创建者。如果你的初衷不是“创建”库和框架，而是“使用”库和框架，那么你可以放心地忽略这些高级主题并坚持使用函数。

该速成课程方法暂时忽略了代码和库的创建者，而偏向于代码和库的使用者，即数据科学家或 MLOps 从业者。这个简短的速成课程面向这一类读者，他们大多数人的职业生涯都在数据科学领域度过。在这些主题之后，如果你很好奇，你将有一个坚实的基础来转向更复杂的以计算机科学为重点的主题。这些高级主题在 MLOps 立即产生成效方面不是必需的。

2.7 Python 极简教程

如果你想学习最少的入门 Python 所需的知识，你需要知道什么呢？ Python 中两个最重

要的组件是语句和函数。所以让我们从 Python 语句开始。一个 Python 语句是对计算机的指令，即，类似于告诉一个人 “ hello”，你可以对计算机说 “ print hello”。以下示例是用 Python 解释器来演示的。请注意，示例中的“语句”是 `print ("Hello World")`：

```
Python 3.9.0 (default, Nov 14 2020, 16:06:43)
[Clang 12.0.0 (clang-1200.0.32.27)] on darwin
Type "help", "copyright", "credits" or "license" for more information.
>>> print("Hello World")
Hello World
```

使用 Python，你还可以使用分号将两个语句连接在一起。例如，我导入了 `os` 模块，它有一个我想使用的函数 `os.listdir`，然后我调用它来列出我所在目录的内容：

```
>>> import os;os.listdir(".")
['chapter11', 'README.md', 'chapter2', '.git', 'chapter3']
```

这种模式在数据科学 notebook 中无处不在，这是开始使用 Python 所需的全部知识。我建议在 Python、IPython 或 Jupyter REPL 中尝试一下，这可以作为熟悉 Python 的第一种方法。

要知道的第二项是如何在 Python 中编写和使用函数。让我们在下面的例子中做到这一点。这个示例是一个两行函数，它将两个数字 `x` 和 `y` 相加。Python 函数的全部意义在于充当“工作单元”。例如，厨房中的烤面包机作为一个工作单元工作。它以面包为输入，加热面包，然后返回吐司。同样，一旦我编写了 `add` 函数，我就可以在新输入中尽可能多地使用它：

```
>>> def add(x,y):
...   return x+y
...
>>> add(1,1)
2
>>> add(3,4)
7
>>>
```

让我们汇集我们的知识并构建一个 Python 脚本。在 Python 脚本的开头，有一个 shebang 行，就像在 Bash 中一样。接下来，导入 `choices` 模块。此模块稍后在“循环”中用于向 `add` 函数发送随机数：

```
#!/usr/bin/env python
from random import choices

def add(x,y):
    print(f"inside a function and adding {x}, {y}")
    return x+y

#Send random numbers from 1-10, ten times to the add function
numbers = range(1,10)
for num in numbers:
    xx = choices(numbers)[0]
    yy = choices(numbers)[0]
    print(add(xx,yy))
```

该脚本需要通过执行 `chmod +x add.py` 使其具有可执行权限，就像在 Bash 脚本中一样：

```
bash-3.2$ ./add.py
inside a function and adding 7, 5
12
inside a function and adding 9, 5
14
inside a function and adding 3, 1
4
inside a function and adding 7, 2
9
inside a function and adding 5, 8
13
inside a function and adding 6, 1
7
inside a function and adding 5, 5
10
inside a function and adding 8, 6
14
inside a function and adding 3, 3
6
```

你可以更多地了解 Python，但是“尝试”这里显示的示例可能是从“0 到 1”的最快方法。因此，让我们转到另一个主题，程序员的数学，并以极简的方式介绍它。

2.8 程序员的数学速成课程

数学既令人生畏又令人恼火，但了解数学基础知识对于使用机器学习至关重要。因此，让我们来解决一些有用且必不可少的问题。

2.8.1 描述性统计和正态分布

世界上很多东西都是“正态”分布的。一个很好的例子是身高和体重。如果你绘制世界上每个人的身高，你会得到一个“钟形”分布。这种分布很直观，因为你遇到的大多数人都是中等身高，而看到一个七英尺[编辑注 2]高的篮球运动员是不寻常的。让我们浏览一个 Jupyter Notebook(*https://oreil.ly/i5NF3*)，其中包含 25 000 条 19 岁儿童的身高和体重记录：

```
In [0]:
import pandas as pd

In [7]:
df = pd.read_csv("https://raw.githubusercontent.com/noahgift/\
regression-concepts/master/height-weight-25k.csv")

Out[7]:
IndexHeight-InchesWeight-Pounds
01      65.78331        112.9925
12      71.51521        136.4873
23      69.39874        153.0269
34      68.21660        142.3354
45      67.78781        144.2971
```

编辑注 2：1 英尺等于 0.304 8 米。

接下来，图 2-7 展示了身高和体重之间的线性关系，这是我们大多数人凭直觉知道的。你越高，你的体重就越重：

```
In [0]:
import seaborn as sns
import numpy as np

In [9]:
sns.lmplot("Height-Inches", "Weight-Pounds", data=df)
```

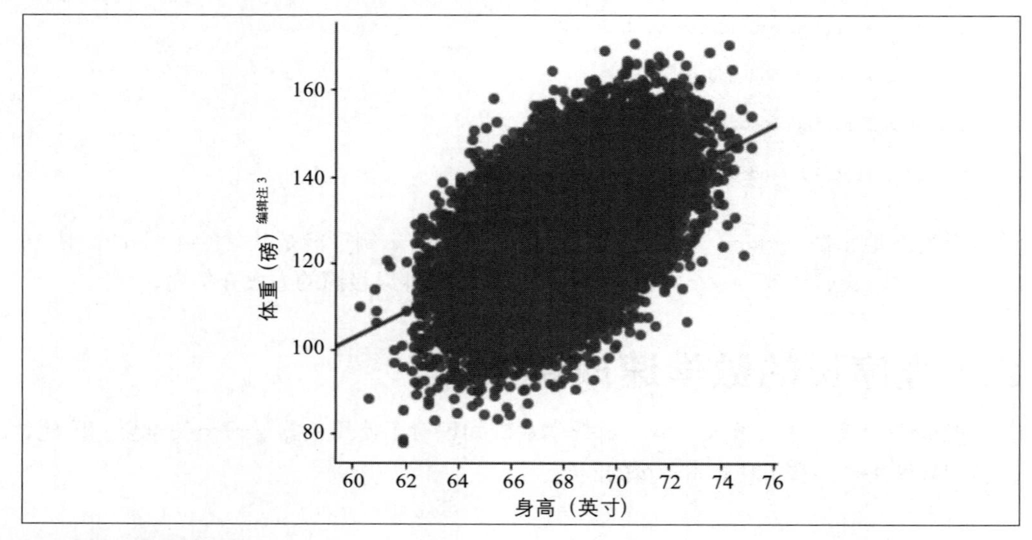

图 2-7：身高和体重

将数据集中的数据可视化的步骤称为“探索性数据分析”。一般的想法是使用数学和可视化的组合来“探索数据”。下一步是查看这个“正态分布”的描述性统计数据。

在 Pandas 中，你可以通过使用 `df.describe()` 来获得这些描述性统计数据。理解描述性统计的一种方法是将它们视为一种以数字方式“看到”眼睛在视觉上看到的东西的方式。例如，第 50 个百分位数或中位数显示了代表确切中间高度的数字。该值约为 68in（172.3cm）。这个数据集中的最大统计数据为 75in（190.5cm）。Max 代表最极端的观察结果或针对该数据集测量的最高的人。正态分布数据集中的最大观测值很少见，就像最小值一样。你可以在图 2-8 中看到这种趋势。Pandas 中的 `DataFrame` 带有一个 describe 方法，该方法在调用时会提供全方位的描述性统计信息：

```
In [10]: df.describe()
```

对身高和体重的钟形正态分布进行可视化的最佳方式之一是使用核密度（Kernel Density）图：

编辑注 3：1 磅等于 0.453 592 37 千克。

```
In [11]:
sns.jointplot("Height-Inches", "Weight-Pounds", data=df, kind="kde");
```

身高和体重均显示为“钟形分布”。极值很少，大部分值均处于中间，如图 2-9 所示。

	索引	身高（英寸）	体重（磅）
count	25000.000000	25000.000000	25000.000000
mean	12500.500000	67.993114	127.079421
std	7217.022701	1.901679	11.660898
min	1.000000	60.278360	78.014760
25%	6250.750000	66.704397	119.308675
50%	12500.500000	67.995700	127.157750
75%	18750.250000	69.272958	134.892850
max	25000.000000	75.152800	170.924000

图 2-8：身高 / 体重描述性统计

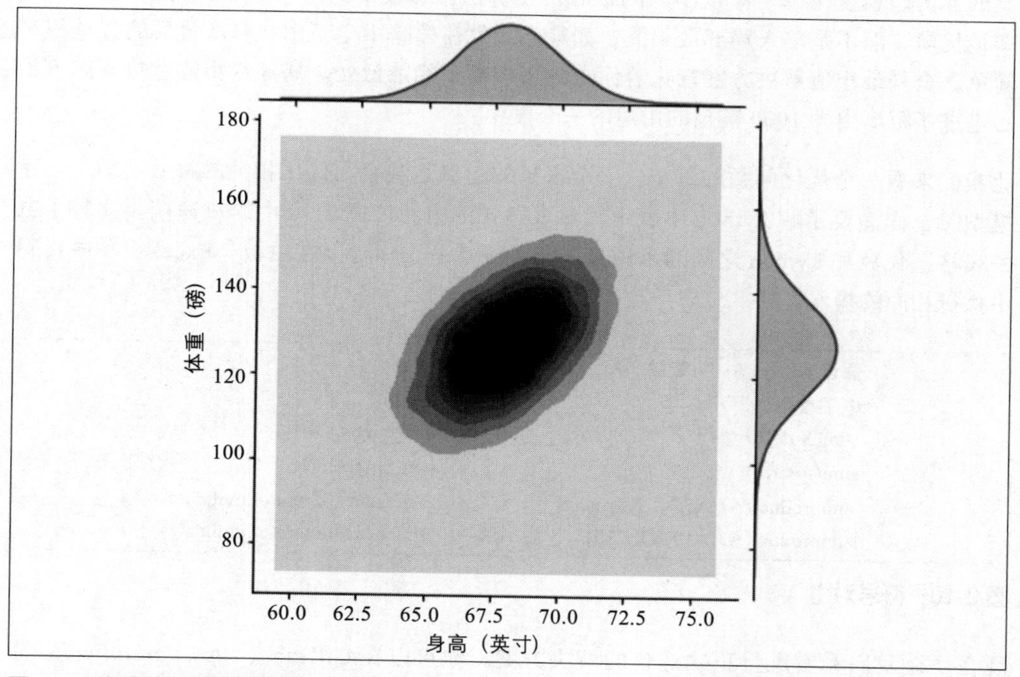

图 2-9：身高和体重的核密度图

机器学习很大程度上建立在正态分布的思想之上，拥有这种直觉对构建和维护机器学习模型大有帮助。然而，必须注意的是，除了正态分布之外的其他分布使得世界更难建模。一个很好的例子就是作者 Nassim Taleb 所说的“肥尾”（fat tail），即对世界产生重大影响的难以预测和罕见的事件。

在 Steven Koonin 博士的著作 *Unsettled*（BenBella Books）中可以找到另一个关于对世界建模过于自信的危险的例子。当 Koonin 博士在加州理工学院任职时，我与他一起工作，发现他是一个热情的科学家和有趣的人，可以随意交谈。以下是引用他书中关于建模的表述：

> 由于我们对支配物质和能量的物理定律有非常扎实的理解，因此很容易被这样一种观念所吸引，即我们可以将大气和海洋的当前状态输入计算机，对未来的人类和自然影响做出一些假设，从而准确预测未来几十年的气候。不幸的是，这只是一种幻想，正如你可能从天气预报中推断出来的那样，天气预报只能准确到两周左右。

2.8.2 优化

机器学习中的一个基本问题是优化。优化是找到问题的最佳解决方案或足够好的解决方案的能力。梯度下降是深度学习的核心优化算法。梯度下降的目标是找到全局最小值，即最优解，而不是陷入局部最小值。如果你想象在黑暗中走下山，算法背后的直觉相对简单。全局最小值解决方案意味着你走到了山脚下的最低处。局部最小值意味着你不小心走进了距离山脚 1000 英尺的山边的一个湖中。

让我们来看一个优化问题的例子。一个很好的起点是观察与优化相关的符号类型。创建模型时，你需要了解 Python 中表示代数表达式的方法。图 2-10 中的快速摘要比较了电子表格、代数和 Python 之间的术语。一个关键点是，你可以在白板、Excel 或一些代码中执行相同的操作。

假设 $A_1, \cdots, A_{10}$ 为**参数**，$X_1, \cdots, X_{10}$ 为**决策变量**：

电子表格	代数	Python
sum(X1:X6)	$\sum_{i=1}^{6} X_i$	sum(range(1,6))
sum(A3:A7)	$\sum_{j=3}^{7} A_j$	sum(range(3,7))
sumproduct(A1:A5,X1:X5)	$\sum_{i=1}^{5} A_i X_i$	sum(reduce(operator.mul,data)
sumproduct(A3:A10,X3:X10)	$\sum_{j=3}^{10} A_j X_j$	sum(reduce(operator.mul,data)

图 2-10：符号对比

现在，让我们看看进行正确迭代的解决方案。你可以在 GitHub（*https://oreil.ly/eIR26*）上找到该解决方案对应的代码。这个代码示例的总体思路是选择一个贪婪的解决方案来进行迭代。贪心算法总是首先选择最佳选项。如果你不关心最佳的解决方案，或者不可能找到最佳的解决方案，它们也可以很好地工作，但是你可以使用“足够好”的解决方案。在这种情况下，它将是价值最高的硬币，用它们进行迭代，然后移动到下一个最高值：

```
python change.py --full 1.34

Quarters 5: , Remainder: 9
Dimes 0: , Remainder: 0
Nickles 1: , Remainder: 4
Pennies 4:
```

以下是进行贪婪匹配的代码的核心部分。请注意，递归函数解决了问题的每次迭代，因为大价值硬币最终会用完。算法接下来找到中等价值硬币，最后，它移动到最小价值的硬币：

```
def recursive_change(self, rem):
    """Greedy Coin Match with Recursion
    >>> c = Change(.71)
    >>> c.recursive_change(c.convert)
    2 quarters
    2 dimes
    1 pennies
    [1, 0, 2, 2]

    """
    if len(self.coins) == 0:
        return []
    coin = self.coins.pop()
    num, new_rem = divmod(rem, coin)
    self.printer(num,coin)
    return self.recursive_change(new_rem) + [num]
```

虽然有许多不同的方法可以用算法表达这个概念，但想法是一样的。在不知道如何找到“最佳”解决方案的情况下，适当的答案总是当时选择的最佳方案。

下面是对该算法的一系列测试。它们展示了算法的执行方式，这在测试涉及优化的解决方案时通常是一个好主意：

```
#!/usr/bin/env python2.5
#Noah Gift
#Greedy Coin Match Python

import unittest
import change

class TestChange(unittest.TestCase):
    def test_get_quarter(self):
        c = change.Change(.25)
        quarter, qrem, dime, drem, nickel, nrem, penny =\
            c.make_change_conditional()
        self.assertEqual(quarter,1)  #quarters
        self.assertEqual(qrem, 0)   #quarter remainder
    def test_get_dime(self):
        c = change.Change(.20)
        quarter, qrem, dime, drem, nickel, nrem, penny =\
            c.make_change_conditional()
        self.assertEqual(quarter,0)  #quarters
        self.assertEqual(qrem, 20)   #quarter remainder
        self.assertEqual(dime, 2)    #dime
        self.assertEqual(drem, 0)    #dime remainder
```

```
    def test_get_nickel(self):
        c = change.Change(.05)
        quarter, qrem, dime, drem, nickel, nrem, penny =\
            c.make_change_conditional()
        self.assertEqual(dime, 0)    #dime
        self.assertEqual(drem, 0)    #dime remainder
        self.assertEqual(nickel, 1)  #nickel
        self.assertEqual(nrem, 0)    #nickel remainder
    def test_get_penny(self):
        c = change.Change(.04)
        quarter, qrem, dime, drem, nickel, nrem, penny =\
            c.make_change_conditional()
        self.assertEqual(penny, 4)  #nickel
    def test_small_number(self):
        c = change.Change(.0001)
        quarter, qrem, dime, drem, nickel, nrem, penny =\
            c.make_change_conditional()
        self.assertEqual(quarter,0)  #quarters
        self.assertEqual(qrem, 0)   #quarter remainder
        self.assertEqual(dime, 0)    #dime
        self.assertEqual(drem, 0)    #dime remainder
        self.assertEqual(nickel, 0)  #nickel
        self.assertEqual(nrem, 0)    #nickel remainder
        self.assertEqual(penny, 0)    #penny
    def test_large_number(self):
        c = change.Change(2.20)
        quarter, qrem, dime, drem, nickel, nrem, penny =\
            c.make_change_conditional()
        self.assertEqual(quarter, 8)  #nickel
        self.assertEqual(qrem, 20)  #nickel
        self.assertEqual(dime, 2)  #nickel
        self.assertEqual(drem, 0)  #nickel
    def test_get_quarter_dime_penny(self):
        c = change.Change(.86)
        quarter, qrem, dime, drem, nickel, nrem, penny =\
            c.make_change_conditional()
        self.assertEqual(quarter,3)  #quarters
        self.assertEqual(qrem, 11)   #quarter remainder
        self.assertEqual(dime, 1)    #dime
        self.assertEqual(drem, 1)    #dime remainder
        self.assertEqual(penny, 1)   #penny
    def test_get_quarter_dime_nickel_penny(self):
        c = change.Change(.91)
        quarter, qrem, dime, drem, nickel, nrem, penny =\
            c.make_change_conditional()
        self.assertEqual(quarter,3)  #quarters
        self.assertEqual(qrem, 16)   #quarter remainder
        self.assertEqual(dime, 1)    #dime
        self.assertEqual(drem, 6)    #dime remainder
        self.assertEqual(nickel, 1)  #nickel
        self.assertEqual(nrem, 1)    #nickel remainder
        self.assertEqual(penny, 1)    #penny

if __name__ == "__main__":
    unittest.main()
```

接下来，让我们在以下问题中建立贪婪算法。优化中研究最多的问题之一是旅行商问题。你可以在 GitHub（*https://oreil.ly/3u5Hd*）上找到源代码。这个示例是 *routes.py* 文件中的路由列表。它显示了湾区（Bay Area）不同公司之间的距离。

这是一个极佳示例，它展示了完美解决方案并不存在，但存在一个足够好的解决方案。一般会问这样一个问题：“你如何旅行到列表中的多个城市并最小化距离？”

使用“贪婪”算法可以做到这一点。它会在每一个选择中选择正确的解决方案。通常这可以得到一个足够好的答案。在这个特定的例子中，每次都“随机”选择一个城市作为起点。这个例子增加了模拟选择最短距离的能力。模拟用户可以根据时间进行多次模拟。总距离最短是最好的答案。以下这个例子展示了处理之前 TSP 算法的输入：

```
values = [
("AAPL", "CSCO", 14),
("AAPL", "CVX", 44),
("AAPL", "EBAY", 14),
("AAPL", "GOOG", 14),
("AAPL", "GPS", 59),
("AAPL", "HPQ", 14),
("AAPL", "INTC", 8),
("AAPL", "MCK", 60),
("AAPL", "ORCL", 26),
("AAPL", "PCG", 59),
("AAPL", "SFO", 46),
("AAPL", "SWY", 37),
("AAPL", "URS", 60),
("AAPL", "WFC", 60),
```

让我们运行这个脚本。首先，请注意，它需要完整模拟作为输入来运行：

```
#!/usr/bin/env python
"""
Traveling salesman solution with random start and greedy path selection
You can select how many iterations to run by doing the following:

python greedy_random_start.py 20 #runs 20 times


"""


import sys
from random import choice
import numpy as np
from routes import values

dt = np.dtype([("city_start", "S10"), ("city_end", "S10"), ("distance", int)])
data_set = np.array(values, dtype=dt)


def all_cities():
    """Finds unique cities

    array([["A", "A"],
    ["A", "B"]])

    """
    cities = {}
```

```
    city_set = set(data_set["city_end"])
    for city in city_set:
        cities[city] = ""
    return cities


def randomize_city_start(cities):
    """Returns a randomized city to start trip"""

    return choice(cities)


def get_shortest_route(routes):
    """Sort the list by distance and return shortest distance route"""

    route = sorted(routes, key=lambda dist: dist[2]).pop(0)
    return route


def greedy_path():
    """Select the next path to travel based on the shortest, nearest path"""

    itinerary = []
    cities = all_cities()
    starting_city = randomize_city_start(list(cities.keys()))
    # print "starting_city: %s" % starting_city
    cities_visited = {}
    # we want to iterate through all cities once
    count = 1
    while True:
        possible_routes = []
        # print "starting city: %s" % starting_city
        for path in data_set:
            if starting_city in path["city_start"]:
                # we can't go to cities we have already visited
                if path["city_end"] in cities_visited:
                    continue
                else:
                    # print "path: ", path
                    possible_routes.append(path)

        if not possible_routes:
            break
        # append this to itinerary
        route = get_shortest_route(possible_routes)
        # print "Route(%s): %s " % (count, route)
        count += 1
        itinerary.append(route)
        # add this city to the visited city list
        cities_visited[route[0]] = count
        # print "cities_visited: %s " % cities_visited
        # reset the starting_city to the next city
        starting_city = route[1]
        # print "itinerary: %s" % itinerary

    return itinerary


def get_total_distance(complete_itinerary):
```

```
    distance = sum(z for x, y, z in complete_itinerary)
    return distance


def lowest_simulation(num):

    routes = {}
    for _ in range(num):
        itinerary = greedy_path()
        distance = get_total_distance(itinerary)
        routes[distance] = itinerary
    shortest_distance = min(routes.keys())
    route = routes[shortest_distance]
    return shortest_distance, route


def main():
    """runs everything"""

    if len(sys.argv) == 2:
        iterations = int(sys.argv[1])
        print("Running simulation %s times" % iterations)
        distance, route = lowest_simulation(iterations)
        print("Shortest Distance: %s" % distance)
        print("Optimal Route: %s" % route)
    else:
        # print "All Routes: %s" % data_set
        itinerary = greedy_path()
        print("itinerary: %s" % itinerary)
        print("Distance: %s" % get_total_distance(itinerary))


if __name__ == "__main__":
    main()
```

让我们运行这个“贪婪”算法25次。可以看到，它找到了129，一个“好”解。这个版本可能是，也可能不是更广泛坐标集中的最佳解决方案，但对于我们的目的来说，它足以开始公路旅行：

```
> ./greedy-random-tsp.py 25
Running simulation 25 times
Shortest Distance: 129
Optimal Route: [(b'WFC', b'URS', 0), (b'URS', b'GPS', 1),\
(b'GPS', b'PCG', 1), (b'PCG', b'MCK', 3), (b'MCK', b'SFO', 16),\
(b'SFO', b'ORCL', 20), (b'ORCL', b'HPQ', 12), (b'HPQ', b'GOOG', 6),\
(b'GOOG', b'AAPL', 11), (b'AAPL', b'INTC', 8), (b'INTC', b'CSCO', 6),\
(b'CSCO', b'EBAY', 0), (b'EBAY', b'SWY', 32), (b'SWY', b'CVX', 13)]
```

可以看到，如果我仅运行这个模拟一次，那么它就会随机选择一个更差的距离，143：

```
> ./greedy-random-tsp.py 1
Running simulation 1 times
Shortest Distance: 143
Optimal Route: [(b'CSCO', b'EBAY', 0), (b'EBAY', b'INTC', 6),\
(b'INTC', b'AAPL', 8), (b'AAPL', b'GOOG', 14), (b'GOOG', b'HPQ', 6),\
(b'HPQ', b'ORCL', 12), (b'ORCL', b'SFO', 20), (b'SFO', b'MCK', 16),\
 (b'MCK', b'WFC', 2), (b'WFC', b'URS', 0), (b'URS', b'GPS', 1),\
 (b'GPS', b'PCG', 1), (b'PCG', b'CVX', 44), (b'CVX', b'SWY', 13)]
```

请看图 2-11 中，我将如何在真实场景中运行代码的多次迭代以“尝试想法”。如果数据集很大而且我很赶时间，我可能只做几次模拟，但如果我当天离开，我可能会让它运行 1000 次并在我第二天早上回来的时候完成。一个地理坐标数据集中可能有许多局部最小值——没有完全达到全局最小值，或者最优解。

```
or — noahgift@M1-Replica — ~/src/or — -zsh — 117×27
(.or) → or git:(master) ✗ ./greedy-random-tsp.py 25
Running simulation 25 times
Shortest Distance: 129
Optimal Route: [(b'WFC', b'URS', 0), (b'URS', b'GPS', 1), (b'GPS', b'PCG', 1), (b'PCG', b'MCK', 3), (b'MCK', b'SFO',
16), (b'SFO', b'ORCL', 20), (b'ORCL', b'HPQ', 12), (b'HPQ', b'GOOG', 6), (b'GOOG', b'AAPL', 11), (b'AAPL', b'INTC', 8
), (b'INTC', b'CSCO', 6), (b'CSCO', b'EBAY', 0), (b'EBAY', b'SWY', 32), (b'SWY', b'CVX', 13)]
(.or) → or git:(master) ✗ ./greedy-random-tsp.py 1
Running simulation 1 times
Shortest Distance: 143
Optimal Route: [(b'CSCO', b'EBAY', 0), (b'EBAY', b'INTC', 6), (b'INTC', b'AAPL', 8), (b'AAPL', b'GOOG', 14), (b'GOOG'
, b'HPQ', 6), (b'HPQ', b'ORCL', 12), (b'ORCL', b'SFO', 20), (b'SFO', b'MCK', 16), (b'MCK', b'WFC', 2), (b'WFC', b'URS
', 0), (b'URS', b'GPS', 1), (b'GPS', b'PCG', 1), (b'PCG', b'CVX', 44), (b'CVX', b'SWY', 13)]
(.or) → or git:(master) ✗
```

图 2-11：TSP 模拟

优化是我们生活的一部分，我们使用贪心算法来解决日常问题，因为它们很直观。优化也是机器学习如何使用梯度下降工作的核心。机器学习问题使用梯度下降算法迭代地寻找局部或全局最小值，如图 2-12 所示。

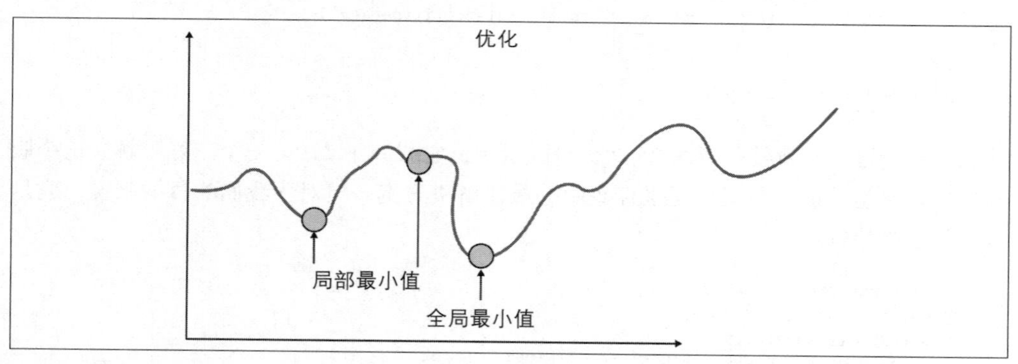

图 2-12：优化

> **深度学习直觉笔记**
>
> 对于 MLOps，收敛（即创建一个模型，找到一个不会通过添加更多数据来改进的解决方案）是一个基本的操作问题。例如，基于 GPU 的训练集群是否允许更快的收敛？基于 CPU 的训练集群会降低成本吗？运维成本可能会拖垮现实世界中的公司或项目，因此双方都必须对优化的工作原理有一种直觉，并在实践中对其进行测试。
>
> TensorFlow Playground（*https://oreil.ly/2N9DI*）是增强梯度下降直觉的一个有价值的

工具。特别是，对学习率的实验表明，过高的学习率会导致振荡，如图 2-13 所示。注意测试损失保持在 0.984，因为学习率太高而无法有效地使用梯度下降算法。同样，如果你将学习率设置得太低，它可能无法达到全局最小值，或者需要很长时间才能收敛到正确的解。

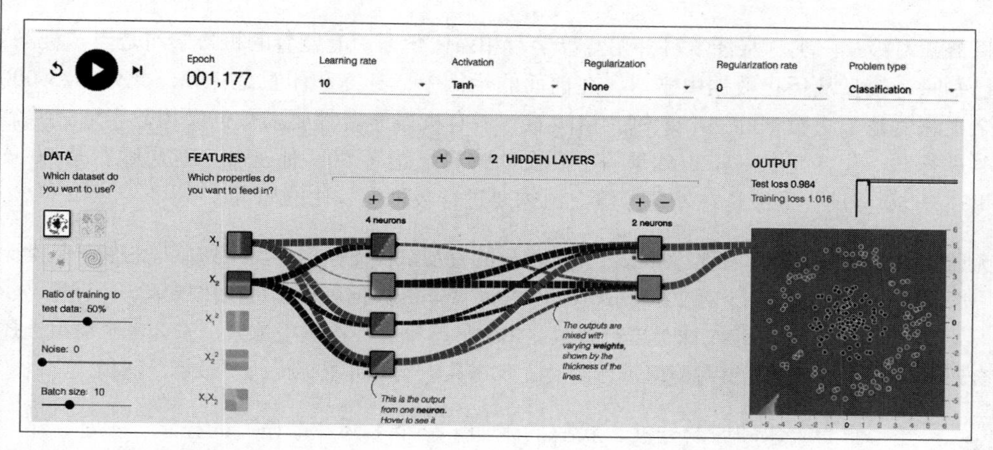

图 2-13：学习率过高

从数学上讲，这组权衡如图 2-14 所示。最佳学习率收敛于全局最小值，但太高会导致抖动，如 TensorFlow Playground 示例所示。或者，太低会导致陷入局部最小值或收敛时间过长。

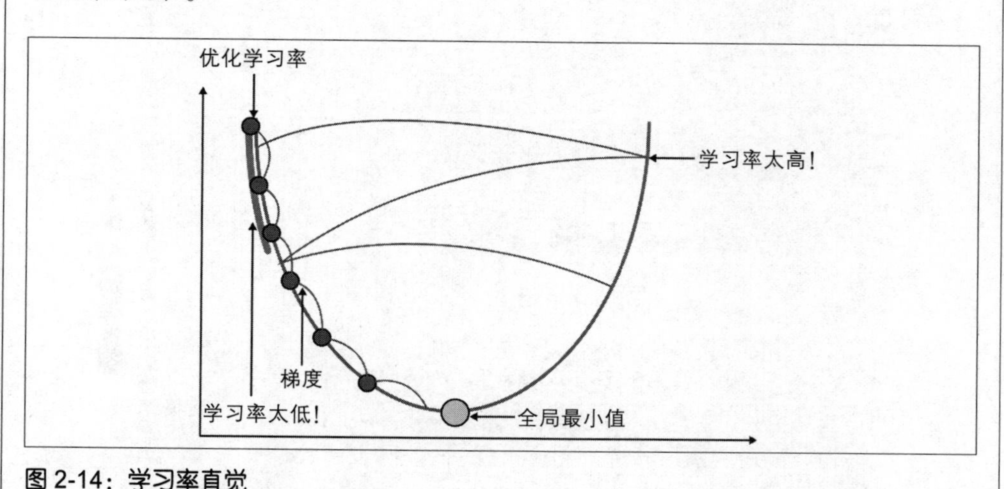

图 2-14：学习率直觉

接下来，让我们深入了解机器学习的核心概念。

2.9 机器学习关键概念

机器学习是计算机无须显式编程即可执行任务的能力。它们通过从数据中“学习”来做到这一点。如前所述，一个好的直觉是可以根据身高预测体重的机器学习模型。它可以从 25 000 次观察中“学习”，然后给出预测。

机器学习涉及三类：监督学习、无监督学习和强化学习。有监督的机器学习是当“标签”已知时，模型从历史数据中学习。在前面的示例中，身高和体重是标签。此外，25 000 个观测值是历史数据的一个示例。请注意，所有机器学习都要求数据采用数字形式并需要进行归一化。想象一下，如果一个朋友吹嘘自己跑了 50。他是什么意思呢？是 50 英里还是 50 英尺？量级是在处理预测之前需要进行数据归一化的原因。

无监督机器学习可以“发现”标签。一个很好的直观认识无监督学习工作原理的例子是类比一个 NBA 赛季。图 2-15 对 2015～2016 年 NBA 赛季的数据进行了可视化展示，计算机“学习”了如何对不同的 NBA 球员进行分组。由领域专家（在本例中是我）来为每个群组选择合适的标签。该算法能够对群组进行聚类，我将其中一个群组标记为“最佳”球员。

作为篮球领域的专家，我随后添加了一个名为“最佳”的标签。不过，另一个领域专家可能不同意，称这些球员为“全方位精英”或其他标签。聚类既是一门艺术，也是一门科学。拥有一位理解如何权衡分配聚类数据集标签的领域专家可以决定无监督机器学习预测的有效性。

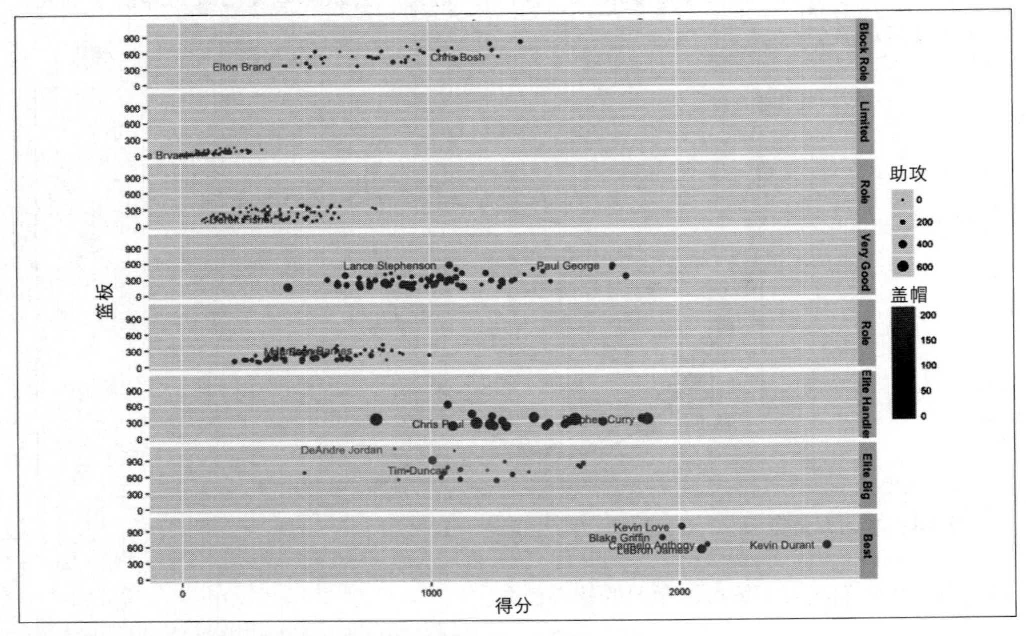

图 2-15：基于 *k*- 均值算法对 NBA 球员的聚类、分组

计算机根据四种属性的比较对数据进行分组：得分、篮板、盖帽和助攻。然后，在多维空间中，将彼此之间总距离最小的球员分组以形成标签。这就是聚类算法将 LeBron James 和 Kevin Durant 分到一个群组的原因，他们有相似的指标。此外，Stephen Curry 和 Chris Paul 很相似，因为他们得分很多，助攻也很多。

k- 均值聚类的一个常见困境是如何选择正确数量的聚类。这部分问题也是艺术和科学问题，因为不一定有完美的答案。一种解决方案是使用框架为你创建肘部图（Elbow），例如用于 sklearn 中的 Yellowbrick（*https://oreil.ly/wwu35*）。

另一种 MLOps 方式的解决方案是让 MLOps 平台（例如 AWS Sagemaker）通过自动超参数调优（*https://oreil.ly/XKJc2*）来执行 *k*- 均值聚类数量分配。

最后，通过强化学习，智能体（agent）探索环境以学习如何执行任务。例如，宠物或小孩，他们知道如何通过探索环境与世界互动。一个更具体的例子是 AWS DeepRacer 系统，它允许你训练模型车在赛道上行驶，如图 2-16 所示。

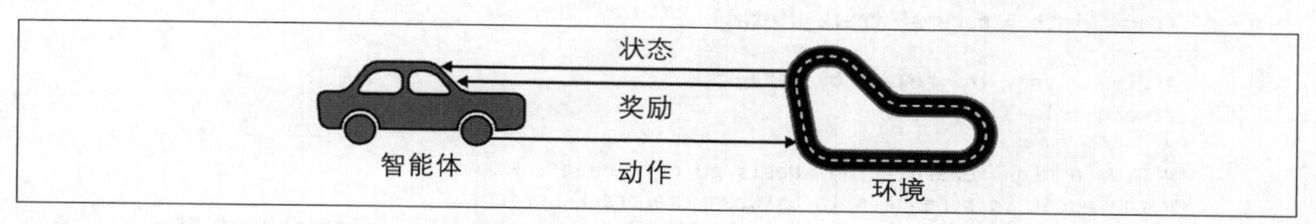

图 2-16：AWS DeepRacer 系统

智能体（即汽车）与环境（即轨道）交互。车辆穿过轨道的每个部分，平台存储有关它在轨道上的位置数据。奖励函数决定了智能体每次穿过轨道时的互动方式。随机性在训练这种类型的模型中起着巨大的作用，因此不同的奖励函数策略可能会产生不同的结果。

以下是用 Python 为 AWS DeepRacer 编写的奖励函数的示例，该函数奖励汽车沿着中心线运行：

```
reward_function(params):
'''
Example of rewarding the agent for following the centerline
'''

# Read input parameters
track_width = params['track_width']
distance_from_center = params['distance_from_center']

# Calculate 3 markers that are at varying distances away from the centerline
marker_1 = 0.1 * track_width
marker_2 = 0.25 * track_width
marker_3 = 0.5 * track_width

# Give higher reward if the car is closer to centerline and vice versa
```

```
    if distance_from_center <= marker_1:
        reward = 1.0
    elif distance_from_center <= marker_2:
        reward = 0.5
    elif distance_from_center <= marker_3:
        reward = 0.1
    else:
        reward = 1e-3  # likely crashed/ close to off track

    return float(reward)
```

下面是一个不同的奖励函数，奖励智能体停留在轨道的两个边界内。这种方法类似于之前的奖励函数，但它可能会产生截然不同的结果：

```
def reward_function(params):
    '''
    Example of rewarding the agent for staying inside the two borders of the
    track
    '''

    # Read input parameters
    all_wheels_on_track = params['all_wheels_on_track']
    distance_from_center = params['distance_from_center']
    track_width = params['track_width']

    # Give a very low reward by default
    reward = 1e-3

    # Give a high reward if no wheels go off the track and
    # the agent is somewhere in between the track borders
    if all_wheels_on_track and (0.5*track_width - distance_from_center) >= 0.05:
        reward = 1.0

    # Always return a float value
    return float(reward)
```

在生产中进行机器学习需要本章涵盖的基础知识，即知道使用哪种方法。例如，通过无监督机器学习发现标签对于支付最多的客户的确定是非常宝贵的。类似地，可以通过基于历史数据并创建预测的监督机器学习方法来预测下个季度将销售的单位数量。接下来，让我们深入了解数据科学的基础知识。

2.10 开展数据科学工作

另一个需要掌握的基本技能是“数据科学方法”。我建议使用 Notebook 创建以下公式化结构：摄取数据、EDA（探索数据分析）、建模和结论。这种结构允许团队中的任何人快速切换不同的项目环节以了解它。此外，对于部署到生产中的模型，最好与部署模型的代码一起准备一个 Notebook，作为项目背后思考的 README。你可以在图 2-17 中看到一个示例。

你可以在关于 COVID（*https://oreil.ly/1iQps*）数据科学的 Colab Notebook 中看到该结构的示例。

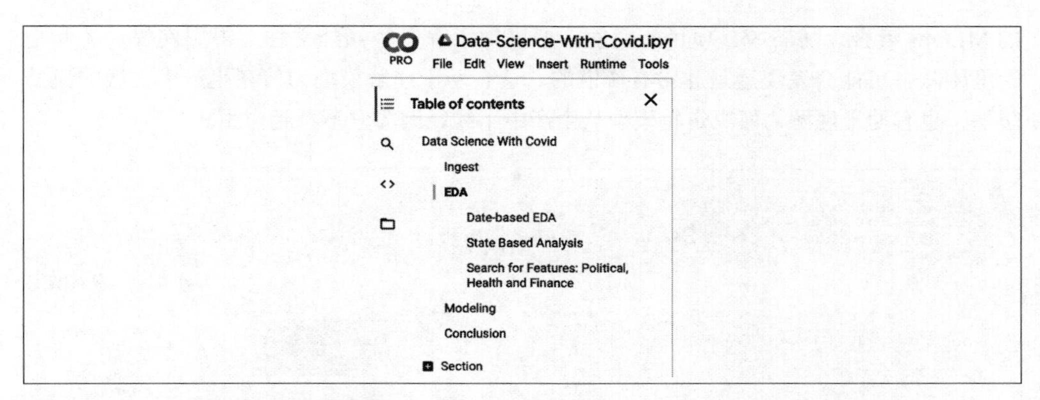

图 2-17：Colab Notebook 结构示意

Notebook 各个部分的这种清晰分解意味着每个部分都可以成为编写数据科学书籍的“章节”。摄取数据（Ingest）部分通过 Web 请求加载的数据源，即直接提供给 Pandas。其他人可以使用这种方法复制 Notebook 中数据源，如图 2-18 所示。

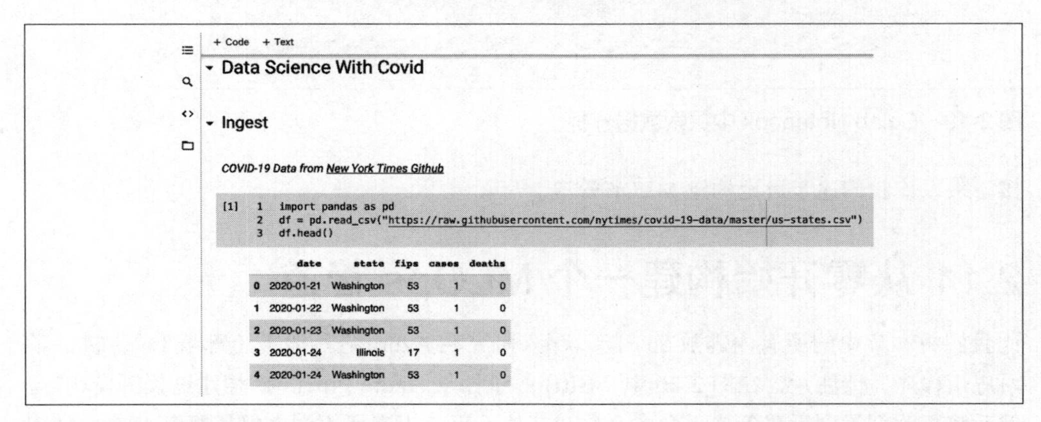

图 2-18：Colab Notebook 结构

探索数据分析（EDA）部分用于探索想法。数据是怎么回事？这是一个发现的机会，图 2-19 使用 Plotly 展示了 COVID 的主要状态。

建模部分是模型所在的位置。稍后可以看到，这种可重复性可能至关重要，因为 MLOps 管道可能需要参考模型创建的方式。例如，你可以在“Boston Housing Pickle”这个 Colab Notebook（*https://oreil.ly/9XhWC*）中看到序列化 sklearn 模型的一个很好的例子。请注意，我测试了该模型最终将如何在 API 或基于云的系统中运行，例如 Flask ML 部署项目（*https://oreil.ly/6glox*）。

结论部分应该是商业领袖做出决策的总结。最后，将你的项目同步到 GitHub 以构建你的 MLOps 组合。随着 ML 项目的成熟，严谨地添加这些额外文档会得到回报。尤其是运维团队，可能会发现这是非常有价值的，这有助于理解模型为何在生产中上线的原始想法，也有助于理解为何决定将模型从生产中下线，因为它不再起作用。

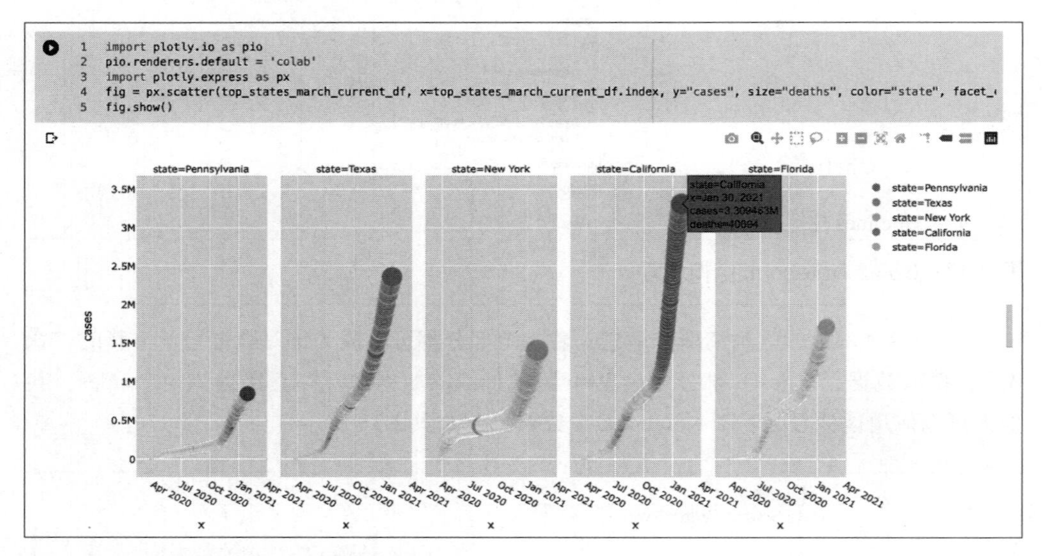

图 2-19：Colab Notebook 中探索数据分析

接下来，让我们逐步讨论构建 MLOp 管道。

2.11 从零开始构建一个 MLOps 管道

让我们将本章中的所有内容放在一起，深入研究在 Azure 应用服务上部署 Flask 机器学习应用程序。请注意，在图 2-20 中，GitHub 事件从 Azure Pipelines 构建过程触发构建，然后将更改部署到无服务器平台。名称在其他云平台上有所不同，但从概念上讲，AWS 和 GCP 中的内容非常相似。

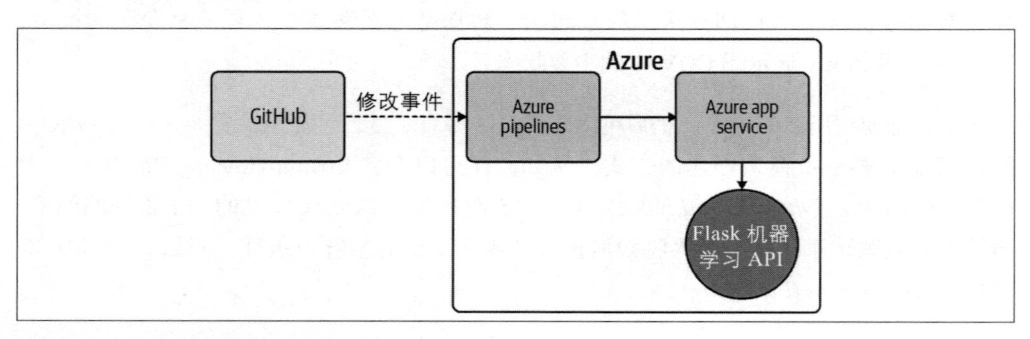

图 2-20：MLOps 概述

在本地运行，参照以下步骤：

1. 创建一个虚拟环境，并导入环境变量，

```
python3 -m venv ~/.flask-ml-azure
source ~/.flask-ml-azure/bin/activate
```

2. 运行“`make install`”。
3. 运行“`python app.py`”。
4. 在另一个 shell 终端中，运行“`./make_prediction.sh`”。

在 Azure Pipelines 中运行，参照以下步骤（参考 Azure 官方帮助文档了解完整步骤：*https://oreil.ly/OLM8d*）：

1. 启动 Azure Cloud Shell 终端，如图 2-21 所示。

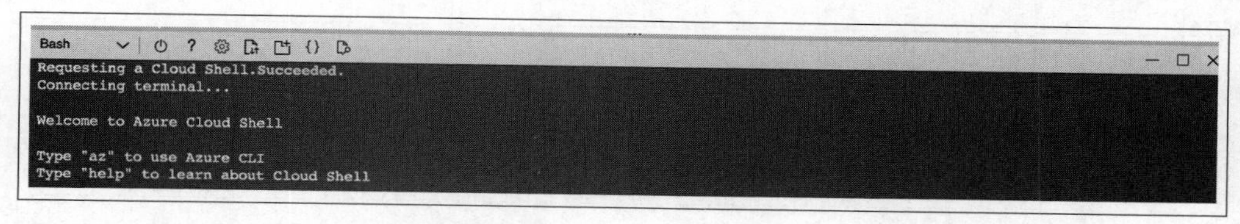

图 2-21：启动 Azure Cloud Shell 终端

2. 创建一个 GitHub 仓库，授权 Azure Pipelines 访问（从 GitHub 仓库 fork 代码），如图 2-22 所示。

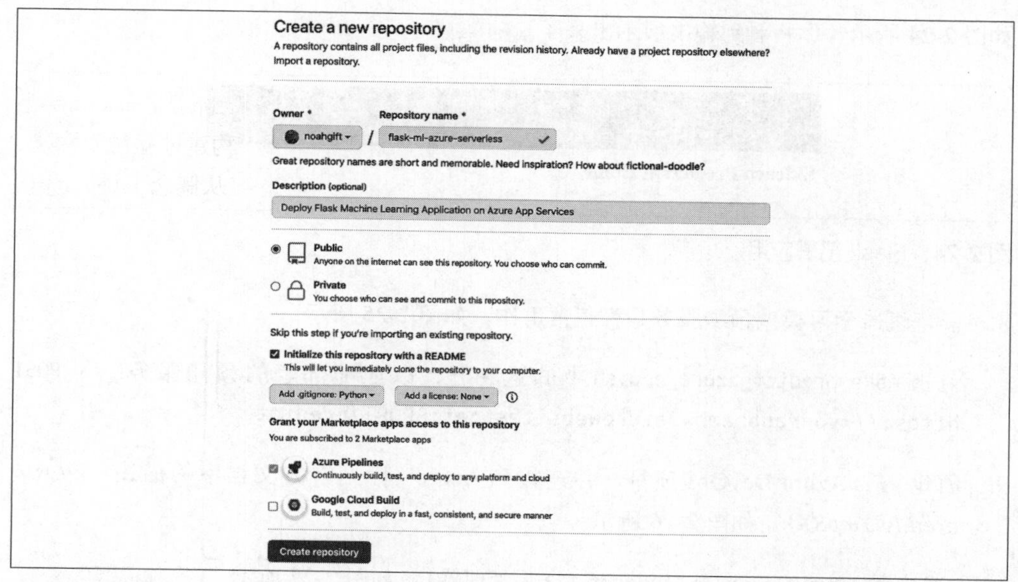

图 2-22：使用 Azure Pipelines 创建 GitHub 仓库

3. 将代码仓库克隆到 Azure Cloud Shell 中。

如果你需要了解如何设置 SSH 密钥的更多信息，可以参照这个 YouTube 视频进行 SSH 密钥设置和云 shell 环境配置。

4. 创建一个虚拟环境，并导入环境变量：

```
python3 -m venv ~/.flask-ml-azure
source ~/.flask-ml-azure/bin/activate
```

5. 运行“`make install`”

6. 在 Cloud Shell 中创建一个应用（app）服务，并开始部署你的应用，如图 2-23 所示。

```
az webapp up -n <your-appservice>
```

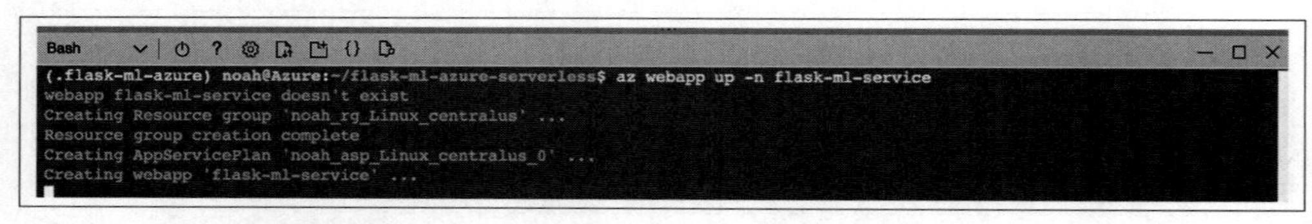

图 2-23：Flask 机器学习服务

7. 通过在浏览器中访问部署应用的 url（*https://<your-appservice>.azurewebsites.net/*），验证部署的应用是否正常工作。

如图 2-24 所示，你将看到输出展示出来了。

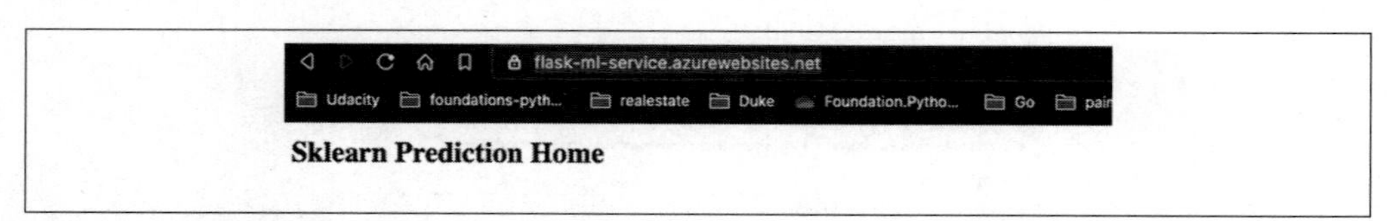

图 2-24：Flask 部署应用

8. 验证机器学习模型预测服务是否正常工作，如图 2-25 所示。

   修改 `make_predict_azure_app.sh` 中的这一行，以匹配部署的预测服务：`-X POST https://<yourappname>.azurewebsites.net:$PORT/predict`。

9. 创建一个 Azure DevOps 项目，并连接到 Azure（详见官方文档中的描述：*https://oreil.ly/YmpSY*），如图 2-26 所示。

10. 连接到 Azure Resource Manager（资源管理器），如图 2-27 所示。

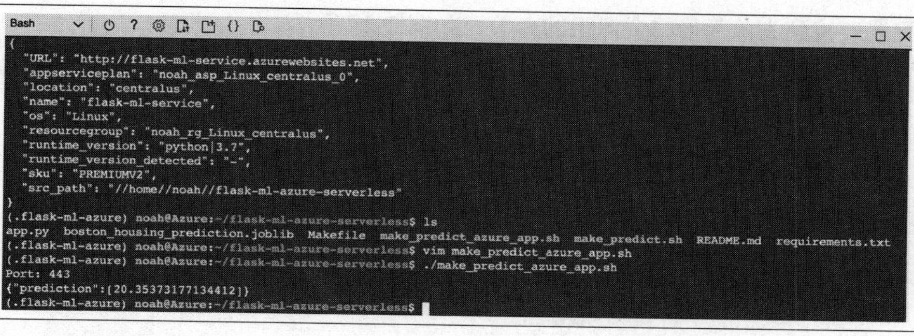

Bash
{
"URL": "http://flask-ml-service.azurewebsites.net",
"appserviceplan": "noah_asp_Linux_centralus_0",
"location": "centralus",
"name": "flask-ml-service",
"os": "Linux",
"resourcegroup": "noah_rg_Linux_centralus",
"runtime_version": "python|3.7",
"runtime_version_detected": "-",
"sku": "PREMIUMV2",
"src_path": "//home//noah//flask-ml-azure-serverless"
}
(.flask-ml-azure) noah@Azure:~/flask-ml-azure-serverless$ ls
app.py boston_housing_prediction.joblib Makefile make_predict_azure_app.sh make_predict.sh README.md requirements.txt
(.flask-ml-azure) noah@Azure:~/flask-ml-azure-serverless$ vim make_predict_azure_app.sh
(.flask-ml-azure) noah@Azure:~/flask-ml-azure-serverless$ ./make_predict_azure_app.sh
Port: 443
{"prediction":[20.35373177134412]}
(.flask-ml-azure) noah@Azure:~/flask-ml-azure-serverless$

图 2-25：成功的预测

Azure DevOps
flaskml
New organization
flaskml
Projects
My work items
flask-azure-web-ap
Create new project
Project name *
Flask-ML-Deploy
Description
Deploy Flask Machine Learning Application
Visibility
Public
Anyone on the internet can view the project. Certain features like TFVC are not supported.
Private
Only people you give access to will be able to view this project.
Advanced
Sprint 173 Release Notes
In this sprint, we have introduced a new option that allows customers to set a custom default branch name for all new repositories. Learn more
Organization settings
Cancel
Create

图 2-26：Azure DevOps 连接

flaskml / Flask-ML-Deploy / Settings / Service connections
Project Settings
Flask-ML-Deploy
General
Overview
Teams
Permissions
Notifications
Service hooks
Dashboards
Boards
Project configuration
Team configuration
GitHub connections
Repos
Repositories
Pipelines
Agent pools
Parallel jobs
Settings
Test management
Release retention
Service connections
XAML build services
Test
Create your first service
New service connection
Choose a service or connection type
Search connection types
Azure Classic
Azure Repos/Team Foundation Server
Azure Resource Manager
Azure Service Bus
Bitbucket Cloud
Chef
Docker Host
Docker Registry
Generic
GitHub
GitHub Enterprise Server
Incoming WebHook
Jenkins
Jira
Learn more
Next

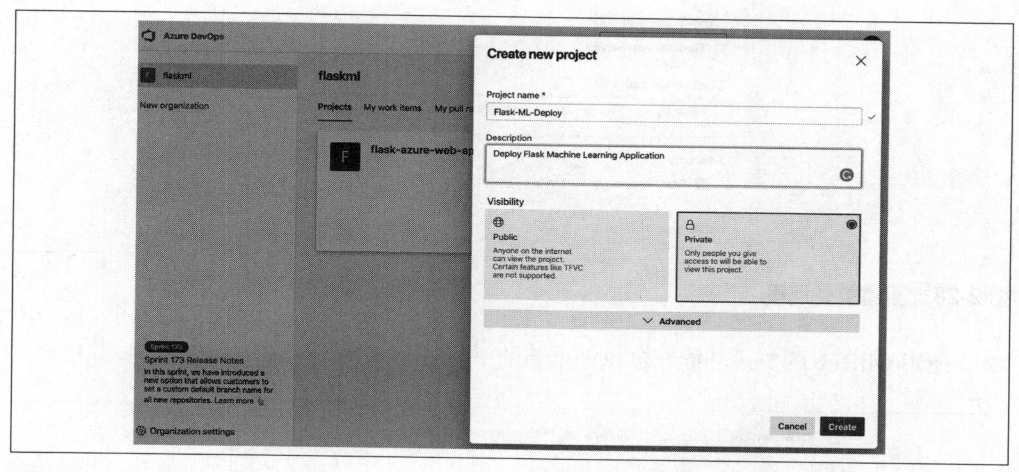

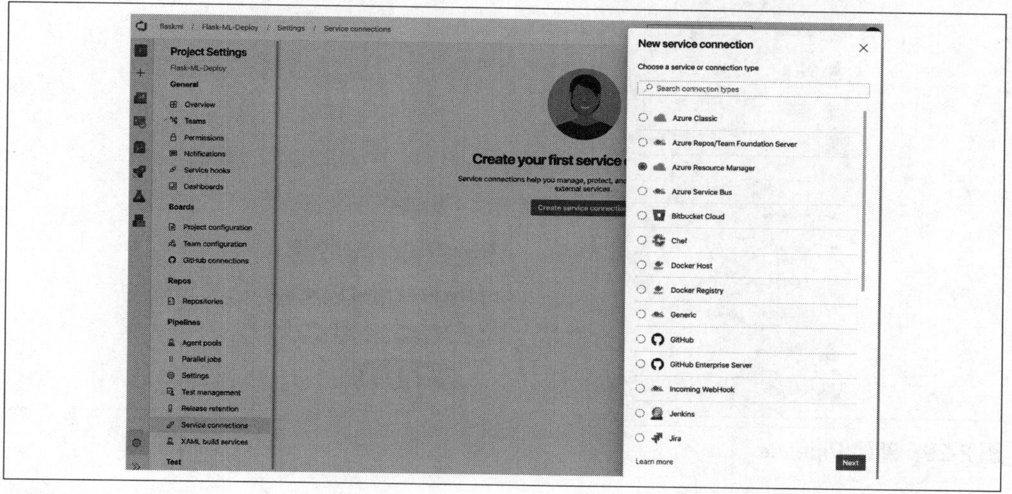

图 2-27：服务连接器

11. 配置连接到先前部署的资源组的参数，如图 2-28 所示。

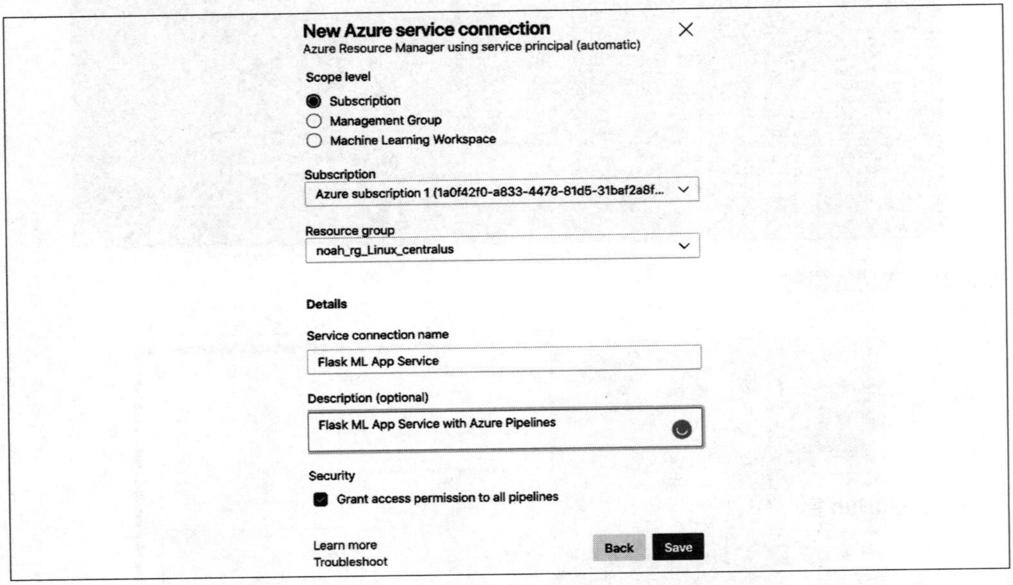

New Azure service connection
Azure Resource Manager using service principal (automatic)
Scope level
Subscription
Management Group
Machine Learning Workspace
Subscription
Azure subscription 1 (1a0f42f0-a833-4478-81d5-31baf2a8f...
Resource group
noah_rg_Linux_centralus
Details
Service connection name
Flask ML App Service
Description (optional)
Flask ML App Service with Azure Pipelines
Security
Grant access permission to all pipelines
Learn more
Troubleshoot
Back
Save

图 2-28：新建服务连接

12. 使用 GitHub 的集成功能，创建一个新的 Python pipeline，如图 2-29 所示。

Azure DevOps
flaskml / Flask-ML-Deploy / Pipelines
Search
Flask-ML-Deploy
Overview
Boards
Repos
Pipelines
Pipelines
Environments
Releases
Library
Task groups
Deployment groups
Test Plans
Artifacts
Create your first Pipeline
Automate your build and release processes using our wizard, and go from code to cloud-hosted within minutes.
Create Pipeline

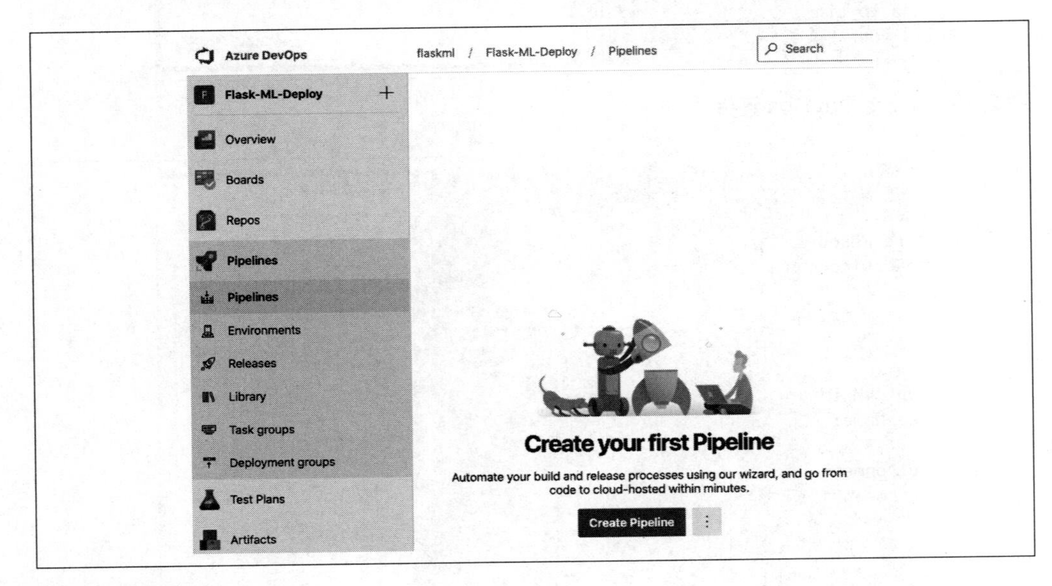

图 2-29：新建 Pipeline

最后，设置 GitHub 集成相关参数，如图 2-30 所示。

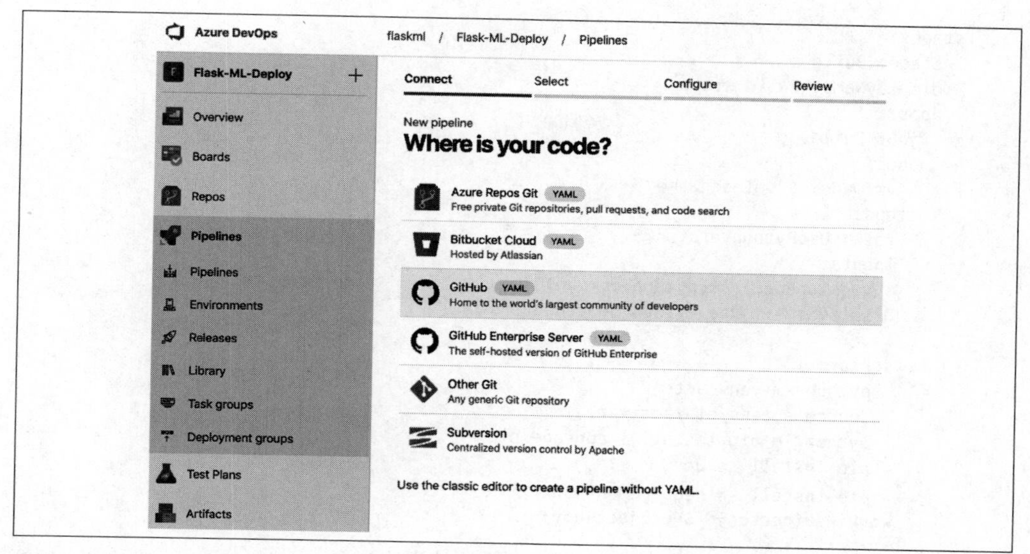

图 2-30：GitHub 集成

这个过程将创建一个 YAML 文件，该文件大致类似于以下代码中显示的 YAML 输出。有关它的更多信息，请参阅官方 Azure Pipeline YAML 文档（*https://oreil.ly/mU5rS*）。这是机器生成文件的第一部分：

```
# Python to Linux Web App on Azure
# Build your Python project and deploy it to Azure as a Linux Web App.
# Change python version to one thats appropriate for your application.
# https://docs.microsoft.com/azure/devops/pipelines/languages/python

trigger:
- master

variables:
  # Azure Resource Manager connection created during pipeline creation
  azureServiceConnectionId: 'df9170e4-12ed-498f-93e9-79c1e9b9bd59'

  # Web app name
  webAppName: 'flask-ml-service'

  # Agent VM image name
  vmImageName: 'ubuntu-latest'

  # Environment name
  environmentName: 'flask-ml-service'

  # Project root folder. Point to the folder containing manage.py file.
  projectRoot: $(System.DefaultWorkingDirectory)

  # Python version: 3.7
  pythonVersion: '3.7'
```

```
stages:
- stage: Build
  displayName: Build stage
  jobs:
  - job: BuildJob
    pool:
      vmImage: $(vmImageName)
    steps:
    - task: UsePythonVersion@0
      inputs:
        versionSpec: '$(pythonVersion)'
      displayName: 'Use Python $(pythonVersion)'

    - script: |
        python -m venv antenv
        source antenv/bin/activate
        python -m pip install --upgrade pip
        pip install setup
        pip install -r requirements.txt
      workingDirectory: $(projectRoot)
```

13. 通过修改 *app.py*，验证 Azure Pipelines 的持续发布功能。

    你可以在 YouTube 上观看这个完整过程。

14. 增加一个代码检查步骤（避免你的代码出现语法错误）：

```
- script: |
    python -m venv antenv
    source antenv/bin/activate
    make install
    make lint
  workingDirectory: $(projectRoot)
  displayName: 'Run lint tests'
```

为完整了解以上代码，你可以在 YouTube 上观看 MLOps 部署过程的视频。

2.12 小结

本章旨在为你提供将机器学习部署到生产中所需的基础知识，即 MLOps。MLOps 的挑战之一是该领域的多学科性。在处理本质上很复杂的事情时，一个好的方法是从小处开始，让最基本的解决方案起作用，然后从那里迭代。

对于希望推进 MLOps 的组织来说，了解基本技能也很重要。特别是，这意味着团队必须了解云计算的基础知识，包括 Linux 终端以及如何使用它。同样，对 DevOps 的深刻理解——如何设置和使用 CI/CD——是执行 MLOps 的必要组成部分。最后这个练习是对你技能的绝佳测试，然后再深入本书后面的更细微的主题，并将所有这些基础组件整合到一个极简的基于 MLOps 的项目中。

在第 3 章中，我们将深入研究容器和边缘设备。这些是大多数 MLOps 平台（如 AWS SageMaker 或 Azure ML Studio）的基本组件，并以本章涵盖的知识为基础。

练习题

- 运行一个“hello world”Python GitHub 项目，进行代码检查并在 AWS、Azure 和 GCP 三个云上进行测试。
- 使用 AWS Elastic Beanstalk 创建一个新的 Flask 应用程序，进行“hello world”类型的体验。如果你认为其他人会觉得有帮助，可以将代码放入 GitHub 仓库中，并附上它在 GitHub README 中提供请求的屏幕截图。然后创建一个持续交付流程并使用 AWS CodeBuild 部署 Flask 应用程序。
- Fork 这个包含 Flask 机器学习应用程序的代码仓库（*https://oreil.ly/IItEr*），并使用 Elastic Beanstalk 和 Code Pipeline 在 AWS 上通过持续交付部署这个应用。
- Fork 这个包含 Flask 机器学习应用程序的代码仓库（*https://oreil.ly/JSsEQ*），并使用 Google App Engine 和 Cloud Build 或 Cloud Run 和 Cloud Build 在 GCP 上通过持续交付部署这个应用。
- Fork 这个包含 Flask 机器学习应用程序的代码仓库（*https://oreil.ly/F2uBk*），并使用 Azure App Services 和 Azure DevOps Pipelines 在 Azure 上通过持续交付部署这个应用。
- 使用 Traveling Salesman 代码示例并将其移植到你从 API 中获取的坐标，例如你想要旅行的城市中所有最好的餐厅。你再也不会像以前一样规划假期旅行了。
- 使用 TensorFlow Playground（*https://oreil.ly/ojebX*），修改不同数据集和问题类型等超参数进行试验。你能确定不同数据集的隐藏层、学习率和正则化率的最佳配置吗？

独立思考和讨论

- 一家专门从事 GPU 数据库的公司的一位关键技术成员主张他们应该停止使用云，因为购买他们的 GPU 硬件会更实用，可以“7 × 24 小时”全天候运行。这还将允许他们可以以更快的速度访问专用 GPU。另一方面，一位拥有所有 AWS 认证的关键技术成员承诺，如果他敢尝试，就会解雇他。他声称他们已经在 AWS 上投入了太多资金。你是支持还是反对这个提议呢？
- 一位“Red Hat 认证工程师”为一家只有 100 名员工的公司建造了东南部最成功的数据中心之一。尽管该公司是一家电子商务公司而不是一家云公司，但他声称这为公司带来了巨大的优势。

另一方面，一位“谷歌认证架构师”和“杜克大学数据科学硕士”毕业生声称，使用自己的数据中心，公司处于危险境地。他指出，该公司在不断流失数据中心工程师，并且没有灾难恢复计划或容错能力。你是支持还是反对这个提议呢？

- AWS Lambda 和 AWS Elastic Beanstalk 之间的主要技术差异是什么？每种解决方案的优缺点分别是什么？
- 为什么像 AWS 上的 EFS 或 Google Filestore 这样的托管文件服务在美国企业的真实 MLOps 工作流程中会有帮助？
- Kaizen 从一个简单的问题开始：我们能做得更好吗？如果是这样，我们应该怎么做才能使本周或今天变得更好？最后，我们如何将 Kaizen 应用到我们的机器学习项目中？

第3章

容器和边缘设备的 MLOps

Alfredo Deza

脑裂实验始于眼间迁移问题。也就是说，如果一个人学习使用一只眼睛解决问题，然后遮住这只眼睛并使用另一只眼睛，则无须更多学习就可以轻松解决问题。这被称为“眼间迁移学习”。当然，学习不是在一只眼睛中然后迁移到另一只眼睛，但通常采用这样的描述方式。迁移发生的事实看起来是显而易见的，但正是在对显而易见性的质疑中，往往会产生新的发现。当前场景下的问题是：用一只眼睛学习的内容是如何出现在另一只眼睛中的？用实验可测试的术语来说，两只眼睛在哪里相连？实验表明，迁移实际上是通过胼胝体在大脑左右半球之间发生的。

——Joseph Bogen 博士

当我开始从事技术工作时，虚拟机（托管在物理机中的虚拟服务器）定位良好且无处不在——从虚拟主机提供商到在 IT 机房中拥有大型服务器的普通公司，到处都可以轻松找到它们。许多在线软件提供商都提供虚拟主机。在工作中，我不断提升自己的技能，尝试尽可能多地学习虚拟化。在其他主机中运行虚拟机的能力提供了很多（受欢迎的）灵活性。

每当一项新技术解决了一个问题（或任何数量的问题）时，就会产生一系列新的其他问题。对于虚拟机，这些问题之一是如何迁移。如果物理服务器 A 需要安装新的操作系统，系统管理员需要将其上的虚拟机迁移到物理服务器 B 上。虚拟机与初始配置时的数据一样大：50GB 虚拟驱动器意味着代表虚拟驱动器的文件大小为 50GB。将大约 50GB 的数据从一台服务器迁移到另一台需要花费一些时间。如果迁移运行在虚拟机上的关键服务，你如何最大限度地减少停机时间？

这些问题中的大多数都有相应的策略来最大限度地减少停机时间并提高鲁棒性：快照、恢复、备份。Xen Project 和 VMWare 等软件项目使这些问题相对容易解决，而云提供商实际上消除了它们。

如今，虚拟机在云产品中仍然占有重要地位。例如，谷歌云把这些虚拟机称为计算引擎，其他提供商也有类似的名称。很多虚拟机也提供了 GPU 能力，为机器学习相关场景提供更好的性能。

虽然已经有了虚拟机技术，但掌握两种类型的模型部署技术——容器和边缘设备——变得越来越重要。认为虚拟机非常适合在边缘设备（如手机）上运行，或适合快速开发迭代具有一系列可重复文件的项目，这是不合理的。你不会总是面临使用其中一种或另一种技术的抉择，但能清晰地理解这些技术（以及它们的运作方式）将使你成为一个更优秀的机器学习工程师。

3.1 容器

由于拥有虚拟机所有的能力和鲁棒性，掌握容器和容器化技术至关重要。我记得 2013 年，当 docker 首次发布时，我正在圣克拉拉举办的 PyCon 观众席上。我感觉相当不可思议！其所展示的虚拟化技术对 Linux 来说并不新鲜。新的和革命性的是工具。Linux 具有 LXC（或 Linux 容器），它提供了许多我们认为现今容器应该具有的功能。但 LXC 的工具化不是很好，而 Docker 带来了一个关键因素，成功变成了容器化的领导者：通过注册中心轻松协作和共享。

注册中心允许任何开发人员将其更改推送到中心服务器，然后其他人可以拉取这些更改并将其在本地运行。注册中心支持与处理容器相同的工具（所有都是无缝衔接的），这些工具推动技术以令人难以置信的速度向前发展。

在本节中，请确保你安装了容器运行时环境。对于本节中的示例，使用 Docker 可能更容易（*https://oreil.ly/iEX4x*）。安装之后，确保 `docker` 命令可以显示帮助信息，以验证安装成功。

我见过关于容器和虚拟机对比的最重要描述（*https://oreil.ly/SQUjS*）之一来自红帽。简而言之，容器是关于应用程序本身的，只关心应用程序是什么（如源代码和其他支持文件）与它需要运行什么（如数据库）。

传统上，工程师通常使用虚拟机来安装、配置和运行一体化服务，这些一体化服务包括数据库、Web 服务和其他一些系统服务。这些类型的应用程序是一体的，在一体机中具有相互依存性。

另一方面，微服务是一个可以独立运行的应用程序，它与其他依赖系统（如数据库）完全解偶。虽然你可以使用虚拟机来部署微服务，但更常见的是使用容器来进行部署。

如果你已经比较熟悉创建和运行容器的操作，在 4.2 节中，我涵盖了如何通过编程来构建具有预训练模型的容器，这一过程采用了这些概念，并通过自动化增强它们。

3.1.1 容器运行时

你可能已经注意到我提到了容器、Docker 和容器运行时。当人们在交替使用这些术语时，可能会给你造成一定的困扰。由于 Docker（公司）最初开发了用于创建、管理和运行容器的工具，因此人们常常会说“ Docker 容器”。运行时是指在系统中运行一个所需软件的容器，其也是由 Docker 创建的。在新的容器技术首次发布几年后，红帽（RHEL 操作系统背后的公司）通过一个新的（可选的）运行时环境，致力于创造一种不同的容器运行方式。这个新环境还带来了一套新的容器操作工具，其与 Docker 提供的工具有一定的兼容性。如果你听说过容器运行时环境，那么你必须意识到目前有实际上不止一个运行时环境。

这些新工具和运行时的一些优点是你不再需要使用具有大量权限的超级用户账户，这在很多场景下都是很有意义的。尽管红帽和许多其他开源贡献者在这些工具方面做得非常出色，但在非 Linux 的操作系统中运行这些工具仍然有些复杂。另一方面，无论你使用的操作系统是 Windows、MacOS 还是 Linux，Docker 都能无缝衔接相应的工作。让我们从创建容器所需的所有步骤开始。

3.1.2 创建容器

Dockerfile 是创建容器的核心。无论何时创建容器，你都必须确保当前目录中存在 Dockerfile。这个特殊文件有多个章节及命令，你可以通过这些章节和命令来创建容器镜像。打开一个新文件将其命名为 Dockerfile，并向其添加以下内容：

```
FROM centos:8

RUN dnf install -y python38
```

这个文件有两个部分，每个关键字都界定了一部分。这些关键字被称为指令。文件的开头使用 `FROM` 指令，该指令决定了容器的基础。上面 Dockerfile 的基础（也称为基础镜像）是 CentOS 8 的发行版。在上述场景下，版本作为一个标签。容器中的标签及时定义了一个点。当没有定义标签时，默认的标签是 latest。通常可以将版本作为标签使用，例如上述示例中的情况。

容器的许多优点之一是它的分层设计，每个容器包含多层，并且这些层可以在其他容器中使用或复用。这种分层设计的工作流可以防止每个使用基础层的容器，每次运行都下载 10MB 大小的基础层。在实践中，只需要下载一次 10MB 大小的基础层并多次重复使用它。这是与虚拟机非常不同的一点，无论不同的虚拟机是否具有相同的文件，仍然需要将这些文件全部下载一遍，没办法做到本地复用。

接下来，`RUN` 指令运行一条系统命令。该示例中的系统命令是安装 Python 3，CentOS 8 基础镜像中不包含 Python 3。请注意 `dnf` 命令使用了 `-y` 标志，此标志可防止在构建容器时触发安装程序的确认提示。避免在运行命令时出现任何提示是至关重要的，因为它会导致构建停止。

现在从 Dockerfile 所在的同一目录开始构建容器：

```
$ docker build .
[+] Building 11.2s (6/6) FINISHED
 => => transferring context: 2B
 => => transferring dockerfile: 83B
 => CACHED [1/2] FROM docker.io/library/centos:8
 => [2/2] RUN dnf install -y python38
 => exporting to image
 => => exporting layers
 => => writing
image sha256:3ca470de8dbd5cb865da679ff805a3bf17de9b34ac6a7236dbf0c367e1fb4610
```

输出显示我本地已经有了 CentOS 8 的基础层，因此无须再次拉取它。然后安装 Python 3.8 完成镜像创建。确保你开始构建时指向 Dockerfile 所在的位置。当前示例中，我在同一个目录中构建镜像，所以使用一个点来表示从当前目录进行构建。

这种构建镜像的方式不是很鲁棒，并且存在一些问题。首先，后续识别此镜像具有挑战性。我们只有通过 sha256 摘要来引用它，没有别的方式。要查看刚刚构建镜像的相关信息，请运行如下 `docker` 命令：

```
$ docker images
docker images
REPOSITORY     TAG       IMAGE ID          CREATED            SIZE
<none>         <none>    3ca470de8dbd      15 minutes ago     294MB
```

没有仓库或者标签信息和这个镜像关联。镜像 ID 是一个减少到只有 12 个字符的摘要。如果这个镜像没有其他的元数据信息，处理起来会很困难。在构建镜像时为其打上标记是一个很好的做法。请参考下述方式创建相同镜像并标记它：

```
$ docker build -t localbuild:removeme .
[+] Building 0.3s (6/6) FINISHED
[...]
 => => writing
image sha256:4c5d79f448647e0ff234923d8f542eea6938e0199440dfc75b8d7d0d10d5ca9a
 => => naming to docker.io/library/localbuild:removeme
```

关键的区别是现在 `localbuild` 有了一个 `removeme` 标签，当我们查询镜像列表时会显示出来：

```
$ docker images localbuild
REPOSITORY     TAG          IMAGE ID          CREATED            SIZE
localbuild     removeme     3ca470de8dbd      22 minutes ago     294MB
```

由于镜像的内容没有发生变化，所以本次构建过程很快，在系统内部构建系统会标记已经构建好的镜像。将镜像推送到注册中心时，镜像的命名和标记会很有用。我们需要先创建一个 localbuild 仓库才能推送到它，否则推送将会被拒绝：

```
$ docker push localbuild:removeme
The push refers to repository [docker.io/library/localbuild]
denied: requested access to the resource is denied
```

但是，如果我将容器重新标记到注册中心的仓库信息，那么就可以推送了。要重新标记的话，首先需要引用原始标记（`localbuild:removeme`），然后使用新的注册中心及仓库信息（`alfredodeza/removeme`）：

```
$ docker tag localbuild:removeme alfredodeza/removeme
$ docker push alfredodeza/removeme
The push refers to repository [docker.io/alfredodeza/removeme]
958488a3c11e: Pushed
291f6e44771a: Pushed
latest: digest: sha256:a022eea71ca955cafb4d38b12c28b9de59dbb3d9fcb54b size: 741
```

现在查看注册中心（*https://hub.docker.com*）（在本例中为 Docker Hub）显示最近推送的可用镜像（如图 3-1 所示）。

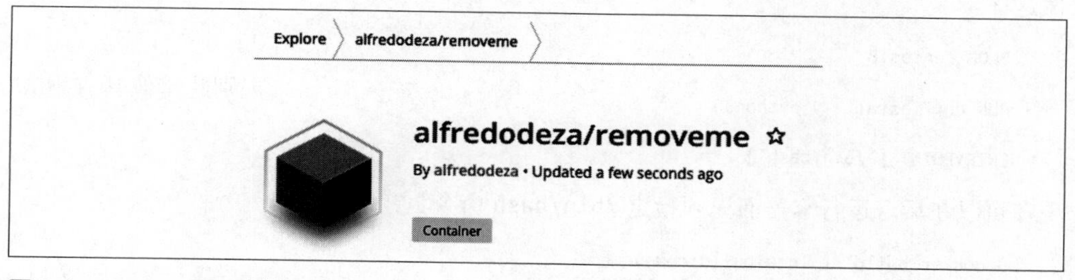

图 3-1：Docker Hub 镜像

由于我的账户是开放的并且注册中心没有限制访问，任何人都可以通过运行 `docker pull alfredodeza/removeme` 命令来“拉取”容器镜像。如果你之前没有接触过容器或注册表，会觉得这是革命性的技术。就像我在本章开头提到的那样，它是容器在开发人员社区中流行的基础。“如何安装软件？”的答案现在几乎都可以通过“仅仅拉取容器”来完成。

3.1.3 运行容器

现在容器使用 Dockerfile 构建，我们可以运行它。运行虚拟机时，常用的做法是启用 SSH（也称为 Secure Shell）守护程序并暴露一个用于远程访问的端口，为了不经常输入密码，可以添加默认 SSH 密钥。没运行过容器的人可能会要求通过 SSH 访问正在运行的容器实例。不需要使用 SSH 来访问容器。即使你可以启用它并使其工作，它也不是用来访问正在运行的容器的。

确保容器正在运行。在这个例子中，我运行了 CentOS 8：

```
$ docker run -ti -d --name centos-test --rm centos:8 /bin/bash
1bb9cc3112ed661511663517249898bfc9524fc02dedc3ce40b5c4cb982d7bcd
```

此命令中有几个新标志。使用 -ti 来分配一个 TTY（模拟终端）并将标准输入（stdin）附加到终端上，我们可以与其进行交互。接下来，-d 标志使容器在后台运行以防止占用当前终端。我为容器分配了一个名称（centos-test），然后使用 --rm 以便 Docker 在停止后删除该容器。执行该命令后，会返回一个摘要，表明容器已启动。现在，我们验证它正在运行：

```
$ docker ps
CONTAINER ID        IMAGE               COMMAND             NAMES
1bb9cc3112ed        centos:8            "/bin/bash"         centos-test
```

一些容器是使用 ENTRYPOINT（和可选的 CMD）指令创建的。这两个指令指定当容器运行时，执行特定的任务。在我们刚刚创建的 CentOS 示例容器中，必须指定 /bin/bash 可执行文件，否则容器将无法保持运行。这些指令意味着如果你想要一个长时间运行的容器，应该使用 ENTRYPOINT 指定一个可执行程序来创建它。更新后的 Dockerfile 看起来像这样：

```
FROM centos:8

RUN dnf install -y python38

ENTRYPOINT ["/bin/bash"]
```

现在可以在后台运行容器而无须指定 /bin/bash 命令：

```
$ docker build -t localbuild:removeme .
$ docker run --rm -it -d localbuild:removeme
023c8e67d91f3bb3998e7ac1b9b335fe20ca13f140b6728644fd45fb6ccb9132
$ docker ps
CONTAINER ID        IMAGE               COMMAND             NAMES
023c8e67d91f        removeme            "/bin/bash"         romantic_khayyam
```

我之前提到过使用 SSH 访问虚拟机是很常见的，而访问容器则有些不同。尽管你可以为容器启用 SSH（理论上），但不建议这样做。你可以使用容器 ID 和 exec 子命令来访问正在运行的容器：

```
$ docker exec -it 023c8e67d91f bash

[root@023c8e67d91f /]# whoami
root
```

在这种情况下，我必须使用想要运行的命令。由于我想以交互方式操作容器（就像使用虚拟机一样），所以我调用了 Bash（一种无处不在的 Unix shell 和命令语言）程序的可执行文件。

或者，你可能不想使用交互式 shell 环境访问容器，而只是想运行一些命令。必须更改命令才能实现此目的。将前面示例中使用的 shell 可执行文件替换为要使用的命令的可执行文件即可：

```
$ docker exec 023c8e67d91f tail /var/log/dnf.log

  python38-setuptools-wheel-41.6.0-4.module_el8.2.0+317+61fa6e7d.noarch

2020-12-02T13:00:04Z INFO Complete!
2020-12-02T13:00:04Z DDEBUG Cleaning up.
```

由于没有交互需求（不通过 shell 发送任何输入），可以省略 `-it` 标志。

容器开发需要关注的一个问题是保持其尽可能小。这就是为什么 CentOS 容器的包比新安装的 CentOS 虚拟机少得多的原因。当我们希望使用一个包（例如，像 Vim 这样的文本编辑器）而当前系统中不存在时，这会带来令人惊喜的体验。

3.1.4 最佳实践

在尝试一种新语言或工具时，我做的第一件事（并且强烈推荐）是找到一个 linter，其可以帮助我浏览可能不熟悉的约定和常见用法。有一些关于使用 Dockerfile 创建容器的 linter。其中之一是 `hadolint`。将其打包成容器来使用很方便。修改最后一个 Dockerfile 示例，使其看起来像这样：

```
FROM centos:8

RUN dnf install -y python38

RUN pip install pytest

ENTRYPOINT ["/bin/bash"]
```

现在运行 linter 看看有没有什么好的建议：

```
$ docker run --rm -i hadolint/hadolint < Dockerfile
DL3013 Pin versions in pip.
  Instead of `pip install <package>` use `pip install <package>==<version>`
```

这是一个很好的建议。指定包版本始终是一个好主意，因为可以安全地避免依赖更新后与应用程序所需的代码不兼容的问题。请注意，指定依赖版本并且从不更新并不是一个好主意。确保你回到固定依赖，并检查其更新是否有用。

由于容器化工具的目标之一是使它们尽可能小，因此可以在创建 Dockerfile 时完成几件事。每次执行 `RUN` 指令时，都会创建一个新的镜像层。容器是由单独的一个个层组成的，因此层数越少，容器就越小。这意味着最好使用一行来安装多个依赖而不是只安装一个依赖：

```
RUN apk add --no-cache python3 && python3 -m ensurepip && pip3 install pytest
```

在每个命令的末尾使用 `&&` 并将所有内容串联在一起，这样创建一个单独的层。如果前面的示例对每个安装命令都有单独的 `RUN` 指令，则容器最终会更大。也许对于这个特定的例子，大小不会有太大的不同，然而，这对于需要大量依赖的容器来说意义重大。

linting 可以提供一个有用的选项：自动化 linting 的机会。寻找自动化流程的机会，可以删除任何手动步骤，让你专注于将模型交付到生产过程中的基本部分（在这种情况下编写一个好的 Dockerfile）。

构建容器的另一个关键部分是确保安装的软件没有相关的漏洞。找出认为应用程序不太可能存在漏洞情况的工程师并不少见，因为他们编写了高质量的代码。问题是容器带有预装的库。它是一个完整的操作系统，在构建时将拉取额外的依赖以满足你尝试交付的应用程序。如果你打算使用像 Flask 一样的 Web 框架在容器中提供经过训练的模型服务，你必须清楚地意识到可能存在与 Flask 或其依赖之一相关联的常见漏洞和暴（CVE）。

下面是 Flask（版本 `1.1.2`）的依赖：

```
click==7.1.2
itsdangerous==1.1.0
Jinja2==2.11.2
MarkupSafe==1.1.1
Werkzeug==1.0.1
```

CVE 可以在任何给定时间得到报告，确保用于警告漏洞的软件系统在一天中可以多次更新，以便在发生这种情况时准确报告。对于你的应用程序的关键部分（如 Flask 1.1.2 版本），今天可能不会受到攻击，但毫无疑问，第二天早上会发现并报告新的 CVE。许多不同的解决方案专门扫描和报告容器中的漏洞以缓解这些漏洞带来的危害。这些安全工具扫描你的应用程序安装的库和操作系统的包，提供详细而准确的漏洞报告。

一种非常快速且易于安装的解决方案是 Anchore 的 `grype` 命令行工具。在 Macintosh 计算机上安装命令如下：

```
$ brew tap anchore/grype
$ brew install grype
```

或者在任意一台 Linux 机器上：

```
$ curl -sSfL \
 https://raw.githubusercontent.com/anchore/grype/main/install.sh | sh -s
```

以这种方式使用 `curl` 可以将 `grype` 部署到大多数持续集成系统中，以扫描漏洞。`curl` 安装方法会将可执行文件放在 *bin/* 目录下的当前工作路径中。安装完成后，针对容器运行 `grype` 命令：

```
$ grype python:3.8
 ✔ Vulnerability DB       [no update available]
 .: Loading image          ━━━━━━━━━━━━━━━━━━━━━━━━━━━━ [requesting image from docker]
 ✔ Loaded image
 ✔ Parsed image
 ✔ Cataloged image        [433 packages]
 ✔ Scanned image          [1540 vulnerabilities]
```

超过 1000 个漏洞看起来有些令人惊讶。输出太长，无法在此处展示，因此过滤结果只展示高危漏洞：

```
$ grype python:3.8 | grep High
[...]
python2.7       2.7.16-2+deb10ul       CVE-2020-8492       High
```

一些漏洞被报告出来，我将输出减少到只有一个。CVE（*https://oreil.ly/6Q1O2*）令人担忧，因为如果攻击者利用该漏洞，它可能会导致系统崩溃。由于我知道该应用程序使用 Python 3.8，因此该容器不易受到攻击，因为我们没有使用 Python 2.7。尽管这是一个 Python 3.8 的容器，但为了方便起见，该镜像包含一个 Python 2.7 的旧版本。关键的区别在于，现在你知道什么是易受攻击的，并且可以为服务最终部署到生产做出执行决策。

一个有用的自动化增强是在特定的漏洞级别中断自动化进程，例如高危漏洞级别：

```
$ grype --fail-on=high centos:8
[...]
discovered vulnerabilities at or above the severity threshold!
```

这是另一项检查，可以将其与 linting 一起自动化，以实现鲁棒的容器构建过程。一个编写良好且不断报告漏洞的 Dockerfile 是增强容器化模型生产交付的绝佳方式。

3.1.5 使用 HTTP 提供模型服务

现在创建容器的一些核心概念已经很清楚了，让我们创建一个容器，该容器将使用 Flask Web 框架通过 HTTP API 为经过训练的模型提供服务。如你所知，一切都从 Dockerfile 开始，因此先创建一个 Dockerfile，假设在当前工作目录中存在一个 *requirements.txt* 文件：

```
FROM python:3.7

ARG VERSION

LABEL org.label-schema.version=$VERSION

COPY ./requirements.txt /webapp/requirements.txt

WORKDIR /webapp

RUN pip install -r requirements.txt

COPY webapp/* /webapp

ENTRYPOINT [ "python" ]

CMD [ "app.py" ]
```

这个文件中有一些新的内容，之前的章节没有涉及。首先，我们定义了一个称为 `VERSION`

的参数，该参数用作 LABEL 的变量。我使用的标签模式约定（*https://oreil.ly/PtOSK*），是用来规范这些标签的命名方式的。使用版本是添加有关容器本身的信息元数据的有效方法。后续，当我们想标识已训练的模型版本时，可以使用该标签。想象一下，一个容器没有从模型中产生预期的准确性，添加标签有助于标识有问题的模型的版本。虽然此处仅仅使用了一个标签，但你可以想象，具有描述性数据的标签越多越好。

使用的容器镜像略有不同。此处构建时采用了 Python 3.7，因为在编写本书时，某些依赖项尚未与 Python 3.8 兼容适配。可以将 Python 3.7 切换成 Python 3.8，并检查它现在是否可以正常运行。

接下来，一个 *requirements.txt* 文件被复制到容器中。使用以下依赖项创建要求文件：

```
Flask==1.1.2
pandas==0.24.2
scikit-learn==0.20.3
```

现在，创建一个名为 *Webapp* 的新目录，以便将 Web 文件放到该目录下，并添加 *app.py* 文件，使其看起来像这样：

```
from flask import Flask, request, jsonify

import pandas as pd
from sklearn.externals import joblib
from sklearn.preprocessing import StandardScaler

app = Flask(__name__)

def scale(payload):
    scaler = StandardScaler().fit(payload)
    return scaler.transform(payload)

@app.route("/")
def home():
    return "<h3>Sklearn Prediction Container</h3>"

@app.route("/predict", methods=['POST'])
def predict():
    """
    Input sample:

        {
            "CHAS": { "0": 0 }, "RM": { "0": 6.575 },
            "TAX": { "0": 296 }, "PTRATIO": { "0": 15.3 },
            "B": { "0": 396.9 }, "LSTAT": { "0": 4.98 }
        }

    Output sample:

        { "prediction": [ 20.35373177134412 ] }
    """

    clf = joblib.load("boston_housing_prediction.joblib")
    inference_payload = pd.DataFrame(request.json)
```

```
    scaled_payload = scale(inference_payload)
    prediction = list(clf.predict(scaled_payload))
    return jsonify({'prediction': prediction})

if __name__ == "__main__":
    app.run(host='0.0.0.0', port=5000, debug=True)
```

最终需要的文件是训练好的模型。如果你正在数据集上训练波士顿房价预测模型，请务必将其与 *app.py* 文件一起放在 *webapp* 目录下，并将其命名为 *boston_housing_prediction.joblib*。你还可以在 GitHub 仓库（*https://oreil.ly/ibjG0*）中找到经过训练的模型版本。

最终的工程结构应该如下所示：

```
.
├── Dockerfile
└── webapp
    ├── app.py
    └── boston_housing_prediction.joblib

1 directory, 3 files
```

现在构建容器。在示例中，我将使用运行 ID，该 ID 是在训练模型版本时 Azure 返回的，可以方便地标识模型的来源。随意使用不同的版本（或者如果你不需要版本，则可以不用设置版本）：

```
$ docker build --build-arg VERSION=AutoML_287f444c -t flask-predict .
[+] Building 27.1s (10/10) FINISHED
 => => transferring dockerfile: 284B
 => [1/5] FROM docker.io/library/python:3.7
 => => resolve docker.io/library/python:3.7
 => [internal] load build context
 => => transferring context: 635B
 => [2/5] COPY ./requirements.txt /webapp/requirements.txt
 => [3/5] WORKDIR /webapp
 => [4/5] RUN pip install -r requirements.txt
 => [5/5] COPY webapp/* /webapp
 => exporting to image
 => => writing image sha256:5487a63442aae56d9ea30fa79b0c7eed1195824aad7ff4ab42b
 => => naming to docker.io/library/flask-predict
```

再次检查镜像在构建后是否可用：

```
$ docker images flask-predict
REPOSITORY      TAG      IMAGE ID       CREATED         SIZE
flask-predict   latest   5487a63442aa   6 minutes ago   1.15GB
```

现在在后台运行容器，对外暴露 5000 端口，并验证其运行情况：

```
$ docker run -p 5000:5000 -d --name flask-predict flask-predict
d95ab6581429ea79495150bea507f009203f7bb117906b25ffd9489319219281
$docker ps
CONTAINER ID IMAGE          COMMAND           STATUS       PORTS
d95ab6581429 flask-predict "python app.py" Up 2 seconds 0.0.0.0:5000->5000/tcp
```

在你的浏览器上，打开 *http://localhost:5000*，然后来自 `home()` 函数的 HTML 页面将欢

迎你访问 Sklearn 预测应用程序。验证此正确连接的另一种方法是使用 `curl` 命令：

```
$ curl 192.168.0.200:5000
<h3>Sklearn Prediction Container</h3>
```

你可以使用任何工具，这些工具可以通过 HTTP 发送信息并处理响应消息。此示例使用了 Python 的 `requests` 库（在运行之前确保已正确安装该依赖库）来发送带有样本 JSON 数据的 POST 请求：

```
import requests
import json

url = "http://localhost:5000/predict"

data = {
    "CHAS": {"0": 0},
    "RM": {"0": 6.575},
    "TAX": {"0": 296.0},
    "PTRATIO": {"0": 15.3},
    "B": {"0": 396.9},
    "LSTAT": {"0": 4.98},
}

# Convert to JSON string
input_data = json.dumps(data)

# Set the content type
headers = {"Content-Type": "application/json"}

# Make the request and display the response
resp = requests.post(url, input_data, headers=headers)
print(resp.text)
```

将 Python 代码写入文件并将其命名为 *predict.py*。在终端上执行脚本获取预测结果：

```
$ python predict.py
{
  "prediction": [
    20.35373177134412
  ]
}
```

容器化部署是创建便携式数据的绝佳方式，极大地方便了用户的试用。通过共享容器，在确保可重复系统与之交互的同时，大大减少了不同环境的设置问题。现在，你已经知道如何创建、运行、调试和部署机器学习容器，你可以利用这些知识开始自动化非容器化的环境，以加快生产部署并增强整个过程的鲁棒性。除了容器，还有一个使服务更接近用户的技术，这就是接下来我将要介绍的边缘设备及其部署。

3.2 边缘设备

几年前，（快速）推理的计算成本是个天文数字。不久前一些成本高昂的更先进的机器学习能力，现如今更易让人接受。机器学习不仅成本下降，而且具备算力更强的芯片。其中一些芯片是专门为机器学习任务量身定做的。这些芯片所需的功能的正确组合允许在手机等设备中推理：快速、小巧，并且可用于机器学习任务。当技术中提到“部署到边缘”时，它指的是数千台服务器组成的数据中心以外的计算设备。手机、树莓派和智能家居设备是符合“边缘设备”描述的一些示例。在过去一些年中，大型电信公司一直在向边缘计算迈进。大多数边缘部署都希望更快地反馈给用户，而不是将昂贵的计算请求路由到远程数据中心。

一般的想法是，计算资源离用户越近，用户体验就越快。应该有一条线可以将在边缘设备处理的内容与那些总是应该发送到数据中心处理并返回的内容分开。但是，正如我所提到的，专用芯片变得更小、更快、更有效。这对推理是有意义的，未来会有更多的机器学习任务在边缘设备上处理。在这种情况下，边缘将意味着越来越多的设备，而以前我们认为无法在这些设备上处理机器学习任务。

大多数生活在拥有大量托管应用程序数据的数据中心的国家或地区的人们根本不会遇到太多的延时。对于缺乏这些基础设施的国家来说，问题比较严重。例如，秘鲁有几条连接到南美洲其他国家的海底电缆，但没有与美国直接相连的海底电缆。这意味着，如果你要将图片从秘鲁上传到在美国数据中心托管的应用程序的服务上，与巴拿马这样拥有多条电缆连接北美的国家相比，这将花费指数级的时间。这个上传图片的例子是微不足道的，但是当需要将数据发送到数据中心进行机器学习预测等相关的计算操作时，情况会变得比较糟糕。本节探讨了几种不同的方法，说明边缘设备如何通过尽可能靠近用户执行快速推理来提供帮助。如果长距离是一个问题，想象一下当没有（或有非常有限的）连接（如远程服务器）时会发生什么。如果你需要在远端服务器进行快速推理，则选项是有限的，这就是部署到边缘比任何数据中心更具优势的地方。

请记住，用户不太关心勺子：他们有兴趣以无缝的方式尝试美味的汤。

3.2.1 Coral

Coral（*https://coral.ai*）是一个平台，可以帮助构建本地（设备上）的推理，来表达边缘部署的本质特性：快速、靠近用户和离线。在本节中，我将介绍 USB 加速器（*https://oreil.ly/id47e*），这是一种支持所有主流操作系统的边缘设备，并且可以与 TensorFlow Lite 模型较好地配合使用。你可以编译大多数 TensorFlow Lite 模型，将其运行在边缘 TPU（Tensor Processing Unit）上。机器学习操作化的某些方面意味着要了解设备支持、安装方法和兼容性。就 Coral Edge TPU 来说，以上三个方面是正确的：它适用于大多数操作系统，只要系统可以编译并运行在 TPU 上，就可以使用 TensorFlow Lite 模型。

如果你的任务是在远程位置的边缘节点部署快速推理解决方案，则必须确保此类部署所需的所有部分都能正常工作。DevOps 的这个核心概念贯穿本书：创建可重现环境的可重复部署方法至关重要。为确保这一点，你必须关注兼容性。

首先安装 TPU 运行时环境。对于我个人的机器，这意味着下载并解压缩文件。然后运行如下安装程序脚本：

```
$ curl -O https://dl.google.com/coral/edgetpu_api/edgetpu_runtime_20201204.zip
[...]
$ unzip edgetpu_runtime_20201204.zip
Archive:  edgetpu_runtime_20201204.zip
   creating: edgetpu_runtime/
  inflating: edgetpu_runtime/install.sh
[...]
$ cd edgetpu_runtime
$ sudo bash install.sh
Password:
[...]
Installing Edge TPU runtime library [/usr/local/lib]...
Installing Edge TPU runtime library symlink [/usr/local/lib]...
```

这些设置示例使用 Macintosh 计算机，因此某些安装方法和依赖将与其他操作系统不同。如果你需要对其他计算机的支持，请查看入门指南（*https://oreil.ly/B16Za*）。

现在，运行时依赖已安装在系统中了，我们已准备好试用边缘 TPU 设备。Coral 团队有一个有用的代码仓库，其中包含了使用单个命令运行图像分类的 Python3 代码。创建一个目录然后克隆该代码仓库的内容到本地，以设置用于图像分类的工作空间：

```
$ mkdir google-coral && cd google-coral
$ git clone https://github.com/google-coral/tflite --depth 1
[...]
Resolving deltas: 100% (4/4), done.
$ cd tflite/python/examples/classification
```

`git` 命令使用了 `--depth 1` 标志，该标志执行浅层克隆。当不需要代码仓库的完整历史内容时，可以进行浅层克隆。由于该示例使用的是代码仓库的最新变更，因此无须执行包含完整代码仓库历史记录的完整克隆。

对于此示例，请不要运行 *install_requirements.sh* 脚本。首先，确保你的系统中有安装好的并且可用的 Python3，并使用它来创建一个新的虚拟环境。其次，确保在激活该新的虚拟环境后，Python 解释器指向该虚拟环境，而不是系统的 Python：

```
$ python3 -m venv venv
$ source venv/bin/activate
$ which python
~/google-coral/tflite/python/examples/classification/venv/bin/python
```

现在虚拟环境处于激活状态，请安装两个库依赖和 TensorFlow Lite 运行时支持：

```
$ pip install numpy Pillow
$ pip install https://github.com/google-coral/pycoral/releases/download/\
release-frogfish/tflite_runtime-2.5.0-cp38-cp38-macosx_10_15_x86_64.whl
```

numpy 和 *Pillow* 都很容易安装在大多数系统中。会出现异常的是接下来的长链接。这个链接至关重要，它必须与你的平台和架构相匹配。没有该库，就无法与 Coral 设备进行交互。可以在 TensorFlow Lite 的 Python 安装指南（*https://oreil.ly/VjFoS*）里找到相应平台的链接。

现在，你已经安装了所有内容并已准备好执行图像分类，请运行 *classify_image.py* 脚本以获取帮助菜单。在这种情况下，查看帮助菜单是验证是否已安装所有依赖以及脚本是否正常工作的绝佳方法：

```
usage:
  classify_image.py [-h] -m MODEL -i INPUT [-l LABELS] [-k TOP_K] [-c COUNT]
classify_image.py:
  error: the following arguments are required: -m/--model, -i/--input
```

由于我在调用脚本时没有定义任何参数，因此返回了一个错误，提示我需要传递一些参数。在开始使用其他参数之前，我们需要一个处理图像的 TensorFlow 模型进行测试。

Coral AI 网站（*https://oreil.ly/VZAun*）有一个模型模块，我们可以在上面找到一些用于图像分类的预训练模型。找到 *iNat insects*，一个可以识别超过 1000 种不同类型昆虫的模型。下载 *tflite* 模型和标签。

对于此示例，请下载普通苍蝇的示例图像。图像的原始来源在 Pixabay（*https://oreil.ly/UFfxq*）上，也可以在本书的 GitHub 代码仓库中方便地访问（*https://oreil.ly/NHNIN*）。

为模型、标签和图像创建目录，将所需文件分别放到对应目录中。此步不是必需的，但开始添加更多分类模型、标签和图像有助于后续使用 TPU 设备进行更多操作。

目录结构如下所示：

```
.
├── README.md
├── classify.py
├── classify_image.py
├── images
│   └── macro-1802322_640.jpg
├── install_requirements.sh
├── labels
│   └── inat_insect_labels.txt
└── models
    └── mobilenet_v2_1.0_224_inat_insect_quant_edgetpu.tflite

3 directories, 7 files
```

最后，我们可以使用 Coral 设备尝试分类操作。确保设备已使用 USB 电缆接入，否则你将获得较长的追踪链路（不幸的是，这并不能真正解释问题所在）：

```
Traceback (most recent call last):
  File "classify_image.py", line 122, in <module>
    main()
```

```
  File "classify_image.py", line 99, in main
    interpreter = make_interpreter(args.model)
  File "classify_image.py", line 72, in make_interpreter
    tflite.load_delegate(EDGETPU_SHARED_LIB,
  File "~/lib/python3.8/site-packages/tflite_runtime/interpreter.py",
    line 154, in load_delegate
        raise ValueError('Failed to load delegate from {}\n{}'.format(
ValueError: Failed to load delegate from libedgetpu.1.dylib
```

该错误意味着设备未接入。将其接入并运行分类命令：

```
$ python3 classify_image.py \
 --model models/mobilenet_v2_1.0_224_inat_insect_quant_edgetpu.tflite \
 --labels labels/inat_insect_labels.txt \
 --input images/macro-1802322_640.jpg
----INFERENCE TIME----
Note: The first inference on Edge TPU is slow because it includes loading
the model into Edge TPU memory.
11.9ms
2.6ms
2.5ms
2.5ms
2.4ms
-------RESULTS--------
Lucilia sericata (Common Green Bottle Fly): 0.43359
```

图像分类正确，并检测到普通苍蝇！查找其他一些昆虫图片并重新运行该命令，以检查模型在不同输入下的性能。

3.2.2 Azure Percept

在编写本书时，微软对外发布了一个名为 Azure Percept 的平台和硬件。虽然我没有足够的时间来掌握有关如何利用其功能的实际示例，但我觉得它的一些功能值得在此一提。

在 3.2.1 节中，适用于 Coral 设备和边缘的概念通常也适用于 Percept 的设备，它们允许在边缘进行无缝的机器学习操作。

首先需要强调的是，尽管 Percept 产品大多数宣传的是其硬件，但 Azure Percept 是一个用于执行边缘计算的完整平台，从设备本身一直到 Azure 中的部署、训练和管理。它还支持 ONNX 和 TensorFlow 等主要 AI 平台，使其更容易尝试预构建的模型。

与 Coral 设备相比，Azure Percept 硬件的一个缺点是它的价格要高得多，这使得购买其捆绑包之一以尝试新技术变得更加困难。与往常一样，微软在文档化和添加大量上下文及示例（*https://oreil.ly/MFIKf*）方面做得非常出色，如果你有兴趣，这些上下文和示例值得探索。

3.2.3 TFHub

查找 TensorFlow 模型的一个很好的资源是 TensorFlow Hub。该中心是一个存储仓库，其中包含数千个可供使用的预训练模型。但是，对于 Coral 的边缘 TPU，并非所有模型都可以使用。由于 TPU 具有特定于设备的单独指令，因此需要为其显式编译模型。

现在，你可以使用 Coral USB 设备运行分类，可以使用 TFHub 查找要使用的其他预训练模型。在模型仓库中，存在 Coral 格式的模型，单击它以找到可用于 TPU 的模型，如图 3-2 所示。

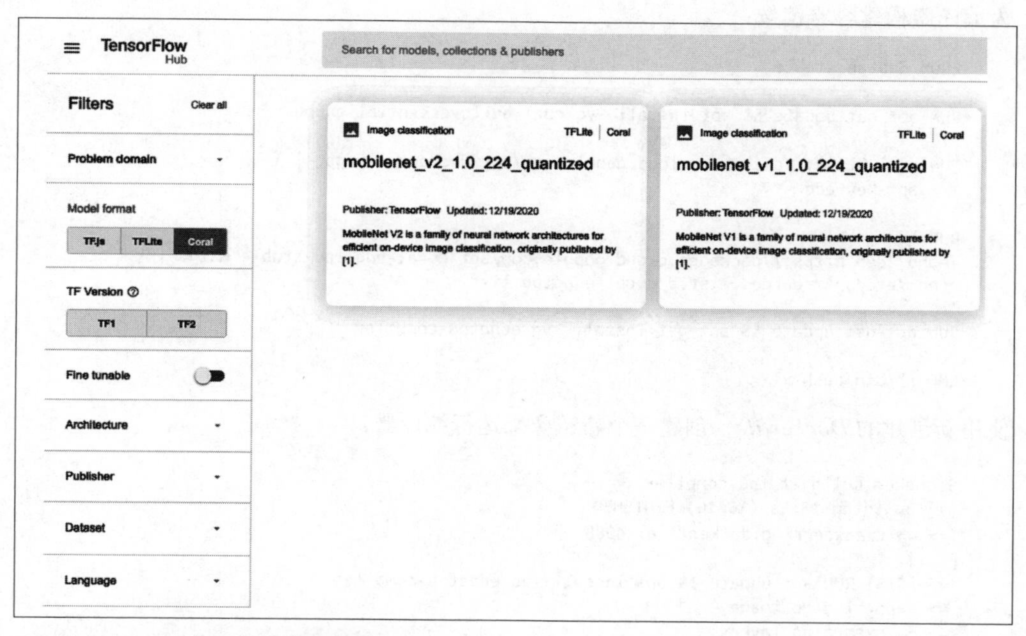

图 3-2：TFHub 中 Coral 格式的模型

选择 *MobileNet Quantized V2* 模型进行下载。该模型可以从图像中检测 1000 多个对象。前面使用 Coral 的示例需要标签和模型，因此请确保也下载这些标签和模型。

当这些模型在 TFHub 网站上展示时，会支持多种不同的格式。仔细检查并确认你获得的模型格式，以及（在这种情况下）它与 Coral 设备是兼容的。

3.2.4 移植非 TPU 模型

你可能会发现，在某些情况下，所需的模型可用，但尚未针对你拥有的 TPU 设备进行编译。Coral Edge TPU 确实有一个可用的编译器，但不能像运行时依赖那样安装在每个平台上。当出现这种情况时，你必须在解决方案上发挥创造力，并始终尝试在任何可能的解决方法中找到自动化方案。编译器文档中要求一个 Debian 或 Ubuntu 的 Linux 发行版，有关如何为编译器设置所有内容的指令都与该特定发行版相关联。

就我而言，我正在苹果计算机上工作，而我没有其他运行 Linux 的计算机。我所做的是在本地安装一个容器运行时环境，仅仅通过一些命令我可以运行任何发行版的镜像。我们已经介绍了如何开始使用容器、如何运行容器以及如何创建容器。这是创建一个新的基于 Debian 容器的完美用例，其中安装了编译器解决此问题的所有依赖。

现在我们已经了解了问题并考虑了使用容器的解决方案，请创建一个新的 *Dockerfile* 来为编译器构建容器镜像：

```
FROM debian:stable

RUN apt-get update && apt install -yq curl build-essential gnupg

RUN curl https://packages.cloud.google.com/apt/doc/apt-key.gpg | \
    apt-key add -

RUN \
 echo "deb https://packages.cloud.google.com/apt coral-edgetpu-stable main" | \
 tee /etc/apt/sources.list.d/coral-edgetpu.list

RUN apt-get update && apt-get install -yq edgetpu-compiler

CMD ["/bin/bash"]
```

使用新创建的 *Dockerfile*，创建一个新镜像来运行编译器：

```
$ docker build -t tpu-compiler .
[+] Building 15.5s (10/10) FINISHED
 => => transferring dockerfile: 408B
[...]
 => [5/5] RUN apt update && apt install -yq edgetpu-compiler
 => exporting to image
 => => exporting layers
 => => writing image
    sha256:08078f8d7f7dd9002bd5a1377f24ad0d9dbf8f7b45c961232cf2cbf8f9f946e4
 => => naming to docker.io/library/tpu-compiler
```

我已经确定了一个模型，我想与 TPU 编译器一起使用，但没有编译它。

只有为 TensorFlow Lite 预编译并量化的模型才能与编译器一起使用。在下载模型之前，请确保模型既是 *tflite* 又是量化的，以便使用编译器进行转换。

在本地下载模型。在这种情况下，我使用命令行将其保存在当前工作目录中：

```
$ wget -O mobilenet_v1_50_160_quantized.tflite \
 https://tfhub.dev/tensorflow/lite-model/\
 mobilenet_v1_0.50_160_quantized/1/default/1?lite-format=tflite

Resolving tfhub.dev (tfhub.dev)... 108.177.122.101, 108.177.122.113, ...
Connecting to tfhub.dev (tfhub.dev)|108.177.122.101|:443... connected.
HTTP request sent, awaiting response... 200 OK
Length: 1364512 (1.3M) [application/octet-stream]
Saving to: 'mobilenet_v1_50_160_quantized.tflite'
```

```
(31.8 MB/s) - 'mobilenet_v1_50_160_quantized.tflite' saved [1364512/1364512]

$ ls
mobilenet_v1_50_160_quantized.tflite
```

虽然我使用了命令行，但你也可以直接在网站上下载模型。确保将文件移动到当前工作目录，以便执行后续步骤。

我们需要将下载的模型放入容器中，然后再将文件复制回本地。Docker 通过使用绑定挂载使此任务更易于管理。此挂载操作会将一个路径从我的计算机链接到容器中，从而有效地将我的任意文件共享到容器中。这也适用于在容器中创建的文件，我需要将它们放回本地计算机上。在容器中创建的那些文件将自动出现在我的本地环境中。

使用绑定挂载启动容器：

```
$ docker run -it -v ${PWD}:/models tpu-compiler
root@5125dcd1da4b:/# cd models
root@5125dcd1da4b:/models# ls
mobilenet_v1_50_160_quantized.tflite
```

使用上一个命令会发生一些事情。首先，我使用 PWD 来获取当前工作目录（*mobilenet_v1_50_160_quantized.tflite* 文件所在的位置），该目录是我想要在容器中显示的。容器内的目标路径为 */models*。最后，我使用标签为 `tpu-compiler` 的镜像来运行我所需的容器。如果在生成镜像时使用了其他标记，则需要更新命令的该部分。启动容器后，我将目录更改为 */models*，列出目录内容，并找出我在本地计算机中下载的模型。编译器环境现在已准备好了。

通过调用编译器的帮助菜单来验证编译器是否正常工作：

```
$ edgetpu_compiler --help
Edge TPU Compiler version 15.0.340273435

Usage:
edgetpu_compiler [options] model...
```

接下来，针对量化模型运行编译器：

```
$ edgetpu_compiler mobilenet_v1_50_160_quantized.tflite
Edge TPU Compiler version 15.0.340273435

Model compiled successfully in 787 ms.

Input model: mobilenet_v1_50_160_quantized.tflite
Input size: 1.30MiB
Output model: mobilenet_v1_50_160_quantized_edgetpu.tflite
Output size: 1.54MiB
Number of Edge TPU subgraphs: 1
Total number of operations: 31
Operation log: mobilenet_v1_50_160_quantized_edgetpu.log
See the operation log file for individual operation details.
```

该操作运行时间不到 1s，并生成了几个文件，包括现在可以用于边缘设备新编译的模型（*mobilenet_v1_50_160_quantized_edgetpu.tflite*）。

最后，退出容器，返回本地计算机，并列出目录的内容：

```
$ ls
mobilenet_v1_50_160_quantized.tflite
mobilenet_v1_50_160_quantized_edgetpu.log
mobilenet_v1_50_160_quantized_edgetpu.tflite
```

这是对需要操作系统的工具的便捷解决方法。现在，此容器可以为边缘设备编译模型了，可以通过脚本中几行命令来进一步自动化模型移植。请记住，在此过程中会做出一些假设，并且必须确保这些假设在编译时都是准确的。否则，编译器将产生错误。下述过程是尝试在编译器中使用非量化模型的示例：

```
$ edgetpu_compiler vision_classifier_fungi_mobile_v1.tflite
Edge TPU Compiler version 15.0.340273435
Invalid model: vision_classifier_fungi_mobile_v1.tflite
Model not quantized
```

3.3 托管机器学习系统的容器

高级下一代 MLOps 工作流的核心是托管机器学习系统，如 AWS SageMaker、Azure ML Studio 和谷歌的 Vertex AI。所有这些系统都是建立在容器之上的。容器是 MLOps 的秘密成分。如果没有容器化，开发和使用 AWS SageMaker 等技术就更具挑战性。在图 3-3 中，请注意 EC2 容器注册表是推理代码镜像和训练代码所在的位置。

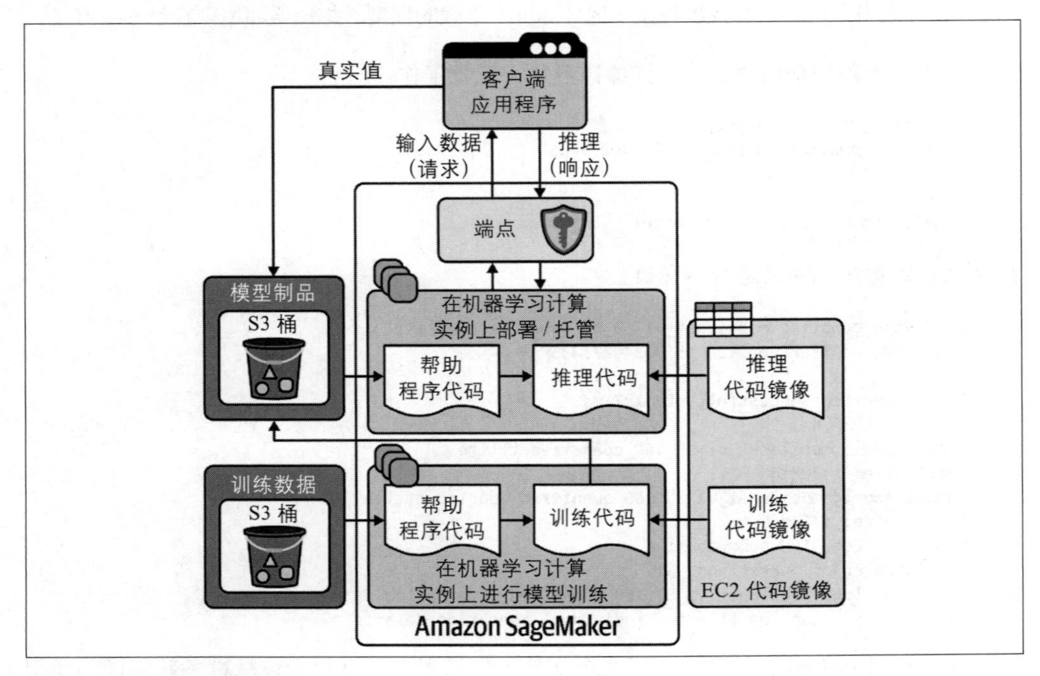

图 3-3：SageMaker 容器

此过程至关重要，因为它允许 DevOps 最佳实践融入这些镜像的创建，其中最重要的是持续集成和持续交付。容器通过降低复杂性来提高整个机器学习架构的质量，因为镜像已经“烘焙”好了。精力可以转移到其他问题上，例如数据漂移，分析特征存储以适应新模型的候选者，或评估新模型是否解决了客户需求。

3.3.1 MLOps 货币化中的容器

MLOps 货币化是初创公司和大公司的另一个关键问题。容器再次发挥作用！对于 SageMaker，请使用 AWS 商场中销售的算法或模型，如图 3-4 所示。它们是所售产品的交付方式。

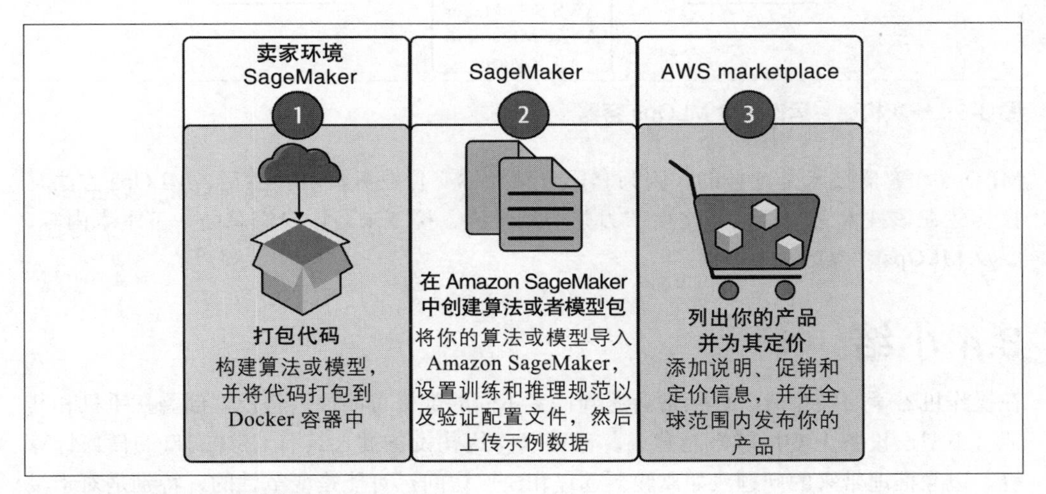

图 3-4：SageMaker 销售工作流

容器作为产品的优点是，它的销售方式与实体店中出售的其他产品（如花生酱、面粉或牛奶）非常相似。在一家公司决定生产高质量的有机花生酱的情况下，它可能希望严格专注于制作花生酱，而不是建立一个商店网络来销售花生酱。

同样，在希望将机器学习货币化的公司中，容器是向客户提供模型和算法的理想软件包。接下来，让我们介绍一下如何使用容器做到一次构建多次运行。

3.3.2 一次构建，运行多个 MLOps 工作流

最终，MLOps 的容器流程会为产品和工程提供许多丰富的选项。在图 3-5 中，你可以看到容器是从产品角度将知识产权货币化的理想包。同样，从工程角度来看，容器可以提供预测服务，进行训练或部署到 Coral TPU 或苹果手机等边缘设备。

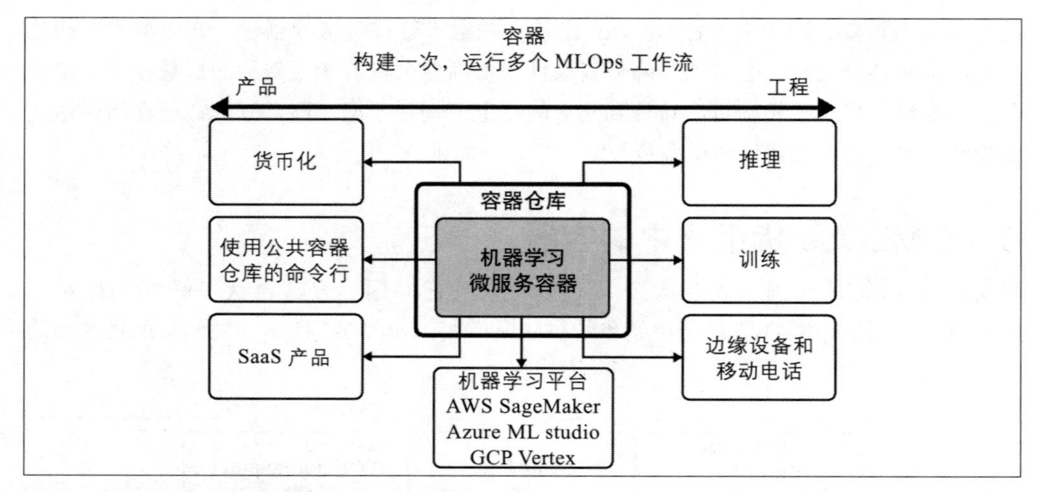

图 3-5：一次构建，运行多个 MLOps 容器

MLOps 和容器技术是互补的，因为容器可帮助你交付业务价值。然后，MLOps 方法直接构建在该技术之上，以简化生产力并增加价值。接下来，让我们总结一下本章内容，以及 MLOps 容器的基本方面。

3.4 小结

在操作机器学习模型时，你经常会遇到许多不同的部署可能性。将模型部署在手机和其他（小型）设备上变得越来越普遍，你可以将这些设备插入具有 USB 端口的任何计算机。边缘推理带来的问题（如离线、远程和快速访问）可能是变革性的，特别是对于没有可靠电源和网络的远程区域。与边缘设备类似，容器化可实现更快、更可靠的环境再现。几年前，可重复的机器环境还是一个具有挑战性的问题。在这种情况下，容器化特别重要。快速扩展资源和从云提供商迁移部署环境，甚至将工作负载从本地迁移到云上，使用容器要容易得多。

有了上述内容，第 4 章我们将深入探讨机器学习模型的持续交付过程。

练习题

- 重新编译 TFHub 中下载的模型以使用 Coral Edge TPU。
- 使用 MobileNet V2 模型对其他对象执行推理并获得准确性评价结果。
- 基于 Flask 示例创建一个新的容器镜像，该镜像提供模型服务，并提供一个使用 `GET` 请求与模型交互的示例。创建另一个端点，提供有关模型的有用元数据。
- 将新创建的镜像发布到容器注册表上，如 Docker Hub（*https://hub.docker.com*）。

独立思考和讨论

- 是否可以使用容器与 Coral 等边缘 TPU 设备一起执行在线预测？如何做？或者为什么不做？
- 什么是容器运行时？它与 Docker 有何关系？
- 列举创建 Dockerfile 时的三个最佳实践。
- 本章中提到的 DevOps 的两个关键概念是什么？为什么它们有用？
- 用你自己的话为“边缘”创建一个定义。给出一些可以应用的机器学习示例。

第 4 章

机器学习模型的持续交付

Alfredo Deza

自然哲学（我们现在称之为科学）已经与它的起源相隔甚远，以至于只留下了莎草纸学家——他们把纸收进去又拿出来，刻苦地读和写，认真地远离有形之物这真的是可悲的事实吗？他们是否认为直接接触数据具有负面价值？他们是否像小说 Tobacco Road 中的一些乡下人一样，实际上以自己的无知为荣？

——Joseph Bogen 博士

作为一名职业运动员，我经常受到伤病的困扰。伤病有多种严重程度。有时它是轻微的，例如我的左腿在激烈的跨栏训练后轻微痉挛。其他时候会更严重，例如难以忍受的腰痛。高水平的运动员不能在赛季中期休假。如果计划是每周锻炼 7 天，那么度过这 7 天是至关重要的。错过一天会产生严重的影响，就会前功尽弃。锻炼就像推手推车上坡，错过锻炼意味着走到一半让手推车下坡。这样的后果是你将不得不返回并拿起那辆手推车再次推动它。你不能遗漏应有的锻炼。

如果你受伤了无法锻炼，尽快恢复到最佳状态与寻找替代锻炼一样重要。这意味着如果你的肌腱受伤不能跑步，那么看看是否可以去游泳池进行有氧锻炼计划。明天不可能重复爬山，可能因为你的脚趾断了，然后尝试骑上自行车去攀登同样的山丘。伤病需要斗争策略，放弃和退出不是一种选择，但如果必须撤退，则首先考虑尽可能少的撤退。如果我们不能发射大炮，我们就带上骑兵。总有一个选择，创造力与尝试完全恢复一样重要。

恢复也需要策略，但比策略更重要的是，它需要不断的评估。由于你在受伤后尽可能多地锻炼，因此评估伤势是否变得更糟是必不可少的。如果你骑自行车去补偿不能跑步，那么你必须高度意识到自行车是否使伤病变得更糟。对伤害进行持续评估是一种相当简单的算法：

1. 每天第一件事，评估伤势是否与前一天相同、更糟或更好。
2. 如果情况更糟，则更改项目以避免之前的锻炼。这些可能会损害恢复。

3. 如果相同，则将伤情与上周甚至上个月进行比较。问自己一个问题："我的感觉是否与上周相同、更糟或更好？"

4. 最后，如果你感觉更好，那么这有力地证明了当前策略是有效的，你应该继续坚持直到完全恢复。

由于伤病，我不得不以更高的频率进行评估（而不是等到第二天早上）。不断评估的结论是恢复的关键。在某些情况下，我必须评估某个特定行为是否正在伤害我。有一次我摔断了一个脚趾（把它撞到书架的拐角），我立即策略性地问自己：我可以走路吗？如果我跑步，我会感到疼痛吗？幸运的是所有答案都是肯定的。那天下午我试着去游泳。在接下来的几周里，我不断检查走路是否不疼。疼痛不是敌人。它是帮助你决定继续做正在做的事情或停止并重新考虑当前策略的指示器。

持续评估、做出改变和适应反馈，以及应用新策略取得成功正是持续集成（CI）和持续交付（CD）的意义所在。即使在今天，稳健部署策略信息很容易获得，你也经常遇到为了发布新的产品版本没有测试或只有简陋的测试策略，甚至发布过程需要数周或数月的情况。我记得曾尝试砍掉一个主要开源项目的新版本，这需要将近一周的时间。更糟糕的是，质量保证（QA）负责人会向每个团队负责人发送电子邮件，询问他们是否准备好发布或想要进行更多更改。

发送电子邮件并等待不同的回复并不是发布软件的直接有效方式。它容易出错并且高度不一致。CI/CD 平台和操作步骤提供的反馈循环对你和你的团队是无价的。如果你找到一个问题，你必须将其自动化并使其在下一个版本中不再是问题。持续评估是 DevOps 的核心支柱，对于成功的机器学习操作实践至关重要。

我喜欢将持续性描述为过程的持续性或重复性。当人们谈论构建、验证和部署工件的系统时，通常会同时提到 CI/CD。在本章中，我将详细介绍鲁棒的流程是什么样的，以及如何启用各种策略来实施（或改进）将模型交付生产环境的工作管道。

4.1 机器学习模型打包

不久前我第一次听说打包 ML 模型。如果你以前从未听说过打包模型，没关系——这都是最近出现的，这里的打包并不是指某些特殊类型的操作系统包，如 RPM（红帽软件包管理器）或 DEB（Debian 包）文件（带有用于绑定和分发的特殊指令）。此处的打包意味着将模型放入容器中，利用容器化流程来帮助共享、分发和轻松部署。我已经在 3.1 节中详细描述了容器化，以及为什么使用它们来实现机器学习相比使用其他策略（如虚拟机）更合理，但值得重申的是，不论哪种操作系统，基于容器快速创建模型的梦想成真了。

将 ML 模型打包到容器中的三个特点值得认真思考：

- 只要安装了容器运行时环境，可以毫不费力地在本地运行容器。
- 把容器部署在可伸缩的云平台中有很多选项。
- 其他人可以快速轻松地试用并与容器交互。

这些特性的好处是可维护性变得不那么复杂，并且本地（甚至在云产品中）调试性能不好的模型就像在终端中执行命令一样简单。部署策略越复杂，排查和调查潜在问题就越困难。

在本节中，我将使用 ONNX 模型并将其打包在一个容器中，该容器为执行预测的 Flask 应用程序提供服务。我将使用 RoBERTa-SequenceClassfication ONNX 模型，因为它的文档很全。创建新的 Git 代码仓库后，第一步是找出所需的依赖。创建 Git 仓库后，首先添加以下 *requirements.txt* 中的内容：

```
simpletransformers==0.4.0
tensorboardX==1.9
transformers==2.1.0
flask==1.1.2
torch==1.7.1
onnxruntime==1.6.0
```

接下来，创建一个 Dockerfile 来安装容器中的所有内容：

```
FROM python:3.8

COPY ./requirements.txt /webapp/requirements.txt

WORKDIR /webapp

RUN pip install -r requirements.txt

COPY webapp/* /webapp

ENTRYPOINT [ "python" ]

CMD [ "app.py" ]
```

Dockerfile 复制 *requirements.txt* 文件，创建一个 *webapp* 目录，并将应用程序代码复制到单个 *app.py* 文件中。创建 *webapp/app.py* 文件来执行情感分析。首先添加导入项以及创建 ONNX 运行时会话所需的一切：

```
from flask import Flask, request, jsonify
import torch
import numpy as np
from transformers import RobertaTokenizer
import onnxruntime


app = Flask(__name__)
tokenizer = RobertaTokenizer.from_pretrained("roberta-base")
session = onnxruntime.InferenceSession(
  "roberta-sequence-classification-9.onnx")
```

文件的第一部分创建 Flask 应用程序，定义与模型一起使用的标记器，最后给模型传递一个路径来初始化一个 ONNX 运行时会话。此时有相当多的导入尚未使用。当添加 Flask 路由以启用实时推理时，你将使用它们：

```
@app.route("/predict", methods=["POST"])
def predict():
    input_ids = torch.tensor(
        tokenizer.encode(request.json[0], add_special_tokens=True)
    ).unsqueeze(0)

    if input_ids.requires_grad:
        numpy_func = input_ids.detach().cpu().numpy()
    else:
        numpy_func = input_ids.cpu().numpy()
    inputs = {session.get_inputs()[0].name: numpy_func(input_ids)}
    out = session.run(None, inputs)

    result = np.argmax(out)

    return jsonify({"positive": bool(result)})

if __name__ == "__main__":
    app.run(host="0.0.0.0", port=5000, debug=True)
```

`predict()` 函数是一个 Flask 路由，它在应用程序运行时启用 */predict* URL。该函数只允许 `POST` HTTP 协议。当前没有对样本输入和输出的描述，因为应用程序缺失一个关键部分：ONNX 模型。将 RoBERTa-SequenceClassification ONNX 模型下载到本地，并将其放在项目的根目录下。最终的项目结构如下所示：

```
.
├── Dockerfile
├── requirements.txt
├── roberta-sequence-classification-9.onnx
└── webapp
    └── app.py

1 directory, 4 files
```

在构建容器之前缺少的最后一件东西是将模型复制到容器中的说明。*app.py* 文件要求模型 *roberta-sequence-classification-9.onnx* 存在于 */webapp* 目录中。更新 Dockerfile 以反映这一点：

```
COPY roberta-sequence-classification-9.onnx /webapp
```

现在该项目一切就绪，你可以构建容器并运行应用程序。在构建容器之前，让我们仔细检查，确保一切正常。创建一个新的虚拟环境，激活它，并安装所有依赖：

```
$ python3 -m venv venv
$ source venv/bin/activate
$ pip install -r requirements.txt
```

ONNX 模型在项目的根目录下，但应用程序希望它在 */webapp* 目录中，因此将其移动到该目录中，这样 Flask 应用程序就不会报错（容器运行时不需要此额外步骤）：

```
$ mv roberta-sequence-classification-9.onnx webapp/
```

现在通过使用 Python 调用 *app.py* 文件在本地运行应用程序：

```
$ cd webapp
$ python app.py
* Serving Flask app "app" (lazy loading)
 * Environment: production
   WARNING: This is a development server.
   Use a production WSGI server instead.
 * Debug mode: on
 * Running on http://0.0.0.0:5000/ (Press CTRL+C to quit)
```

接下来，应用程序已准备好处理 HTTP 请求。到目前为止，我还没有展示预期的输入是什么。这些请求是 JSON 格式，返回结果也是 JSON 格式。使用 *curl* 程序发送示例负载以检测情感：

```
$ curl -X POST  -H "Content-Type: application/JSON" \
  --data '["Containers are more or less interesting"]' \
  http://0.0.0.0:5000/predict

{
  "positive": false
}

$ curl -X POST  -H "Content-Type: application/json" \
  --data '["MLOps is critical for robustness"]' \
  http://0.0.0.0:5000/predict

{
  "positive": true
}
```

JSON 请求是一个包含单个字符串的数组，响应是一个 JSON 对象，它带有一个表示句子情绪是“正向”的键。现在你已经验证了应用程序运行正常并且实时预测也正常工作，是时候在本地创建容器以验证那些工作了。创建容器，并用有意义的内容标记它：

```
$ docker build -t alfredodeza/roberta .
[+] Building 185.3s (11/11) FINISHED
 => [internal] load metadata for docker.io/library/python:3.8
 => CACHED [1/6] FROM docker.io/library/python:3.8
 => [2/6] COPY ./requirements.txt /webapp/requirements.txt
 => [3/6] WORKDIR /webapp
 => [4/6] RUN pip install -r requirements.txt
 => [5/6] COPY webapp/* /webapp
 => [6/6] COPY roberta-sequence-classification-9.onnx /webapp
 => exporting to image
 => => naming to docker.io/alfredodeza/roberta
```

在本地运行容器并与它交互，就像用 Python 直接运行应用程序一样。记得将容器的端口映射到本地主机：

```
$ docker run -it -p 5000:5000 --rm alfredodeza/roberta
 * Serving Flask app "app" (lazy loading)
 * Environment: production
```

```
   WARNING: This is a development server.
   Use a production WSGI server instead.
 * Debug mode: on
 * Running on http://0.0.0.0:5000/ (Press CTRL+C to quit)
```

就像之前一样发送 HTTP 请求，你可以再次使用 *curl* 程序：

```
$ curl -X POST  -H "Content-Type: application/json" \
  --data '["espresso is too strong"]' \
  http://0.0.0.0:5000/predict

{
  "positive": false
}
```

我们经历了许多步骤来打包模型并将其放入容器中。其中一些步骤可能看起来很烦琐，但具有挑战性的过程是自动化和利用持续交付模式的完美的机会。在 4.2 节中，我将使用持续交付将所有这些自动化，并将此容器发布到任何人都可以使用的容器注册服务器中。

4.2 机器学习模型持续交付中的基础设施即代码

最近在工作中，我看到公共仓库中存在一些测试镜像，这些镜像被测试基础设施广泛使用。将镜像托管在注册服务器中（如 Docker Hub），已经是朝着可重复构建和可靠测试的正确方向迈出了重要一步。我碰到的一个问题是容器中的一个库需要更新，于是我便搜索了创建测试容器的文件。它们无处可寻。在某个时候，工程师在本地构建了这些镜像并将其上传注册服务器。这带来了一个大问题，因为我无法对镜像进行简单更改，因为构建镜像的文件丢失了。

有经验的容器开发人员可以找到一种方法来获取大部分（如果不是全部）文件来重建容器，但这不是重点。在这种问题背景下向前迈出一步是创建自动化流程，即从已知的源文件（包括 *Dockerfile*）自动构建这些容器。重建容器并重新上传到注册服务器就像在停电时找到蜡烛和手电筒，而不是让发电机在停电时自动启动。当碰到我刚刚描述的情况时，要高度认真分析。不要怨天尤人，要把这些问题当作提升流程自动化的机会。

同样的问题也发生在机器学习中。我们往往很容易习惯于手动（和复杂）的事情，但总有机会实现自动化。本节不会再次介绍容器化所需的所有步骤（已在 3.1 节中介绍），但我将详细介绍自动化所有操作的细节。假设我们的情况与我刚刚描述的情况类似，有人创建了一个模型的容器并托管至 Docker Hub 中。没有人知道训练好的模型是如何进入容器的，没有文档，但是需要更新。让我们稍微增加一点复杂性：模型不在任何可以找到的仓库中，但它作为注册模型存在于 Azure 中。让我们用一些自动化操作来解决这个问题。

将模型添加到 GitHub 仓库中可能很诱人。虽然这是可能的，但 GitHub 有（在写作本书时）文件大小 100 MB 的硬性限制。如果你尝试使用的模型包接近该限制，则可能无法将其添加到仓库中。此外，Git（版本控制系统）并不能管理二进制文件的版本，这样做的副作用就是占用大量仓库空间。

在当前的问题场景中，模型在 Azure ML 平台上可用并且之前已经注册。实际我还没有模型，所以我用 Azure ML Studio 快速注册了 RoBERTa-SequenceClassification。点击模型部分，然后点击“Register model”，如图 4-1 所示。

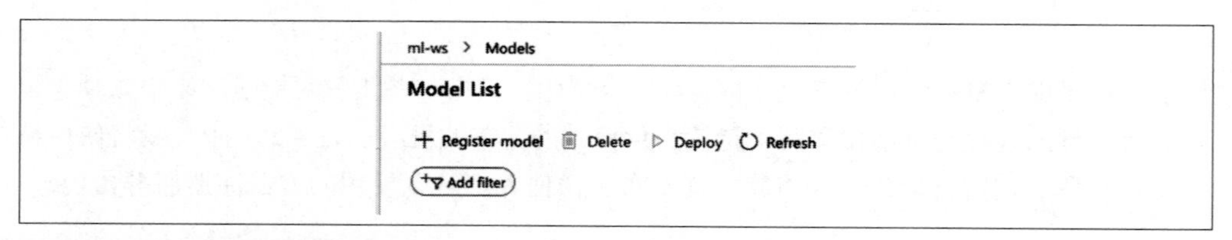

图 4-1：Azure 模型注册菜单

在图 4-2 的表格中填入必要的细节信息。在我的例子中，我在本地下载了模型，然后选择“Upload file”上传它。

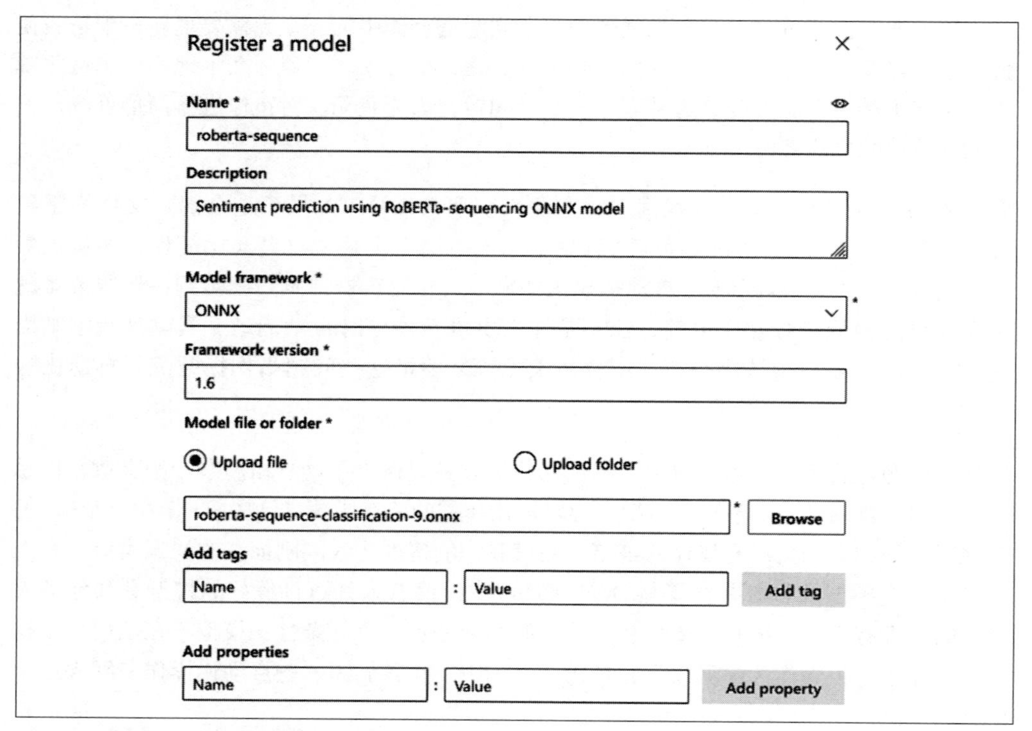

图 4-2：Azure 模型注册表

如果你想了解有关在 Azure 中注册模型的更多信息，我将在 8.4.1 节中介绍如何使用 Python SDK 做到这一点。

既然预训练模型在 Azure 中，让我们重用 4.1 节中的同一个项目。执行（本地）实时推理的所有繁重工作都已完成，因此创建一个新的 GitHub 仓库添加除 ONNX 模型外的所有项目文件。请记住，GitHub 中的文件有大小限制，因此无法将 ONNX 模型添加到 GitHub 仓库中。创建一个 *.gitigore* 文件以忽略模型以防止错误添加：

```
*onnx
```

在推送了除 ONNX 模型外的项目内容后，我们开始自动化模型创建和交付。为此，我们将使用 GitHub Actions，它允许我们用 YAML 文件创建持续交付工作流，并在满足配置条件时触发。当 GitHub 仓库的主分支发生变化时，平台将从 Azure 中拉取注册模型，创建容器，然后将其推送到容器注册服务器。在项目根目录下创建 *.github/workflows/* 目录，然后添加如下所示的 *main.yaml* 文件：

```
name: Build and package RoBERTa-sequencing to Dockerhub

on:
  # Triggers the workflow on push or pull request events for the main branch
  push:
    branches: [ main ]

  # Allows you to run this workflow manually from the Actions tab
  workflow_dispatch:
```

到目前为止，除了定义操作外，上述配置没有做任何事情。你可以定义任意数量的作业，此处我们定义一个将所有内容放在一起构建的作业。在之前创建的 *main.yml* 文件中追加如下内容：

```
jobs:
  build:
    runs-on: ubuntu-latest
    steps:

    - uses: actions/checkout@v2

    - name: Authenticate with Azure
      uses: azure/login@v1
      with:
        creds: ${{secrets.AZURE_CREDENTIALS}}

    - name: set auto-install of extensions
      run: az config set extension.use_dynamic_install=yes_without_prompt

    - name: attach workspace
      run: az ml folder attach -w "ml-ws" -g "practical-mlops"

    - name: retrieve the model
```

```
      run: az ml model download -t "." --model-id "roberta-sequence:1"

    - name: build flask-app container
      uses: docker/build-push-action@v2
      with:
        context: ./
        file: ./Dockerfile
        push: false
        tags: alfredodeza/flask-roberta:latest
```

此构建作业有很多步骤。每个步骤都有一个不同的任务，这是分离故障域的绝佳方法。如果所有内容都在一个脚本中，则更难以发掘潜在问题。第一步是操作触发时检查代码仓库。接下来，由于本地不存在 ONNX 模型，我们需要从 Azure 检索它，因此我们必须使用 Azure 操作进行身份认证。身份认证后，*az* 工具可用，为你的工作区和组附加文件夹。最后，作业可以通过其 ID 检索模型。

YAML 文件中的某些步骤使用 `uses` 指令，用于标识是什么外部操作（例如 `actions/checkout`）和其版本。版本可以是代码仓库的分支或已发布标签。在 `checkout` 的情况下，是 `v2` 标签。

完成所有这些步骤后，RoBERTa-Sequence 模型应该位于项目的根目录，从而使后续步骤能够正确构建容器。

工作流文件正在使用 `AZURE_CREDENTIALS`。它使用特殊语法，允许工作流检索仓库的私密配置。这些凭据是服务主体信息。如果你不熟悉服务主体，请看 8.2 节中的介绍。你需要服务主体配置，这样才能获得模型所在工作空间和组的资源访问权限。依次转到“Settings”“Secrets”，最后单击“New repository secret”链接，将加密信息添加到你的 GitHub 仓库中。图 4-3 展示了添加加密信息时的表单。

Actions secrets / New secret

Name

AZURE_CREDENTIALS

Value

{
...
 "clientId": "xxxxxxxx-3af0-4065-8e14-xxxxxxxxxxxx",
...
 "sqlManagementEndpointUrl": "https://management.core.windows.net:8443/",
 "galleryEndpointUrl": "https://gallery.azure.com/",
 "managementEndpointUrl": "https://management.core.windows.net/"
}

Add secret

图 4-3：添加加密信息

把变更提交推送到你的仓库中，然后前往 Actions 标签页。新的任务马上被调度，并在几秒钟后开始运行。几分钟后，一切都完成了。在我的例子中，图 4-4 显示它需要大约四分钟。

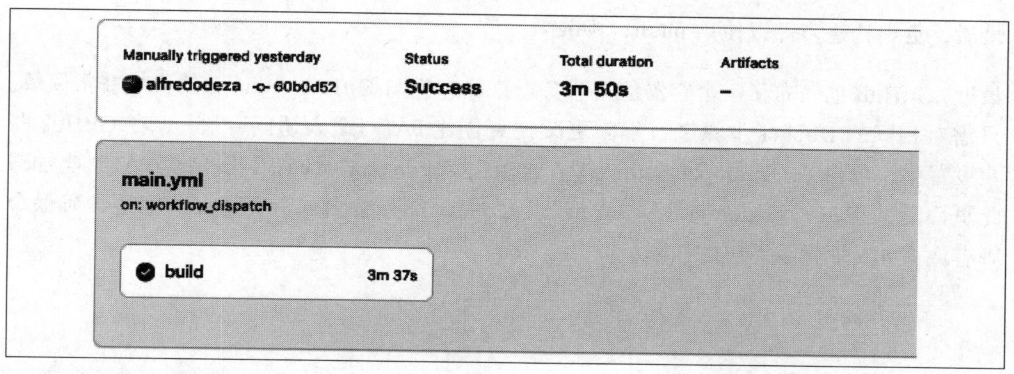

图 4-4：GitHub 操作成功

现在有相当多的活动部件来完成成功的作业运行。在设计一组新的步骤（或管道，将在 4.3 节介绍）时，一个好方法是枚举步骤并识别贪心步骤。这些贪心步骤是试图做很多事情并且有很多责任的步骤。乍一看，很难确定任何可能有问题的步骤。维护 CI/CD 作业的过程包括细化步骤的职责并相应地调整它们。

一旦确定了步骤，你就可以将它们分解为更小的步骤，这将有助于你更快地了解每个部分的职责。更快的理解意味着更容易的调试，虽然不是很明显，但你会从这个习惯中受益。

这些是我们打包 RoBERTa-Sequence 模型的步骤：

1. 检出仓库的当前分支。
2. 向 Azure 云进行身份认证。
3. 配置 Azure CLI 扩展的自动安装。
4. 附加文件夹以与工作区交互。
5. 下载 ONNX 模型。
6. 为当前仓库构建容器。

但是，还缺少最后一项，那就是在构建后发布容器。不同的容器注册服务器需要不同的选项，但大多数都支持 GitHub Actions，这是令人耳目一新的。Docker Hub 很简单，它只需要创建一个令牌，然后将令牌和你的用户名保存为 GitHub 项目的 secret。一旦完成，在构建之前调整工作流文件以包含身份认证步骤：

```
- name: Authenticate to Docker hub
  uses: docker/login-action@v1
  with:
    username: ${{ secrets.DOCKER_HUB_USERNAME }}
    password: ${{ secrets.DOCKER_HUB_ACCESS_TOKEN }}
```

最后，更新构建步骤以使用 `push: true`。

最近，GitHub 也发布了一个容器注册服务器产品，它与 GitHub Actions 的集成非常简单。只需对相同的 Docker 步骤进行细微更改便可创建 PAT（个人访问令牌）。在 GitHub 账户设置中，单击“Developer Settings”，再单击“Personal access”以创建 PAT。当加载此页面后，点击“Generate new token”。在 Note 部分给出一个有意义的描述，确保令牌有像图 4-5 那样编写包的权限。

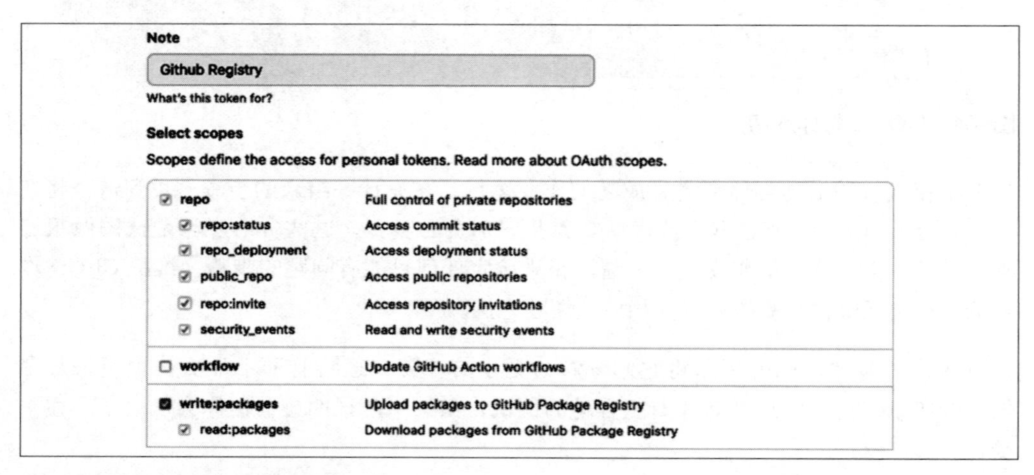

图 4-5：GitHub 个人访问令牌

完成后，将显示一个包含实际令牌的新页面。这是你唯一一次以纯文本形式看到令牌，因此请确保立即复制它。接下来，进入容器代码所在的仓库，新建一个仓库 secret，就像你使用 Azure 服务主体凭据完成的操作。将新 secret 命名为 *GH_REGISTRY* 并粘贴在上一步中创建的 PAT 的内容。现在你已准备好更新 Docker 步骤，使用新令牌和 GitHub 容器注册服务器来发布包。

```
- name: Login to GitHub Container Registry
  uses: docker/login-action@v1
  with:
    registry: ghcr.io
    username: ${{ github.repository_owner }}
    password: ${{ secrets.GH_REGISTRY }}

- name: build flask-app and push to registry
  uses: docker/build-push-action@v2
  with:
    context: ./
```

```
      tags: ghcr.io/alfredodeza/flask-roberta:latest
      push: true
```

alfredodeza 是我的 GitHub 账户，因此我可以用其与存储库的 *flask-roberta* 名称一起进行标记。这些将需要根据你的账户和仓库进行匹配。将更改推送到主分支后（或拉取请求合并之后），则作业将触发。该模型应该从 Azure 中提取，在容器中打包，最后作为 GitHub 包在容器注册服务器中进行发布。类似于图 4-6 中所示：

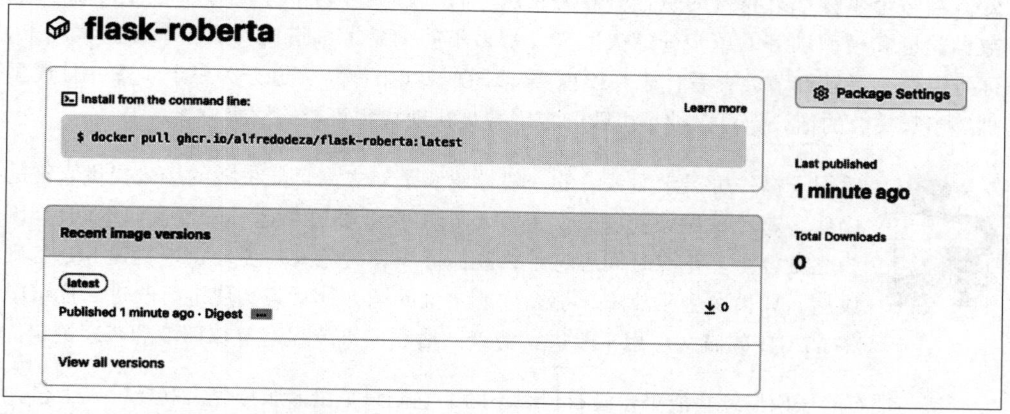

图 4-6：GitHub Package 容器

利用 GitHub 的 CI/CD 产品和容器注册服务器，我们以完全自动化的方式在容器中完成了 ONNX 模型的打包和分发，我们解决了在本章开头提出的问题：在容器中打包模型，但是容器文件不可用。通过这种方式，你可以为他人和流程本身提供清晰的信息。它被分成小步骤，并允许对容器进行任何更新。最后，这些步骤将容器发布到选定的注册服务器。

除了打包和发布容器之外，你还可以使用 CI/CD 环境完成许多其他事情。CI/CD 平台是自动化和可靠结果的基础。在 4.3 节中，我将讨论无论在哪个平台都可以很好工作的原理。通过了解其他平台中可用的通用模式，你可以利用这些功能而无须担心实现。

4.3 使用云管道

我第一次听说管道时，我以为它比经典的脚本模式（代表构建的程序指令集）更先进。但是管道根本不是高级概念。如果你在持续集成平台中用 shell 脚本解决问题，那么管道就可以被使用。管道只不过是一组可以实现特定目标的步骤（或指令），例如在运行时将模型发布到生产环境中。一个包含三个步骤来训练模型的管道可以像图 4-7 一样简单。

图 4-7：简单的管道

你可以将这个管道表示为同时完成所有三件事的 shell 脚本。分离关注点的管道有很多好处。当每个步骤都有特定的责任（或关注点）时，就更容易掌握。如果包含数据检索、数据验证和模型训练的单步管道失败了，那么不能清楚地知道为什么会失败。实际上，你可以深入了解细节、查看日志并检查实际错误。如果你将管道分为三个步骤并且模型训练步骤失败的话，你可以缩小失败的范围并更快地找到可能的解决方案。

适用于操作机器学习系统的一般性建议是对未来可能失败的场景提供直观的操作。避免试图快速推进，并在单个步骤中部署和运行管道（如本例），因为它更容易。花点时间思考什么能让你（和其他人）更轻松地构建 ML 基础设施。如果发生了故障，那么你能定位问题，针对其实现进行改进。你可以将 CI/CD 的概念应用于改进：持续评估和改进流程是鲁棒环境的合理策略。

云管道与现有的任何持续集成平台没有什么不同，它们只是由云服务提供商托管或管理。

你可能会遇到的一些 CI/CD 管道的定义尝试严格定义管道的元素或部分。实际上，我认为应该对管道的各个部分进行松散的定义，而不是用定义约束。RedHat 对管道（*https://oreil.ly/rlJUx*）有一个很好的解释，它描述了 5 个常见元素：构建、测试、发布、部署和验证。这些元素主要用于混合搭配，而不是严格包含在管道中。例如，如果你正在构建的模型不需要部署，那么根本不需要执行部署步骤。同样，如果你的工作流程需要提取和预处理数据，则需要将其作为另一个步骤来实现。

既然你知道管道与有几个步骤的 CI/CD 平台基本相同，那么将机器学习操作应用在可操作管道上是简单的。图 4-8 展示了一个相当简单的管道，但是这涉及其他几个步骤，就像之前提到的那样，你可以将任意数量的操作和步骤进行混合搭配。

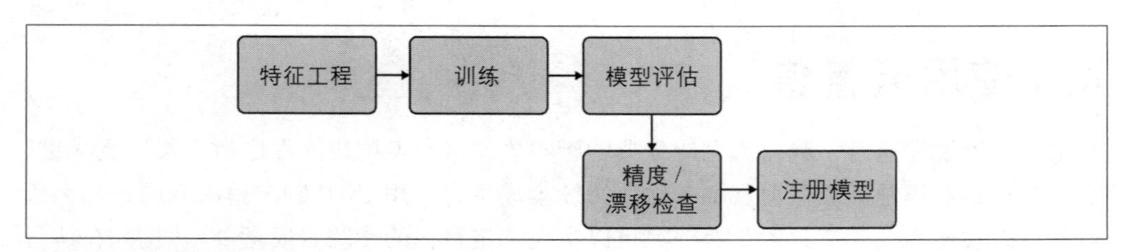

图 4-8：涉及的管道例子

AWS SageMaker 在提供开箱即用的示例方面做得非常出色，它可以用于制作运行若干步骤管道的方方面面。SageMaker 是一个专门的机器学习平台，它不单单可以提供完成发布模型目标的管道步骤。由于它专门用于机器学习，因此你会接触到将模型投入生产特别重要的功能。这些特征在其他通用平台中不存在，例如 GitHub Actions，或者即使有也没有经过深思熟虑，像 GitHub Actions 或 Jenkins 这样的平台的主要目标不是训练机器学习模型，而是尽可能通用以适应最常见的用例。

另一个有点难以解决的关键问题是，用于训练的专用机器（例如，GPU 密集型任务）在通用管道产品中不可用或难以配置。

打开 SageMaker Studio 并转到左侧边栏的组件和注册服务器部分，然后选择项目。有几个 SageMaker 项目模板可供选择，如图 4-9 所示。

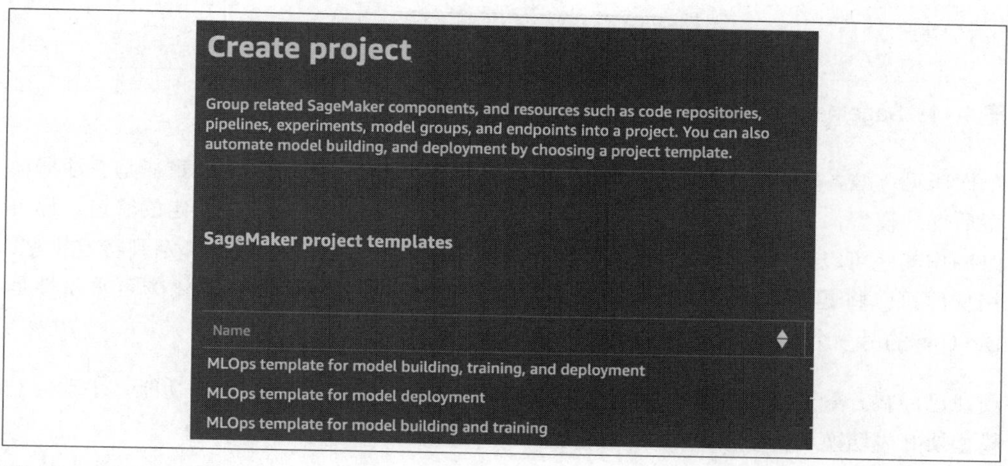

图 4-9：SageMaker 模板

尽管示例旨在帮助你入门，但提供了 Jupyter Notebook，它们非常适合更多地了解所涉及的步骤以及如何根据你的特定需求进行更改和调整。在 SageMaker 中创建管道实例，训练并最终注册模型后，你可以浏览管道的参数，如图 4-10 所示。

Executions | Graph | Parameters | Settings

Parameters	Type	Value
ProcessingInstanceType	String	ml.m5.xlarge
ProcessingInstanceCount	Integer	1
TrainingInstanceType	String	ml.m5.xlarge
ModelApprovalStatus	String	PendingManualApproval
InputDataUrl	String	s3://sagemaker-servicecatalog-seedcode-us-east-2/d...

图 4-10：管道参数

管道的另一个关键部分展示了所涉及的所有步骤，如图 4-11 所示。

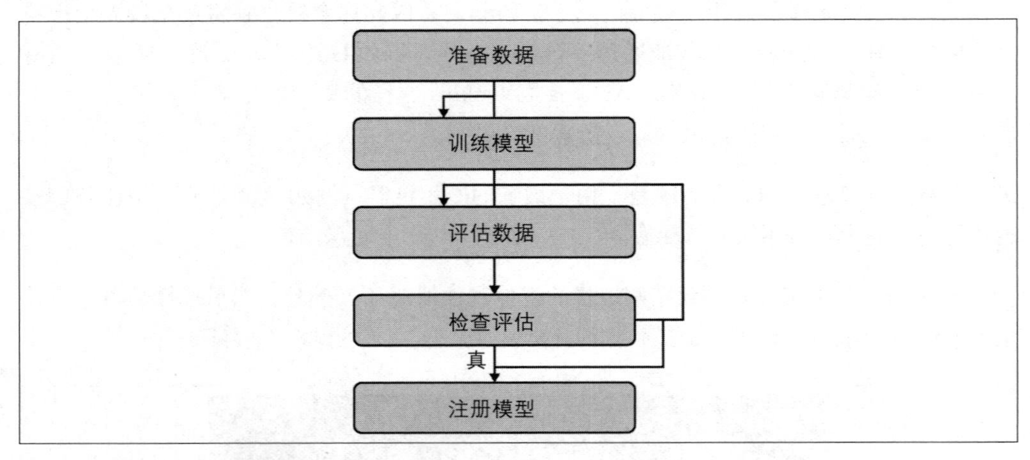

图 4-11：SageMaker 管道

如你所见，准备数据、训练、评估和注册模型都是管道的一部分。主要目标是在注册模型后部署模型，在打包后进行实时推理。并非所有步骤都需要在这个特定的管道。你可以制作其他可以在新注册模型可用时运行的管道。这样，该管道不会绑定到特定模型，相反你可以将其重用于任何其他成功训练的模型并注册。组件和自动化的可重用性是 DevOps 的另一个关键组件，在应用于 MLOps 时效果很好。

现在已经揭开管道的神秘面纱，我们可以看到某些使管道更鲁棒的增强功能，手动控制模型展开或切换从一个模型到另一个模型的推理流程。

4.3.1 模型的受控展开

来自 Web 服务部署的一些概念很好地映射到将模型部署到生产环境的策略，例如创建实时推理应用程序的多个实例以实现从旧模型到新模型的可扩展性切换。在讨论包含将模型展开到生产环境控制部分的一些细节之前，有必要描述这些概念发挥作用的策略。

我将在本节中详细讨论其中的两种策略。尽管这些策略相似，但你可以在部署时利用它们的特定行为：

- 蓝绿部署
- 金丝雀部署

蓝绿部署是一种将新版本放入与生产环境等同的暂存环境的策略。有时，此暂存环境与生产环境相同，但路由的流量不同（或是分隔的）。无须详细说明，Kubernetes 是一个允许轻松进行此类部署的平台，因为你可以在同一个 Kubernetes 集群中维护两个版本，但将流量路由到较新（“蓝色”）版本的单独地址，同时生产流量仍进入旧（“绿色”）版本。这种分离的原因是它允许进一步测试和保证新模型按预期工作。一旦验证完成并且满足某些条件，你就可以修改配置以将流量从当前模型切换到新模型。

蓝绿部署存在一些问题，主要与复制生产环境的复杂程度有关。同样，这是 Kubernetes 非常适合的情况之一，因为集群可以轻松容纳具有不同版本的相同应用程序。

金丝雀部署策略更复杂，风险也更大。根据你的信心程度和基于约束逐步更改配置的能力，这是将模型投入生产的合理方式。在这种情况下，在先前模型提供预测服务的同时，流量会逐渐路由到较新的模型。所以这两个版本是实时的，并同时处理请求，但以不同的比例进行处理。这种基于百分比展开模型的原因是，你可以启用指标和其他检查来实时捕获问题，如果条件不满足，你可以立即回滚。

例如，假设一个具有更好准确率且没有明显漂移的新模型已准备好投入生产。在此新版本的多个实例可用于开始接收流量后，进行配置更改以将所有流量的 10% 发送到新版本。当流量开始被路由时，你会注意到响应中出现了大量错误。HTTP 500 错误表明应用程序存在内部错误。经过调查，它表明进行推理的某个 Python 依赖正在尝试导入已移除的模块，从而导致异常。如果应用程序每分钟收到 100 个请求，那么其中只有 10 个会遇到错误情况。注意到错误后，你迅速更改配置以将所有流量发送到部署的旧版本。此操作也称为回滚。

大多数云服务商都有能力为这些策略进行模型的受控部署。尽管这不是一个功能齐全的示例，但 Azure Python SDK 可以在部署时定义新版本的流量百分比：

```
from azureml.core.webservice import AksEndpoint

endpoint.create_version(version_name = "2",
                        inference_config=inference_config,
                        models=[model],
                        traffic_percentile = 10)
endpoint.wait_for_deployment(True)
```

金丝雀部署棘手的目标是逐渐增加 `traffic_percentile` 的流量，直至 100%。增长必须同时满足应用程序健康和最小（或零）错误率的限制。

生产模型的监控、日志记录和详细指标（除了模型性能）对于鲁棒的部署策略来说绝对是至关重要的。我认为它们对于部署至关重要，而它们也是第 6 章介绍的鲁棒 DevOps 实践的核心支柱。除了监控、日志记录和指标有各自章节外，还有其他有趣的事情需要检查持续交付。在 4.3.2 节中，我们将看到一些合理的内容并增加将模型部署到生产中的信心。

4.3.2 模型部署的测试技术

到目前为止，本章中构建的容器运行良好，并且完全满足我们的需求：精心设计 JSON 消息体的 HTTP 请求，预测情感分析的 JSON 返回结果。一个经验丰富的机器学习工程师在进入模型打包阶段之前，将准确率和漂移检测（在第 6 章中详细介绍）安排到位。让我们假设情况已经如此，并专注于将模型部署到生产之前执行其他有用测试。

当你向容器发送 HTTP 请求生成预测时，需要从头到尾经历几个软件层。在高层次上，这些是至关重要的：

1. 客户端以数组的形式发送一个带有 JSON 正文的 HTTP 请求，其中包含单字符串。
2. 必须存在特定的 HTTP 端口（5000）和端点（预测）并能路由到它。
3. Python Flask 应用程序必须接收 JSON 负载并将其加载到原生 Python。
4. ONNX 运行时需要消费字符串并产生预测。
5. 带有 HTTP 200 的 JSON 响应，并需要包含预测的布尔值。

这些高级步骤中的每一个都可以（并且应该）进行测试。

自动检查

在为本章组装容器时，我遇到了 onnxruntime Python 模块的一些问题：文档没有固定（确切的版本号）版本，导致安装最新版本，但它需要不同的参数作为输入。模型的准确性很好，我无法检测到明显的漂移。然而，我发现部署的模型在请求被消耗后完全损坏。

随着时间的推移，应用程序变得更好，更具弹性。另一位工程师可能会添加错误处理以在检测到无效输入时使用错误消息进行响应，并且可能使用带有适当 HTTP 错误代码的 HTTP 响应，同时带有客户端可以理解的、很好的错误消息。在允许模型投入生产之前，你必须测试这些类型的添加和行为。

有时不会有 HTTP 错误条件，也不会有 Python 回溯。如果我对 JSON 响应进行如下更改会发生什么：

```
{
  "positive": "false"
}
```

不回头看前面的部分，你能看出区别吗？这种变化不会被注意到。金丝雀部署策略将达到 100%，而不会检测到任何错误。机器学习工程师会很高兴地看到模型准确率高，无漂移。然而，这种变化已经完全破坏了模型的有效性。如果你没有发现差异，那没关系。我一直遇到这种类型的问题，有时我可能需要花几个小时才能检测到问题：它使用“`false`”（字符串）而不是 `false`（布尔值）。

这些检查都不应该是手动的，人工验证应保持在最低限度。自动化应该高优先考虑，到目前为止我提出的建议都可以作为管道的一部分添加。这些检查可以推广到其他模型以供重用，但在较高层次上，它们可以并行运行，如图 4-12 所示。

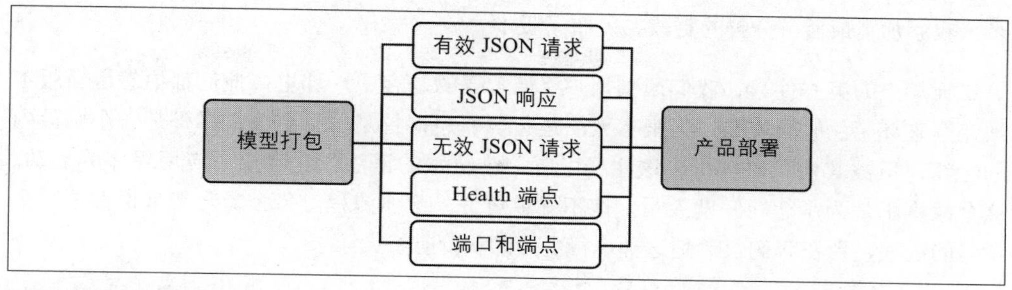

图 4-12：自动检查

Linting

除了我提到的一些功能检查（例如发送 HTTP 请求）之外，还有其他更接近 Flask 应用程序代码的检查，它们实现起来要简单得多，例如使用 linter［我推荐 Flake8 for Python（*https://oreil. ly/MMs0C*）］。最好将所有这些检查自动化，以防止在需要进行生产发布时遇到麻烦。无论你处于何种开发环境，我都强烈建议你启用 linter 来编写代码。创建 Flask 应用程序时，我在修改代码以处理 HTTP 请求时发现了错误。这是 linter 输出的简短示例：

```
$ flake8 webapp/app.py
webapp/app.py:9:13: F821 undefined name 'RobertaTokenizer'
```

未定义的名称会破坏应用程序。在这种情况下，我忘记从 `transformers` 模块导入 `RobertaTokenizer`。当我意识到这一点时，我添加导入并修复了它。这只花了我几秒钟时间。

事实上，这些问题越早发现越好。在谈论软件安全时，通常会听到“软件供应链”，其中供应链是从开发到将代码交付到生产的所有步骤。在这一系列事件中，不断推动左移。如果将这些步骤视为一个大链条，那么最左端的环节是开发人员创建和更新软件，链条的末端（最右边）是发布的产品，最终用户可以在这里与之互动。

越早向左移动错误检测越好。这是因为在生产环境中需要回滚时，它比一直等待要快且成本低得多。

持续提升

几年前，我是一个大型开源软件的发布经理。该软件的发布非常复杂，以至于我需要花费两天到一整周的时间进行发布。由于我还负责其他系统，因此很难进行改进。有一次，在按照发布包的许多不同步骤尝试发布版本时，一位核心开发人员向我请求最后一次更改。我没有立即说“不”，而是问：“这个变化是否已经经过测试？”

回应完全出乎意料：“别开玩笑，Alfredo，这里只有一行更改，它是一个函数中的文档注释。我们需要这项更改作为发布的一部分。”改变的压力来自公司高层，我不得不让步。我添加了最后一分钟的更改并发布了版本。

第二天早上的第一件事，我们回到用户（最重要的是客户）那里，他们都抱怨最新版本被完全破坏了。它会安装，但根本无法运行。罪魁祸首是单行更改，尽管是一个函数内的注释，但被其他代码解析。该注释中有一个特殊的语法，它阻止了应用程序的启动。这个故事不是为了惩罚开发人员。他不知道更好。整体流程对每个参与者来说都是一个学习的过程，现在我们很清楚这种单行更改的代价有多大了。

随后发生了一系列破坏性事件。除了重新启动发布过程之外，一个更改的测试阶段又花了（额外的）一天时间。最后，我不得不停用已发布的软件包并重做代码库，以便新用户获得以前的版本。

这超出了成本。涉及的人数和巨大的影响使这成为一个绝佳的机会去声明，即使是单行更改也不被允许。检测越早，影响越小，修复成本越低。

4.4 小结

持续交付和持续反馈的实践对于鲁棒的工作流程至关重要。正如本章所阐述的那样，反馈循环的自动化和持续提升意义重大。打包容器（通常还有管道和 CI/CD 平台）旨在使添加更多检查和验证变得更加容易，这也提升了将模型推送到生产环境的信心。

将模型投入生产环境是首要目标，在一组相关步骤的弹性集合中，以非常高的信心完成是你应该努力的目标。一旦流程到位，你的任务就不会结束。你必须不断问自己这个问题：如果这个过程失败，我今天可以添加什么来让我的生活更轻松？最后，我强烈建议一个使添加更多检查和验证变得容易的方式。如果它很难，没有人想碰它，这就违背了将模型运送到生产环境的鲁棒管道的目的。

现在你已经很好地掌握了交付模型和自动化的内容，我们将在下一章深入介绍 AutoML 和 Kaizen。

练习题

- 在容器中创建你自己的 Flask 应用程序，将其推送到 GitHub 仓库，对其进行彻底记录，并添加 GitHub Actions 以确保其正确构建。
- 对 ONNX 容器进行更改，使其推送到 Docker Hub 而不是 GitHub Package。
- 修改 SageMaker 管道，以便在训练模型后注册模型之前提示你。
- 使用 Azure SDK 创建一个 Jupyter Notebook，以增加流向容器的流量的百分位数。

独立思考和讨论

- 命名至少四项你可以添加的关键检查，以验证容器中的打包模型是否正确构建。
- 金丝雀部署和蓝绿部署之间有什么区别？你更倾向哪个？为什么？
- 为什么云管道比使用 GitHub Actions 有用？至少说出三个不同之处。
- 打包容器是什么意思？为什么有用？
- 打包机器学习模型的三个特征是什么？

第5章

AutoML 和 KaizenML

Noah Gift

被规矩管得太严，思想便不能百花齐放。没有思想的规则就是监狱。没有规则的思想是混乱的。盆景教我们平衡。平衡规则与创新是生活中普遍存在的问题。我曾经看过一出戏，名字叫 *The Game of Life*。戏中传达的信息是，在任何人解释规则之前，他都会经常被要求玩高额游戏。此外，要判断你是否获胜并不容易。初学者（通常是年轻人）似乎通常需要规则或广泛的理论来指导。然后，随着经验的积累，许多例外和变化逐渐使规则失效，同时规则变得不那么需要。盆景相对于生活的一大优势是可以从致命的错误中吸取教训。

——Joseph Bogen 博士

参与机器学习系统的构建是一段令人兴奋的经历。机器学习（即从数据中学习）对于人类解决自动驾驶、更加有效的癌症筛查、治疗等问题均具有十分明确的价值。与此同时，在模型构建的自动化、AutoML 以及机器学习其他相关任务（我所称的 KaizenML）方面，自动化起到了关键作用。

AutoML 严格聚焦于从干净数据中创建机器学习模型，而 KaizenML 则与机器学习过程中所有环节的自动化及持续改进相关。我们以为什么 AutoML 如此必不可少开始来深入探讨这两个主题。

机器学习领域的专家，如吴恩达，近期提到，以数据为中心的方法相较于以模型为中心的方法具有诸多优越性。该观点的另一种表述方式是 Kaizen，即从数据到软件，到模型，再到来自客户的反馈闭环的整个系统的持续改进是必不可少的。KaizenML，在我的观点中，意味着你需要持续改进机器学习系统的所有方面：数据质量、软件质量和模型质量。

5.1 AutoML

美国作家 Upton Sinclair（厄普顿・辛克莱）有句名言：“如果一个人的薪水取决于自己不理解的某件事，那么要让这个人理解这件事是很难的。” Upton Sinclair 引用的一个很好的例子是 Netflix 纪录片《社会困境》（*The Social Dilemma*）中记录的来自社交媒体的错误信息。假设你在一家大规模传播错误信息并获得丰厚报酬的公司工作。在这种情况下，你几乎不可能接受自己是该过程中的参与者，而你所在的公司实际上确实从错误信息中获利丰厚。这有助于你获得丰厚的薪水和优越的生活。

同样，我提出了我称之为“自动机定律”的东西。一旦开始讨论自动化任务，那么最终，自动化就会发生。例如，用云计算取代数据中心和用机器取代电话交换机操作员。许多公司都以“白手起家”的态度坚守自己的数据中心，称云是世界的万恶之源。然而，最终他们要么切换到云端，要么正在切换到云端。

大约从 1880 年到 1980 年，人类花了将近 100 年的时间，才完全将手动切换呼叫进行自动化，让机器来完成它们，但它最终发生了。机器非常擅长将劳动密集型的手动任务自动化。如果你的工作涉及 1970 年的电话转接，那么你可能会嘲笑将你所做的事情自动化的想法，因为你知道这项任务有多么困难。今天，借助数据科学，我们可能是“交换机操作员”，疯狂地将超参数值推送到 Python 函数中，并在 Kaggle 上分享我们的结果，却不知道所有这些都在自动化的过程中。

在 *How We Know What Isn't So* 一书中，Thomas Gilovich 指出了自我限制策略：

> 确实有两类自我限制策略，真实的和假装的。“真实的”自我限制包括在自己的道路上为通往成功设置明显的障碍。障碍降低了成功的可能性，但它们为失败提供了现成的借口。考试前忽视学习的学生或试镜前喝酒的有抱负的演员就是很好的例子。有时失败几乎是必然的，但至少不会被认为缺乏相关能力（或者希望如此）。
>
> 另一方面，“假装的”自我限制在某些方面是一种风险较小的策略，在这种策略中，人们只是声称在通往成功的道路上有困难的障碍。这种自我限制只是为可能的糟糕表现找借口，无论是事前还是事后。

当数据科学计划失败时，很容易陷进去深入研究这些自我限制策略中的某一个。数据科学中的一个例子可能是当 AutoML 可以在项目的某些方面起到帮助作用时却不使用它，这是其成功的“真正”障碍。然而，软件工程的黄金法则之一是使用最好的工具来完成手头的任务。使用可用的最佳工具的原因是它们降低了开发软件的复杂性。GitHub Actions 是降低复杂性的“同类最佳”工具的一个很好的例子，因为它很容易创建自动化测试。另一个例子是像 Visual Studio Code 这样的编辑器，因为它能够以最少的配置执行代码补全、语法高亮显示和 linting。这两种工具都通过简化创建软件的过程显著提高了开发人员的工作效率。

对于数据科学，“使用最好的工具”这个口号需要传播。或者，如果一个数据科学项目失败了，就像经常发生的那样，一个自我限制的策略可能是说这个问题太具有挑战性了。无论哪种情况，在适当的时候拥抱自动化都是自我限制的解决方案。

在图 5-1 中，让我们将食物与机器学习进行类比。请注意，食物有多种形式，从你在商店购买面粉自己制作的比萨到你在网上订购直接快递到家中的比萨。仅仅因为一个比另一个复杂得多（即从零开始制作比萨而不是订购现成的热比萨），但这并不意味着送货上门选项不能被视为食物。因此，困难或缺乏并不等同于完整性或真实性。

同样，不接受现实并不意味着它没有发生。否认现实的另一种描述方式称为“神奇的思维”。许多神奇的思想家在 COVID-19 大流行开始时说，“这就像流感一样”，以此来向自己（和其他人）保证危险并不像看起来那么严重。不过，2021 年的数据说明了完全不同的情况。在美国，COVID-19 导致死亡的人数接近各种形式心脏病死亡人数总和的 75%，目前是美国的主要死因。同样，Justin Fox 在彭博社的一篇文章中使用 CDC 数据显示，对于大多数年龄组而言，这种流行病的致死率是流感的数倍。请参见图 5-2。

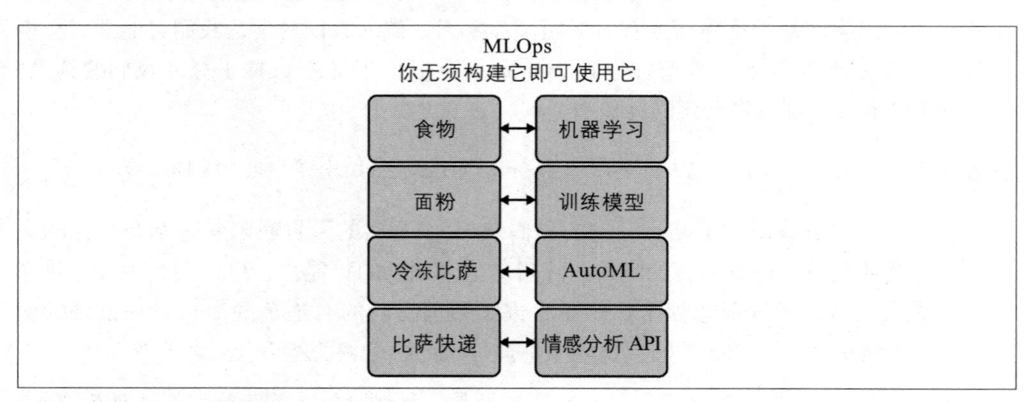

图 5-1：食物与机器学习的类比

AutoML 是数据科学家的一个转折点，因为它与其他历史趋势有相似之处：自动化和神奇的思维。任何可以自动化的东西都会自动化。接受这一趋势而不是与之抗争将促使机器学习中产生大量更高效的工作流程。尤其是 AutoML，它可能是全面实施 MLOps 理念的最关键技术之一。

在 COVID-19 爆发之前，加州大学伯克利分校的研究科学家 Jennifer Doudna 博士和合作者 Emmanuelle Charpentier 博士致力于研究基因编辑的艰巨任务。当 COVID-19 大流行开始时，Doudna 博士知道她需要迅速将这项研究转化为一种开创性的方法，以加速疫苗的研制。结果，她开始了“拯救世界”的工作。

COVID 与流感、肺炎的对比

美国每 100 000 人中各年龄组的年死亡人数

年龄组	COVID-19 2020～2021*	流感和肺炎 2017～2019	COVID 死亡人数相对流感和肺炎死亡人数的倍数
<1	1.2	4.2	0.3X
1-4	0.2	0.7	0.2
5-14	0.2	0.3	0.6
15-24	1.7	0.4	4.2
25-34	6.9	1.0	6.9
35-44	20.1	2.2	9.1
45-54	56.6	5.2	10.9
55-54	139.0	12.8	10.9
65-74	343.1	29.5	11.6
75-84	873.1	88.2	9.9
85+	2392.3	348.9	6.9
所有年龄	152.3	16.8	9.1

资料来源：疾病控制和预防中心

* 假设在 12 个月内有 50 000 人死亡

图 5-2：COVID 与流感、肺炎的对比（资料来源：*Bloomberg News*）

COVID-19 药物发现与 MLOps 有何关系呢？数据科学中的一个关键问题是将研究解决方案投入生产。同样，医学研究的一个基本问题是将药物发现交到从中受益的患者手中。

在 *The Code Breaker: Jennifer Doudna, Gene Editing, and the Future of the Human Race*（Simon & Schuster Australia）这本书中，Walter Isaacson 描述了 Doudna 博士是如何“……坚信基础研究应该与转化研究相结合，推动从实验室到临床的发现……”。诺贝尔奖获得者、科学家 Jennifer Doudna 博士与 Emmanuelle Charpentier 博士共同开创了推进基因编辑和这些 CRISPR（基因组编辑工具）机制商业应用的研究。

她的一位竞争对手张锋博士最终研究了一种竞争性疫苗——Moderna，他提到加州大学伯克利分校的实验室并没有致力于将其应用于人体细胞。他的评论是，他的实验室一直致力于通过靶向人体细胞来利用 CRISPR 研究，而 Doudna 博士则完全专注于这项研究。

这种评论是“断言这些发现应归功于谁”的专利争议的核心，即多少功劳属于科学研究，多少功劳属于科学研究的应用？这听起来是不是有点类似于数据科学与软件工程的争论？事实上，Doudna 博士最终以辉瑞疫苗的形式“将其投入生产”。我最近接种了这种疫苗，和许多人一样，我很高兴它能够投入生产。

如果我们有与科学家“实施”COVID-19 疫苗相同的紧迫感，我们还能共同完成什么？

当我在初创公司担任工程经理时，我喜欢向人们提出假设性问题。例如，“如果你必须在最后期限内拯救世界，怎么办”之类的问题。我喜欢这个问题，因为它很快就切中了事情的核心。它切入了问题的本质，因为如果时钟在挽救数百万人的生命上滴答作响，那么你只需要处理问题的基本组成部分。

Netflix 上有一部令人难以置信的纪录片，名为 *World War II in Colour*。这部纪录片令人印象深刻的是，它以实际修复的彩色镜头展示了悲惨历史事件。这确实可以帮助你想象这些事件发生时的场景。沿着这些思路，想象自己处于需要解决一个可以拯救世界的技术问题的情境中。当然，如果你弄错了，你认识的每个人都会遭受可怕的命运。然而，AutoML 或任何形式的自动化，伴随着只解决问题的必要组成部分的紧迫感，可以在全球范围内带来更好的结果：药物发现和癌症检测。

这种形式的情境思维为决定如何解决问题增加了一个明确的组成部分。你所做的事情要么很重要，要么不重要。这与研究 COVID-19 疫苗的科学家的思考方式非常相似。科学家所做的工作要么促进了 COVID-19 疫苗研发，要么没有。结果，每浪费一天时间，全世界就将有更多的人死于该病毒。

同样，我记得在 2016 年左右去过湾区一家高档初创公司，并谈到他们如何从许多顶级风险投资公司获得 3000 万美元的资金。然后，首席运营官私下告诉我，他非常担心他们没有实际的产品或赚钱的方式。多年后即使他们收到了更多的钱，我仍然不确定他们的实际产品是什么。

因为这家公司不能创造收入，所以它筹款。如果你不能筹款，那么你必须创造收入。同样，如果你无法通过机器学习将模型投入生产，那么你将继续进行“机器学习研究”，即在 Kaggle 项目中调整超参数。因此，对于 Kaggle 从业者来说，一个很好的问题是：“我们确定我们不只是通过训练谷歌的 AutoML 技术来自动化我们调整超参数的工作吗？”

我们倾向于做我们擅长的事情。专注于你做得好的事情能带来很多好处，例如成功的职业生涯。尽管如此，有时也需要挑战自己，暂时考虑以最紧迫的方式解决一个问题，就像 Doudna 博士和张锋博士在 COVID-19 研究中所做的。这会改变你使用的方法吗？例如，如果我只有四个小时训练模型并将其投入生产以拯救世界，那么我会尽可能少地编写代码并使用现成的自动化工具，如 Azure AutoML、Apple Create ML、Google AutoML、H20 或 Ludwig。在这种情况下，后续问题变成“为什么我要编写任何代码，或者至少要为所有机器学习工程项目编写尽可能少的代码？”

世界在生产中需要高质量的机器学习模型，特别是因为有许多紧迫的问题需要解决：寻找治疗癌症的方法、优化清洁能源、改进药物发现以及创建更安全的交通。社会可以集体做到这一点的一种方式是自动化现在可以自动化的事情，并专注于寻找方法来自动化今天不能自动化的事情。

AutoML 是对在干净数据上训练模型的相关任务进行自动化。然而，在现实世界中，并非所有问题都如此简单，因此与机器学习相关的一切都需要自动化。这个差距正是 KaizenML 介入的地方。Kaizen 在日语中意味着持续改进。使用 KazienML，你可以不断改进和自动化，这是你开发机器学习系统的主要方式。接下来，让我们深入探讨这个概念。

5.1.1 MLOps 工业革命

许多机器学习的学生和从业者发现 AutoML 是一个两极分化的话题。数据科学是一种行为，AutoML 是一种技术——它们只是构建 ML 系统的一小部分，而且它们是互补的。AutoML 正在两极分化，因为数据科学家认为它将取代他们的工作，而事实上，AutoML 仅是自动化和持续改进这个巨大过程的 5%，即 MLOps/ML 工程 /KaizenML，如图 5-3 所示。

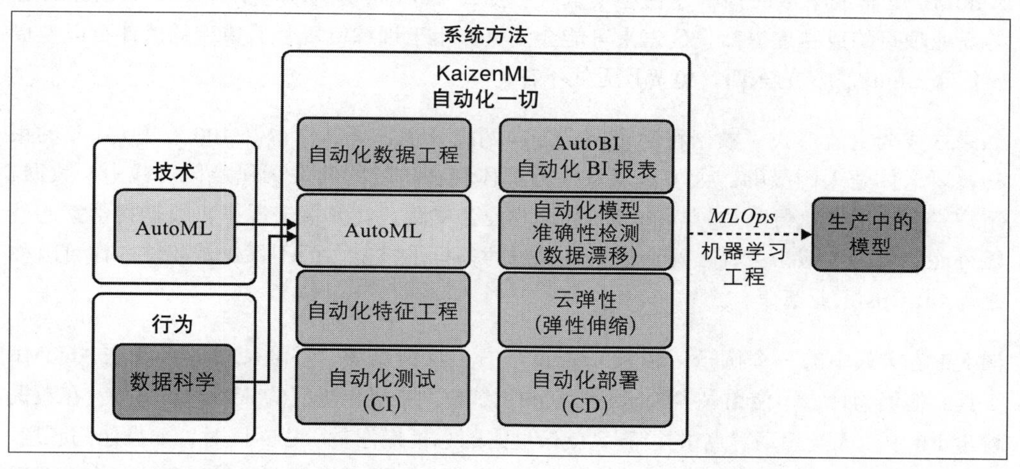

图 5-3：AutoML 是 KaizenML 的一小部分

1760～1840 年的工业革命是由人类任务向蒸汽和煤炭机器驱动的自动化任务发展的戏剧性转变时期。这种自动化使得人口增加、GDP 增长和生活质量提高。后来，在 1870 年左右，发生了第二次工业革命，使得大规模生产和新的电网系统成为现实。

迪士尼 + 上有一个很棒的系列，名为 *Made in a Day*（*https://oreil.ly/nLA7Y*）。第一集展示了特斯拉如何在汽车开发阶段使用机器人。机器人拧入东西，用螺栓固定，并将零件焊接在一起。看着这家工厂，我想到了人类是如何帮助机器人的。从本质上讲，人类让机器人完成了还不能完全自动化的工作。

同样，当查看充满独特雪花配置的传统数据科学工作流程时，人类"加入"超参数，这让我想起了第二次工业革命中的早期福特装配厂。最终，手动人工任务会自动化，而自动化的第一件事情是最容易自动化的。

人们问的另一个问题是机器学习技术的许多方面是否一定是必要的，例如，手动调整超参数，即选择集群的数量等。想象一下，去一家充满先进机器人技术的特斯拉工厂，告诉自动化工程师人类也可以将零件焊接在一起。这种说法是不合逻辑的。当然，我们人类可以完成机器比我们做得更好的任务，但我们应该这样做吗？同样，在机器学习的许多烦琐、手动工作方面，机器可以做得更好。

机器学习和人工智能中可能很快发生的事情是，该技术本质上是商品化的。相反，自动化本身和执行自动化的能力是关键。在电视节目中，实体制造有“一日制造”（Made in a Day）的美誉，因为汽车或吉他只需一天就可以制造出来！许多做机器学习的公司一整年都无法建立一个基于软件的模型，但这怎么可能是未来的生产过程呢？

我看到即将发生的一种可能情况是，至少 80% 的数据科学手动训练模型被商品化的开源 AutoML 工具或下载的预构建模型所取代。随着 Ludwig 等开源项目或 Apple CreateML 等商业项目的成熟度提高，这未来可能会发生。用于训练机器学习模型的软件可以变成类似于 Linux 内核的东西，免费且无处不在。

如果这成为主流形式，数据科学可能会走向两极分化；要么你得到 100 万美元 / 年的报酬，要么你是入门级的。大多数竞争优势都体现在传统的软件工程最佳实践中：数据 / 用户、自动化、执行以及可靠的产品管理和业务实践。在其他情况下，数据科学家的技能可能会成为类似于会计、写作或批判性思考等标准技能，而不仅仅是职位。你可以称之为 MLOps 工业革命。

图 5-4 是实践中的一个例子。想象 Kaggle 是一个反馈循环，谷歌使用它来改进 AutoML 工具。他们为什么不使用人类数据科学家的训练模型来提供更好的 AutoML 服务？在数据科学 1.0 中，人类手动“点击按钮”，就像过去的总机操作员一样。同时，如果他们愿意，谷歌可以使用这些人训练他们的 AutoML 系统来完成这些手动数据科学任务。在许多情况下已经出现的数据科学 2.0 中，自动化工具彻底训练了之前在 Kaggle 中训练的模型。

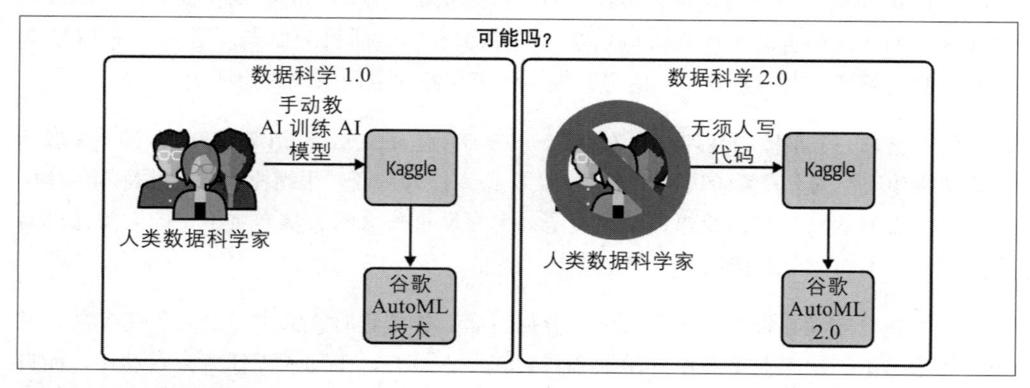

图 5-4：Kaggle 自动化

随着机器在机器学习和数据科学中发挥越来越大的作用，MLOps 工业革命正在我们眼前发生。如果这些变化正在发生，你会投资哪些技能？无论是从技术角度还是从业务角度来看，自动化和执行都处于世界一流水平。此外，还要将这些功能与扎实的领域专业知识相结合。在《创新的起源》（*How Innovation Works: And Why It Flourishes in Freedom*）一书中，作者 Matt Ridley 清楚地解释了创新的基础不是想法，而是将想法结合到执行中。从本质上讲，它是否有效，是否有人会为此付费？

5.1.2 Kaizen 和 KaizenML

讨论数据科学、AutoML 和 MLOps（KaizenML）的一个问题是人们通常不清楚每一个的含义是什么。数据科学不是解决方案，就像统计学不是问题的解决方案一样，这是行为上的。AutoML 只是一种技术，就像持续集成，它使琐碎的任务自动化。另外，AutoML 不直接与数据科学竞争，就像巡航控制或半自动驾驶不会与汽车驾驶员竞争。驾驶员仍然必须控制车辆并充当所发生事情的中央仲裁者。同样，即使机器学习实现了广泛的自动化，人类也必须就大局做出执行决策。

KaizenML/MLOps 是一种系统方法，可促进模型在生产中落地。在生产中运行的机器学习模型解决客户问题是 MLOps 的结果。在图 5-5 中，你可以看到未来可能发生的假设性 MLOps 工业革命。数据和有效处理数据的专业知识成为一种竞争优势，因为它是一种稀缺资源。随着 AutoML 技术的进步，数据科学家今天所做的许多事情可能会消失。没有巡航控制或手动变速器的现代车辆并不常见。同样，未来数据科学家可能不会经常调整超参数。那么可能发生的情况是，当前的数据科学家会变成 ML 工程师或领域专家，他们将“做数据科学”作为他们工作的一部分。

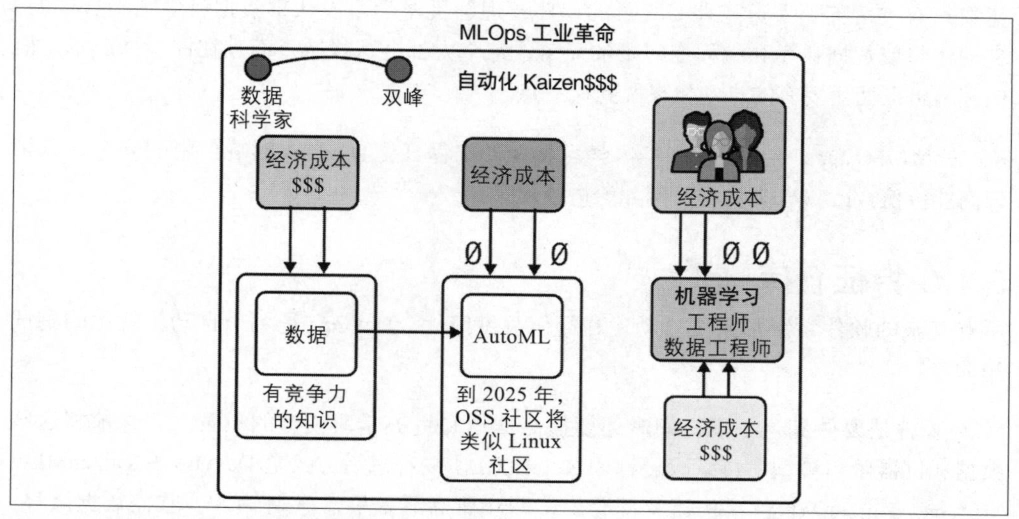

图 5-5：MLOps 工业革命

仅讨论 AutoML 与数据科学的一个问题是忽视了更重要的自动化和持续改进问题。机器学习技术的自动化是如此两极分化，以至于忽视了核心问题：一切都应该自动化，而不仅仅是类似于 ML 的超参数调优等烦琐方面。通过持续改进实现自动化使数据科学家、ML 工程师和整个组织能够专注于重要的事情，即执行。如图 5-6 所示，Kaizen 是一个日语术语，表示持续改进。二战后，日本围绕这一概念建立了汽车工业。从本质上讲，如果你发现某些东西损坏或不够优化，你就会修复它。同样，使用 KaizenML，机器学习的各个方面，从特征工程到 AutoML，都得到了改进。

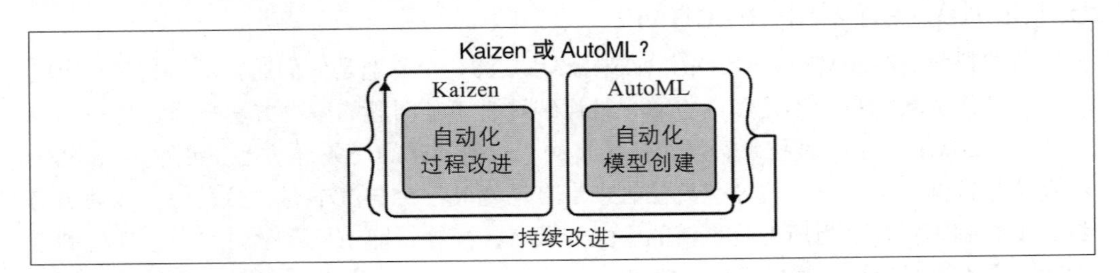

图 5-6：Kaizen 或 AutoML

地球上的每个人都应该进行数据科学和编程，因为这些是批判性思维的形式。最近的新冠病毒给人们敲响了警钟，告诉人们理解数据科学对个人生活的重要性。许多人死亡是因为他们没有理解数据，数据表明 COVID-19 实际上与流感不同，它要致命得多。同样，关于人们拒绝接种疫苗的故事比比皆是，因为他们错误地计算了疫苗对自己构成的风险与 COVID-19 对自己或社区弱势成员构成的风险。了解数据科学可以挽救你的生命，因此，任何人都应该有权使用数据科学家拥有的工具。

建议只有“精英”人员能编写简单的程序、理解机器学习或从事数据科学是不合理的。自动化将使数据科学和编程变得足够简单，每个人都会这样做，而且在许多情况下，他们甚至可以使用现有的自动化来做到这一点。

KaizenML/MLOps 专注于解决机器学习和软件工程（受 DevOps 影响）中的问题，以带来商业价值或改善人类状况，例如治愈癌症。

5.1.3 特征仓库

所有复杂的软件系统都需要自动化和简化关键组件。DevOps 是关于自动化软件的测试和部署。

MLOps 就是要做到这一点，同时还要提高数据和机器学习模型的质量。我之前将这些数据和机器学习模型的持续改进称为 KaizenML。一种思考方式是 DevOps + KaizenML = MLOps。KaizenML 包括构建特征仓库，即注册高质量机器学习输入、监控数据漂移、注册和提供 ML 模型的能力。

在图 5-7 中，可以看到，在手动数据科学中，一切都是定制的。结果，数据质量低下，甚至很难达到工作模型投入生产并解决问题的程度。然而，随着越来越多的工作实现自动化，例如从数据到特征（通过特征仓库），再到生产中模型的实际服务，KaizenML 会带来更好的结果。

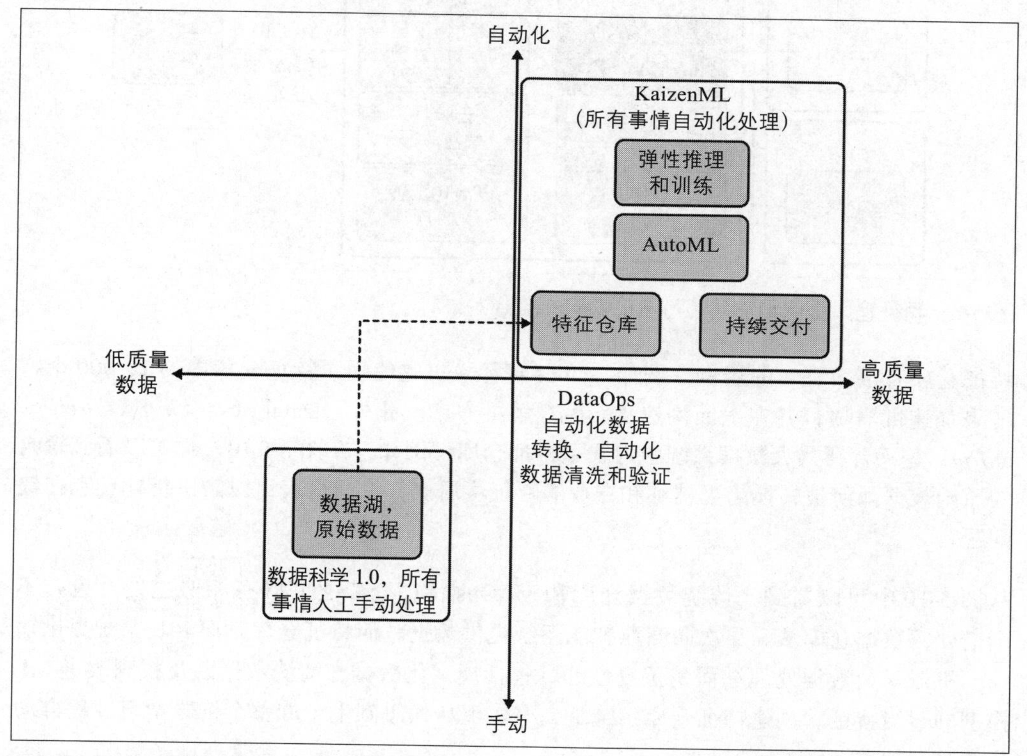

图 5-7：特征仓库是 KaizenML 的一部分

与 KaizenML（不断改进机器学习）密切相关的是特征仓库。Uber 的工程博客很好地细分了特征仓库解决的问题。根据 Uber 的说法，它做了两件事：

- 允许用户将他们构建的特征添加到共享特征仓库中。
- 一旦特征在特征仓库中，用户就很容易在训练和预测中使用。

在图 5-8 中，你可以看到数据科学是一种行为，但 AutoML 是一种技术。AutoML 可能仅占自动化解决的整个问题的 5%。数据本身需要通过 ETL 作业管理实现自动化。特征仓库需要自动化来改进 ML 的输入。最后，部署需要通过自动化部署（CD）和云弹性（弹性伸缩）的原生使用来实现自动化。一切都需要通过复杂的软件系统实现自动化，而特征仓库只是需要持续改进的众多 MLOps 组件之一，即 KaizenML。

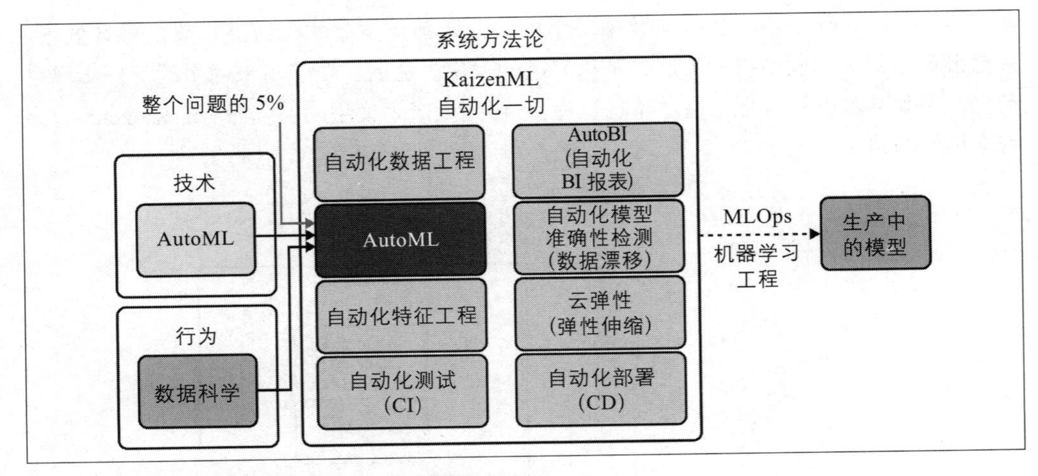

图 5-8：特征仓库是自动化系统方法论中的一部分

特征仓库有很多真实的用例。例如，Uber 解释说，它使用了特征仓库中的 10 000 个特征来加速机器项目并在上面构建 AutoML 解决方案。此外，Databricks（*https://oreil.ly/aqFju*）等平台在其大数据系统中内置了特征仓库。例如，在图 5-9 中，你可以看到输入的原始数据如何被转换为更精细和专业的特征注册表，该注册表可以解决批处理和在线问题。

从图 5-10 中可以看到，传统数据仓库和 MLOps 特征仓库之间既有相似之处，也有不同之处。数据仓库从高层次向商业智能系统提供数据，而特征仓库则向 ML 系统提供输入。机器学习数据处理过程是重复性的，包括规范化数据、清洗数据以及找到改进 ML 模型的适当特征。创建特征仓库系统是完全实现从构思到生产的整个机器学习过程自动化的另一种方式。

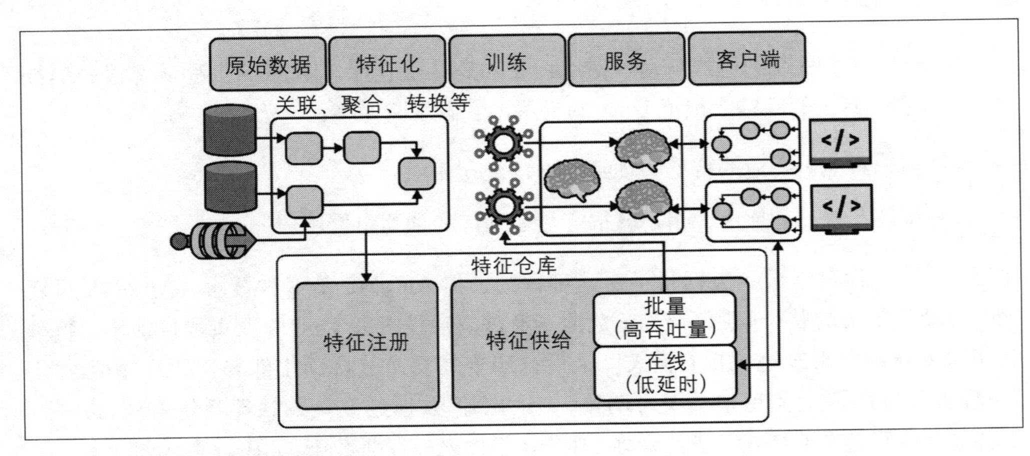

图 5-9：Databricks 特征仓库

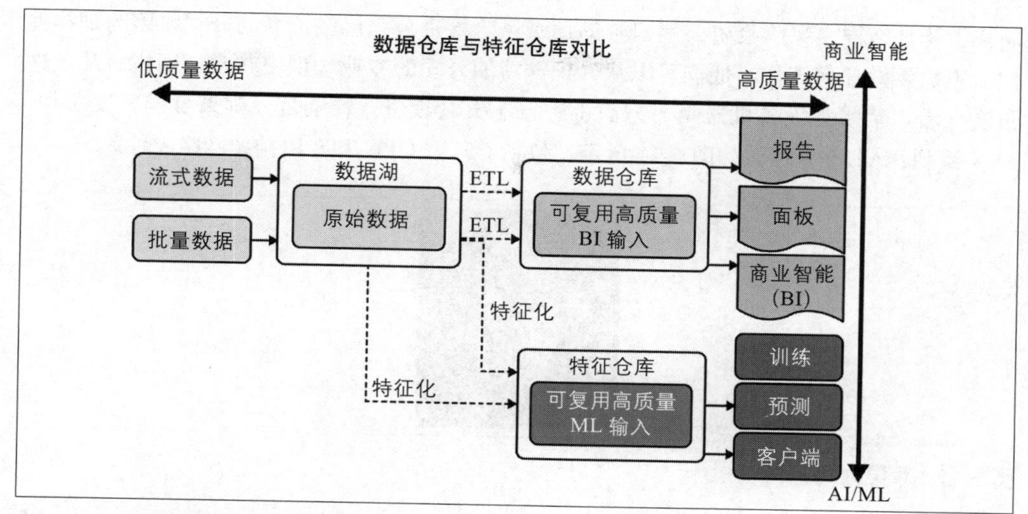

图 5-10：数据仓库与特征仓库的对比

接下来，让我们跳出使用苹果 ML 生态系统构建机器学习模型的理论和实践技术。我们将使用它的高级 AutoML 框架 CreateML 来做到这一点。

5.2 苹果生态系统

在你深入了解之前，苹果似乎不太可能进入机器学习工具领域。苹果拥有丰富的移动开发生态系统。根据 Statista（*https://oreil.ly/SEnIY*）的数据，苹果 App Store 的全球应用总收入从 2019 年的 555 亿美元增长到 2020 年的 723 亿美元。苹果受益于开发者创造的产品（在应用商店销售）。

我记得和一位相当不屑一顾的教授谈论过构建“机器学习应用程序”，大概是因为他在做研究时倾向于复杂性和发现。从某种意义上说，软件行业的思维方式与大学研究人员的思维方式截然相反。撰写有关机器学习的学术论文是将机器学习操作化来“构建应用程序”的相反方向。这种意识形态差异是前面讨论的“想法”与“执行”脱节的原因。

苹果希望你在其应用商店中构建应用，因为它会从每笔交易中提取 15%～30% 的服务费。苹果制造的开发者工具越好，应用商店中的应用程序就越多。商学院里有一句话，“你在哪里开一个汉堡王商店？麦当劳旁边。”这句话的意思是你不需要花钱去研究在哪里扩张，因为顶级竞争对手已经做了这项工作。你可以借助他们的专业知识——同样，机器学习的从业者可以借助苹果所做的研究。他们看到了在专用硬件上运行的高级自动化机器学习的未来。

同样，为什么许多风险投资公司只资助顶级风险投资公司已经资助的公司？因为那样他们就不需要做任何工作，他们可以从知识渊博的公司的专业知识中获益。同样，从硬件角度来看，苹果在设备机器学习方面也进行了大量投资。特别是，苹果自行开发芯片，如 A 系列：A12～A14，如图 5-11 所示，包括 CPU、GPU 和专用神经网络硬件。

图 5-11：苹果 A14 芯片

此外，较新的芯片包括苹果 M1 架构，苹果将其用于移动设备、笔记本电脑和台式机，如图 5-12 所示。

图 5-12：苹果 M1 芯片

开发环境通过苹果的模型格式 Core ML 使用该技术。还有一个 Python 包可以转换来自第三方训练库（如 TensorFlow 和 Keras）的模型。

Core ML 针对设备上的性能进行了优化，并与苹果硬件协同工作。以下几个不明显的工作流程需要考虑：

- 使用苹果的 Create ML 框架来制作 AutoML 解决方案。
- 下载预训练模型，并可选择将其转换为 Core ML 格式。下载模型的一个地方是 tfhub。
- 通过在另一个框架中编写代码自己训练模型，然后使用 coremltools（*https://oreil.ly/vYGcE*）将其转换为 Core ML。

接下来，让我们深入了解苹果的 AutoML。

5.2.1 苹果的 AutoML：Create ML

苹果 ML 平台的核心创新之一是它在直观的 GUI 中展示强大的 AutoML 技术的方式。苹果 Create ML 可让你执行以下操作：

- 创建 Core ML 模型。
- 预览模型性能。
- 在 Mac 上训练模型（利用其 M1 芯片堆栈）。
- 使用训练控制：暂停、保存和恢复训练。
- 使用 eGPU（外部 GPU）。

此外，它还处理图像、视频、运动、声音、文本和表格等各个领域任务。让我们通过苹果的 Create ML 深入了解 AutoML。请注意图 5-13 中许多自动化形式的机器学习的完整列表，以及它们如何最终收敛到在 iOS 上运行的同一个 Core ML 模型。

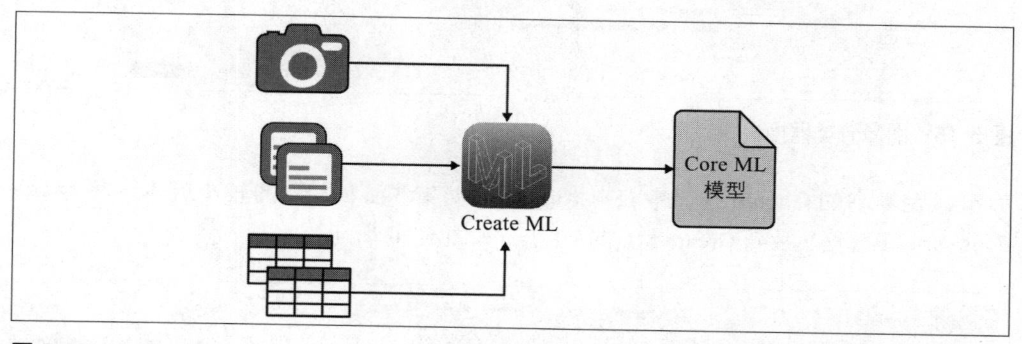

图 5-13：Create ML

要开始使用 Create ML，请执行以下操作：

1. 下载 XCode（*https://oreil.ly/dOCQj*）。
2. 打开 XCode 并右键单击图标以启动 Create ML（如图 5-14 所示）。

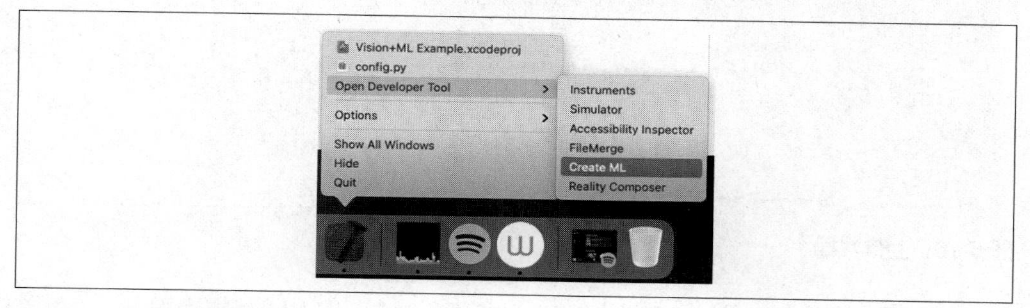

图 5-14：打开 Create ML

接下来，使用图像分类器模板（如图 5-15 所示）。

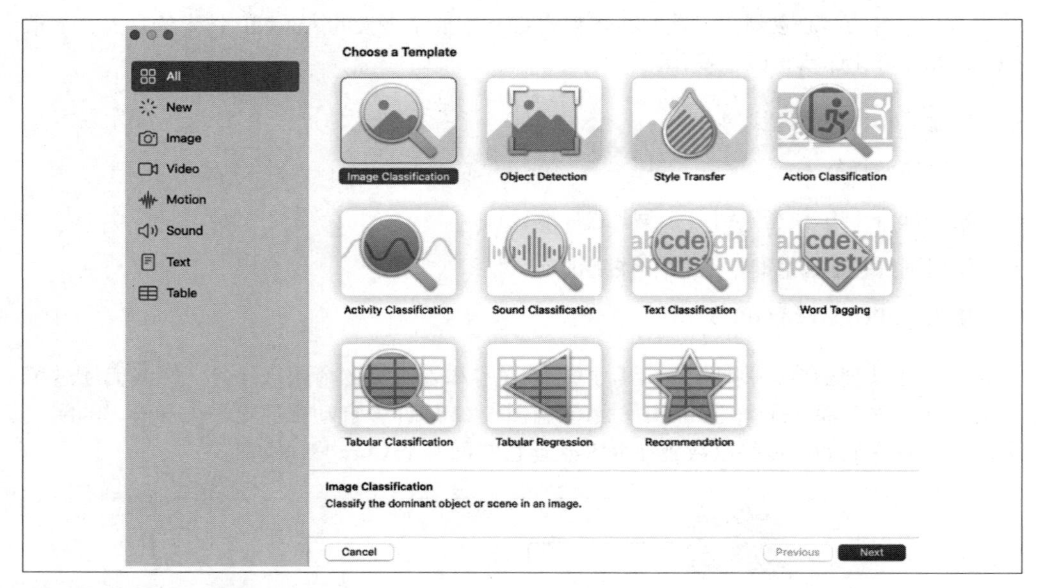

图 5-15：图像分类器模板

你可以在本书的 GitHub 仓库中获取 Kaggle 数据集“猫和狗”的较小版本。将 `cats-dogs-small` 数据集放到 Create ML 的 UI 上（如图 5-16 所示）。

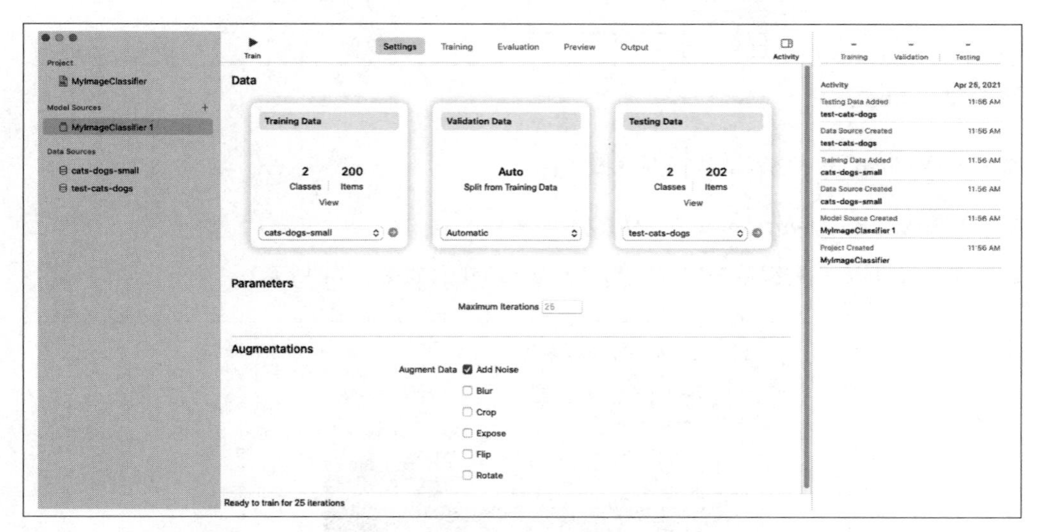

图 5-16：上传数据

此外，将测试数据（*https://oreil.ly/JRNmt*）放到 Create ML 的 UI 的测试部分。

接下来，通过单击训练图标来训练模型。请注意，你可以通过右键单击“Model Sources”多次训练模型。你可能想对此进行试验，因为它允许你使用噪声、模糊、裁剪、曝光、翻转和旋转等“数据增强”操作进行测试（如图 5-17 所示）。这些将使你能够创建一个更强大的模型，该模型更适用于现实世界的数据。

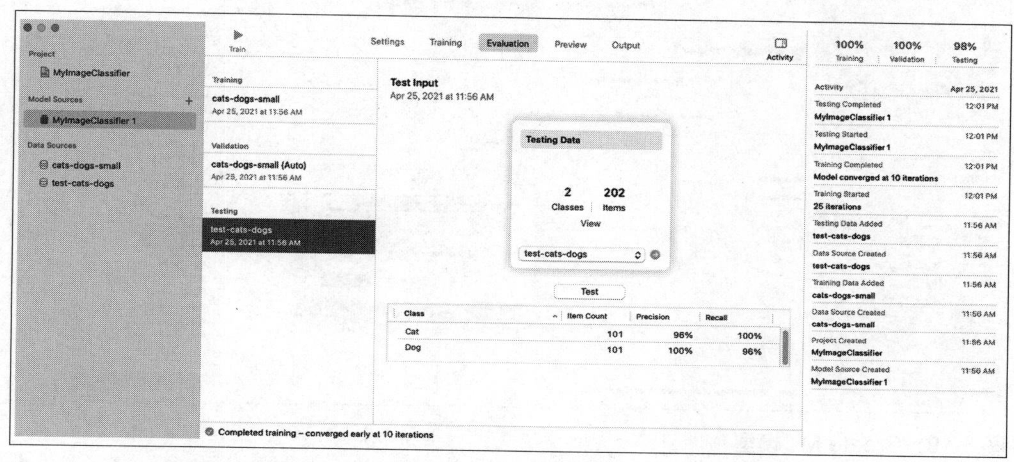

图 5-17：训练好的模型

这个小数据集应该只需要几秒钟来训练模型（特别是如果你有更新的苹果 M1 硬件）。你可以通过查找互联网上的猫狗图片、下载它们并将它们拖到预览图标中来测试它（如图 5-18 所示）。

图 5-18：图片预览

最后一步是下载模型并在 iOS 应用程序中使用它。在图 5-19 中可以看到，我使用 OS

X Finder 菜单将模型命名并将其保存到我的桌面。对于想要构建仅在手机上运行的定制 iOS 应用程序的爱好者来说，这可能是最后一步。保存模型后，你可以选择将其转换为另一种格式，如 ONNX（*https://onnx.ai*），然后在微软 Azure 等云平台上运行。

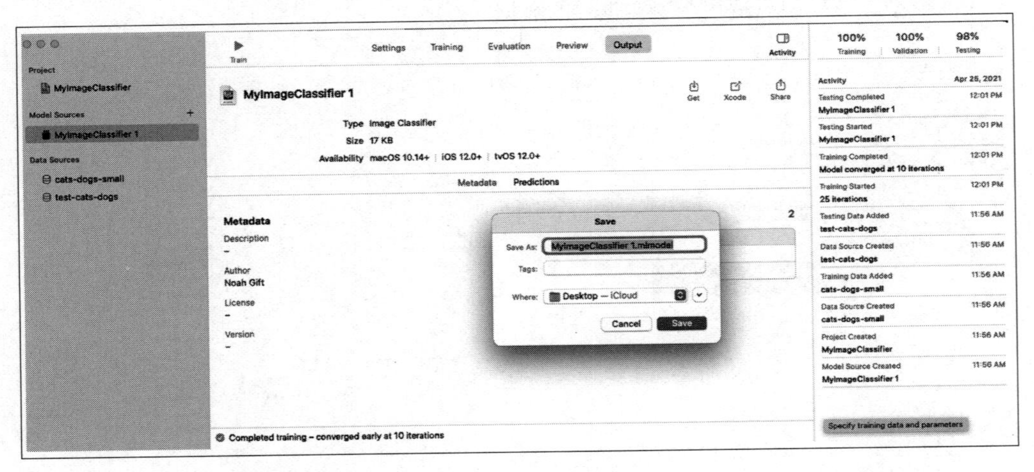

图 5-19：Create ML 模型

做得好！你训练了第一个零代码模型。随着这些工具的更多发展并进入用户手中，未来将是美好的。

可选的后续步骤：

- 你可以通过下载更大的 Kaggle 数据集（*https://oreil.ly/uzj4c*）来训练更复杂的模型。
- 你可以尝试其他类型的 AutoML。
- 你可以尝试数据增强。

现在你知道如何训练使用 Create ML 的模型，让我们更深入地了解如何进一步利用苹果的 Core ML 工具。

5.2.2 苹果的 Core ML 工具

苹果生态系统可用的更令人兴奋的工作流程之一是下载模型并通过 Python 库将它们转换为 Core ML 工具。有许多地方可以获取预训练模型，包括 TensorFlow Hub。

在此示例中，让我们浏览一下 Colab Notebook 中的代码。

首先，安装 `coremltools` 库：

```
!pip install coremltools
import coremltools
```

接下来，下载模型［基于官方快速入门指南（*https://oreil.ly/Z5vpq*）］。

导入 tensorflow 库：

```
# Download MobileNetv2 (using tf.keras)
keras_model = tf.keras.applications.MobileNetV2(
    weights="imagenet",
    input_shape=(224, 224, 3,),
    classes=1000,
)
# Download class labels (from a separate file)
import urllib
label_url = 'https://storage.googleapis.com/download.tensorflow.org/\
    data/ImageNetLabels.txt'
class_labels = urllib.request.urlopen(label_url).read().splitlines()
class_labels = class_labels[1:] # remove the first class which is background
assert len(class_labels) == 1000

# make sure entries of class_labels are strings
for i, label in enumerate(class_labels):
  if isinstance(label, bytes):
    class_labels[i] = label.decode("utf8")
```

转换模型并将模型的元数据设置为正确的参数：

```
import coremltools as ct

# Define the input type as image,
# set preprocessing parameters to normalize the image
# to have its values in the interval [-1,1]
# as expected by the mobilenet model
image_input = ct.ImageType(shape=(1, 224, 224, 3,),
                           bias=[-1,-1,-1], scale=1/127)

# set class labels
classifier_config = ct.ClassifierConfig(class_labels)

# Convert the model using the Unified Conversion API
model = ct.convert(
    keras_model, inputs=[image_input], classifier_config=classifier_config,
)
```

然后更新模型的元数据：

```
# Set feature descriptions (these show up as comments in XCode)
model.input_description["input_1"] = "Input image to be classified"
model.output_description["classLabel"] = "Most likely image category"

# Set model author name
model.author = "" # Set the license of the model

# Set the license of the model
model.license = ""# Set a short description for the Xcode UI

# Set a short description for the Xcode UI
model.short_description = "" # Set a version for the model

# Set a version for the model
model.version = "2.0"
```

最后，保存模型，从 Colab 下载，在 XCode 中打开进行预测（如图 5-20 所示）。

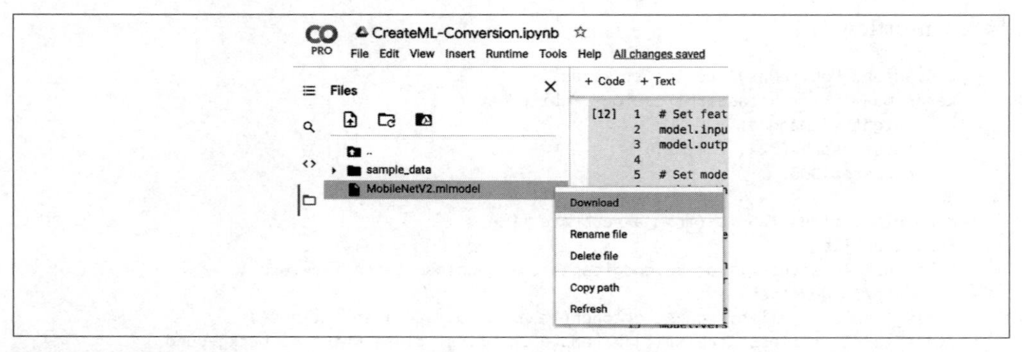

图 5-20：下载模型

```
# Save model
model.save("MobileNetV2.mlmodel")

# Load a saved model
loaded_model = ct.models.MLModel("MobileNetV2.mlmodel")
```

图 5-21 展示了一个样本预测的结果。

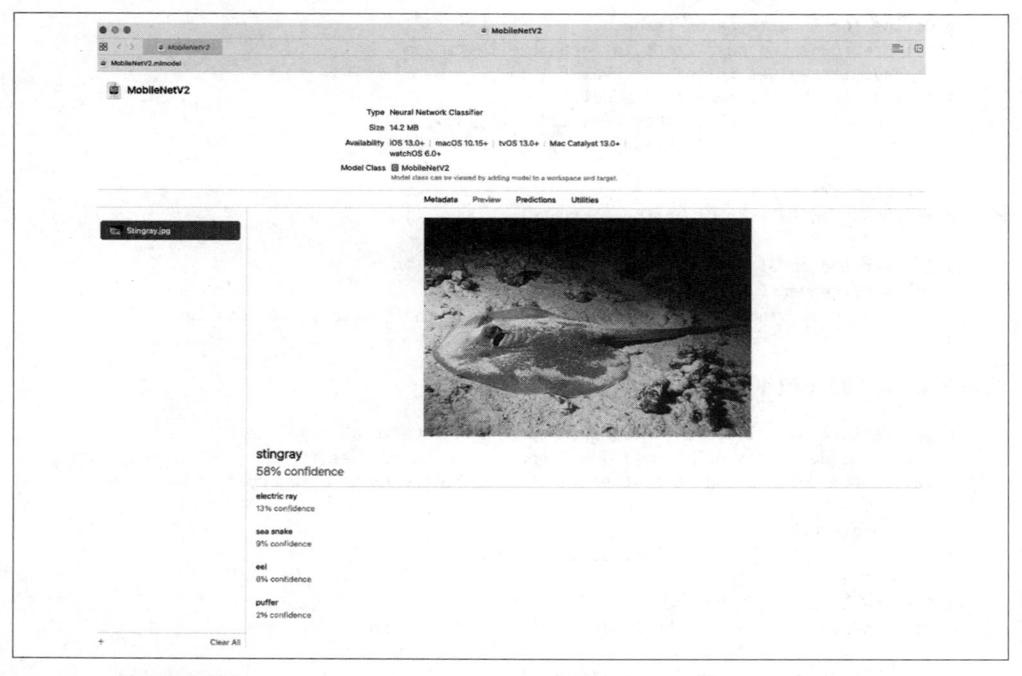

图 5-21：黄貂鱼预测

最大的收获是这个过程比使用 AutoML 更容易。因此，在许多情况下，下载由专家在昂贵计算集群上创建的模型可能比自己训练模型更有意义。苹果的 Core ML 框架既允许定制 AutoML 的用例，也允许使用预训练模型。

5.3 谷歌的 AutoML 和边缘计算机视觉

在过去的几年里，我在顶尖数据科学大学的一门名为《应用计算机视觉》的课程中教过数百名学生。该课程的前提是使用可用的最高级别工具快速构建解决方案，包括谷歌 AutoML 和边缘硬件，如包含 TPU 或英特尔 Movidius 的 Coral.AI（*https://coral.ai*）芯片。图 5-22 展示了小型边缘机器学习解决方案的两个示例。

图 5-22：边缘硬件

课堂教学中令人惊讶的事情之一是学生可以多快地找到“现成的”解决方案，将它们拼凑在一起，并提出解决问题的方案。我见过一些项目，包括在移动设备上运行的口罩检测、车牌检测和垃圾分类应用程序，几乎没有代码。我们处于一个新时代，即 MLOps 时代，将代码放入工作应用程序变得更加容易。

与苹果和谷歌一样，许多公司构建了一个垂直集成的堆栈，提供机器学习框架、操作系统和专用硬件，如执行特定机器学习任务的 ASIC（专用集成电路）。例如，TPU 或 TensorFlow 处理单元正在积极开发中，并定期更新芯片设计。边缘版本是运行 ML 模型的专用 ASIC。这种紧密集成对于寻求快速创建现实世界机器学习解决方案的组织来说是必不可少的。

GCP 平台上有几种关键的计算机视觉方法（类似于其他云平台，服务名称不同）。这些选项按难度顺序显示：

- 编写训练模型的机器学习代码。
- 使用谷歌 AutoML Vision。

- 从 TensorFlow Hub 或其他位置下载预训练模型。
- 使用 Vision AI API。

让我们检验一个谷歌 AutoML Vision 工作流，它可以将计算机视觉模型部署到 iOS 设备。无论你使用谷歌提供的示例数据集还是你自己的示例数据集，此工作流程基本相同：

1. 启动 Google Cloud Console 并打开一个云端 shell。
2. 启用谷歌 AutoML Vision API 并授予你的项目权限，你将同时设置 `PROJECT_ID` 和 `USERNAME`：

```
gcloud projects add-iam-policy-binding $PROJECT_ID \
--member="user:$USERNAME" \
--role="roles/automl.admin"
```

3. 通过 CSV 文件将训练数据和标签上传到 Google Cloud Storage。

   如果你设置 `${BUCKET}` ``` `variable` ```，`export BUCKET=$FOOBAR`，那么你只需要三个命令即可复制谷歌示例数据。这是云朵分类（卷云、积雨云、积云）的一个示例。你可以在谷歌 Qwiklabs 上的"Classify Images of Clouds in the Cloud with AutoML Vision"（*https://qwiklabs.com*）下找到演练示例。`gs://spls/gsp223/images/` 位置保存了本例中的数据，`sed` 命令替换了特定路径：

```
gsutil -m cp -r gs://spls/gsp223/images/* gs://${BUCKET}
gsutil cp gs://spls/gsp223/data.csv .
sed -i -e "s/placeholder/${BUCKET}/g" ./data.csv
```

其他非常适合谷歌 AutoML 的数据集

你可能还想尝试另外两个数据集，分别是 tf_flowers 数据和猫狗数据集（*https://oreil.ly/nEJOd*）。另一个方法是上传你的数据。

4. 可视化检查数据。

   Google Cloud AutoML 系统的一个重要方面是使用高级工具来检查数据、添加新标签或修复数据质量控制问题。如图 5-23 所示，你可以在不同的分类类别之间切换，这些类别是鲜花。

5. 训练模型并评估。

   训练模型是在控制台中单击按钮。谷歌已将这些选项收集到其产品谷歌 Vertex AI 中。如图 5-24 所示，左侧面板上有一系列从 Notebook 到 Batch Prediction 的操作。创建新的训练作业时，可以选择 AutoML 以及 AutoML Edge。

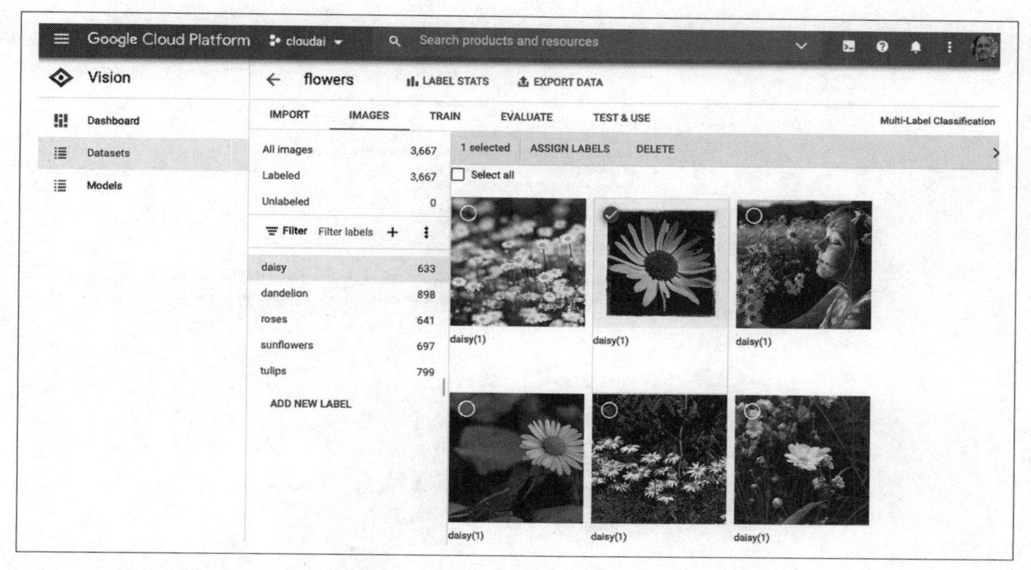

图 5-23：检查数据

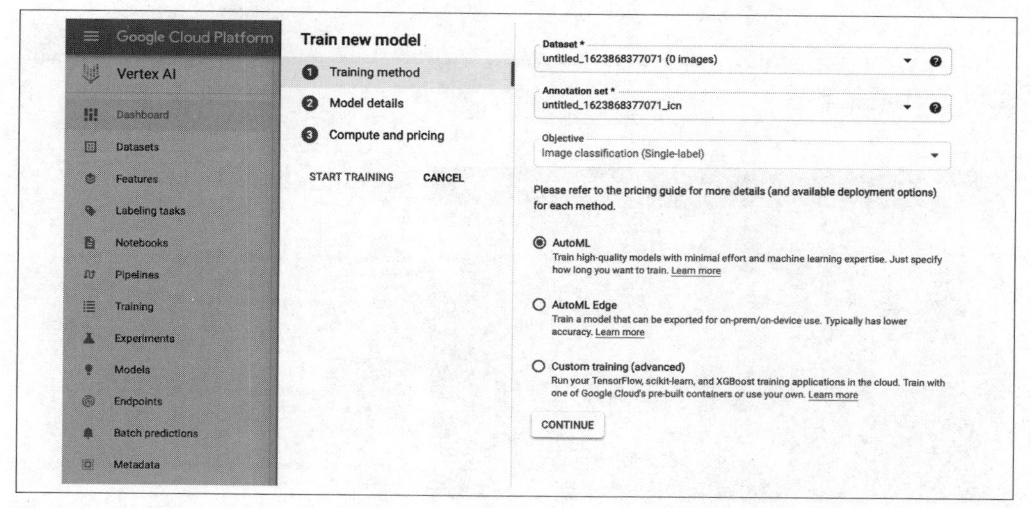

图 5-24：谷歌 Vertex AI

6. 然后，使用内置工具评估训练好的模型（如图 5-25 所示）。
7. 使用模型做一些事情：在线预测或下载。

   借助谷歌 AutoML Vision，可以创建在线托管端点或下载模型并在边缘设备（iOS、Android、Javascript、Coral Hardware 或容器）上进行预测（如图 5-26 所示）。

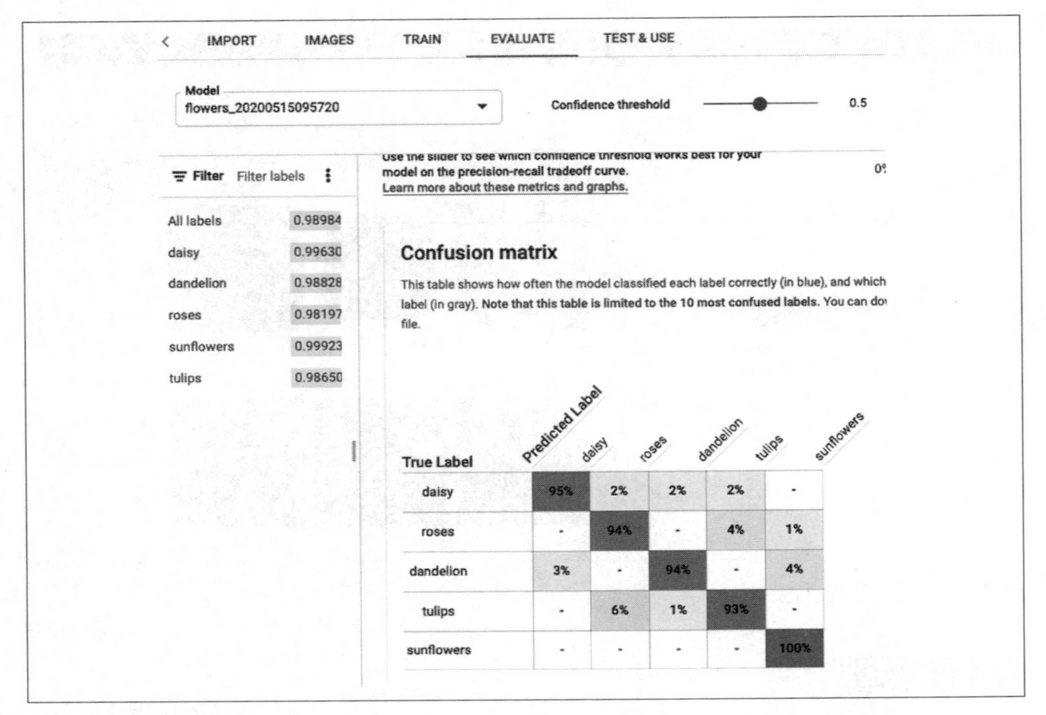

图 5-25：评估模型

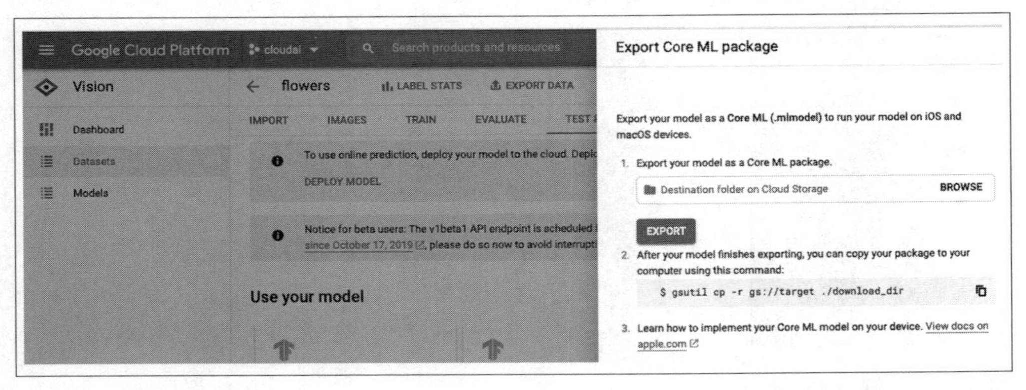

图 5-26：下载模型

本节的主要收获是，Google Cloud 提供了一条从上传训练数据到训练模型的成熟路径，只需最少或不需要代码来构建部署到边缘设备的机器学习解决方案。这些选项都集成在谷歌的托管机器学习平台 Vertex AI 中。

接下来，让我们深入了解 Azure 的 AutoML 解决方案，它与谷歌的一样，都有关于管理 MLOps 生命周期的完整能力。

5.4 Azure 的 AutoML

访问 Azure AutoML 的主要方法有两种。一个是控制台，另一个是对 AutoML Python SDK（*https://oreil.ly/EKA0b*）的编程访问。我们先来看看控制台。

在 Azure 上执行 AutoML，你首先需要启动一个 Azure ML Studio 实例并选择 Automated ML 选项（如图 5-27 所示）。

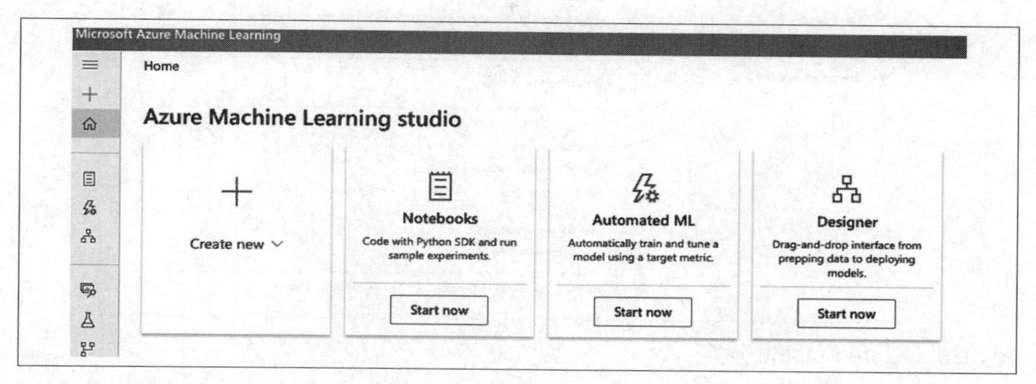

图 5-27：Azure AutoML

接下来，通过上传或使用打开的数据集来创建数据集。在本例中，我使用了来自 Kaggle Social Power NBA 项目（*https://oreil.ly/Bsjly*）的数据（如图 5-28 所示）。

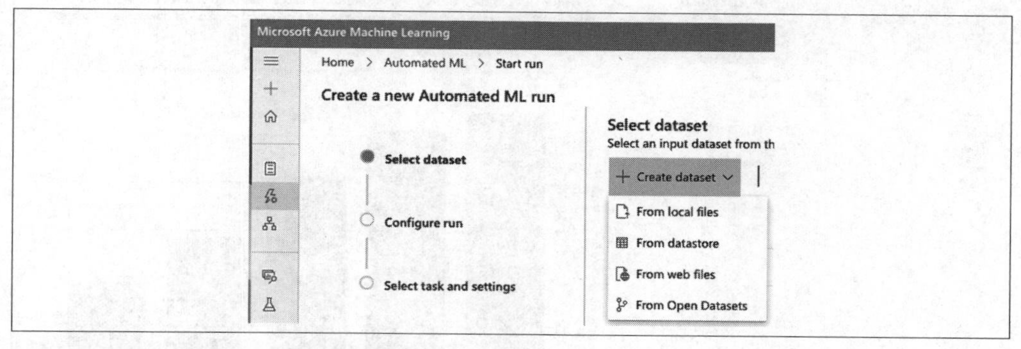

图 5-28：Azure AutoML 创建数据集

然后，我启动了一项分类工作，根据数据集中的特征预测球员将会投球的位置。可以使用许多不同类型的机器学习预测，包括数值回归和时间序列预测。如果你尚未设置存储和集群，则需要设置（如图 5-29 所示）。

作业完成后，你还可以要求 Azure ML Studio“解释”它是如何做出预测的。机器学习系统通过“可解释性”解释模型如何产生预测，这是 AutoML 系统即将推出的一项关键能力。这些解释功能如图 5-30 所示，可以看到，与 ML Studio 解决方案的深度集成是如何赋予该平台强大技术能力的。

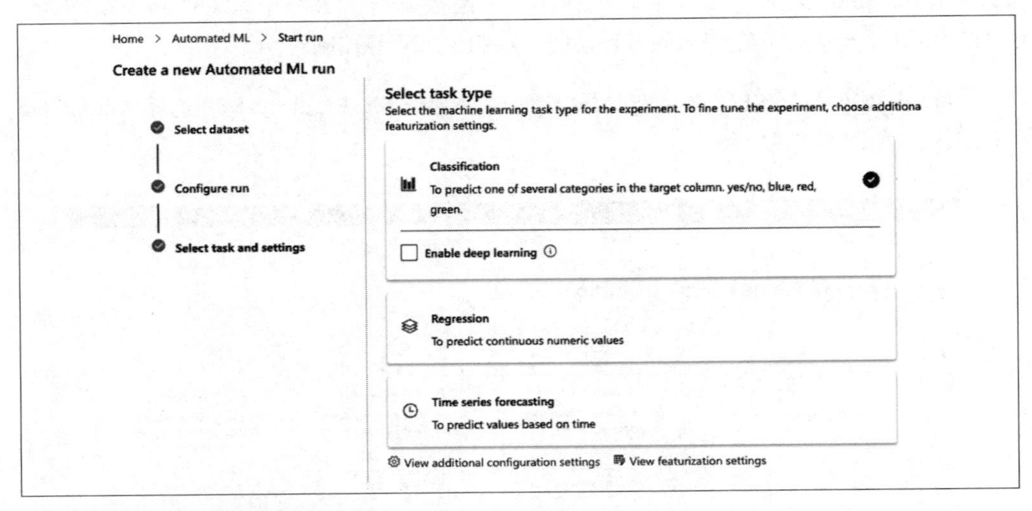

图 5-29：Azure AutoML 分类

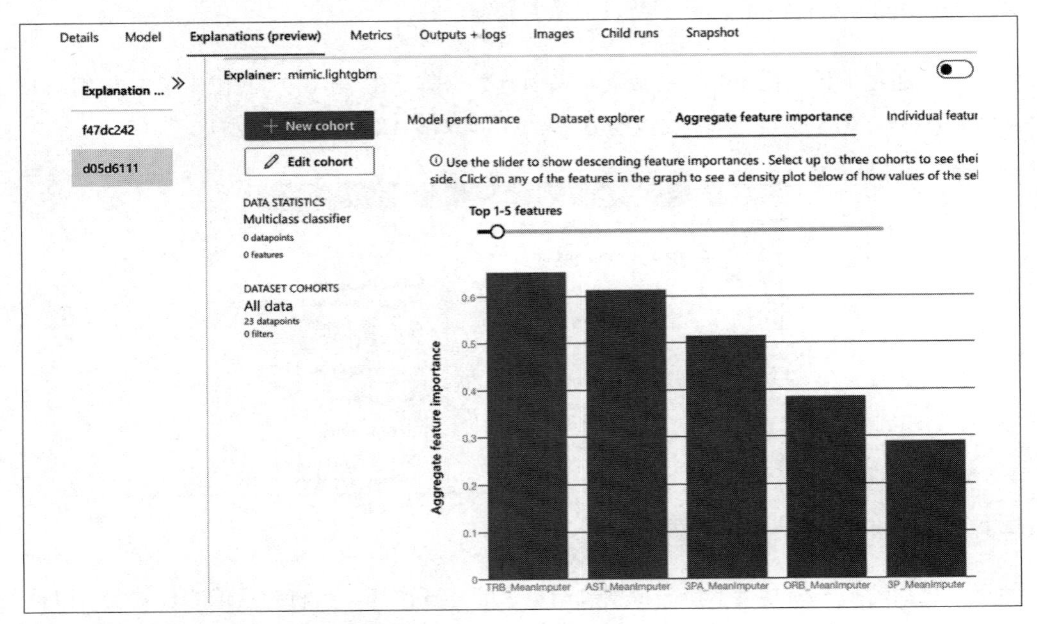

图 5-30：Azure AutoML 中的可解释性

让我们看看另一种方法。你可以使用 Python 从 Azure ML Studio 控制台调用相同的 API。这个微软官方教程（*https://oreil.ly/io66Z*）进行了详细解释，但这里只显示了关键部分：

```
from azureml.train.automl import AutoMLConfig

automl_config = AutoMLConfig(task='regression',
                             debug_log='automated_ml_errors.log',
                             training_data=x_train,
                             label_column_name="totalAmount",
                             **automl_settings)
```

5.5 AWS 的 AutoML

作为最大的云提供商，AWS 也有很多 AutoML 解决方案。最早的解决方案之一包括一个名字不好的工具"Machine Learning"，它不再广泛使用，但也是一个 AutoML 解决方案。现在推荐的解决方案是 SageMaker Autopilot（如图 5-31 所示）。你可以从官方文档（*https://oreil.ly/fDJiE*）中查看 SageMaker Autopilot 的许多示例。

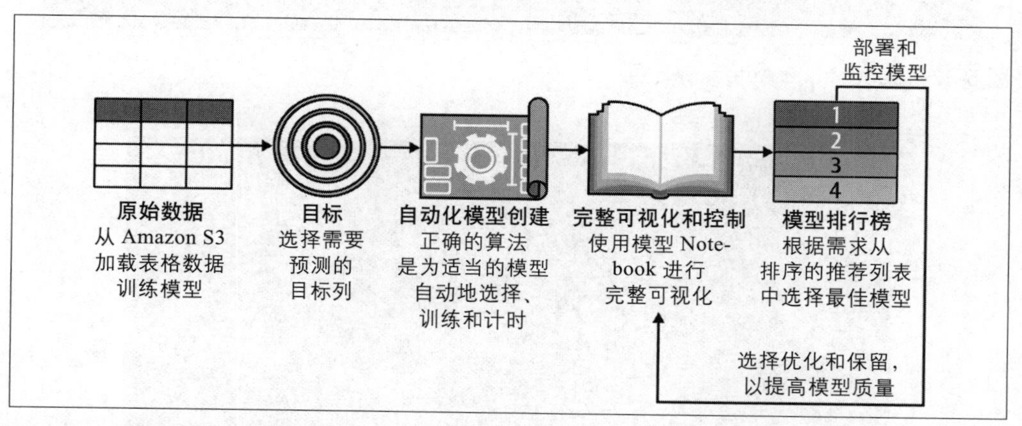

图 5-31：SageMaker Autopilot

让我们来看看如何使用 AWS SageMaker 进行 Autopilot 实验。首先，如图 5-32 所示，打开 SageMaker Autopilot 并选择一个新任务。

接下来，我将"NBA Players Data Kaggle Project"（*https://oreil.ly/G1TIi*）上传到 Amazon S3。现在我有了要处理的数据，我创建了一个实验，如图 5-33 所示。请注意，我选择球员位置作为目标变量。这样分类是因为我想创建一个预测模型，根据 NBA 球员的表现预测球员的位置。

当我提交实验后，SageMaker Autopilot 就会通过模型调优进入预处理阶段，如图 5-34 所示。

现在，AutoML 管道正在运行，你可以在 Resources 选项卡中看到它使用的资源，如图 5-35 所示。

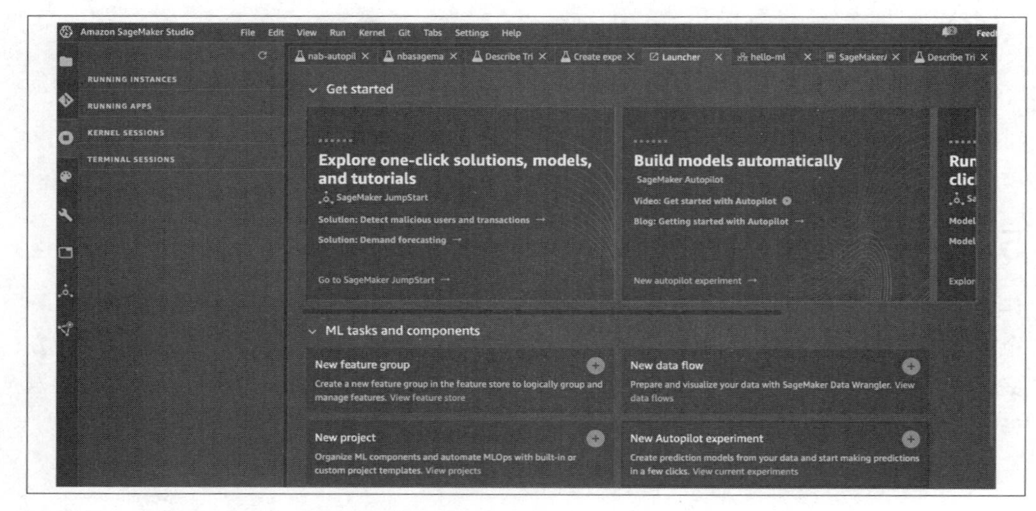

图 5-32：SageMaker Autopilot 任务

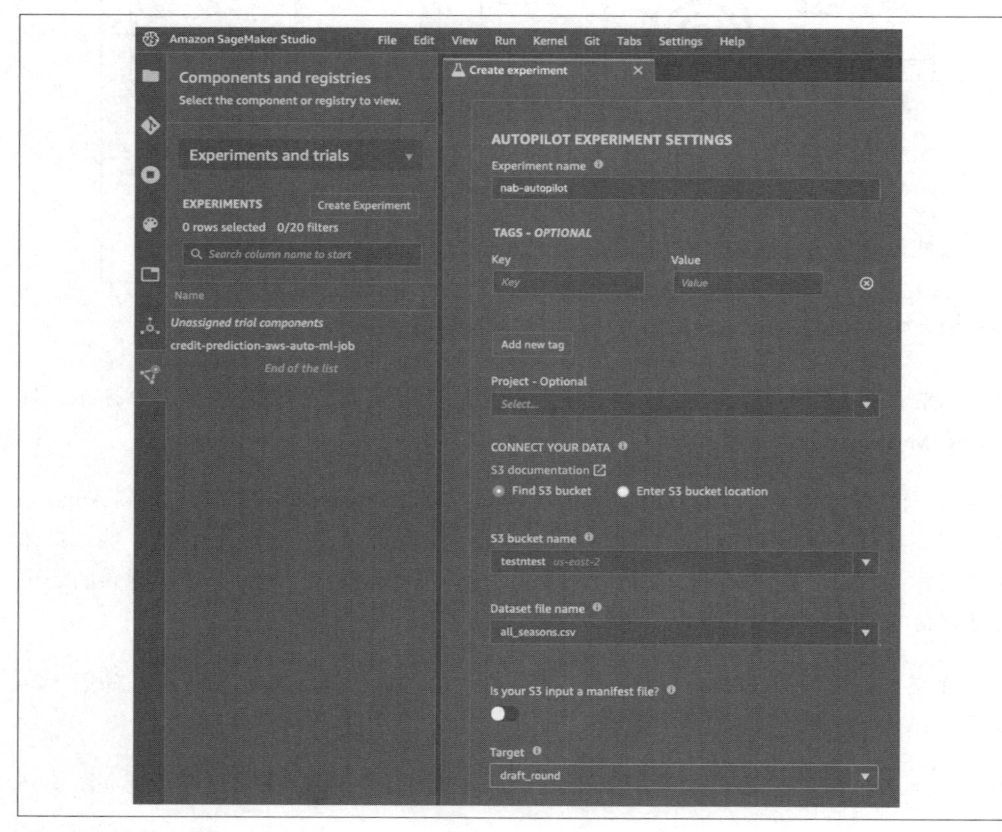

图 5-33：创建 Autopilot 实验

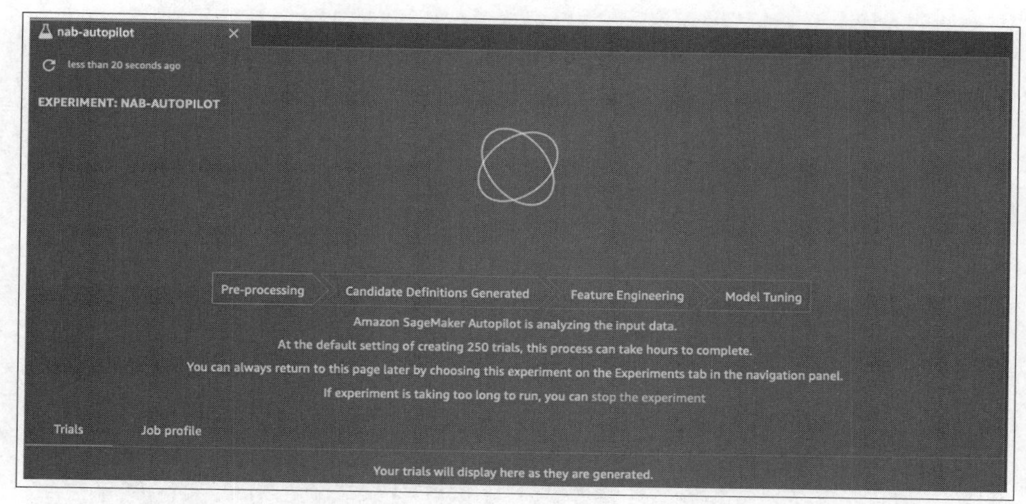

图 5-34：运行 Autopilot 实验

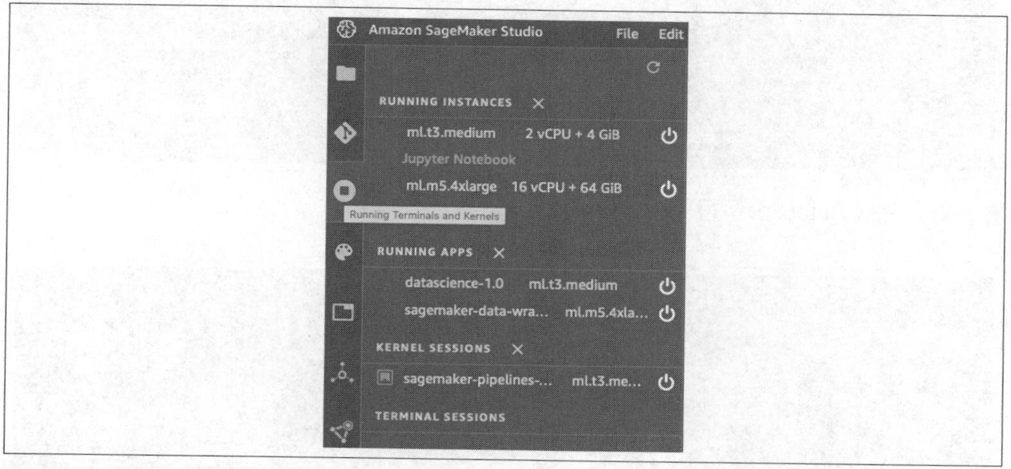

图 5-35：Autopilot 实例

训练完成后，你可以看到模型列表及其准确率，如图 5-36 所示。SageMaker 能够创建准确率为 0.999 945 的高精度分类模型。

最后，如图 5-37 所示，一旦作业完成，你可以右键单击要控制的模型，然后将其部署到生产环境，或以跟踪详细信息模式打开它检查可解释性和指标或图表。

SageMaker Autopilot 是适用于 AutoML 和 MLOps 的完整解决方案，如果你的组织已经在使用 AWS，将这个平台集成到你现有的工作流程中似乎很简单。在处理较大的数据集和至关重要的可重复性的问题时，它似乎特别有用。

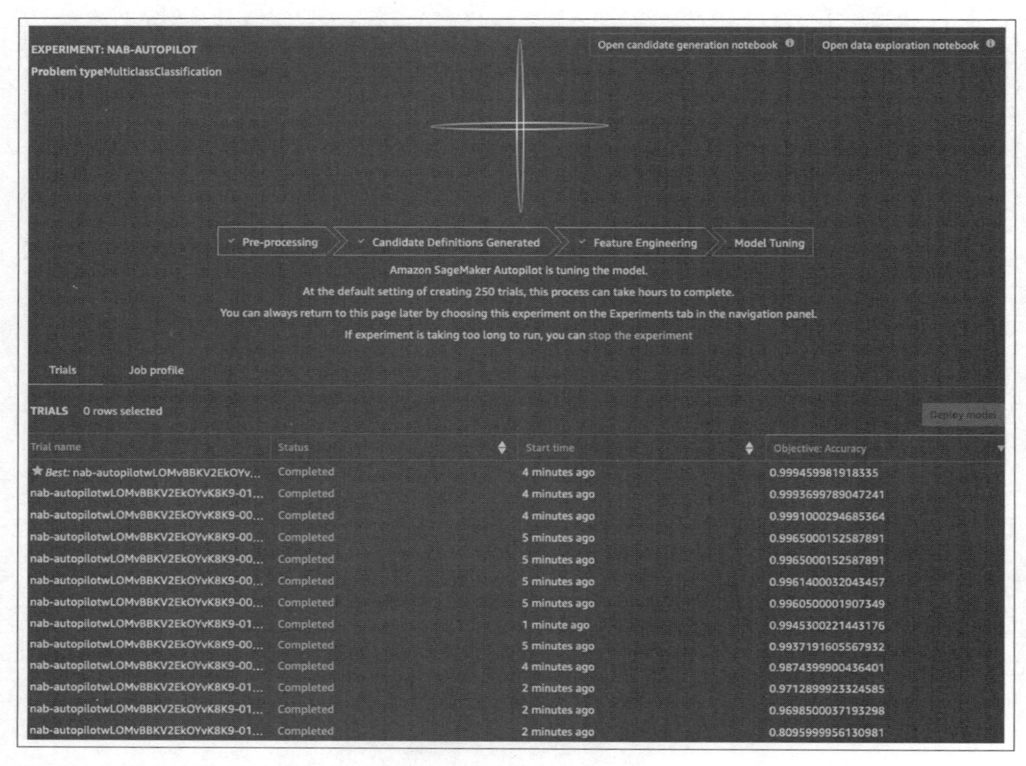

图 5-36：完成 Autopilot 运行

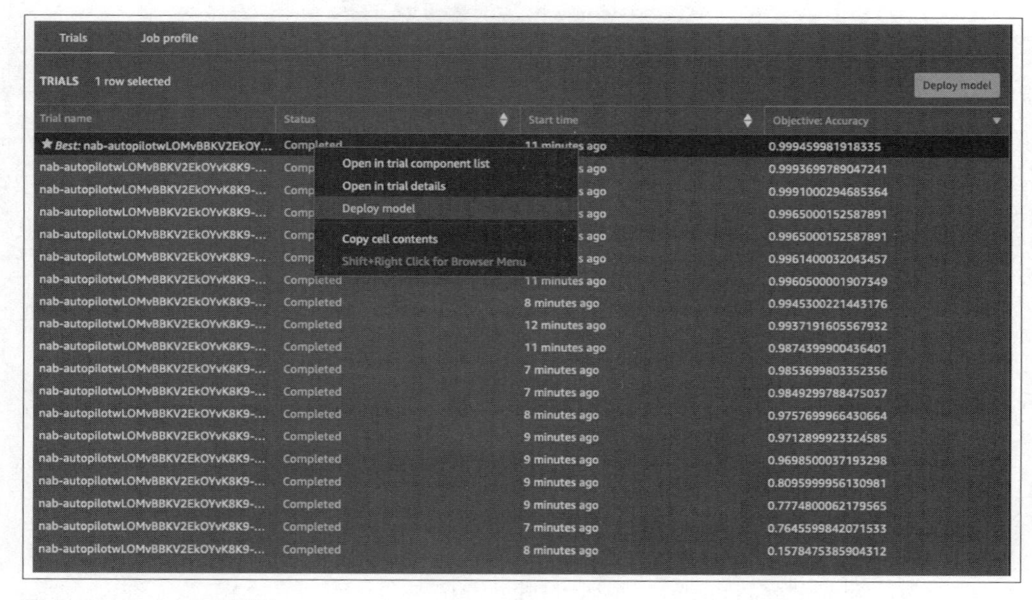

图 5-37：Autopilot 模型

接下来，让我们讨论一些新兴的开源 AutoML 解决方案。

5.6 开源 AutoML 解决方案

我仍然深情地记得我 2000 年在加州理工学院工作时从事 Unix 集群的日子。不过，这段特殊的时间是 Unix 的过渡时期，即使在许多情况下 Solaris 优于 Linux，它也无法在价格方面与 Linux 操作系统竞争，因为 Linux 是免费的。

我看到开源 AutoML 解决方案也发生了类似的事情。使用高级工具训练和运行模型的能力似乎正在走向商品化。接下来，让我们来看看一些开源的解决方案。

5.6.1 Ludwig

开源 AutoML 更有前途的方法之一是使用 Ludwig AutoML。在图 5-38 中，Ludwig 运行的输出显示了用于评估模型性能的指标。开源的优势在于公司无法控制它！这是一个示例项目，它通过 ColabNotebook 使用 Ludwig 展示文本分类能力。

class	loss	accuracy	hits_at_k
train	0.9258	0.7148	0.9826
vali	0.9134	0.6992	0.9692
test	0.9420	0.7311	0.9781

图 5-38：Ludwig

首先，安装 Ludwig 并下载相关数据：

```
!pip install -q ludwig
!wget https://raw.githubusercontent.com/paiml/practical-mlops-book/main/chap05/\
    config.yaml
!wget https://raw.githubusercontent.com/paiml/practical-mlops-book/main/chap05/\
    reuters-allcats.csv
```

接下来，模型只是一个命令行调用。这一步启动训练模型：

```
!ludwig experiment \
 --dataset reuters-allcats.csv \
 --config_file config.yaml
```

你可以在 Ludwig 的官方文档中找到许多其他优秀的示例。

Ludwig 更令人兴奋的方面之一是它正在积极开发中。作为 Linux 基金会的一部分，他们最近发布了第 4 版，如图 5-39 所示。它添加了许多附加功能，例如使用远程文件系统和分布式外存工具，如 Dask 和 Ray。最后，Ludwig 与 MLflow 进行了深度集成。Ludwig 路线图表明它将继续支持和加强这种集成。

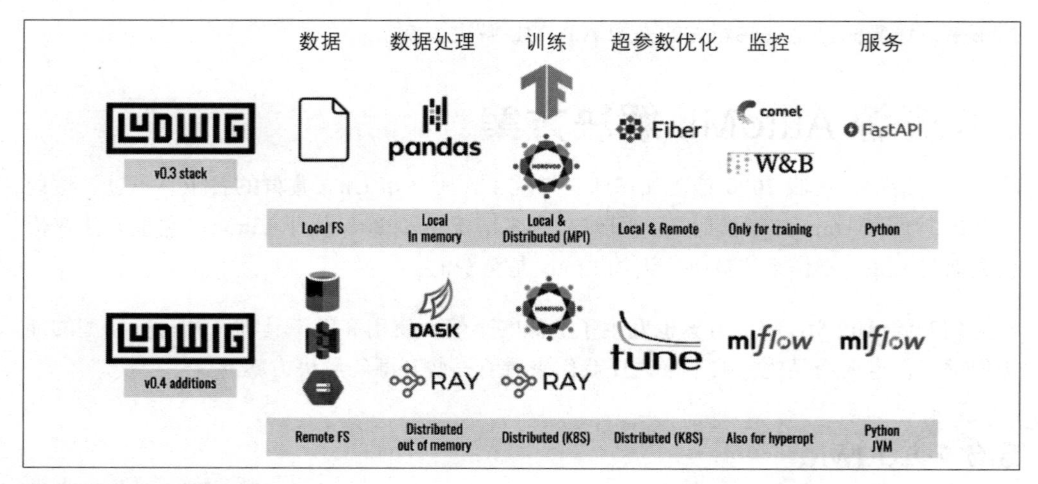

图 5-39：Ludwig 第 4 版

5.6.2 FLAML

另一个开源 AutoML 解决方案是 FLAML（*https://oreil.ly/TxRe0*）。它的设计考虑了具有成本效益的超参数优化。你可以在图 5-40 中看到 FLAML 的 logo。

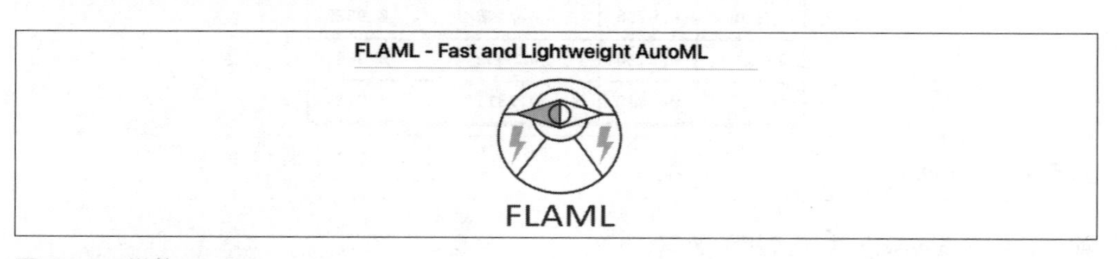

图 5-40：微软 FLAML

FLAML 的主要用例之一是用短短三行代码自动化整个建模过程。你可以在以下示例中看到这一点：

```
from flaml import AutoML
automl = AutoML()
automl.fit(X_train, y_train, task="classification")
```

以下是一个更全面的示例，在 Jupyter Notebook 中，你首先安装库 `!pip install -q flaml`，设置 AutoML 配置项。然后它开始训练工作以选择优化的分类模型：

```
!pip install -q flaml

from flaml import AutoML
from sklearn.datasets import load_iris
# Initialize an AutoML instance
automl = AutoML()
# Specify automl goal and constraint
```

```
automl_settings = {
    "time_budget": 10,  # in seconds
    "metric": 'accuracy',
    "task": 'classification',
}
X_train, y_train = load_iris(return_X_y=True)
# Train with labeled input data
automl.fit(X_train=X_train, y_train=y_train,
        **automl_settings)
# Predict
print(automl.predict_proba(X_train))

# Export the best model
print(automl.model)
```

你可以在图 5-41 中看到，经过多次迭代后，它选择了具有一组优化后超参数的 XGBClassifier。

```
[flaml.automl: 06-16 17:20:13] {1013} INFO - iteration 46, current learner xgboost
[flaml.automl: 06-16 17:20:13] {1165} INFO -  at 10.0s, best xgboost's error=0.0333,    best xgboo
st's error=0.0333
[flaml.automl: 06-16 17:20:13] {1013} INFO - iteration 47, current learner catboost
[flaml.automl: 06-16 17:20:13] {1165} INFO -  at 10.1s, best catboost's error=0.0333,   best xgboo
st's error=0.0333
[flaml.automl: 06-16 17:20:13] {1205} INFO - selected model: XGBClassifier(colsample_bylevel=0.690
2766231016318,
              colsample_bytree=0.7657293008018354, grow_policy='lossguide',
              learning_rate=0.42830712534058824, max_depth=0, max_leaves=5,
              min_child_weight=0.2924296818378054, n_estimators=6, n_jobs=-1,
              objective='multi:softprob', reg_alpha=0.0028581746655483l,
              reg_lambda=2.32876649803287, subsample=1.0, tree_method='hist',
              use_label_encoder=False, verbosity=0)
[flaml.automl: 06-16 17:20:13] {963} INFO - fit succeeded
[[0.9206522  0.04071239 0.03863542]
 [0.91942585 0.04199015 0.03858395]
```

图 5-41：FLAML 从模型选择的输出结果

这些开源框架令人兴奋的是它们能够使复杂的事情成为可能，并使简单的事情自动化。接下来，让我们通过一个项目实践来看看模型可解释性如何工作。

目前已有许多开源 AutoML 框架。以下是一些其他 AutoML 框架：

- AutoML
  - — H2O AutoML（*https://oreil.ly/OanPd*）
  - — Auto-sklearn（*https://oreil.ly/wrchl*）
  - — tpot（*https://oreil.ly/lZz6k*）
  - — PyCaret（*https://pycaret.org*）
  - — AutoKeras（*https://autokeras.com*）

5.7 模型可解释性

机器学习自动化的一个重要方面是使模型可解释性自动化。MLOps 平台都可以将此功能用作团队在工作期间查看的另一个面板。例如，早上开始工作的 MLOps 团队可能会查看服务器的 CPU 和内存使用情况以及他们昨晚训练的模型的可解释性报告。

AWS SageMaker、Azure ML Studio 和谷歌 Vertex AI 等基于云的 MLOps 框架具有内置的模型可解释性，但你也可以使用开源软件自行实现。让我们通过一个可解释性工作流程来看看它是如何使用这个模型可解释性 GitHub 项目（*https://oreil.ly/lQpBT*）工作的。

两个流行的开源模型可解释性框架是 ELI5 和 SHAP。以下是关于这两个框架的描述信息。

ELI5

ELI5（*https://oreil.ly/7yDZb*）代表“explain like I am five”。它允许你可视化和调试机器学习模型并支持多种框架，包括 sklearn。

SHAP

SHAP（*https://oreil.ly/LgjDL*）是一种解释机器学习模型输出的“博弈论”方法。特别地，它具有出色的可视化和解释能力。

首先，使用 Jupyter Notebook（*https://oreil.ly/Fddra*），让我们提取 2016-2017 赛季的 NBA 数据，并使用 `head` 命令打印出前几行。该数据包含年龄、位置、FG（投篮得分 / 比赛）和社交媒体数据，如 Twitter 转推：

```
import pandas as pd

player_data = "https://raw.githubusercontent.com/noahgift/socialpowernba/\
master/data/nba_2017_players_with_salary_wiki_twitter.csv"
df = pd.read_csv(player_data)
df.head()
```

接下来，让我们创建一个名为 `winning_season` 的新特征，它可以让我们预测一名球员是否会成为拥有一个获胜的赛季的球队中的一员。例如，在图 5-42 中，你可以看到 NBA 球员的年龄与获胜次数的关系图，以发现潜在的基于年龄的模式。

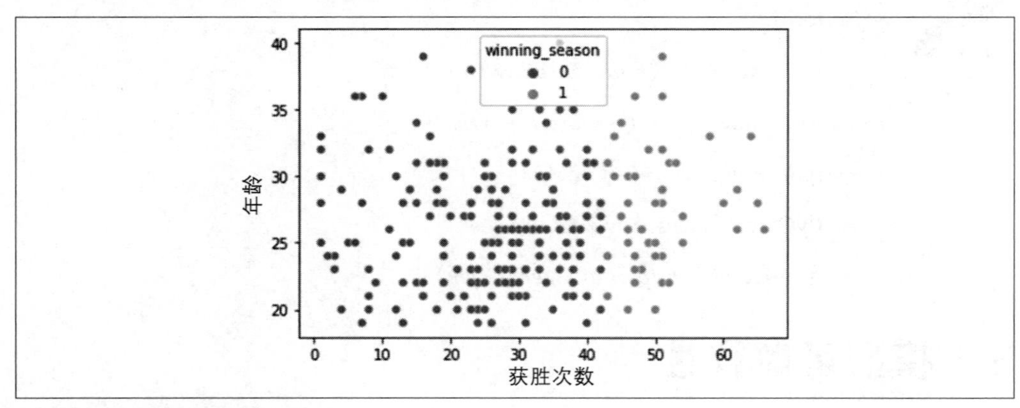

图 5-42：获胜赛季特征

现在，让我们继续建模和预测获胜球员。但首先，让我们稍微清理一下数据，删除不必要的列并删除缺失值：

```
df2 = df[["AGE", "POINTS", "SALARY_MILLIONS", "PAGEVIEWS",
 "TWITTER_FAVORITE_COUNT","winning_season", "TOV"]]
df = df2.dropna()
target = df["winning_season"]
features = df[["AGE", "POINTS","SALARY_MILLIONS", "PAGEVIEWS",
 "TWITTER_FAVORITE_COUNT", "TOV"]]
classes = ["winning", "losing"]
```

清理之后，shape 命令打印出行数 239 和列数 7：

```
df2.shape
(239, 7)
```

接下来，让我们先拆分数据，然后使用逻辑回归来训练模型：

```
from sklearn.model_selection import train_test_split
x_train, x_test, y_train, y_test = train_test_split(features, target,
 test_size=0.25,
 random_state=0)
from sklearn.linear_model import LogisticRegression
model = LogisticRegression(solver='lbfgs', max_iter=1000)
model.fit(x_train, y_train)
```

你应该看到类似于以下结果的输出，表明模型训练成功：

```
LogisticRegression(C=1.0, class_weight=None, dual=False, fit_intercept=True,
                   intercept_scaling=1, l1_ratio=None, max_iter=1000,
                   multi_class='auto', n_jobs=None, penalty='l2',
                   random_state=None, solver='lbfgs', tol=0.0001, verbose=0,
                   warm_start=False)
```

现在，让我们进入有趣的部分，解释模型如何提出其 SHAP 框架预测。但是，首先需要安装 SHAP：

```
!pip install -q shap
```

接下来，让我们使用另一种分类算法 xgboost 来解释模型，因为 SHAP 对它有出色的支持：

```
import xgboost
import shap
model_xgboost = xgboost.train({"learning_rate": 0.01},
                              xgboost.DMatrix(x_train, label=y_train), 100)
# load JS visualization code to notebook
shap.initjs()
# explain the model's predictions using SHAP values
# (same syntax works for LightGBM, CatBoost, and scikit-learn models)
explainer = shap.TreeExplainer(model_xgboost)
shap_values = explainer.shap_values(features)
# visualize the first prediction's explanation
shap.force_plot(explainer.expected_value, shap_values[0,:], features.iloc[0,:])
```

在图 5-43 中，你可以在 SHAP 中看到一个力图，其中灰色的特征将预测值推高，黑色的特征将预测值拉低。

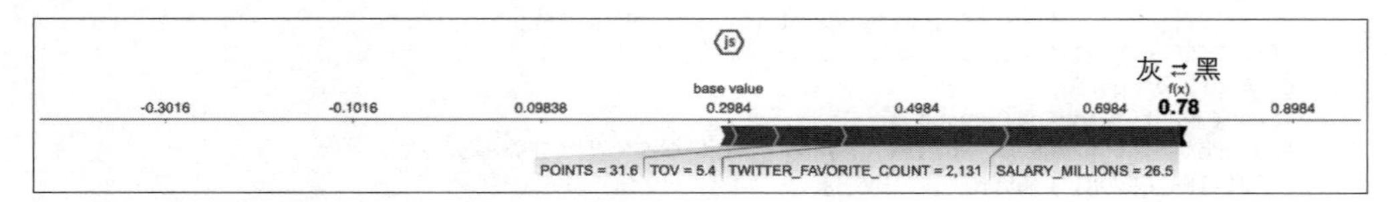

图 5-43：SHAP 输出

```
shap.summary_plot(shap_values, features, plot_type="bar")
```

图 5-44 展示了驱动模型的特征的绝对平均值。例如，你可以看到 Twitter 和薪水等“场外”指标是模型预测球员获胜的重要因素。

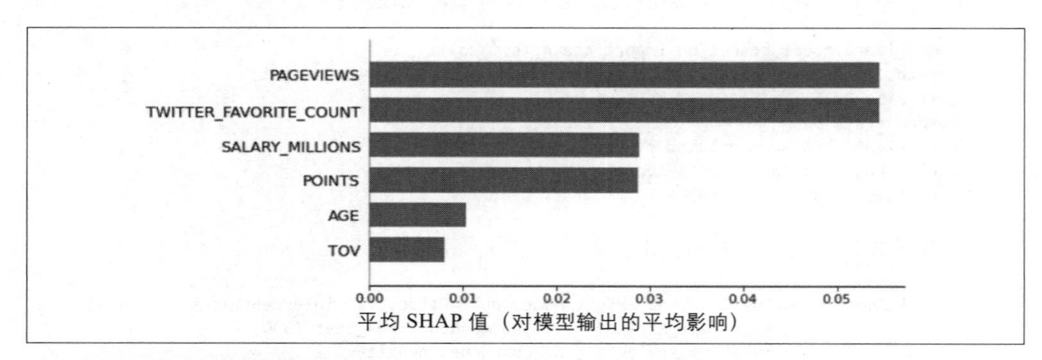

图 5-44：SHAP 特征重要性

让我们看看另一个开源工具是如何工作的；这一次，让我们使用 ELI5。首先，使用 `pip` 安装它：

```
!pip install -q eli5
```

接下来，在之前创建的原始逻辑回归模型上执行特征重要性排序。此过程通过测量删除特征后导致模型准确率降低的程度来工作：

```
import eli5
from eli5.sklearn import PermutationImportance

perm = PermutationImportance(model, random_state=1).fit(x_train, y_train)
eli5.show_weights(perm, feature_names = features.columns.tolist())
```

你可以在图 5-45 中看到，原始逻辑回归模型与 XGBoost 模型具有不同的特征重要性。特别要注意的是，球员的年龄与获胜呈负相关。

可解释性是 MLOps 的一个重要方面。正如我们有软件系统的面板和指标一样，AI/ML 系统如何进行预测也应该具有可解释性。这种可解释性可以为业务的利益相关者和业务本身带来更健康的结果。

接下来，让我们总结本章中涵盖的所有内容。

权重	特征
0.0090 ± 0.0055	TOV
0.0079 ± 0.0136	POINTS
0.0056 ± 0.0000	PAGEVIEWS
0.0056 ± 0.0071	SALARY_MILLIONS
0.0034 ± 0.0055	TWITTER_FAVORITE_COUNT
-0.0079 ± 0.0055	AGE

图 5-45：ELI5 特征重要性排序

5.8 小结

对于任何从事 MLOps 的团队来说，AutoML 都是一项必不可少的新功能。AutoML 提高了团队将模型投入生产、解决复杂问题并最终解决重要问题的能力。必须指出，自动化建模，即 AutoML，并不是 KaizenML 或持续改进的唯一组成部分。在经常被引用的论文"Hidden Technical Debt in Machine Learning Systems"（*https://oreil.ly/ZZfjY*）中，作者提到建模在现实世界的 ML 系统中是微不足道的工作量。同样，AutoML（即建模的自动化）只是需要自动化的一小部分也就不足为奇了。从数据摄取到特征仓库到建模到训练到部署再到生产中模型的评估，一切都是完全自动化的候选者。KaizenML 意味着你不断改进机器学习系统的每个部分。

正如自动变速箱和巡航控制系统可以帮助专业驾驶员一样，生产机器学习系统子组件的自动化可以让负责机器学习决策的人更好地进行决策。事情可以而且应该自动化，包括建模方面、软件工程最佳实践、测试、数据工程和其他基本组件。持续改进是一种没有结束日期的文化变革，适合任何希望通过人工智能和机器学习做出有影响力的变革的组织。

最后一点是，有许多免费或几乎免费的 AutoML 解决方案。正如世界各地的开发人员使用免费或大致免费的高级工具（如构建服务器和代码编辑器）来改进软件一样，ML 从业者应该使用所有类型的自动化工具来提高他们的生产力。

接下来是关于监控和日志记录的章节。我称之为"用于运营的数据科学"。在你进入该主题之前，请查看以下练习和批判性思维问题。

练习题

- 下载 XCode 并使用苹果的 Create ML，用你在 Kaggle 上找到的示例数据集或其他开放数据集训练模型。

- 使用谷歌的 AutoML Computer Vision 平台训练模型并将其部署到 Coral.AI 设备（*https://coral.ai*）。
- 使用 Azure ML Studio 训练模型并探索 Azure ML Studio 的可解释性特征。
- 使用 ELI5（*https://oreil.ly/Nwrck*）来解释机器学习模型。
- 使用 Ludwig 训练机器学习模型。
- 从官方 Sage-Maker 示例中选择一个 SageMaker Automatic Model Tuning 示例，并在你的 AWS 账户上运行它。

独立思考和讨论

- 为什么 AutoML 只是现代机器学习自动化故事的一部分？
- NIH（*https://nih.gov*）（美国国立卫生研究院）如何使用 Feature Store 来提高医学发现的速度？
- 到 2025 年，机器学习的哪些部分将完全自动化，哪些方面不会？到 2035 年，机器学习的哪些部分将完全自动化，哪些方面不会？
- 垂直整合的人工智能平台（芯片、框架、数据等）如何为特定公司带来竞争优势？
- 国际象棋软件行业如何在人工智能和人类如何协同工作以改善 AutoML 问题解决结果方面提供见解？
- 以数据为中心的方法与以模型为中心的机器学习方法有何不同？将数据、软件和建模都视为同等重要的 KaizenML 方法怎么样？

第6章 监控和日志

Alfredo Deza

不仅大脑的解剖结构是双重的，而且无可争辩的是，一个半球足以产生意识，除此之外，胼胝体切开术后的两个半球已被证明是同时和独立有意识的。正如 Nagel 在谈到脑裂时所说："右半球本身能做的事情太复杂、太有意向性、在心理上太容易理解，不能仅仅被视为无意识自动反应的集合。"

——Joseph Bogen 博士

日志记录和监控都是 DevOps 原则的核心功能，这些原则对于鲁棒的机器学习实践至关重要。很难获取正确的有用的日志记录和监控，尽管你可以利用云服务来处理繁重的工作，但最终决定并提出有意义的合理的策略的人是你。大多数软件工程师倾向于编写代码，而放弃其他任务（如测试、文档，以及常见的日志记录和监控）。

听到有关可以"解决日志记录问题"自动化解决方案的建议时，不要感到惊讶。通过彻底思考手头的问题，可以打下坚实的基础，以便产生的信息是可用的。我所描述的辛勤工作和坚实基础的理想在面对无用信息（无助于叙述故事）或晦涩难懂的信息（难于理解）时变得清晰起来。这种情况的一个完美例子是我在 2014 年打开的一个软件议题，它从有关该产品的在线聊天中找出了以下问题：

"谁可以帮我解释一下这行内容：

```
7fede0763700  0 -- :/1040921 >> 172.16.17.55:6789/0 pipe(0x7feddc022470 \
sd=3 :0 s=1 pgs=0 cs=0 l=1 c=0x7feddc0226e0).fault
```

当时我已经使用这个软件产品将近两年了，我不知道它是什么意思。你能想到一个可能的答案吗？"一位知识渊博的工程师完美地翻译为："你使用的计算机无法连接 172.16.17.55 上的监控器。"我对日志语句的含义感到困惑。为什么我们不能做出改变，改为这样说呢？在编写本书时，从 2014 年开始的议题仍处于打开状态。更令人不安的是，工程部门在那张工单中回复说："日志消息很好。"

日志记录和监控是一项艰苦的工作，因为它需要努力产生有意义的输出，以帮助我们了解程序的状态。

我提到过，拥有有助于我们讲述故事的信息至关重要。监控和日志都是这样的。几年前，我在一个大型工程团队工作，该团队交付了世界上最大的基于 Python 的 CMS（内容管理系统）之一。在建议向应用程序添加指标后，普遍的看法是 CMS 不需要它。监控已经到位，运维团队将各种实用程序设定了警报阈值。工程经理通过给工程师时间从事任何相关项目来作为奖励（而不是像一些著名的科技公司那样只有 20%）。在从事相关项目之前，必须向整个管理团队推销想法才能获得支持。当然，当轮到我时，我选择在应用程序中添加指标设施。

“Alfredo，我们已经有了指标，我们知道磁盘使用情况，并且我们为每个服务器提供了内存警报。我们没有得到从这项倡议中应得的收益。”很难站在一个大型高级管理团队面前，并试图说服他们相信他们不相信的东西。我的解释始于网站上最重要的按钮：订阅按钮。该订阅按钮是负责产生付费用户的按钮，对业务至关重要。我解释说：“如果我们部署了一个带有 JavaScript 问题的新版本，该问题使得这个按钮无法使用，什么指标或警报可以告诉我们这是一个问题？”当然，磁盘使用情况是相同的，内存使用情况可能根本不会改变。然而，应用程序中最重要的按钮在不可用状态下遭到了忽视。在这种特殊情况下，指标可以捕获该按钮每小时、每天和每周的点击率。最重要的是，它可以帮助讲述一个故事，说明今天该网站如何在同一个月产生比去年更多（或更少）的收入。服务器的磁盘使用情况和内存消耗值得关注，但这不是最终目标。

这些故事没有明确地与机器学习或向生产环境交付训练好的模型相关联。不过，正如你将在本章中看到的那样，它将通过揭示重要问题并指出模型在投入生产之前可能需要更好数据的原因，帮助你和你的公司讲述一个故事并提高对流程的信心。识别数据随时间推移的偏差和准确性在机器学习操作中至关重要。部署到生产环境中的模型，其准确性从来不应该发生重大变化，并且需要预防这种情况的发生。越早发现这些问题，修复它们的成本就越低。在生产中使用不准确模型的后果可能是灾难性的。

6.1 云 MLOps 的可观测性

可以肯定地说，大多数机器学习都是在云环境中进行的。因此，云提供商提供了一些特殊服务，能够实现可观测性。例如，在 AWS 上有 Amazon CloudWatch（*https://oreil.ly/43bvM*），在 GCP 上，有 Google Cloud 运营套件，在 Azure 上有 Azure Monitor（*https://oreil.ly/gDIud*）。

在图 6-1 中，Amazon CloudWatch 是表述这些监控服务如何工作的较好示例。在较高级别，云系统的每个组件都会将指标和日志发送到 CloudWatch。这些任务包括服务器、应用程序日志、机器学习任务的训练元数据以及机器学习端点生成的结果。

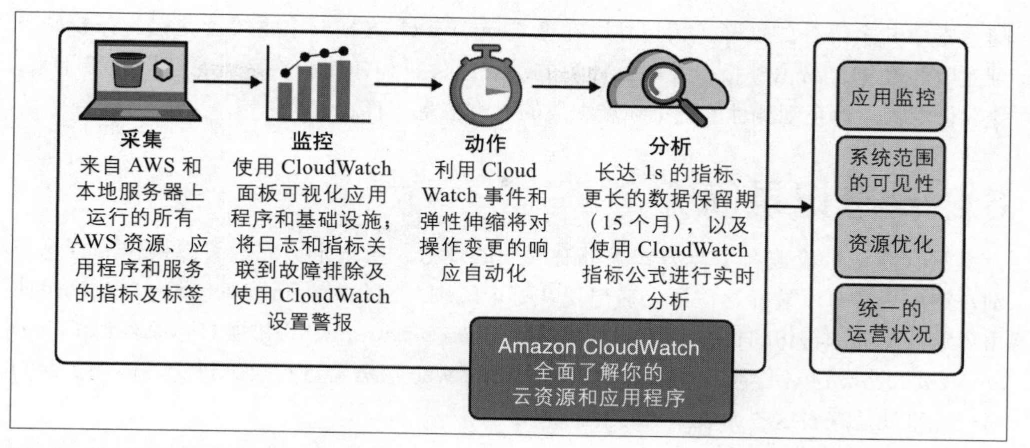

图 6-1：AWS CloudWatch

接下来，此信息将成为从面板到弹性伸缩的许多不同工具的一部分。例如，在 AWS SageMaker 中，这可能意味着，如果单个端点的 CPU 或内存使用量超过 75%，则生产中的机器学习服务将自动扩容。最后，所有这些可观测性都允许人类和机器分析生产机器学习系统正在发生的事情并对其采取行动。

经验丰富的云软件工程师已经知道云可观测性工具是云软件部署的非可选组件。但是，云中 MLOps 的独特之处在于，新组件也需要相应的精细监控。例如，在图 6-2 中，机器学习模型部署中发生了一系列全新的操作。不过请注意，CloudWatch 会再次收集这些新指标。

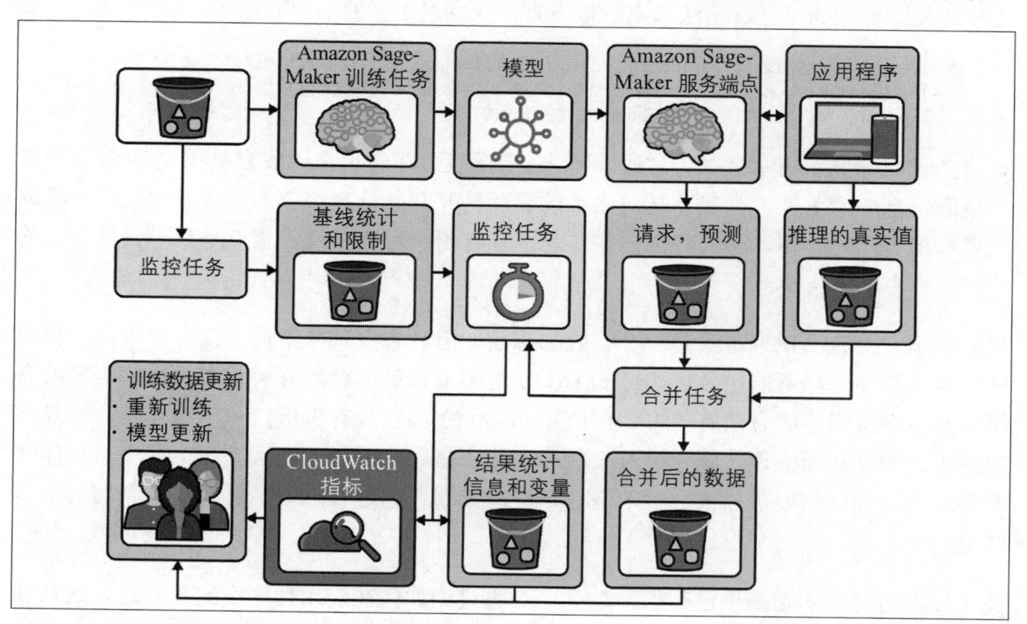

图 6-2：AWS SageMaker 模型监控

随着本章其余部分的展开，请记住，在像CloudWatch这样的主系统上，它会在较高级别上收集数据、路由警报，并与云计算的动态组件（如弹性扩展）进行交互。接下来，让我们深入了解可观测性的更细粒度组成的详细信息：日志记录。

6.2 日志记录简介

大多数日志记录设施在工作方式上都有共同的地方。系统定义它们可以操作的日志级别，然后用户可以选择这些语句应出现在哪个级别。例如，Nginx Web服务器启动时使用了默认配置，将访问日志保存到了*/var/log/nginx/access.log*，将错误日志保存到了*/var/log/nginx/error.log*。作为Nginx用户，如果要对Web服务器进行故障排除，你需要做的第一件事就是查看这些失败输出的信息。

我在使用默认配置在Ubuntu服务器中安装了Nginx，并发送了一些HTTP请求。访问日志立即开始获取一些信息：

```
172.17.0.1 [22/Jan/2021:14:53:35 +0000] "GET / HTTP/1.1" \
    "Mozilla/5.0 (Macintosh; Intel Mac OS X 10.15; rv:84.0) Firefox/84.0" "-"
172.17.0.1 [22/Jan/2021:14:53:38 +0000] "GET / HTTP/1.1" \
    "Mozilla/5.0 (Macintosh; Intel Mac OS X 10.15; rv:84.0) Firefox/84.0" "-"
```

长日志行包含许多有用的（可配置的）信息，包括服务器的IP地址、时间和请求类型以及用户代理信息。就我而言，用户代理是我在苹果计算机上运行的浏览器。不过，这些都不是错误。这些行记录了对服务器的访问日志。为了强制Nginx进入错误状态，我把文件的权限更改为服务器无法读取。接下来，我发送了新的HTTP请求：

```
2021/01/22 14:59:12 [error] open() "/usr/share/nginx/html/index.html" failed \
  (13: Permission denied), client: 172.17.0.1, server: localhost, \
   request: "GET / HTTP/1.1", host: "192.168.0.200"
```

日志条目明确显示信息级别为“错误”。对于像我这样的用户比较容易识别Web服务器产生的信息的严重性。当我还是一名系统管理员并开始从事必要的任务（如生产环境的配置和部署）时，不清楚为什么这些日志级别有用。对我来说，重点是我可以从日志的信息内容中识别错误。

尽管让用户更容易识别错误是一个有效的想法，但日志级别并不是全部。如果你以前尝试过调试程序，你可能已经使用过`print()`语句来帮助你获取有关正在运行的程序的有用信息。调试程序的方法有很多，但使用`print()`仍然很有价值。一个缺点是，一旦问题解决，你就必须清理并删除所有这些`print()`语句。下次你调试同一个程序时，你需要将所有这些语句添加回来。这不是一个好的策略，它是日志记录可以提供帮助的众多情况之一。

现在日志的一些基础知识已经很清楚了，我将讨论如何在应用程序中配置日志，这往往很复杂，因为有很多不同的选项和决定要做。

6.3 Python 中的日志记录

我将使用 Python，但本节中的大多数概念应该完全适用于其他语言和框架。日志级别、输出重定向和其他功能在其他应用程序中通常可用。要开始应用日志记录，我将创建一个简短的 Python 脚本来处理 CSV 文件。没有函数或者模块，示例脚本与你可以找到的 Jupyter Notebook 代码块非常类似。

创建一个名为 *describe.py* 的新文件以查看日志记录如何在基本脚本中提供帮助：

```
import sys
import pandas as pd

argument = sys.argv[-1]
df = pd.read_csv(argument)
print(df.describe())
```

该脚本将从命令行上的最后一个参数中获取输入，并告诉 Pandas 库读取它并对其进行描述。我们的想法是生成 CSV 文件的描述，但当你没有指定参数运行它时，不会发生这种情况：

```
$ python derscribe.py
           from os import path
count                        5
unique                       5
top      print(df.describe())
freq                         1
```

这里发生的事情是，该示例中的最后一个参数是脚本本身，因此 Pandas 正在描述脚本的内容。这并不是很有用，对于没有创建脚本的人来说，结果至少可以说是令人震惊的。让我们把这个脆弱的脚本向前推进一步，并向其传递一个不存在的路径作为参数：

```
$ python describe.py /bogus/path.csv
Traceback (most recent call last):
  File "describe.py", line 7, in <module>
    df = pd.read_csv(argument)
  File "/../site-packages/pandas/io/parsers.py", line 605, in read_csv
    return _read(filepath_or_buffer, kwds)
  ...
  File "/../site-packages/pandas/io/common.py", line 639, in get_handle
    handle = open(
FileNotFoundError: [Errno 2] No such file or directory: '/bogus/path.csv'
```

没有错误检查来告诉我们输入是否有效以及脚本期望的内容。如果你正在等待管道运行或某些远程数据处理作业完成，并且遇到这些类型的错误，则此问题会更严重。一些开发人员试图通过捕获所有异常并掩盖实际错误来防御这些错误，从而无法判断真正发生了什么。这个稍做修改的脚本版本更好地突出了问题：

```
import sys
import pandas as pd
```

```
argument = sys.argv[-1]

try:
    df = pd.read_csv(argument)
    print(df.describe())
except Exception:
    print("Had a problem trying to read the CSV file")
```

运行它会产生一个错误，在生产代码中看到它会让我非常沮丧：

```
$ python describe.py /bogus/path.csv
Had a problem trying to read the CSV file
```

这个例子很简单，而且因为脚本长度只有几行，你知道它的内容，所以指出问题并不困难。但是，如果这是在自动化管道中远程运行的，则你没有任何上下文，此时找出真正的问题变得富有挑战性。让我们使用 Python 日志记录模块来提供有关此数据处理脚本中发生的情况的详细信息。

首先要做的是配置日志记录。我们在这里不需要任何太复杂的东西，添加几行就足够了。修改 *describe.py* 文件以包含以下行，然后重新运行脚本：

```
import logging

logging.basicConfig()
logger = logging.getLogger("describe")
logger.setLevel(logging.DEBUG)

argument = sys.argv[-1]
logger.debug("processing input file: %s", argument)
```

重新运行它应类似于以下内容：

```
$ python describe.py /bogus/path.csv
DEBUG:describe:processing input file: /bogus/path.csv
Had a problem trying to read the CSV file
```

不过，还不是很有用，但已经有一些信息了。这可能感觉像是一个简单的 `print()` 语句也可以完成的事情的大量样板代码。日志模块在构造消息时可以灵活应对故障。例如，打开一个 Python 解释器，并尝试使用较少的参数进行 `print`：

```
>>> print("%s should break because: %s" % "statement")
Traceback (most recent call last):
  File "<stdin>", line 1, in <module>
TypeError: not enough arguments for format string
```

现在，让我们尝试使用日志记录模块执行相同的操作：

```
>>> import logging
>>> logging.warning("%s should break because: %s", "statement")
--- Logging error ---
Traceback (most recent call last):
  ...
  File "/.../python3.8/logging/__init__.py", line 369, in getMessage
    msg = msg % self.args
```

```
TypeError: not enough arguments for format string
Call stack:
  File "<stdin>", line 1, in <module>
Message: '%s should break because: %s'
Arguments: ('statement',)
```

最后一个示例不会破坏生产应用程序。日志记录不应在运行时中断任何应用程序。在这种情况下，日志记录模块尝试在字符串中执行变量替换并失败，但不是破坏它，而是通知问题，然后继续运行。打印语句无法做到。事实上，我看到在 Python 中使用 `print()` 很像 shell 脚本中的 `echo`。没有控制，很容易破坏生产应用程序，并且很难控制日志详细程度。

详细程度在日志记录时至关重要，除了 Nginx 示例中的错误级别之外，它还具有多个功能，使日志使用者能够微调所需的信息。在进入日志级粒度和详细程度控制之前，请对脚本中的日志格式进行升级，使其看起来更好。Python 日志记录模块引人注目，并允许进行大量配置。更新 *describe.py* 脚本中的日志记录配置：

```
log_format = "[%(name)s][%(levelname)-6s] %(message)s"
logging.basicConfig(format=log_format)
logger = logging.getLogger("describe")
logger.setLevel(logging.DEBUG)
```

`log_format` 是一个模板，其中包含在构造日志行时使用的一些关键字。请注意，我之前没有时间戳，尽管此更新中仍然没有时间戳，但配置确实允许我包含它。现在，记录器的名称（在本例中为 `describe`）、日志级别和消息都在那里，带有一些填充，并使用方括号分隔信息以提高可读性。重新运行脚本以检查输出如何变化：

```
$ python describe.py
[describe][DEBUG ] processing input file: describe.py
Had a problem trying to read the CSV file
```

日志记录的另一个超级功能是提供报错的追溯信息。有时，捕获（并显示）追溯而不进入错误情况很有用。为此，请更新 *describe.py* 脚本中的 `except` 代码块：

```
try:
    df = pd.read_csv(argument)
    print(df.describe())
except Exception:
    logger.exception("Had a problem trying to read the CSV file")
```

它看起来与之前的 `print()` 语句非常相似。重新运行脚本并检查结果：

```
$ python logging_describe.py
[describe][DEBUG ] processing input file: logging_describe.py
[describe][ERROR ] Had a problem trying to read the CSV file
Traceback (most recent call last):
  File "logging_describe.py", line 15, in <module>
    df = pd.read_csv(argument)
  File "/.../site-packages/pandas/io/parsers.py", line 605, in read_csv
    return _read(filepath_or_buffer, kwds)
  ...
  File "pandas/_libs/parsers.pyx", line 1951, in pandas._libs.parsers.raise
ParserError: Error tokenizing data. C error: Expected 1 field in line 12, saw 2
```

追溯是错误的字符串表示形式，而不是错误本身。要验证这一点，请在 except 块之后添加另一个日志行：

```
try:
    df = pd.read_csv(argument)
    print(df.describe())
except Exception:
    logger.exception("Had a problem trying to read the CSV file")

logger.info("the program continues, without issue")
```

重新运行以验证结果：

```
[describe][DEBUG ] processing input file: logging_describe.py
[describe][ERROR ] Had a problem trying to read the CSV file
Traceback (most recent call last):
[...]
ParserError: Error tokenizing data. C error: Expected 1 field in line 12, saw 2

[describe][INFO  ] the program continues, without issue
```

6.3.1 修改日志级别

日志记录提供的这些类型的信息工具对于 print() 语句来说并不简单。如果你正在编写 shell 脚本，则几乎是不可能的。在此示例中，我们现在有三个日志级别：debug、error 和 info。日志记录允许的另一件事是有选择地将级别设置为我们需要的级别。级别具有与之相关的权重，在更改它之前必须掌握它们，以便更改反映优先级。从最详细到最不详细，顺序如下：

1. debug
2. info
3. warning
4. error
5. critical

尽管这是 Python 日志记录模块，但你应该期望其他系统具有类似的权重优先级。debug 级别的日志包含 debug 和所有其他级别的信息。critical 日志级别将仅包含 critical 级别消息。再次更新脚本以将日志级别设置为 error：

```
log_format = "[%(name)s][%(levelname)-6s] %(message)s"
logging.basicConfig(format=log_format)
logger = logging.getLogger("describe")
logger.setLevel(logging.ERROR)
```

```
$ python logging_describe.py
[describe][ERROR ] Had a problem trying to read the CSV file
Traceback (most recent call last):
  File "logging_describe.py", line 15, in <module>
```

```
    df = pd.read_csv(argument)
  File "/.../site-packages/pandas/io/parsers.py", line 605, in read_csv
    return _read(filepath_or_buffer, kwds)
  ...
  File "pandas/_libs/parsers.pyx", line 1951, in pandas._libs.parsers.raise
ParserError: Error tokenizing data. C error: Expected 1 field in line 12, saw 2
```

此更改导致仅显示 error 级别的日志消息。在尝试将日志记录量减少到当前感兴趣的内容时，这很有用。调试包含大多数（如果不是全部）消息，而 error 和 critical 情况则更少，一般情况下不会看到。我建议为新的生产代码设置 debug 日志级别，以便更容易捕获潜在问题。在生成和部署新代码时，你应该会遇到问题。当应用程序长时间运行被证明是稳定的，并且没有太多令人惊讶的问题时，高度详细的输出就不那么有用了。将日志级别微调为 info 或 error 是你可以逐步执行的操作。

6.3.2 不同应用程序的日志记录

到目前为止，我们已经看到尝试加载 CSV 文件脚本的日志级别。我还没有详细解释为什么记录器的名字（过去的例子中是“describe”）很重要。在 Python 中，你可以导入模块和包，其中许多包都带有自己的记录器。日志记录工具允许你独立于应用程序为这些记录器设置特定选项。记录器还有一个层次结构，其中“root”记录器是所有记录器的父级，可以修改所有应用程序和记录器的设置。

更改日志记录级别是可以配置的众多操作之一。在一个生产应用程序中，我为同一应用程序创建了两个记录器：一个将向终端发出消息，而另一个将写入日志文件。这允许将用户友好的消息发送到终端，省略了大量会污染输出的追溯和错误。同时，面向开发人员的内部日志记录将输出到文件。这是另一个示例，对于 print() 语句或 shell 脚本中的 echo 指令，这将是非常困难和复杂的。灵活性越高，你就越能更好地创作应用程序和服务。

创建一个包含以下内容的新文件并将其另存为 *http-app.py*：

```
import requests
import logging

logging.basicConfig()

# new logger for this script
logger = logging.getLogger('http-app')

logger.info("About to send a request to example.com")
requests.get('http://example.com')
```

该脚本使用默认向终端发出消息的基本配置来配置日志记录工具。然后，它尝试使用 requests 库创建一个请求。运行它并检查输出。执行脚本后，终端中没有任何内容显示，这可能会让人感到惊讶。在解释发生这种情况的确切原因之前，请更新脚本：

```
import requests
import logging

logging.basicConfig()
root_logger = logging.getLogger()

# Sets logging level for every single app, the "parent" logger
root_logger.setLevel(logging.DEBUG)

# new logger for this script
logger = logging.getLogger('http-app')

logger.info("About to send a request to example.com")
requests.get('http://example.com')
```

重新运行脚本并记下输出：

```
$ python http-app.py
INFO:http-app:About to send a request to example.com
DEBUG:urllib3.connectionpool:Starting new HTTP connection (1): example.com:80
DEBUG:urllib3.connectionpool:http://example.com:80 "GET / HTTP/1.1" 200 648
```

Python 日志记录模块可以为所有包和模块中的每个记录器全局设置配置。此父记录器称为根记录器。有输出的原因是根记录器级别被设置为 debug。但是，输出比 http-app 记录器的单行要多。发生这种情况是因为 urllib3 包也有其记录器。由于根记录器将全局日志级别更改为 debug，因此 urllib3 包现在正在发出这些日志消息。

可以配置多个不同的记录器，并微调级别的粒度和详细程度（以及任何其他日志记录配置）。为了说明这一点，请通过在 *http-app.py* 脚本的末尾添加以下行来更改 urllib3 包的日志记录级别：

```
# fine tune the urllib logger:
urllib_logger = logging.getLogger('urllib3')
urllib_logger.setLevel(logging.ERROR)

logger.info("About to send another request to example.com")
requests.get('http://example.com')
```

更新后的版本检索 urllib3 的记录器，并将其日志级别更改为 error。脚本的记录器在调用 `requests.get()` 之前发出一条新消息，而 `requests.get()` 来自 urllib3 包。再次运行脚本以检查输出：

```
INFO:http-app:About to send a request to example.com
DEBUG:urllib3.connectionpool:Starting new HTTP connection (1): example.com:80
DEBUG:urllib3.connectionpool:http://example.com:80 "GET / HTTP/1.1" 200 648
INFO:http-app:About to send another request to example.com
```

由于 urllib3 的日志级别在最后一个请求之前已更改，因此不再显示 debug 消息。info 级别的消息确实显示出来，因为该记录器仍配置为 debug 级别。这些日志记录配置的组合功能强大，因为它允许你从可能导致输出中出现噪声的其他信息中选择感兴趣的内容。

想象一下，使用与云的存储解决方案交互的库。你正在开发的应用程序通过下载、列出内容并将其上传到存储服务器来执行数千次交互。假设应用程序的主要关注点是管理数据集并通过云提供商来处理。看到一条信息性消息说即将向云提供商发出请求，你会对该消息感兴趣吗？在大多数情况下，我要说，这完全没用。相反，当应用程序无法对存储执行特定操作时，收到警报至关重要。此外，在请求存储时，你可能正在处理超时，在这种情况下，更改日志级别以指示请求发生时间对于获取时间增量至关重要。

这一切都是为了灵活性和适应应用程序的生命周期需求。今天有用的东西可能是明天的信息过载。日志记录与监视密切相关（在 6.4 节中介绍），并且在同一对话中听到可观测性的情况并不少见。这些是 DevOps 的基础，它们应该是机器学习生命周期的一部分。

6.4 监控及可观测性

当我还是一名职业运动员时，我的父亲，也是我的教练，增加了一项我讨厌的特别杂务：每天在日记中写下我刚刚完成的锻炼。日记需要包含以下内容：

- 计划的锻炼。例如，以每次 42s 的速度重复跑 10 次 300m。
- 锻炼的结果。对于 300m 跑，这将是每次完成的实际时间。
- 我在锻炼期间和之后的感受。
- 任何其他相关信息，例如因受伤而感到不适或疼痛。

我 11 岁开始专业训练。对于十几岁的孩子来说，这份日记任务比最糟糕的锻炼还要糟糕。我不明白写日记的重要性，也不明白为什么涵盖锻炼细节对我来说至关重要。我鼓起勇气告诉我爸爸，这似乎是他的工作，而不是我的。毕竟，我已经在锻炼了。那个理由不太适合我。问题是我没有理解。我感觉这就像是一项无用的任务，没有任何好处。

我感觉写日记更像是一天结束时的纪律任务，而不是关键的训练内容。在每天写日记（我平均每周锻炼 14 次）并度过一个美好的赛季之后的几年，我和父亲坐下来计划下一个赛季。父亲没有和我谈论下一赛季的内容，而是通过展示日记的强大功能来启发我。“好吧，Alfredo，让我把最后两本日记拿出来，看看我们做了什么和你的感受，去适应、提升，然后再次拥有一个伟大的赛季。”

日记里有我们需要计划的所有信息。他用了一个让我印象深刻的短语，我希望它能说明为什么监控和指标在任何情况下都至关重要：“如果我们可以衡量，那么我们就可以比较。如果我们可以比较，那么只有这样我们才能改进。”

机器学习操作也不例外。当模型的新迭代投入生产时，你必须知道它的性能是更好还是更差。不仅你必须知道，而且信息必须易于访问且易于生成。流程会产生摩擦，并使一切都比预期的要慢。自动化减少了愚蠢的流程，并且易于产生有用的信息。

几年前，我在一家初创公司工作，销售负责人会向我发送一个包含新账户的 CSV 文件，经过我处理之后，结果会以 PDF 的格式发回给他。这太可怕了，它没有办法规模化，并且它无法通过公共汽车测试。

公共汽车测试说的是假如我今天被公共汽车撞倒了，一切都应该仍然有效，和我一起工作的每个人都可以接手我的工作。在自动化和生产指标方面的所有努力都有助于将鲁棒的模型交付到生产。

6.4.1 模型监控基础

机器学习操作中的监控包括与将模型投入生产有关的一切事物——从捕获有关系统和服务的信息到模型本身的性能。没有完美的单一的监控方案来监控一切信息。监控和采集指标有点类似于在弄清楚用于训练模型的特征和算法之前先了解数据。你对数据了解得越多，就可以做出更好的模型训练决策。

同样，你对将模型投入生产所涉及的步骤了解得越多，你在采集指标和设置监控警报时做出的选择就越好。我不喜欢“在训练模型时应该采集什么指标?”的答案，但在这种情况下答案非常准确：视情况而定。

尽管你可以设置的指标和警报类型之间存在差异，但你可以默认使用一些有用的基本模式。这些模式将帮助你厘清要采集什么数据、采集的频率以及如何最好地将其可视化。最后，根据生成模型的步骤，关键指标会有所不同。例如，在采集和清理数据时，检测每列的空值数量以及处理数据所需的时间可能很重要。

有一次我在处理系统漏洞数据时，必须对负责读取 JSON 文件并将信息保存在数据库中的应用程序进行一些更改。经过一些更改后，数据库的大小从几吉字节变为仅剩 100 MB。代码更改根本不是为了减少数据大小，所以我知道我犯了一个需要更正的错误。遇到这些情况是确定需要采集什么指标（以及何时采集）的绝佳机会。

在大多数指标采集系统中，指标的几种类型如下：

计数器

顾名思义，这种类型的指标在计算任何类型的条目时都很有用。当然，它对于不断迭代的条目也很有用。例如，在计算每列的空单元格数量时就很有用。

计时器

在尝试确定某些操作需要多长时间时，计时器非常有用。这对于性能监控至关重要，因为它的核心职责功能是测量在操作过程中花费的时间。请求耗时常见于托管的 HTTP API 的监控图表中。如果你有托管模型，计时器将有助于捕获模型通过 HTTP 生成预测所消耗的时间。

数值

对于计数器和计时器不适用的指标，就需要用到数值指标了。我倾向于将数值视为代数方程的一部分：即使我不知道 *X* 是什么，我也想采集它的值并持久化保存。在工作中重用处理 JSON 文件的示例并将信息保存到数据库，该指标的合理使用是显示生成的数据库的大小（以 GB 为单位）。

对于云提供商需要监控和采集的有用指标来说，有两种特定于机器学习的常见操作。第一种是目标数据集。这可以是用于训练模型的同一数据集，但需要特别注意确保特征的数量（和顺序）不会改变。第二种是基线。基线确定在训练模型时可接受（或不可接受）的差异。将基线视为可接受的阈值，以确定模型是否适用于生产。

既然基础知识已经比较清晰，并且理解了具有基线的目标数据集，让我们在训练模型时使用它们来采集有用的指标。

6.4.2 使用 AWS SageMaker 监控漂移

正如我已经提到的，云提供商通常需要一个目标数据集和一个基线。这与 AWS 没有什么不同。在本节中，我们将生成指标并从已部署的模型中捕获数据冲突。SageMaker 是一个令人难以置信的工具，用于检查数据集、训练模型以及将模型部署到生产环境中。由于 SageMaker 可与其他 AWS 产品（如 S3 存储）紧密集成，你可以利用保存的目标信息，这些信息可以在其他有访问权限的位置快速处理。

我特别喜欢 SageMaker 的 Jupyter Notebook 产品。该界面不像谷歌的 Colab 那样精致，但它包含了预安装的 AWS 开发工具包等功能和大量内核类型供你选择——从（现已弃用的）Python 2.7 到运行 Python 3.6 的 Conda 环境，如图 6-3 所示。

本节不介绍部署模型的细节。如果你想深入了解 AWS 中的模型部署，请参阅第 7 章。

本节将使用 SageMaker Notebook。登录 AWS 控制台，找到 SageMaker 服务。加载后，在左列中找到 Notebook 实例链接并单击它。使用有意义的名称创建一个新实例。无须更改任何默认值，包括计算机类型。我已将我的 Notebook 命名为 *practical-mlops-monitoring*（如图 6-4 所示）。

部署模型时，启用数据采集非常重要。因此，请确保使用 `DataCaptureConfig` 类来执行此操作。这是一个将其保存到 S3 存储桶的快速示例：

```
from sagemaker.model_monitor import DataCaptureConfig

s3_capture_path = "s3://monitoring/xgb-churn-data"


data_capture_config = DataCaptureConfig(
    enable_capture=True,
    sampling_percentage=100,
    destination_s3_uri=s3_capture_path
)
```

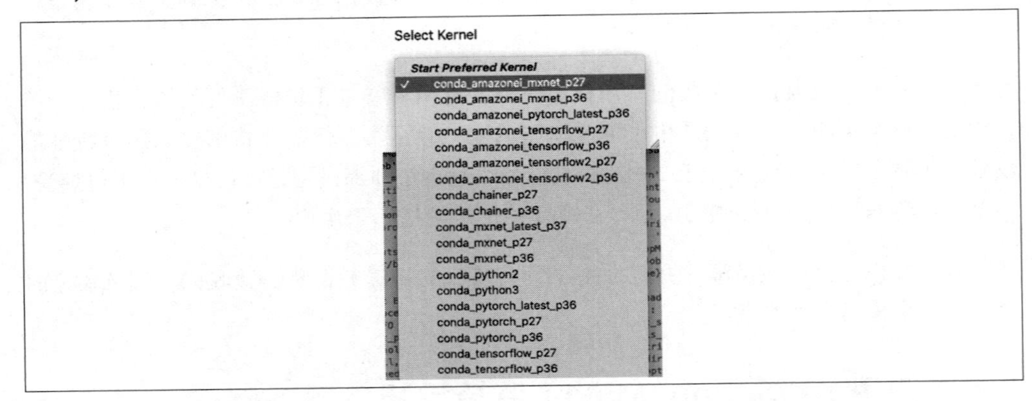

图 6-3：SageMaker 内核

图 6-4：SageMaker Notebook 实例

调用 `model.deploy()` 时使用 `data_capture_config`。在此示例中，我之前已使用 `Model()` 类创建了一个 `model` 对象，并为其分配了数据采集配置，以便在执行模型时，数据将保存到 S3 存储桶中：

```
from sagemaker.deserializers import CSVDeserializer

predictor = model.deploy(
```

```
        initial_instance_count=1,
        instance_type="ml.m4.large",
        endpoint_name="xgb-churn-monitor",
        data_capture_config=data_capture_config,
        deserializer=CSVDeserializer(),
    )
```

在部署模型并使其可用后，发送一些请求以开始进行预测。通过向模型发送请求，可以触发采集配置以保存创建基线所需的关键数据。可以通过任何方式向模型发送预测请求。在此示例中，我利用 SDK 发送一些请求，数据来自文件中的示例 CSV 数据。每一行都表示模型可用于预测的数据。由于输入是数据，这就是我使用 CSV 反序列化程序的原因，以便服务端点了解如何使用该输入：

```
from sagemaker.predictor import Predictor
from sagemaker.serializers import CSVDeserializer, CSVSerializer
import time
predictor = Predictor(
    endpoint_name=endpoint_name,
    deserializer=CSVDeserializer(),
    serializer=CSVSerializer(),
)


# About one hundred requests should be enough from test_data.csv
with open("test_data.csv") as f:
    for row in f:
        payload = row.rstrip("\n")
        response = predictor.predict(data=payload)
        time.sleep(0.5)
```

运行后，请仔细检查 S3 存储桶中是否采集到了输出。你可以列出该存储桶的内容，以确保存在实际数据。在这种情况下，我将使用 AWS 命令行工具，但你可以使用 Web 界面或开发工具包（在这种情况下，方法无关紧要）：

```
$ aws s3 ls \
  s3://monitoring/xgb-churn-data/datacapture/AllTraffic/2021/02/03/13/
2021-02-03 08:13:33  61355 12-26-957-d5938b7b-fbd8-4e3c-9dbd-741f71b.jsonl
2021-02-03 08:14:33   1566 13-27-365-a59180ea-591d-4562-925b-6472d55.jsonl
2021-02-03 08:33:33  31548 32-24-577-20217dd9-8bfa-4ba2-a7f1-d9717ef.jsonl
2021-02-03 08:34:33  31373 33-25-476-0b843e95-5fe0-4b79-8369-b099d0e.jsonl
[...]
```

存储桶列出了大约 30 条数据，确认预测请求已成功，并且数据已采集并保存到 S3 存储桶中。每个文件都有一个包含一些信息的 JSON 条目。每个条目中的细节很难掌握。这是其中一个条目的样子：

```
{
  "captureData": {
    "endpointInput": {
      "observedContentType": "text/csv",
      "mode": "INPUT",
      "data": "92,0,176.3,85,93.4,125,207.2,107,9.6,1,2,0,1,00,0,0,1,1,0,1,0",
      "encoding": "CSV"
```

```
    },
  [...]
}
```

同样，条目始终引用 CSV 内容类型。这是至关重要的，因此此数据的其他用户可以正确使用该信息。到目前为止，我们将模型配置为采集数据并将其保存到 S3 存储桶中。这一切都发生在使用测试数据生成一些预测之后。但是，目前还没有基线。创建基线需要上一步中采集的数据。下一步需要目标训练数据集。正如我之前提到的，训练数据集可以与用于训练模型的数据集相同。如果生成的模型没有发生比较大的变化，则数据集的子集也是可以接受的。该目标数据集必须与用于训练生产模型的数据集具有相同的特征（并且顺序相同）。

经常可以看到将基线数据集与目标数据集互换使用的在线文档，因为两者最初可能相同。在尝试掌握其中一些概念时，这可能会让人感到困惑。将基线数据集视为用于创建黄金标准（基线）的数据并将任何较新的数据视为目标非常有用。

SageMaker 依靠 S3 可以轻松地保存和检索数据。我已经在整个 SDK 示例中定义了位置，对于基线，我将做同样的事情。首先创建一个监控器对象，此对象能够生成基线并将其保存到 S3：

```
from sagemaker.model_monitor import DefaultModelMonitor

role = get_execution_role()

monitor = DefaultModelMonitor(
    role=role,
    instance_count=1,
    instance_type="ml.m5.xlarge",
    volume_size_in_gb=20,
    max_runtime_in_seconds=3600,
)
```

现在监控器可用了，使用 `suggest_baseline()` 方法为模型生成默认基线：

```
from sagemaker.model_monitor.dataset_format import DatasetFormat
from sagemaker import get_execution_role

s3_path = "s3://monitoring/xgb-churn-data"

monitor.suggest_baseline(
    baseline_dataset=s3_path + "/training-dataset.csv",
    dataset_format=DatasetFormat.csv(header=True),
    output_s3_uri=s3_path + "/baseline/",
    wait=True,
)
```

运行完成后，将产生大量输出。输出的开头应该类似于：

```
Job Name:  baseline-suggestion-job-2021-02-03-13-26-09-164
Inputs:  [{'InputName': 'baseline_dataset_input', 'AppManaged': False, ...}]
Outputs:  [{'OutputName': 'monitoring_output', 'AppManaged': False, ...}]
```

配置的 S3 存储桶中应该保存了两个文件：*constraints.json* 和 *statistics.json*。你可以使用 Pandas 库可视化约束：

```
import pandas as pd

baseline_job = monitor.latest_baselining_job
constraints = pd.json_normalize(
    baseline_job.baseline_statistics().body_dict["features"]
)
schema_df.head(10)
```

这是 Pandas 生成的约束表的一个简短子集：

```
name           inferred_type   completeness  num_constraints.is_non_negative
Churn            Integral  1.0             True
Account Length  Integral  1.0             True
Day Mins  Fractional  1.0            True
[...]
```

现在我们有了一个基线，该基线使用与用于训练生产模型的数据集非常相似的数据集，并且我们已经采集了相关的约束，是时候分析它并监控数据漂移了。到目前为止，已经涉及了几个步骤，但是从这些示例到其他更复杂的场景，这些步骤中的大部分不会有太大变化，这意味着这里有很多机会可以自动化和抽象。最初的数据收集在设置基线时发生一次，然后除必要场景之外都不应该更改基线。这些可能不会经常发生，因此设定基线的繁重工作不应该是一种负担。

为了分析收集到的数据，我们需要一个监控计划。示例计划将每小时运行一次，使用在前面步骤中创建的基线与流量进行比较：

```
from sagemaker.model_monitor import CronExpressionGenerator

schedule_name = "xgb-churn-monitor-schedule"
s3_report_path = "s3://monitoring/xgb-churn-data/report"

monitor.create_monitoring_schedule(
    monitor_schedule_name=schedule_name,
    endpoint_input=predictor.endpoint_name,
    output_s3_uri=s3_report_path,
    statistics=monitor.baseline_statistics(),
    constraints=monitor.suggested_constraints(),
    schedule_cron_expression=CronExpressionGenerator.hourly(),
    enable_cloudwatch_metrics=True,
)
```

创建计划后，将需要流量来生成报告。如果模型已部署在生产环境中，那么我们可以生成（并重用）现有的流量。如果你像我在这些示例中所做的那样，在测试模型上测试基线，则需要通过调用已部署模型的请求来生成流量。生成流量的一种直接方法是重用训练数据集来调用服务端点。

我部署的模型运行了几个小时。我使用此脚本通过以前部署的模型生成一些预测：

```
import boto3
import time

runtime_client = boto3.client("runtime.sagemaker")


with open("training-dataset.csv") as f:
    for row in f:
        payload = row.rstrip("\n")
        response = runtime_client.invoke_endpoint(
            EndpointName=predictor.endpoint_name,
            ContentType="text/csv",
            Body=payload
        )
        time.sleep(0.5)
```

由于我将监控计划配置为每小时采集一次，因此 SageMaker 不会立即在 S3 存储桶上生成报告。2h 后，可以列出 S3 存储桶中的文件并检查里面是否有生成的报告。

尽管模型监控任务每小时运行一次，但 AWS 具有一个 20min 的缓冲，可能会导致小时任务标记后最多延迟 20min。如果你用过其他调度系统，则此缓冲时长可能会令人惊讶。发生这种情况的原因是：在后台，AWS 会对用于调度的资源进行负载均衡。

报告由三个 JSON 文件组成：

- *constraint_violations.json*
- *constraint.json*
- *statistics.json*

与监控和采集漂移相关的有趣信息在 *constraint_violations.json* 文件中。在我的例子中，大多数异常行为看起来像下面这样：

```
feature_name:   State_MI
constraint_check_type:  data_type_check
description:
Data type match requirement is not met. Expected data type: Integral,
Expected match: 100.0%.  Observed: Only 99.71751412429379% of data is Integral.
```

建议的基线要求 100% 的数据完整性，在这里我们看到模型足够接近 99.7%。由于约束是满足 100%，因此将生成并报告该违例行为。在我的示例中，这些数字中的大多数都是相似的，除了下面这个情况：

```
feature_name:   Churn
constraint_check_type:  data_type_check
description:
Data type match requirement is not met. Expected data type: Integral,
Expected match: 100.0%. Observed: Only 0.0% of data is Integral.
```

0% 是这里的一个临界情况，通过大量辛苦工作建立系统的至关重要的作用就是捕获并报告预测的变化。我想强调的是，虽然使用 AWS Python 开发工具包仅执行了几个步骤并编写了样板代码，但要自动执行并开始为目标数据集自动生成这些报告并不太复杂。我利用自动建议创建了基线，这主要需要微调以定义可接受的值，避免误报无用的异常行为。

6.4.3 使用 Azure 机器学习监控漂移

MLOps 在云提供商中扮演着重要角色。由于监控和警报是 DevOps 的核心支柱，提供经过深思熟虑的服务也就不足为奇了。Azure 可以分析数据漂移并设置警报，以便在模型投入生产之前发现潜在问题。了解不同的云提供商如何解决数据漂移等问题总是很有用的——视角是一项宝贵的资产，将使你成为一名更好的工程师。Azure 平台上大量的思想、文档和示例使接入过程更加顺畅。查找学习资源来快速了解 Azure 的产品 / 服务并不需要花费太多精力。

在编写本书时，Azure 机器学习上的数据漂移检测处于预览状态，一些小问题仍需要解决，这些问题会妨碍提供可靠的代码示例来进行测试。

Azure 中的数据漂移检测的工作方式类似于使用 AWS SageMaker。目标是在训练数据集和服务数据集之间发生漂移时发出警报。与大多数机器学习操作一样，深入了解数据（以及数据集）至关重要。一个过于简单化的示例是，一年内泳装销售情况的数据集：如果每周的销售数量下降到零，这是否意味着数据集已经发生漂移，不应该在生产中继续使用？或者可能是在隆冬，没有人买泳装？当数据的细节得到很好的理解时，这些悬而未决的问题很容易回答。

数据漂移的原因有多种，其中许多可能是完全不可接受的。这些原因的一些示例涉及值类型的变化（例如，华氏度到摄氏度）、空值或空指针，或者在泳装销售的示例中自然漂移，其中季节性变化会影响预测。

在 Azure 上设置和分析漂移的模式需要基线数据集、目标数据集和监控器。这三个要求协同工作以生成指标，并在检测到漂移时创建警报。监控和分析工作流允许你在数据集中有新数据时检测数据漂移并发出警报，同时允许分析一段时间内的新数据。你可能不会像使用当前漂移检测那样多地使用历史分析，因为使用最新的比较点比检查几个月前的比较点更常见。存在比较对象仍然是有用的，前一年的表现比与上个月的比较更有意义。对于受季节性事件影响的数据集尤其如此。将圣诞树销量与 8 月份指标进行比较没有多大用处。

若要在 Azure 中设置数据漂移工作流，必须首先创建目标数据集。目标数据集需要使用时间戳列或虚拟列在其上设置时间序列。虚拟列是一个不错的功能，因为它从存储数据集的路径推断时间戳。此配置属性称为分区格式。如果要将数据集配置为使用虚拟列，则会看到 Azure ML Studio 和 Python SDK 中引用的分区格式（如图 6-5 所示）。

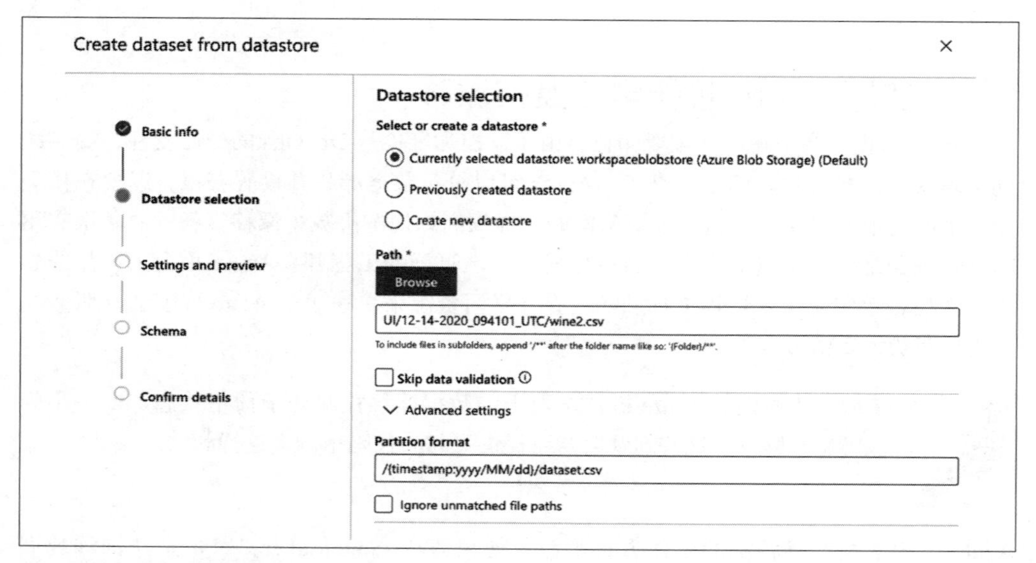

图 6-5：Azure 分区格式

在本例中，我使用的是分区格式帮助程序，以便 Azure 可以使用路径来推断时间戳。这很好，因为它告诉 Azure 将约定设定为标准。像 */2021/10/14/dataset.csv* 这样的路径意味着数据集最终将以 2021 年 10 月 14 日的虚拟列结束。通过约定来配置是自动化的黄金准则。无论你何时遇到抽象（或完全删除）配置的机会，该配置都可以通过约定推断得到（如本例中的路径），你都应该利用它。更少的配置意味着更少的开销，从而实现快速的工作流程。

拥有时序数据集后，可以继续创建数据集监控器。若要使所有内容正常工作，需要一个目标数据集（在本例中为时序数据集）、基线数据集和监控器设置。

基线数据集必须具有与目标数据集相同的特征（或尽可能相似）。一个令人兴奋的功能是选择一个时间范围，使用监控任务的相关数据对数据集进行切片。监控器的配置是将所有数据集组合在一起。它允许你创建一个调度计划，使用一组令人兴奋的功能运行程序，并为数据漂移设置可容忍的百分比阈值。

漂移结果将在 Azure ML Studio 中“资产”部分的“数据集监控器”选项卡中提供。所有已配置的监控器都提供关于漂移幅度的突出显示指标和具有漂移的主要特征的排序列表。展示数据漂移的简单性是我喜欢 Azure ML Studio 的一点，因为它可以快速显示对做出纠正决策有用的基本信息。

如果需要深入了解指标的详细信息，可以使用 Application Insights 查询与监控器关联的日志和指标。启用和设置 Application Insights 在 8.6.2 节中有详细介绍。

6.5 小结

日志记录、监控和指标非常重要，因为任何交付到生产环境中的模型都必须冒着难以恢复的灾难性故障的风险来实施它们。所有组件都要求对可重复结果的鲁棒过程具有高度自信。正如我在本章中提到的，你必须使用准确的数据做出决策，这些数据可以告诉你准确性是否与以往一样高，或者错误数量是否显著增加。

许多例子可能很难掌握，但它们都可以自动化和抽象化。在本书中，你将不断阅读有关 DevOps 的核心支柱以及它们与机器学习操作的相关性。自动化是将日志记录和监控等支柱结合在一起。设置日志记录和监控通常不是令人兴奋的工作，特别是如果这个想法是让最先进的预测模型完成出色的工作。但是，在基础不牢固的情况下，不可能始终如一地产生出色的结果。

当我第一次开始训练成为一名职业运动员时，我总是怀疑我的教练，他不允许我每天跳高。“在成为跳高运动员之前，你必须成为一名运动员。”强大的基础可以带来强大的结果，在 DevOps 和 MLOps 中，这没有什么不同。

在后续章节中，你将有机会深入了解三大云提供商中的每一家，了解它们的概念以及它们的机器学习产品。

练习题

- 使用不同的数据集在 AWS SageMaker 上生成包含违例的漂移报告。
- 将 Python 日志记录添加到脚本中，该脚本将错误记录到 `STDERR`，将信息语句记录到 `STDOUT`，并将所有级别日志记录到文件中。
- 在 Azure ML Studio 创建一个时序数据集。
- 在 Azure ML Studio 中配置数据集监控器，当检测到漂移超过可接受的阈值时，该监控器将发送电子邮件。

独立思考和讨论

- 为什么需要同时将日志输出到多个源？

- 为什么监控数据漂移至关重要？
- 列举使用日志记录工具与 `print()` 或 `echo` 语句相比的三个优点。
- 列出五个最常见的日志级别，从最不详细到最详细。
- 指标采集系统中有哪三种常见的指标类型？

第7章

AWS 的 MLOps

Noah Gift

每个人都害怕他（Abbott 博士，因为他对所有人大喊大叫）。我上学的时候，有一个新住院医师叫 Harris。尽管 Harris 是住院总医师并且已经在那里工作了 5 年，但他仍然害怕 Abbott 博士。后来 Abbott 博士心脏病发作，心跳停止。一名护士喊道："快，他刚发作，进来！"所以 Harris 进去了……进行胸外心脏按压，弄断了肋骨之类的。Harris 开始让 Abbott 恢复心脏跳动，他醒过来了。他醒了！他抬头看着 Harris 说："你！别搞了！"于是 Harris 停了下来。那是关于 Abbott 的最后一个故事。

——Joseph Bogen 博士

我从学生那里收到的最常见问题之一是："我该选择哪种云？"我告诉他们可靠的选择是亚马逊。它拥有最广泛的技术选择和最大的市场份额。一旦掌握了 AWS 云，就更容易掌握其他云产品，因为它们还假设你可能了解 AWS。本章针对 MLOps 介绍 AWS 的基础知识，并探讨实用的 MLOps 模式。

我有丰富的 AWS 使用经验。我在体育社交网络担任首席技术官兼总经理时，AWS 就是使我们能够扩展到全球数百万用户的秘密武器。在过去的几年里，我还从零开始担任 AWS 机器学习认证的 SME（主题专家）。我是公认的 AWS ML 精英（*https://oreil.ly/JbWXC*），也是 AWS Faculty 云大使计划（*https://oreil.ly/WsPtx*）的一员，并教过加州大学戴维斯分校、西北大学、杜克大学和田纳西大学的数千学生云认证。所以你可以说我是 AWS 的粉丝！

由于 AWS 平台规模庞大，我们不可能涵盖 MLOps 的每个方面。如果你想更详尽地了解 AWS 平台的所有可用选项，那么你还可以查看 Chris Fregly 和 Antje Barth 的 *Data Science on AWS*（O'Reilly），我是这本书的技术编辑之一。

然而本章侧重于更高级别的服务，例如 AWS Lambda 和 AWS App Runner。更复杂的系统（如 AWS SageMaker）在本书的其他章和前面提到的书中都有介绍。接下来，让我们开始构建 AWS MLOps 解决方案。

7.1 AWS 简介

AWS 是云计算领域的领导者，原因有很多，包括其起步较早和企业文化。在 2005 年和 2006 年，亚马逊推出了 Amazon Web Services，包括 MTurk（Mechanical Turk）、Amazon S3、Amazon EC2 和 Amazon SQS。

直到现在，这些核心产品不仅仍然存在，而且每季度和每年都在变得更好。AWS 不断改进其产品的原因在于其文化。他们说在亚马逊永远是“第一天”，这意味着每天都保持第一天的精力和热情。他们还将客户置于他们所做的“一切的核心”。我使用这些构建块构建了可扩展到数千个节点的系统，以执行机器学习、计算机视觉和 AI 任务。图 7-1 是在旧金山市中心的一个联合办公地点展示的 AWS 云技术架构的白板图。

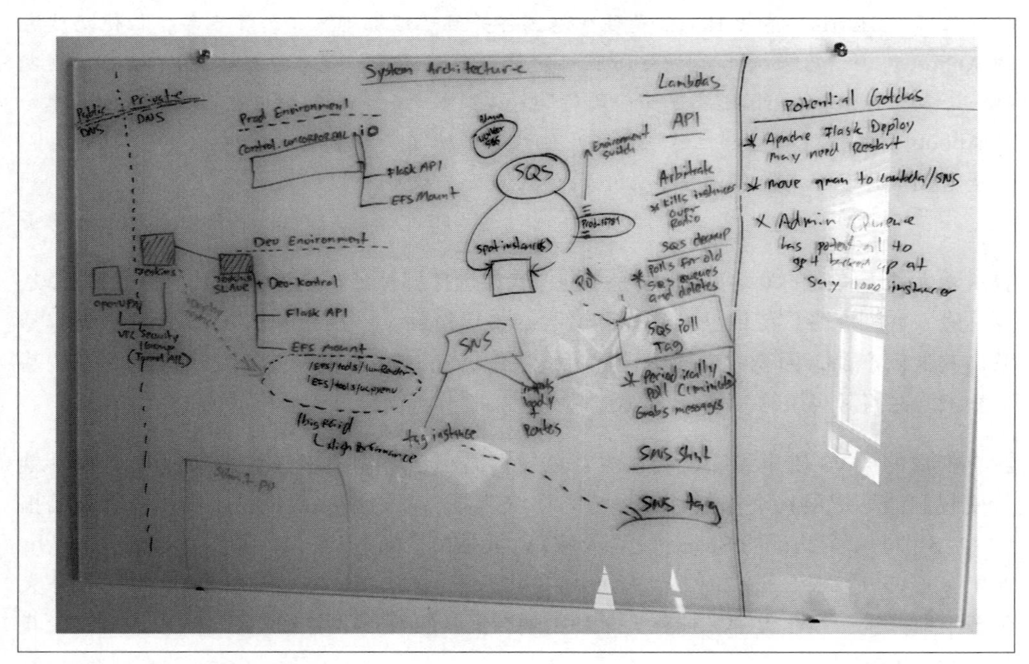

图 7-1：白板上的 AWS 云架构

这种文化与谷歌在云计算领域苦苦挣扎的文化截然不同。谷歌文化以研究为导向，大量招聘学术人才。这种文化的好处是贡献了开源项目，如 Kubernetes 和 TensorFlow。两者都是复杂的工程奇迹。不利的一面是客户在文化中并非排在第一位，这影响了谷歌在云计算市场的份额。许多组织不愿购买专业服务，也不愿支持像云计算这样关键的东西。

接下来，让我们看一下 AWS 服务的入门知识。

7.1.1 AWS 服务入门

开始使用 AWS 只需要一个免费账户（*https://oreil.ly/8hBjG*）。如果你在大学，还可以同时使用 AWS Academy（*https://oreil.ly/W079B*）和 AWS Educate（*https://oreil.ly/6ZFNh*）。AWS Academy 提供实践认证材料和实验室。AWS Educate 为课堂提供沙盒。

拥有账户后，下一步就是尝试各种产品。考虑 AWS 的一种方法是将其与大宗批发商店进行比较。例如，根据 statista 统计（*https://oreil.ly/m6lgS*），Costco 在全球多个国家 / 地区拥有 795 个分店，大约五分之一的美国人在那里购物。同样，根据 2020 年亚马逊网络服务白皮书（*https://oreil.ly/w8Jft*）介绍，AWS 提供的基础设施“服务于全球 190 个国家”。

有三种方式可认为 Costco 与 AWS 的类比是相关的：

- 在第一种情况下，客户可以走进来批量订购非常便宜但质量不错的比萨。
- 在第二种情况下，Costco 的新客户需要找出所有可用的大宗商品，以研究使用 Costco 的最佳方式。他们需要穿过商店并查看糖等散装物品，看看他们可以用这些原材料制造什么。
- 在第三种情况下，当 Costco 的客户了解预制餐点（例如烤鸡、比萨等），并且他们知道可以购买的所有原材料时，理论上他们可以利用自己对 Costco 及其提供服务的了解，开办餐饮服务公司、当地熟食店或餐厅。

像 Costco 这样规模的大型零售商对预制食品收取的费用较高，而对原材料收取的费用较低。拥有餐厅的 Costco 客户可能会根据其组织的成熟度和要解决的问题来选择不同的食物准备级别。图 7-2 说明了这些 Costco 选项与 AWS 选项的比较。

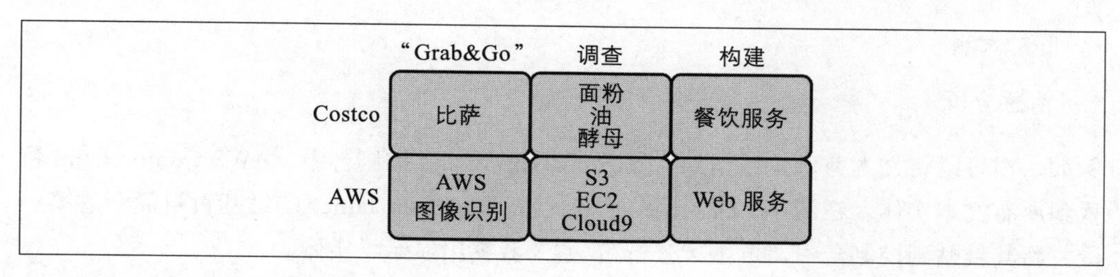

图 7-2：Costco 与 AWS

让我们以夏威夷著名海滩附近的夏威夷 Poke Bowl 摊位为例。店主可以批量购买 Costco 的预制 Poke，然后以大约两倍于成本的价格出售。但另一方面，更成熟的夏威夷烧烤餐厅的员工可以准备和加工食物，这样 Costco 以比烹饪好的 Poke 低得多的价格出售未煮熟的食物。

与 Costco 非常相似，AWS 提供不同级别的产品，由客户决定他们将使用多少。让我们深入研究一下这些选项。

使用“无代码 / 低代码”AWS Comprehend 解决方案

最后一个例子展示了使用 Costco 如何让不同的餐厅业务受益，从几乎没有员工的餐厅（如弹出式摊位）到座位众多的餐厅。Costco 在准备食物方面做的工作越多，购买食物的顾客的收益就越高，食物的成本也越高。相同的概念适用于 AWS，AWS 为你完成的工作越多，你支付的费用就越多，维护服务所需的人员就越少。

在经济学中，比较优势理论认为你不应该直接比较某物的成本。相反，如果你比较自己做这件事的机会成本，则会有所收益。所有云提供商都遵从这个假设，因为运行数据中心并在该数据中心之上构建服务是他们的专长。践行 MLOps 的组织应该专注于为其客户创造一种能够产生收入的产品，而不是重新创造云服务商提供的产品。

使用 AWS，一个很好的起点是像 Costco 客户那样大量订购 Costco 比萨。同样，《财富》500 强公司可能有必要将自然语言处理（NLP）添加到其客户服务产品中。它可能需要花费 9 个月到一年的时间来招聘一个团队，然后构建这些功能，或者使用有价值的高级服务，例如，用于自然语言处理的 AWS Comprehend（*https://oreil.ly/z6vIs*）。AWS Comprehend 利用 Amazon API 来执行许多 NLP 操作，包括：

- 实体检测
- 关键词检测
- 个人身份信息
- 语言检测
- 情感分析

例如，你可以将文本剪切并粘贴到 Amazon Comprehend 控制台中，AWS Comprehend 将找到所有文本实体。在图 7-3 的示例中，我抓取了 LeBron James 的维基百科简介的第一段，将其粘贴到控制台中，单击“分析”，它为我突出显示了实体。

使用 AWS Comprehend 和 boto3 Python 开发工具包解决其他用例（例如查看医疗记录或确定客户服务响应的情绪）同样简单明了。接下来，让我们介绍一个 AWS DevOps 的“hello world”项目，使用 Amazon S3 部署静态网站。

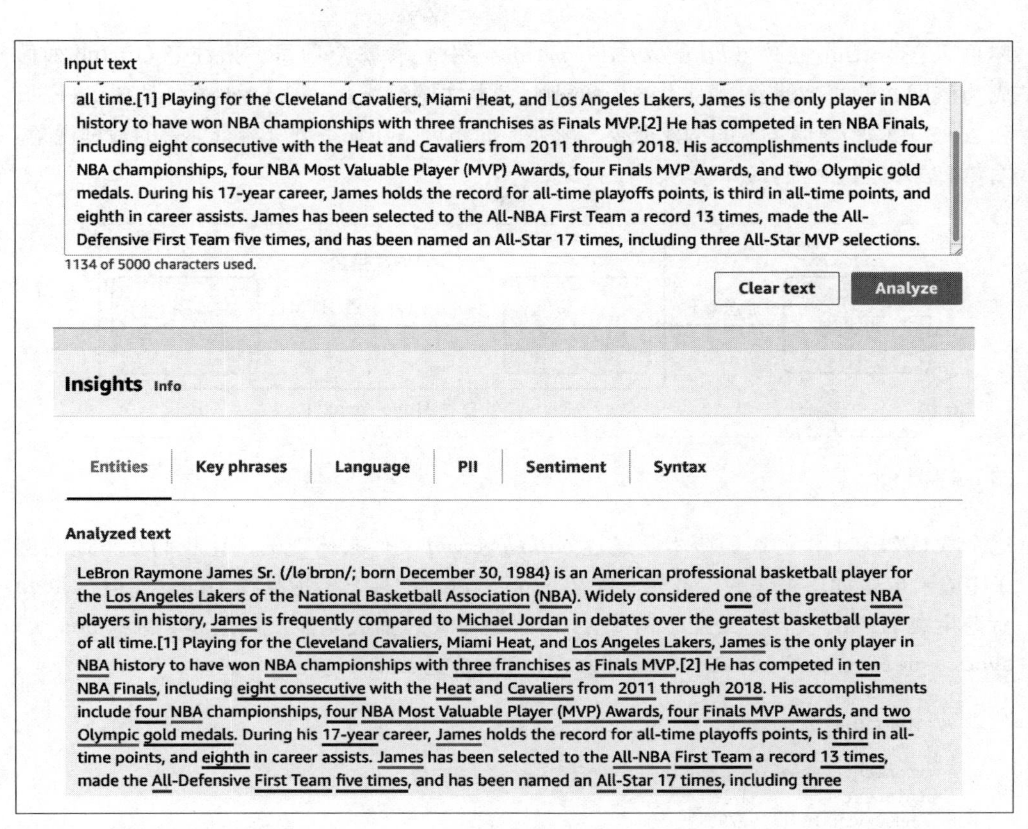

图 7-3：AWS Comprehend

使用 Hugo 静态 S3 网站

下面的场景中，探索 AWS 的一种极好方式是“来回逛”控制台，就像你第一次访问 Costco 时好奇地走动一样。为此，你首先要查看 AWS 的基础组件，即 IaaS（基础设施即代码）。这些核心服务包括 AWS S3 对象存储和 AWS EC2 虚拟机。

在这里，我将以“hello world”为例，引导你在 AWS S3 静态网站托管（*https://oreil.ly/FyHWG*）服务上部署 Hugo 网站（*https://gohugo.io*）。用 Hugo 做一个 hello world 的原因是它设置起来相对简单，并且会让你很好地理解使用核心基础设施的主机服务。当你采用持续交付方式部署机器学习应用程序时，这些技能会派上用场。

值得注意的是，Amazon S3 成本低但可靠性高。S3 的定价接近每 GB 1 美分。这种低成本且高度可靠的基础设施是云计算如此引人注目的原因之一。

你可以在 GitHub 仓库（*https://oreil.ly/mYjqN*）中查看整个项目。请注意 GitHub 如何成为该网站的真实来源，因为整个项目由文本文件组成：markdown 文件、Hugo 模板和 AWS 代码构建服务器的构建命令。此外，你还可以在那里浏览持续部署的截屏视频。图 7-4 展示了这个项目的高层架构。

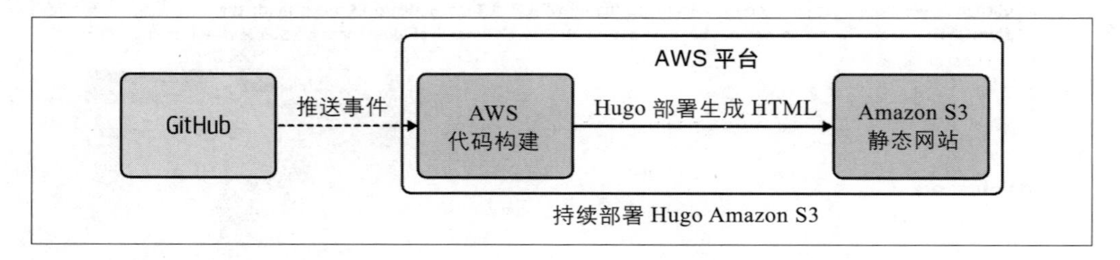

图 7-4：Hugo

这个项目如何工作的简短版本是通过 *buildspec.yml* 文件来体现的。让我们在下面的例子中看看它是如何工作的。首先，安装 `hugo` 二进制文件，然后从检出的仓库运行 `hugo` 命令生成 HTML 文件。最后，由于 S3 存储桶托管的强大功能，应用 `aws` 命令 `aws s3 sync --delete public s3://dukefeb1` 便可完成整个部署过程：

```
version: 0.1

environment_variables:
  plaintext:
    HUGO_VERSION: "0.79.1"

phases:
  install:
    commands:
      - cd /tmp
      - wget https://github.com/gohugoio/hugo/releases/download/v0.80.0/\
 hugo_extended_0.80.0_Linux-64bit.tar.gz
      - tar -xzf hugo_extended_0.80.0_Linux-64bit.tar.gz
      - mv hugo /usr/bin/hugo
      - cd
      - rm -rf /tmp/*
  build:
    commands:
      - rm -rf public
      - hugo
  post_build:
    commands:
      - aws s3 sync --delete public s3://dukefeb1
      - echo Build completed on `date`
```

描述构建系统文件的另一种方式是把它作为配方处理。构建配置文件中的信息是在 AWS Cloud9 开发环境中执行相同操作的“操作方法”。

正如第 2 章所讨论的，AWS Cloud9 在我心中占有特殊的位置，因为它解决了特定的问题。基于云的开发环境让你可以在所有操作发生的确切位置进行开发。该示例展示了这个概念的强大。检查代码，在云中测试，并验证相同工具的部署。在图 7-5 中，AWS Cloud9 环境调用 Python 微服务。

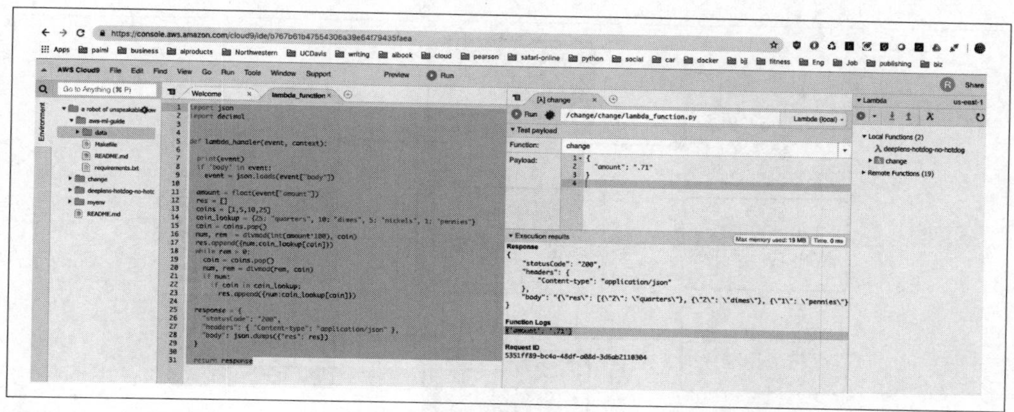

图 7-5：Cloud9

你可以在 O'Reilly 平台（*https://oreil.ly/nSiVH*）上观看将 Hugo 部署到 AWS 的方法，也可以在 Pragmatic AI Labs 网站（*https://oreil.ly/0AmNU*）上查看额外更详尽的指南。

有了持续交付的基础，下面我们将介绍 AWS 平台上的无服务器。

无服务器使用指南

无服务器是 MLOps 的关键方法。在第 2 章中，我指出了 Python 函数的重要性。Python 函数是一个工作单元，它既可以接受输入也可以选择性地返回输出。如果 Python 函数像烤面包机，你放入一些面包，经加热后形成吐司，那么无服务器就是电力来源。

Python 函数需要在某处运行，就像烤面包机需要依靠某些东西才能工作一样。这就是无服务器所做的，它使代码能够在云中运行。无服务器最通用的定义是无须服务器即能运行代码。服务器被抽象出来，让开发人员专注于编写函数。这些函数执行特定任务，并且这些任务可以链接在一起构建更复杂的系统，例如，响应事件的服务器。

函数是云计算的宇宙中心。这意味着任何函数都可以映射到解决问题的技术中：容器、Kubernetes、GPU 或 AWS Lambda。如图 7-6 所示，有直接映射到函数的丰富的 Python 解决方案生态系统。

在 AWS 平台上执行无服务器的最低级别服务是 AWS Lambda。让我们来看看这个仓库（*https://oreil.ly/TR4E2*）中的一些例子。

首先，在 AWS 上编写的较简单的 Lambda 函数之一是马可波罗函数。马可波罗函数接收一个带有名称的事件。例如，如果事件名称是“Marco”，那么它将返回“Polo”。如果事件名称是其他内容，则返回“No！”。

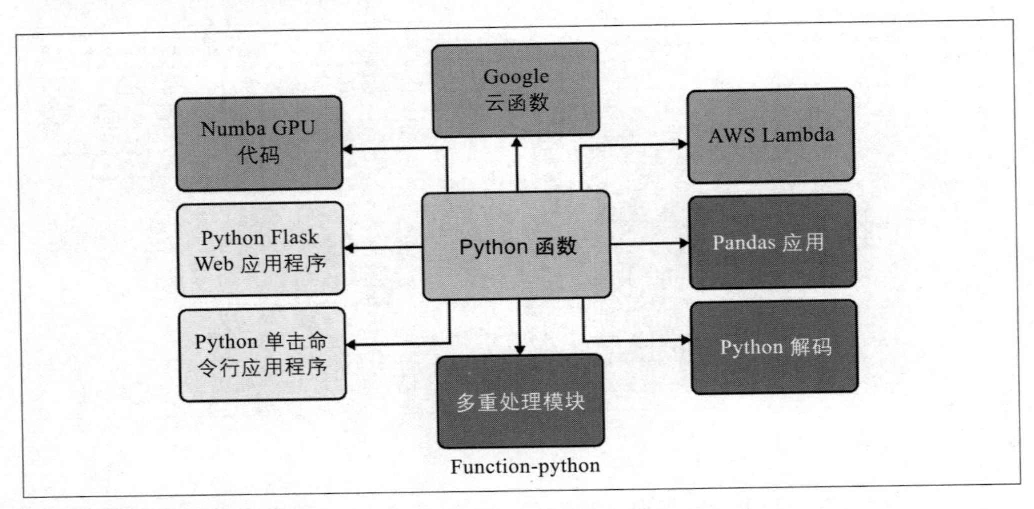

图 7-6：Python 函数

在 20 世纪 80 年代和 20 世纪 90 年代成长的少年，马可波罗是夏季游泳池里玩的典型游戏。当我在家附近的一个游泳池担任营地辅导员时，我看到这是孩子们最爱玩的游戏。游戏规则是每个人都进入游泳池，一个人闭上眼睛大喊“马可”。接下来，游泳池中的其他玩家必须说“波罗”。闭上眼睛的人用声音来定位要标记的人。一旦有人被标记，那么他就是下一个喊“马可”的人。

下面是 AWS Lambda 的“马可波罗”代码，请注意有一个 event 传递给 lambda_handler：

```
def lambda_handler(event, context):
    print(f"This was the raw event: {event}")
    if event["name"] == "Marco":
        print(f"This event was 'Marco'")
        return "Polo"
    print(f"This event was not 'Marco'")
    return "No!"
```

使用无服务器云计算时，可以想想车库里的电灯。电灯可以通过多种方式打开，例如通过电灯开关手动或通过车库门打开事件自动打开。同样，AWS Lambda 可响应许多信号。

让我们列举一下电灯和 Lambda 可以触发的方式：

- 电灯

  — 手动翻转开关

— 通过车库门开启器

— 夜间安全定时器，在午夜到早上 6 点打开电灯

- AWS Lambda

— 通过控制台、AWS 命令行或 AWS Boto3 SDK 手动调用

— 响应 S3 事件，例如，将文件上传到存储桶

— 计时器每晚调用以下载数据

更复杂的例子是什么？使用 AWS Lambda，可以直接将 S3 触发器与计算机视觉标签集成到文件夹中的所有新图像上，只需少量代码：

```
import boto3
from urllib.parse import unquote_plus

def label_function(bucket, name):
    """This takes an S3 bucket and a image name!"""
    print(f"This is the bucketname {bucket} !")
    print(f"This is the imagename {name} !")
    rekognition = boto3.client("rekognition")
    response = rekognition.detect_labels(
        Image={"S3Object": {"Bucket": bucket, "Name": name,}},
    )
    labels = response["labels"]
    print(f"I found these labels {labels}")
    return labels


def lambda_handler(event, context):
    """This is a computer vision lambda handler"""

    print(f"This is my S3 event {event}")
    for record in event['Records']:
        bucket = record['s3']['bucket']['name']
        print(f"This is my bucket {bucket}")
        key = unquote_plus(record['s3']['object']['key'])
        print(f"This is my key {key}")

    my_labels = label_function(bucket=bucket,
        name=key)
    return my_labels
```

最后，你可以通过 AWS Step Functions 将多个 AWS Lambda 函数链接在一起：

```
{
  "Comment": "This is Marco Polo",
  "StartAt": "Marco",
  "States": {
    "Marco": {
      "Type": "Task",
      "Resource": "arn:aws:lambda:us-east-1:561744971673:function:marco20",
      "Next": "Polo"
    },
```

```
    "Polo": {
      "Type": "Task",
      "Resource": "arn:aws:lambda:us-east-1:561744971673:function:polo",
      "Next": "Finish"
    },
    "Finish": {
      "Type": "Pass",
      "Result": "Finished",
      "End": true
    }
  }
}
```

你可以在图 7-7 中看到此工作流的运行情况。

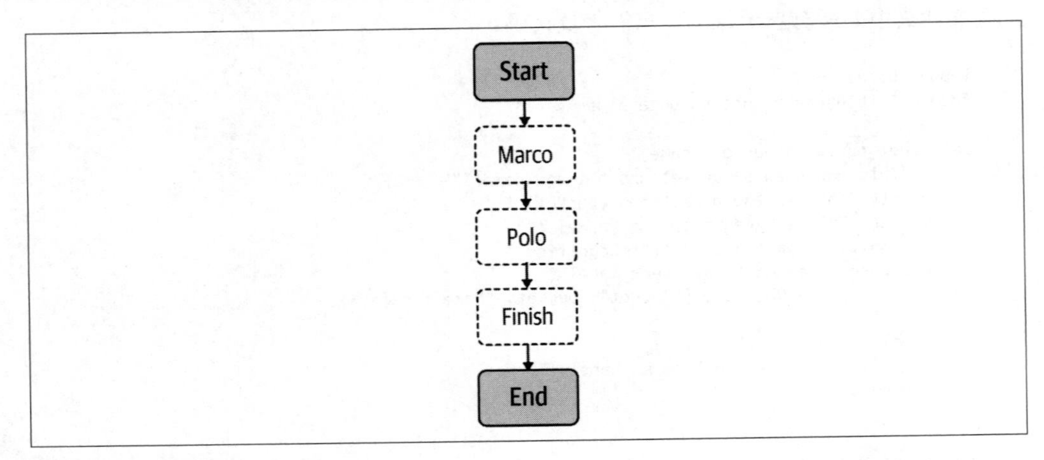

图 7-7：step 函数

更有趣的是，你可以通过 CLI 调用 AWS Lambda 函数。下面是一个例子：

```
aws lambda invoke \
   --cli-binary-format raw-in-base64-out \
  --function-name marcopython \
  --payload '{"name": "Marco"}' \
  response.json
```

务必参考 CLI 的最新 AWS 文档，因为它是一个活跃的移动目标。在编写本书时，当时的 CLI 版本是 V2，但你可能需要随着未来的变化而调整命令行示例。你可以在 AWS CLI 命令参考站点（*https://oreil.ly/c7zU5*）上找到最新文档。

有效载荷的响应如下：

```
{
    "StatusCode": 200,
    "ExecutedVersion": "$LATEST"
```

```
}
(.venv) [cloudshell-user@ip-10-1-14-160 ~]$ cat response.json
"Polo"(.venv) [cloudshell-user@ip-10-1-14-160 ~]$
```

有关使用 Cloud9 的 AWS Lambda 的高级演练和 AWS SAM（无服务器应用程序模型），你可以在 YouTube Pragmatic AI Labs 频道查看小型维基百科微服务演练或 O'Reilly 学习平台（*https://oreil.ly/DsL1k*）。

AWS Lambda 可能是你用来在机器学习管道中执行预测或在 MLOps 服务中处理事件最有价值和最灵活的计算类型。原因是开发和测试都非常快。接下来，让我们讨论几个 CaaS 产品，或容器即服务。

AWS CaaS

Fargate 是 AWS 提供的容器即服务产品，允许开发人员专注于构建容器化微服务。例如，在图 7-8 中，当这个微服务在容器中正常工作时，包括部署依赖包在内的整个运行时在新的容器环境中也能工作。云平台处理部署的其余事项。

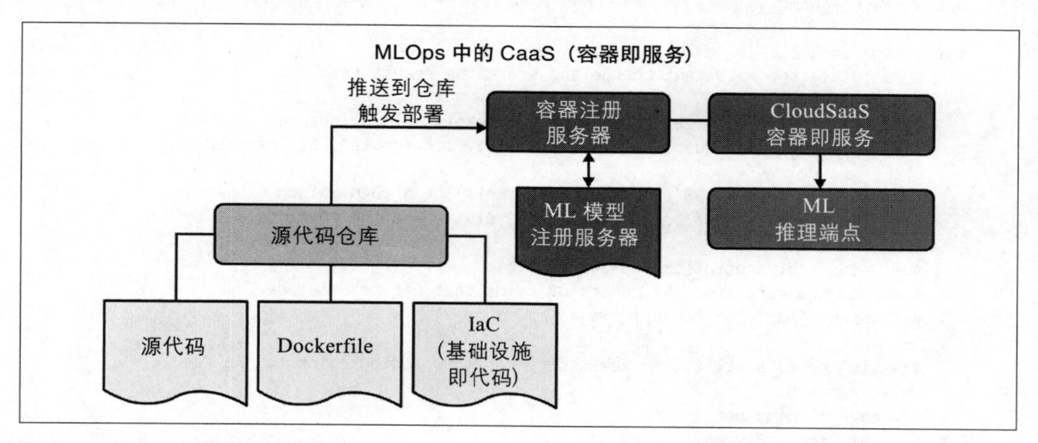

图 7-8：MLOps 中的 CaaS

容器解决了很多困扰软件行业的问题。作为一般准则，将它们用于 MLOps 项目是一个好主意。以下是容器在项目中的部分优势列表：

- 允许开发人员在本地计算机模拟生产服务。
- 允许通过 Docker Hub、GitHub Container Registry 和 Amazon Elastic Container Registry 等公共容器注册服务器轻松向客户分发软件运行时环境。
- 允许 GitHub 或源代码仓库成为“事实来源”并包含微服务的所有方面：模型、代码、IaC 和运行时。
- 允许通过 CaaS 服务轻松进行生产环境部署。

让我们看看如何使用 Flask 构建一个返回正确更改的微服务。图 7-9 展示了 AWS Cloud9 上的开发工作流程。Cloud9 是开发环境，一个容器被构建并推送到 ECR。稍后该容器在 ECS 中运行。

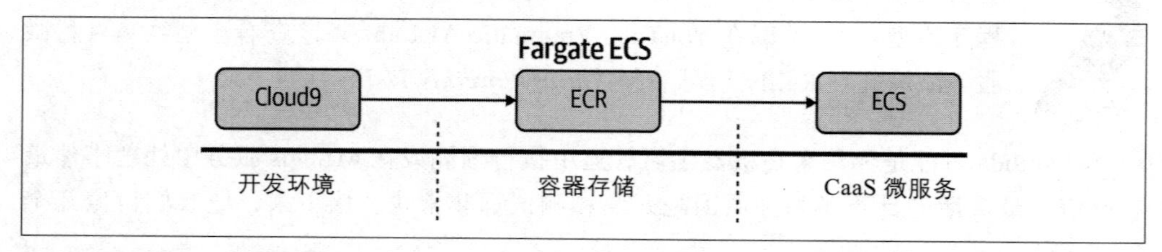

图 7-9：ECS 工作流程

以下是 *app.py* 的 Python 代码：

```
from flask import Flask
from flask import jsonify
app = Flask(__name__)

def change(amount):
    # calculate the resultant change and store the result (res)
    res = []
    coins = [1,5,10,25] # value of pennies, nickels, dimes, quarters
    coin_lookup = {25: "quarters", 10: "dimes", 5: "nickels", 1: "pennies"}

    # divide the amount*100 (the amount in cents) by a coin value
    # record the number of coins that evenly divide and the remainder
    coin = coins.pop()
    num, rem  = divmod(int(amount*100), coin)
    # append the coin type and number of coins that had no remainder
    res.append({num:coin_lookup[coin]})

    # while there is still some remainder, continue adding coins to the result
    while rem > 0:
        coin = coins.pop()
        num, rem = divmod(rem, coin)
        if num:
            if coin in coin_lookup:
                res.append({num:coin_lookup[coin]})
    return res

@app.route('/')
def hello():
    """Return a friendly HTTP greeting."""
    print("I am inside hello world")
    return 'Hello World! I can make change at route: /change'

@app.route('/change/<dollar>/<cents>')
def changeroute(dollar, cents):
    print(f"Make Change for {dollar}.{cents}")
    amount = f"{dollar}.{cents}"
    result = change(float(amount))
    return jsonify(result)
```

```
if __name__ == '__main__':
    app.run(host='0.0.0.0', port=8080, debug=True)
```

请注意，Flask Web 微服务通过对 URL 模式 /change/<dollar>/<cents> 的请求响应变更。你可以在以下 GitHub 仓库中查看此 Fargate 示例的完整源代码。步骤如下：

1. 设置应用程序：virtualenv + make all。
2. 本地测试应用程序：python app.py。
3. curl 测试：curl localhost:8080/change/1/34。
4. 创建 ECR（亚马逊容器注册服务器）。

   在图 7-10 中，ECR 存储库支持后面的 Fargate 部署。

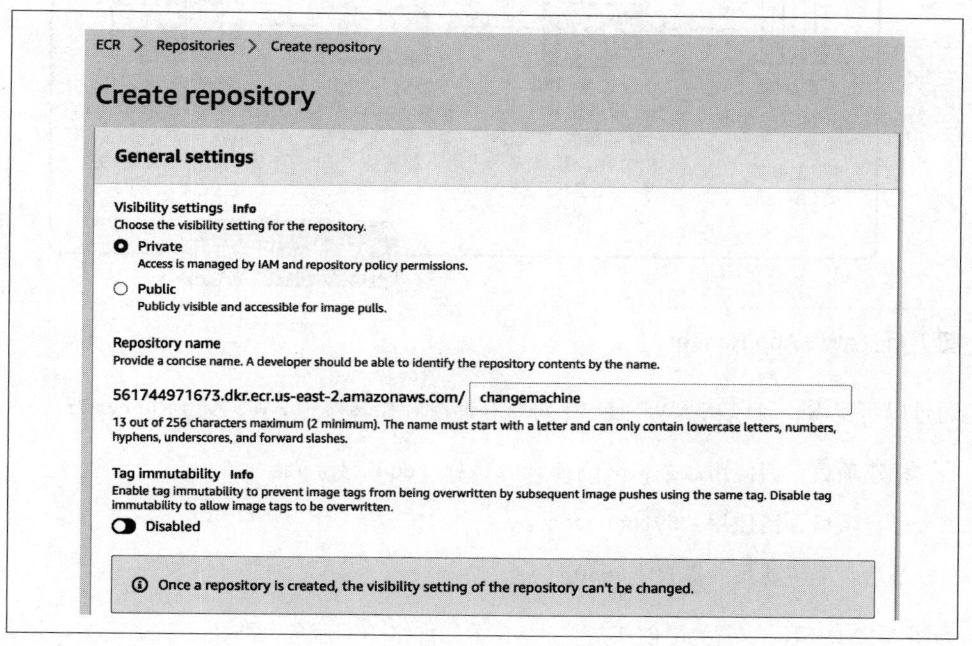

图 7-10：ECR

5. 构建容器。
6. 推送容器。
7. 在本地运行 docker：docker run -p 8080:8080 changemachine。
8. 部署到 Fargate。
9. 测试公共服务。

任何云服务的功能都会有快速、持续的变化，所以最好阅读当前的文档。推荐阅读当前的 Fargate 文档（*https://oreil.ly/G8tPV*），可以了解更多部署服务的最新方法。

你还可以选择在 O'Reilly 平台（*https://oreil.ly/2IpFs*）上观看 Fargate 部署的完整演示。

CaaS 的另一个选项是 AWS App Runner，它进一步简化了事情。例如，你可以直接从源代码部署或指向容器。在图 7-11 中，AWS App Runner 创建了一个流线型工作流，用以连接源代码仓库、部署环境和生成的安全 URL。

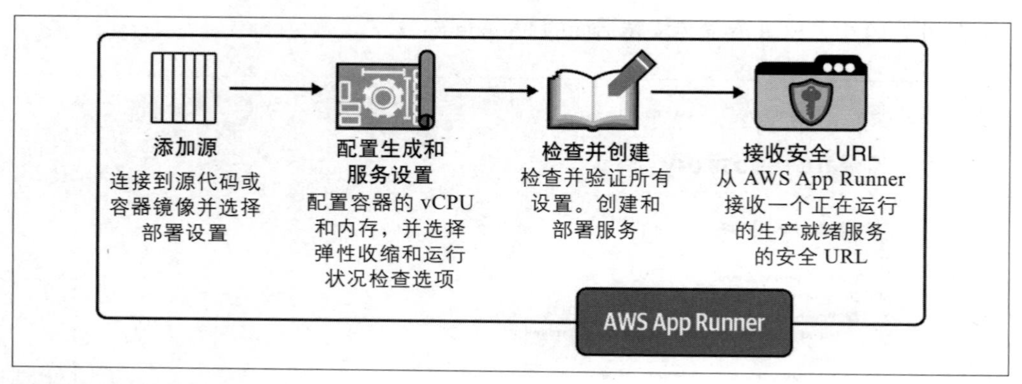

图 7-11：AWS App Runner

通过以下步骤，可以在 AWS 向导中将该存储库轻松转换为 AWS App Runner 方法：

1. 构建项目，请使用命令：`pip install -r requirements.txt`。
2. 运行项目，请使用：`python app.py`。
3. 最后，配置使用的端口：`8080`。

如图 7-12 所示，一项关键创新是将 AWS 上的许多不同服务（即核心基础设施，如 AWS CloudWatch、负载均衡器、容器服务和 API 网关）连接到一个完整的产品中。

图 7-13 中最终部署的服务展示了一个安全 URL 以及调用端点并返回正确更改的能力。

为什么这非常有用？简而言之，包括机器学习模型在内的所有逻辑都在一个仓库中。因此，这是构建 MLOps 友好产品的一种引人注目的风格。此外，将机器学习应用程序交付到生产环境的一个更复杂方面是微服务部署。AWS App Runner 消除了大部分复杂性，为 MLOps 其他部分赢得了时间。接下来，让我们讨论 AWS 如何处理计算机视觉。

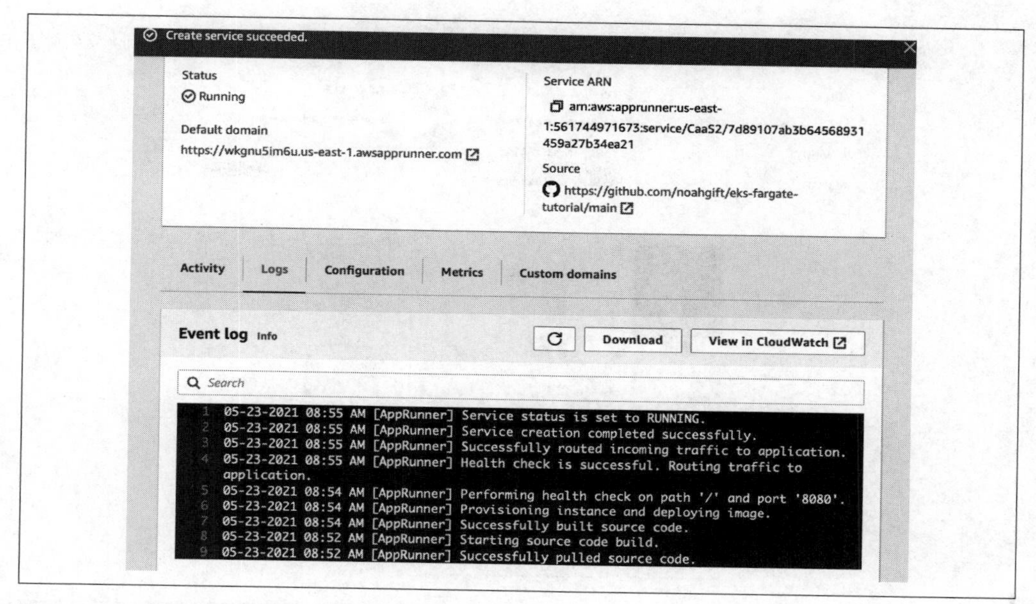

图 7-12：已创建的 AWS App Runner 服务

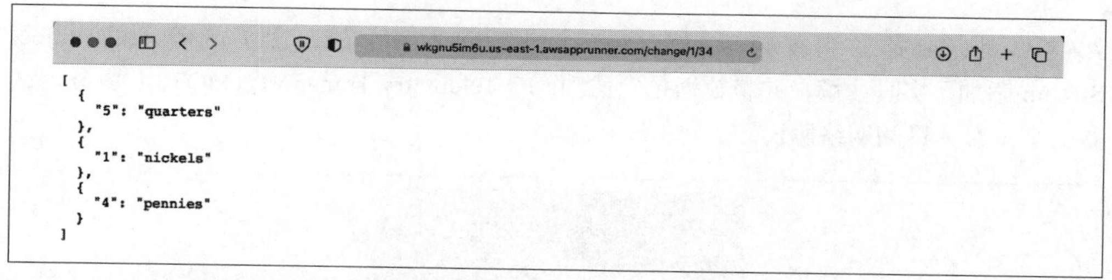

图 7-13：已部署的 AWS App Runner

计算机视觉

我在美国西北大学的研究生数据科学项目中（*https://oreil.ly/Q6uRI*）教授应用计算机视觉课程。这门课很有趣，因为我们做了以下事情：

- 每周的视频演示。
- 专注于解决问题而不是编码或建模。
- 使用高级工具，例如，AWS DeepLens——一个支持深度学习的摄像机。

在实践中，我们专注于问题本身而不是解决问题的技术，并且能做到快速反馈循环。使用的技术之一是 AWS DeepLens 设备，如图 7-14 所示。该设备是一个完整的计算机视觉硬件开发工具包，它包含一个 1080p 摄像头、操作系统和无线功能。特别地，它解决了计算机视觉的原型问题。

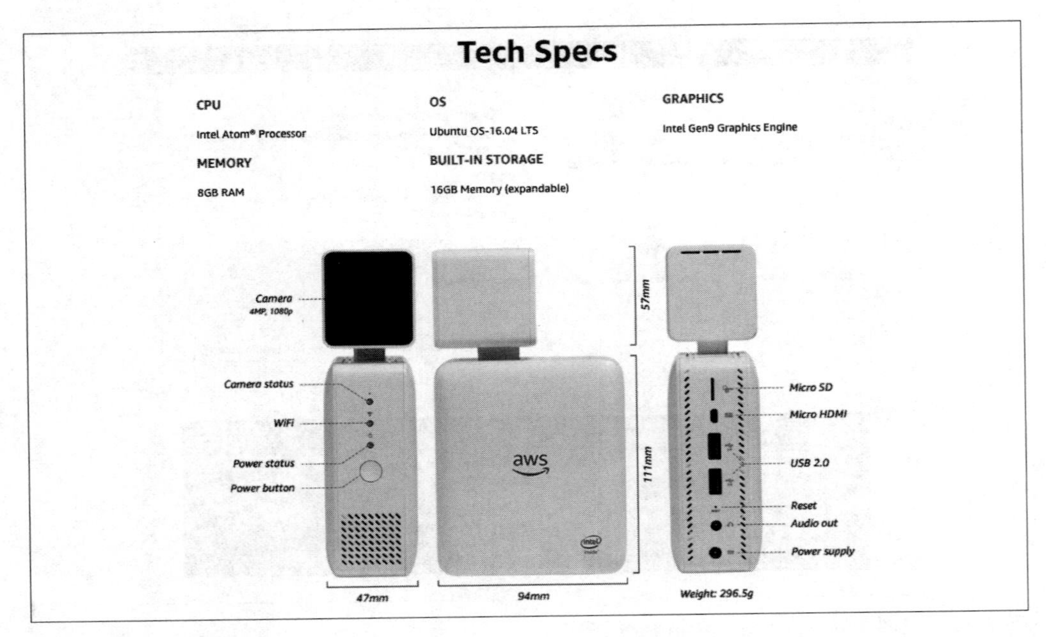

图 7-14：DeepLens

AWS DeepLens 捕获到视频后，它会将视频拆分为两个流。图 7-15 所示的 Project Stream 添加了实时注解，并将数据包发送到 MQ Telemetry Transport（MQTT）服务，这是一个发布 – 订阅网络协议。

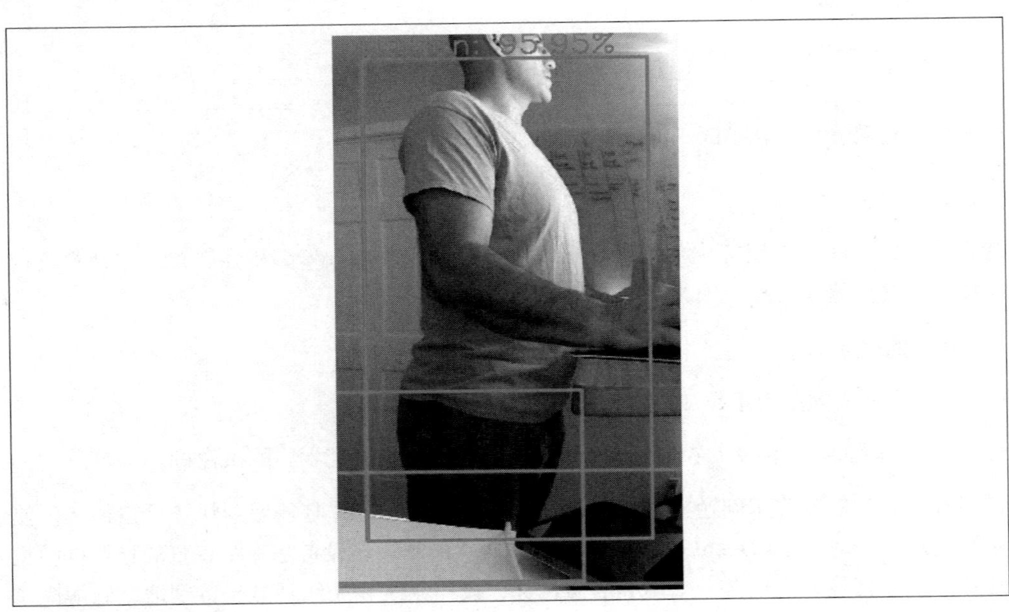

图 7-15：探测

在图 7-16 中，MQTT 数据包在流中检测到对象时实时到达。

DeepLens 是一种“即插即用”技术，它解决了构建实时计算机视觉原型系统最具挑战性的问题——捕获数据，并将其发送到某处。有趣的是使用 AWS DeepLens 从零到一构建解决方案非常容易。接下来，让我们更具体一些，从构建微服务转向构建部署机器学习代码的微服务。

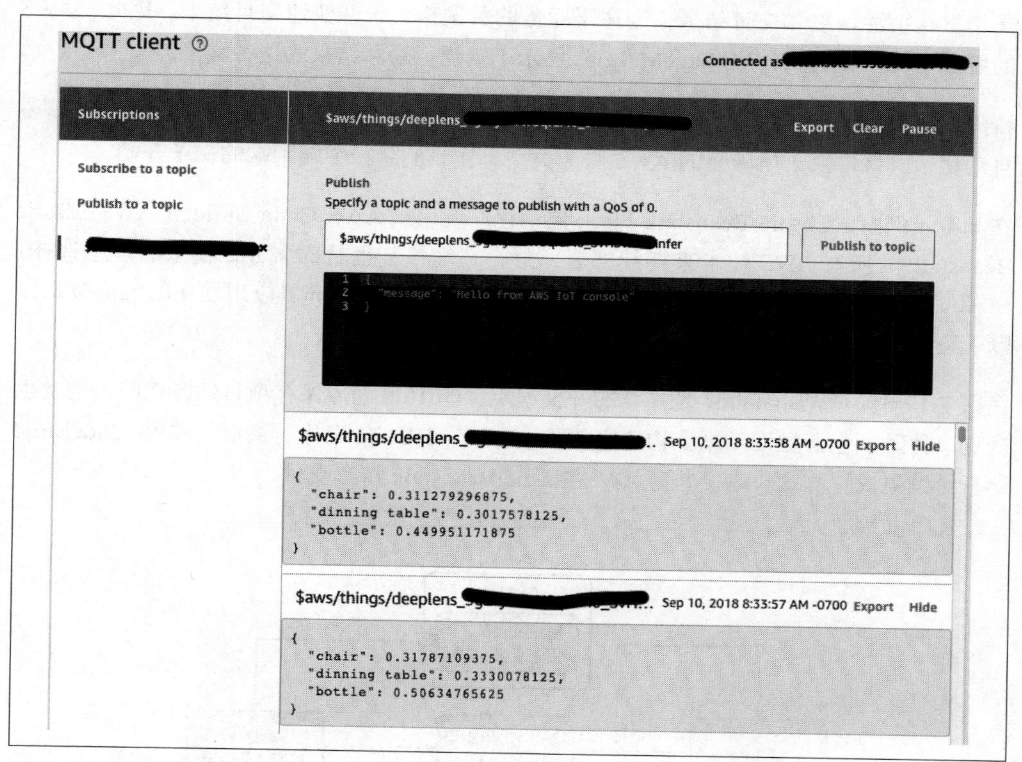

图 7-16：MQTT

7.1.2 AWS 上的 MLOps

在 AWS 上开始使用 MLOps 的一种方法是考虑以下问题。当给定具有三个约束（即预测准确性、可解释性和可操作性）的机器学习问题时，你会专注于哪两个，并且以什么顺序来取得成功？

许多专注于学术的数据科学家立即跳到预测准确性上。构建更好的预测模型是一项有趣的挑战，就像玩俄罗斯方块一样。建模是人人都想做的那部分工作。数据科学家喜欢使用复杂的技术来展示他们对模型准确率的提升。

整个 Kaggle 平台致力于提高预测准确性，精确模型可以获得金钱奖励。另一种方法是专注于实施模型。这种方法的优点是，模型精度可以随着软件系统的改进而得到改进。正如日本汽车工业专注于 Kaizen 或持续改进一样，ML 系统可以专注于合理的初始预测精度并快速改进。

AWS 的文化在“偏向行动”和“交付结果”的领导原则中就支持上述原则。“偏向行动”是指默认关注速度和交付结果，专注于业务的关键输入，并快速交付结果。因此，AWS 的机器学习产品（如 AWS SageMaker）展示了重视行动和结果的这种文化。

持续交付是 MLOps 的核心组件。在你可以自动化机器学习交付之前，微服务本身需要自动化。具体取决于所涉及的 AWS 服务类型。让我们从一个端到端的例子开始。

在如下示例中，Elastic Beanstalk Flask 应用程序使用从 AWS Code Build 到 AWS Elastic Beanstalk 的所有 AWS 技术来持续部署。这个“堆栈”也是部署 ML 模型的理想选择。Elastic Beanstalk 是 AWS 提供的一种平台即服务技术，它把部署应用程序的大部分工作以管道方式进行组织。

在图 7-17 中，AWS Cloud9 是推荐的开发起点。GitHub 仓库保存项目的源代码，当发生变更事件时，它会触发云原生构建服务器 AWS CodeBuild 工作。最后，AWS CodeBuild 运行持续集成、测试代码，并向 AWS Elastic Beanstalk 持续交付。

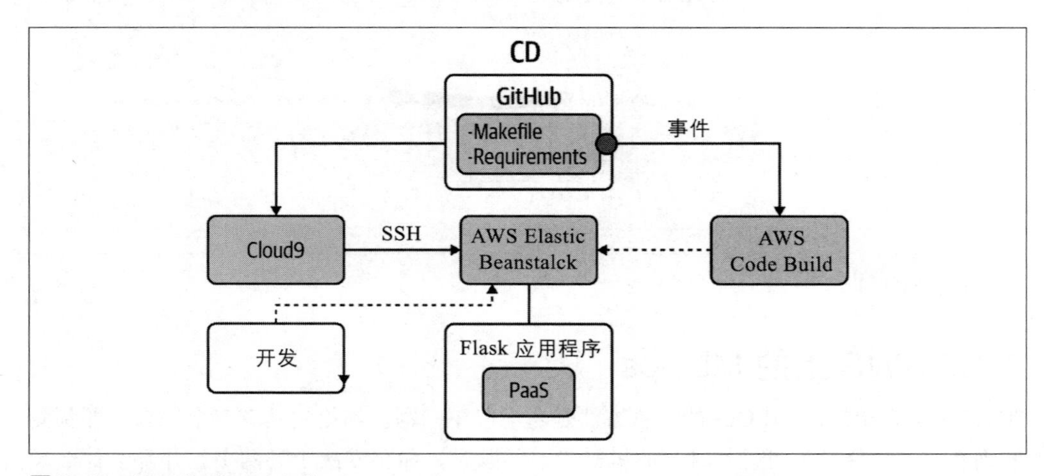

图 7-17：Elastic Beanstalk

此示例的源代码和演示位于以下链接中：

- 源代码（*https://oreil.ly/L8ltB*）。
- O’Reilly 平台视频演示（*https://oreil.ly/JUuLO*）。

要复现这个项目，需执行以下步骤：

1. 如果你有娴熟的命令行技能，则从 AWS Cloud9 或 AWS CloudShell 仓库中检出代码。
2. 创建一个 Python virtualenv，进行 `source` 配置并运行 `make all`：

```
python3 -m venv ~/.eb
source ~/.eb/bin/activate
make all
```

   注意，`awsebcli` 需通过 requirements 安装，并且此工具从 CLI 控制 Elastic Beanstalk。

3. 初始化新的 `eb` 应用程序：

```
eb init -p python-3.7 flask-continuous-delivery --region us-east-1
```

   或者，你可以使用 `eb init` 创建 SSH 密钥以 shell 进入正在运行的实例。

4. 创建远程 `eb` 实例：

```
eb create flask-continuous-delivery-env
```

5. 设置 AWS CodeBuild 项目。请注意，你的 Makefile 需要反映你的项目名称：

```
version: 0.2

phases:
  install:
    runtime-versions:
      python: 3.7
  pre_build:
    commands:
      - python3.7 -m venv ~/.venv
      - source ~/.venv/bin/activate
      - make install
      - make lint

  build:
    commands:
      - make deploy
```

项目使用持续部署后，便进入下一步，即部署 ML 模型。我强烈建议你在学习新技术进入复杂的 ML 项目之前，先实践一个具有持续部署功能的“hello world”类型的项目。接下来，让我们看一个特别简单的 MLOps Cookbook，它是许多新 AWS 服务部署的基础。

7.2 AWS 上的 MLOps Cookbook

抛开基础组件，让我们看一个基础的机器学习方法并将其应用于多个场景。请注意，这个核心方法可部署到 AWS 和许多其他云环境的服务中。下面这个 MLOps Cookbook 项目是有意简化的，其重点是部署机器学习。例如，该项目根据美国职业棒球大联盟（MLB）球员的体重预测身高。

在图 7-18 中，GitHub 为真实来源，且包含项目框架信息。接下来，构建服务为 GitHub Actions，容器服务为 GitHub Container Registry。这两种服务可以轻松取代云环境中的任何类似产品。尤其是在 AWS 云中，你可以使用 AWS CodeBuild 完成 CI/CD 和 AWS ECR（弹性容器注册服务器）。最后，一旦项目被“容器化”，它就会向许多部署目标开放该项目。在 AWS 上，这些目标包括 AWS Lambda、AWS Elastic Beanstalk 和 AWS App Runner。

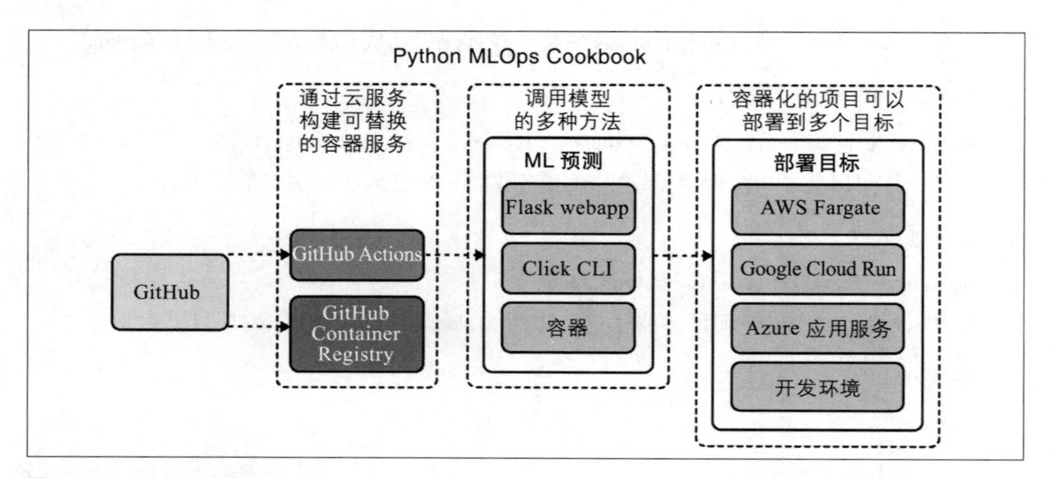

图 7-18：MLOps Cookbook

以下文件对于用许多不同方法构建解决方案都很有用：

Makefile

Makefile 既是一个方法的列表，也是一种调用这些方法的方式。查看示例 GitHub 项目（*https://oreil.ly/paYV6*）中的 Makefile。

requirements.txt

需求文件包含项目依赖的 Python 包列表。通常，这些包被“固定”到一个版本号，这限制了意外的包依赖性。查看示例 GitHub 项目（*https://oreil.ly/7p6QH*）中的 requirements.txt。

cli.py

此命令行展示了如何从 CLI 调用 ML 库，而不是通过 Web 应用程序。查看示例 GitHub 项目（*https://oreil.ly/iyI44*）中的 cli.py。

utilscli.py

utilscli.py 实用程序允许用户调用不同的端点，即 AWS、GCP、Azure 或任何生产环境。大多数机器学习算法都需要对数据进行缩放。此工具简化了输入和输出的缩放。查看示例 GitHub 项目（*https://oreil.ly/6tjps*）中的 utilscli.py。

app.py

应用程序文件是 Flask Web 微服务，它通过 `/predict` URL 端点接受并返回 JSON 预测结果。查看示例 GitHub 项目（*https://oreil.ly/6LTMs*）中的 app.py。

mlib.py

模型处理库在一个集中的位置完成了大部分繁重的工作。这个库其实非常基础，并不能解决更复杂的问题，如缓存加载模型或其他生产部署特有问题。查看示例 GitHub 项目（*https://oreil.ly/wgGPC*）中的 mlib.py。

htwtmlb.csv

CSV 文件有助于输入缩放。查看示例 GitHub 项目（*https://oreil.ly/cn8ul*）中的 htwtmlb.csv。

model.joblib

该模型是从 sklearn 导出的，但很容易采用另一种格式，例如 ONNX 或 TensorFlow。其他实际生产方面的考虑可能是将此模型保存在不同的位置，如 Amazon S3、容器，甚至由 AWS SageMaker 托管。查看示例 GitHub 项目（*https://oreil.ly/Y4VV9*）中的 model.joblib。

Dockerfile

该文件支持项目容器化，因此在 AWS 平台和其他云上开辟了许多新的部署选项。查看示例 GitHub 项目（*https://oreil.ly/QIEAu*）中的 Dockerfile。

Baseball_Predictions_Export_Model.ipynb

Jupyter Notebook 是机器学习项目中的重要工件。它向另一位开发人员展示了创建模型背后的想法，并为在生产中维护项目提供了宝贵的上下文。查看示例 GitHub 项目（*https://oreil.ly/jvs0O*）中的 Baseball_Predictions_Export_Model.ipynb。

这些项目工件作为解释 MLOps 的教育工具很有帮助，但在独特的生产场景中可能有所不同或更复杂。接下来，让我们讨论 CLI（命令行工具）如何帮助实施机器学习项目。

7.2.1 命令行工具

在这个项目中有两个命令行工具。首先，*cli.py* 是提供预测的端点。例如，要预测 MLB 球员的身高，你可以使用以下命令来创建预测：`./cli.py --weight 180`。注意，在图 7-19 中，命令行选项 `--weight` 允许用户快速测试许多新的预测输入。

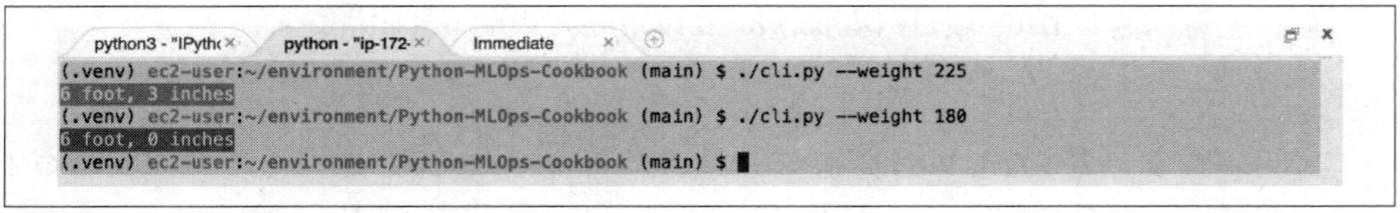
python3 - "IPytho
python - "ip-172-
Immediate
(.venv) ec2-user:~/environment/Python-MLOps-Cookbook (main) $ ./cli.py --weight 225
6 foot, 3 inches
(.venv) ec2-user:~/environment/Python-MLOps-Cookbook (main) $ ./cli.py --weight 180
6 foot, 0 inches
(.venv) ec2-user:~/environment/Python-MLOps-Cookbook (main) $

图 7-19：CLI 预测

那么这是如何工作的呢？大多数“魔法”是通过一个库来完成缩放数据的繁重工作，接着进行预测，然后进行逆变换：

```
"""MLOps Library"""

import numpy as np
import pandas as pd
from sklearn.linear_model import Ridge
import joblib
from sklearn.preprocessing import StandardScaler
from sklearn.model_selection import train_test_split
import logging

logging.basicConfig(level=logging.INFO)
import warnings

warnings.filterwarnings("ignore", category=UserWarning)


def load_model(model="model.joblib"):
    """Grabs model from disk"""

    clf = joblib.load(model)
    return clf


def data():
    df = pd.read_csv("htwtmlb.csv")
    return df


def retrain(tsize=0.1, model_name="model.joblib"):
    """Retrains the model

    See this notebook: Baseball_Predictions_Export_Model.ipynb
    """
    df = data()
    y = df["Height"].values  # Target
    y = y.reshape(-1, 1)
    X = df["Weight"].values  # Feature(s)
    X = X.reshape(-1, 1)
    scaler = StandardScaler()
    X_scaler = scaler.fit(X)
    X = X_scaler.transform(X)
    y_scaler = scaler.fit(y)
    y = y_scaler.transform(y)
    X_train, X_test, y_train, y_test = train_test_split(
```

```
        X, y, test_size=tsize, random_state=3
    )
    clf = Ridge()
    model = clf.fit(X_train, y_train)
    accuracy = model.score(X_test, y_test)
    logging.debug(f"Model Accuracy: {accuracy}")
    joblib.dump(model, model_name)
    return accuracy, model_name


def format_input(x):
    """Takes int and converts to numpy array"""

    val = np.array(x)
    feature = val.reshape(-1, 1)
    return feature


def scale_input(val):
    """Scales input to training feature values"""

    df = data()
    features = df["Weight"].values
    features = features.reshape(-1, 1)
    input_scaler = StandardScaler().fit(features)
    scaled_input = input_scaler.transform(val)
    return scaled_input


def scale_target(target):
    """Scales Target 'y' Value"""

    df = data()
    y = df["Height"].values  # Target
    y = y.reshape(-1, 1)  # Reshape
    scaler = StandardScaler()
    y_scaler = scaler.fit(y)
    scaled_target = y_scaler.inverse_transform(target)
    return scaled_target


def height_human(float_inches):
    """Takes float inches and converts to human height in ft/inches"""

    feet = int(round(float_inches / 12, 2))  # round down
    inches_left = round(float_inches - feet * 12)
    result = f"{feet} foot, {inches_left} inches"
    return result


def human_readable_payload(predict_value):
    """Takes numpy array and returns back human readable dictionary"""

    height_inches = float(np.round(predict_value, 2))
    result = {
        "height_inches": height_inches,
        "height_human_readable": height_human(height_inches),
    }
```

```
    return result


def predict(weight):
    """Takes weight and predicts height"""

    clf = load_model()  # loadmodel
    np_array_weight = format_input(weight)
    scaled_input_result = scale_input(np_array_weight)
    scaled_height_prediction = clf.predict(scaled_input_result)
    height_predict = scale_target(scaled_height_prediction)
    payload = human_readable_payload(height_predict)
    predict_log_data = {
        "weight": weight,
        "scaled_input_result": scaled_input_result,
        "scaled_height_prediction": scaled_height_prediction,
        "height_predict": height_predict,
        "human_readable_payload": payload,
    }
    logging.debug(f"Prediction: {predict_log_data}")
    return payload
```

接下来，Click 框架将库调用包装到 *mlib.py* 并制成一个干净的界面来提供预测。使用命令行工具作为与机器学习模型交互的主要界面有很多优点。开发和部署命令行机器学习工具的速度可能是最重要的：

```
#!/usr/bin/env python
import click
from mlib import predict


@click.command()
@click.option(
    "--weight",
    prompt="MLB Player Weight",
    help="Pass in the weight of a MLB player to predict the height",
)
def predictcli(weight):
    """Predicts Height of an MLB player based on weight"""

    result = predict(weight)
    inches = result["height_inches"]
    human_readable = result["height_human_readable"]
    if int(inches) > 72:
        click.echo(click.style(human_readable, bg="green", fg="white"))
    else:
        click.echo(click.style(human_readable, bg="red", fg="white"))


if __name__ == "__main__":
    # pylint: disable=no-value-for-parameter
    predictcli()
```

第二个命令行工具是 *utilscli.py*，它一方面可以重新训练模型，另一方面作为执行更多任务的入口函数。例如，这个版本没有改变 `model_name` 的默认值，你可通过 fork 仓库

（*https://oreil.ly/dcVf1*）将其添加为选项：

```
./utilscli.py retrain --tsize 0.4
```

注意 *mlib.py* 再次完成了繁重的工作，但 CLI 提供了一种快速构建 ML 模型原型的便捷方法：

```
#!/usr/bin/env python
import click
import mlib
import requests

@click.group()
@click.version_option("1.0")
def cli():
    """Machine Learning Utility Belt"""


@cli.command("retrain")
@click.option("--tsize", default=0.1, help="Test Size")
def retrain(tsize):
    """Retrain Model
    You may want to extend this with more options, such as setting model_name
    """

    click.echo(click.style("Retraining Model", bg="green", fg="white"))
    accuracy, model_name = mlib.retrain(tsize=tsize)
    click.echo(
        click.style(f"Retrained Model Accuracy: {accuracy}", bg="blue",
                    fg="white")
    )
    click.echo(click.style(f"Retrained Model Name: {model_name}", bg="red",
                           fg="white"))


@cli.command("predict")
@click.option("--weight", default=225, help="Weight to Pass In")
@click.option("--host", default="http://localhost:8080/predict",
              help="Host to query")
def mkrequest(weight, host):
    """Sends prediction to ML Endpoint"""

    click.echo(click.style(f"Querying host {host} with weight: {weight}",
        bg="green", fg="white"))
    payload = {"Weight":weight}
    result = requests.post(url=host, json=payload)
    click.echo(click.style(f"result: {result.text}", bg="red", fg="white"))


if __name__ == "__main__":
    cli()
```

图 7-20 是重新训练模型的示例。

```
(.venv) ec2-user:~/environment/Python-MLOps-Cookbook (main) $ ./utilscli.py retrain --tsize 0.1
Retraining Model
Retrained Model Accuracy: 0.18137638458541205
Retrained Model Name: model.joblib
(.venv) ec2-user:~/environment/Python-MLOps-Cookbook (main) $ ./utilscli.py retrain --tsize 0.2
Retraining Model
Retrained Model Accuracy: 0.2802199932746626
Retrained Model Name: model.joblib
(.venv) ec2-user:~/environment/Python-MLOps-Cookbook (main) $ ./utilscli.py retrain --tsize 0.3
Retraining Model
Retrained Model Accuracy: 0.2752994698858813
Retrained Model Name: model.joblib
(.venv) ec2-user:~/environment/Python-MLOps-Cookbook (main) $ ./utilscli.py retrain --tsize 0.4
Retraining Model
Retrained Model Accuracy: 0.24905929566719742
Retrained Model Name: model.joblib
```

图 7-20：模型再训练

你还可以查询已部署的 API，通过改变主机或传递给 API 的值，它能用来快速处理 CLI。这个步骤使用 `requests` 库。它可以帮助构建预测工具的“纯”Python 示例，而不是仅使用 `curl` 命令进行预测。你可以在图 7-21 中看到输出示例：

```
(.venv) ec2-user:~/environment/Python-MLOps-Cookbook (main) $ ./utilscli.py predict
Querying host http://localhost:8080/predict with weight: 225
result: {
  "prediction": {
    "height_human_readable": "6 foot, 3 inches",
    "height_inches": 75.09
  }
}

(.venv) ec2-user:~/environment/Python-MLOps-Cookbook (main) $ ./utilscli.py predict --weight 400
Querying host http://localhost:8080/predict with weight: 400
result: {
  "prediction": {
    "height_human_readable": "7 foot, 1 inches",
    "height_inches": 85.45
  }
}
```

图 7-21：预测请求

也许你将 CLI 工具视为快速部署 ML 模型的理想方式，从而成为真正面向 MLOps 的组织。你还能做什么？这里有两个想法。

首先，你可以构建一个更复杂的客户端，使用异步 HTTP 请求部署的 Web 服务。此功能是使用纯 Python 构建实用工具的优势之一。异步 HTTPS 的一个库是 Fast API（*https://oreil.ly/ohpZg*）。

其次，你可以持续部署 CLI 本身。对于许多 SaaS 公司、大学实验室和更多场景，这可能是将速度和敏捷性作为主要目标的理想工作流程。在这个示例 GitHub 项目中，有一个简单的如何容器化命令行工具的示例（*https://oreil.ly/bLC6F*）。三个关键文件是 Makefile、*cli.py* 和 Dockerfile。

请注意，Makefile 可以轻松地使用 hadolint 对 Dockerfile 语法进行“lint”：

```
install:
  pip install --upgrade pip &&\
    pip install -r requirements.txt

lint:
  docker run --rm -i hadolint/hadolint < Dockerfile
```

CLI 本身非常小，Click 框架的一个重要方面如下：

```
#!/usr/bin/env python
import click

@click.command()
@click.option("--name")
def hello(name):
    click.echo(f'Hello {name}!')

if __name__ == '__main__':
    #pylint: disable=no-value-for-parameter
    hello()
```

最后，利用 Dockerfile 构建容器：

```
FROM python:3.7.3-stretch

# Working Directory
WORKDIR /app

# Copy source code to working directory
COPY . app.py /app/

# Install packages from requirements.txt
# hadolint ignore=DL3013
RUN pip install --no-cache-dir --upgrade pip &&\
    pip install --no-cache-dir --trusted-host pypi.python.org -r requirements.txt
```

执行如下命令运行容器：

```
docker run -it noahgift/cloudapp python app.py --name "Big John"
```

输出如下：

```
Hello Big John!
```

这个工作流程非常适合基于 ML 的 CLI 工具！例如，你要自己构建此容器并推送它，可以执行以下工作流程：

```
docker build --tag=<tagname> .
docker push <repo>/<name>:<tagname>
```

本节涵盖了如何构建机器学习项目的主要内容。尤其值得思考的三个主要问题是：使用容器、构建 Web 微服务和使用命令行工具。接下来，让我们介绍 Flask 微服务的更多详情。

7.2.2 Flask 微服务

在处理 MLOps 工作流时，必须注意 Flask ML 微服务可以以多种方式运行。本节涵盖了其中的许多示例。

我们先来看看下面这个例子中 Flask 机器学习微服务应用的核心部分。再次注意到，大部分繁重的工作都是通过 *mlib.py* 库完成的。唯一"真正的"代码是执行以下 `@app.route("/predict", methods=['POST'])` `post` 请求的 Flask 路由。它接受一个类似于 `{"Weight": 200}` 的 JSON 负载，然后返回一个 JSON 结果：

```
from flask import Flask, request, jsonify
from flask.logging import create_logger
import logging

from flask import Flask, request, jsonify
from flask.logging import create_logger
import logging

import mlib

app = Flask(__name__)
LOG = create_logger(app)
LOG.setLevel(logging.INFO)

@app.route("/")
def home():
    html = f"<h3>Predict the Height From Weight of MLB Players</h3>"
    return html.format(format)

@app.route("/predict", methods=['POST'])
def predict():
    """Predicts the Height of MLB Players"""

    json_payload = request.json
    LOG.info(f"JSON payload: {json_payload}")
    prediction = mlib.predict(json_payload['Weight'])
    return jsonify({'prediction': prediction})
if __name__ == "__main__":
    app.run(host='0.0.0.0', port=8080, debug=True)
```

Flask Web 服务使用 `python app.py` 这种简单的方式运行。例如，你使用命令 `python app.py` 来运行 Flask 微服务：

```
(.venv) ec2-user:~/environment/Python-MLOps-Cookbook (main) $ python app.py
* Serving Flask app "app" (lazy loading)
* Environment: production
WARNING: This is a development server. Do not use it in a production...
Use a production WSGI server instead.
* Debug mode: on
INFO:werkzeug: * Running on http://127.0.0.1:8080/ (Press CTRL+C to quit)
INFO:werkzeug: * Restarting with stat
WARNING:werkzeug: * Debugger is active!
INFO:werkzeug: * Debugger PIN: 251-481-511
```

要对应用程序进行预测，请运行 `predict.sh`。请注意，一个小的 bash 脚本可以帮助调试你的应用程序，而无须键入 `curl` 相关语句，因为你很可能会犯语法错误：

```
#!/usr/bin/env bash

PORT=8080
echo "Port: $PORT"

# POST method predict
curl -d '{
   "Weight":200
}'\
     -H "Content-Type: application/json" \
     -X POST http://localhost:$PORT/predict
```

预测结果显示 Flask 端点返回一个 JSON 负载：

```
(.venv) ec2-user:~/environment/Python-MLOps-Cookbook (main) $ ./predict.sh
Port: 8080
{
  "prediction": {
    "height_human_readable": "6 foot, 2 inches",
    "height_inches": 73.61
  }
}
```

注意，之前的 *utilscli.py* 工具也可以向这个端点发起 Web 请求。你也可以使用 httpie（*https://httpie.io*）或 postman（*https://postman.com*）工具。接下来，让我们讨论什么样的容器化策略适用于该微服务。

容器化的 Flask 微服务

以下是如何构建容器并在本地运行的示例。[你可以在 GitHub（*https://oreil.ly/XhRfL*）上找到 *predict.sh* 的内容。]

```
#!/usr/bin/env bash

# Build image
#change tag for new container registery, gcr.io/bob
docker build --tag=noahgift/mlops-cookbook .

# List docker images
docker image ls

# Run flask app
docker run -p 127.0.0.1:8080:8080 noahgift/mlops-cookbook
```

添加容器工作流很简单，它支持一种更简单的开发方法，因为你可以与团队中的其他人共享容器。它还开辟了将你的机器学习应用程序部署到更多平台的选项。接下来，让我们谈谈如何自动构建和部署容器。

通过 GitHub Actions 自动构建容器并推送到 GitHub Container Registry

正如本书前面所述，GitHub Actions 的容器工作流程是许多秘诀的重要组成部分。使用 GitHub Actions 以编程方式构建容器并将其推送到 GitHub Container Registry 是合理的。这一步既可以作为容器构建过程的测试，也可以作为部署目标——假设你正在部署前面讨论的 CLI 工具。此示例是该代码在实践中的样子。请注意，你需要将 `tags` 更改为你的容器注册服务器（如图 7-22 所示）：

```
build-container:
  runs-on: ubuntu-latest
  steps:
  - uses: actions/checkout@v2
  - name: Loging to GitHub registry
    uses: docker/login-action@v1
    with:
      registry: ghcr.io
      username: ${{ github.repository_owner }}
      password: ${{ secrets.BUILDCONTAINERS }}
  - name: build flask app
    uses: docker/build-push-action@v2
    with:
      context: ./
      #tags: alfredodeza/flask-roberta:latest
      tags: ghcr.io/noahgift/python-mlops-cookbook:latest
      push: true
```

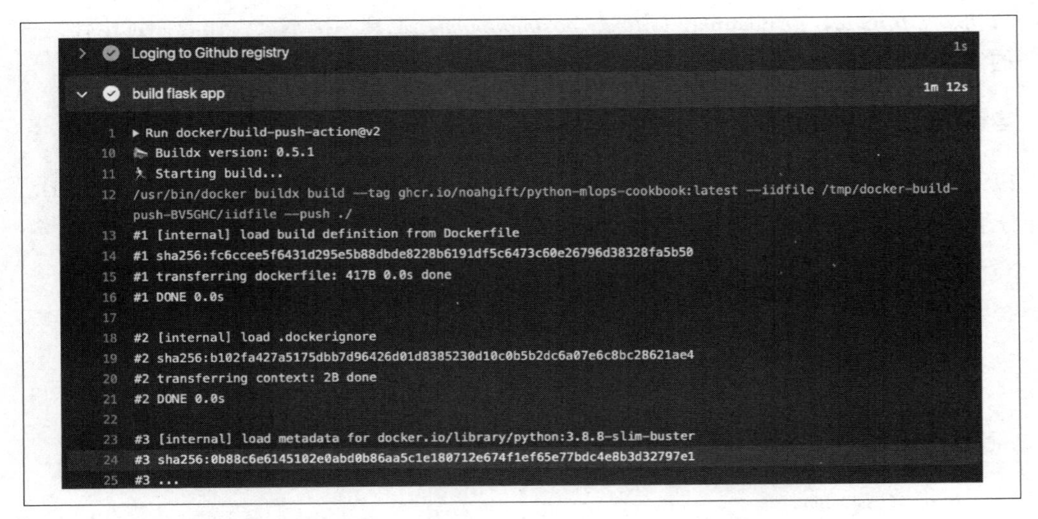

图 7-22：GitHub 容器注册服务器

SaaS（软件即服务）构建系统和 SaaS 容器注册服务器在核心云环境之外很有用。它向公司内外的开发人员验证容器工作流是否有效。接下来，让我们将本章中的许多概念联系在一起，并使用高级 PaaS 产品功能。

AWS App Runner Flask 微服务

AWS App Runner 是一种高级服务，它显著地简化了 MLOps。例如，之前的 Python MLOps Cookbook 方法只需点击几下 AWS App Runner 服务即可直接集成。另外，如图 7-23 所示，AWS App Runner 指向一个源代码仓库，它会在每次更改 GitHub 时自动部署。

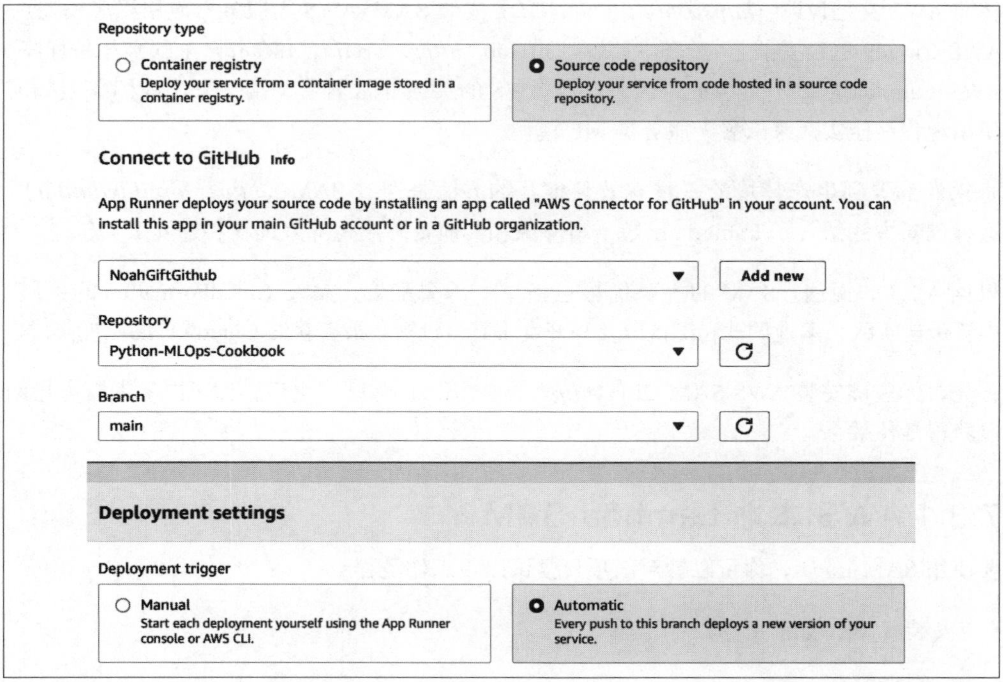

Repository type
Container registry
Deploy your service from a container image stored in a container registry.
Source code repository
Deploy your service from code hosted in a source code repository.
Connect to GitHub Info
App Runner deploys your source code by installing an app called "AWS Connector for GitHub" in your account. You can install this app in your main GitHub account or in a GitHub organization.
NoahGiftGithub
Add new
Repository
Python-MLOps-Cookbook
Branch
main
Deployment settings
Deployment trigger
Manual
Start each deployment yourself using the App Runner console or AWS CLI.
Automatic
Every push to this branch deploys a new version of your service.

图 7-23：AWS App Runner

部署后，你可以打开 AWS Cloud9 或 AWS CloudShell，克隆 Python MLOps Cookbook 仓库，然后使用 *utilscli.py* 查询从 App Runner 服务提供给你的端点。AWS CloudShell 查询成功结果如图 7-24 所示。

AWS CloudShell
us-east-1
(.venv) [cloudshell-user@ip-10-0-157-223 Python-ML
apprunner.com/predict --weight 200
Querying host https://7kdmuvy5mp.us-east-1.awsappr
result: {
"prediction": {
"height_human_readable": "6 foot, 2 inches",
"height_inches": 73.61
}
}
(.venv) [cloudshell-user@ip-10-0-157-223 Python-ML
aws
Services
Pragmatic AI Labs
N. Virginia
Support
App Runner > Services > MLOps-Cookbook
MLOps-Cookbook Info
Actions
Deploy
Service overview
Status
Running
Default domain
https://7kdmuvy5mp.us-east-1.awsapprunner.com
Service ARN
arn:aws:apprunner:us-east-1:561744971673:service/MLOps-Cookbook/399c5a93736a4e0f99f39c4d412a2800
Source

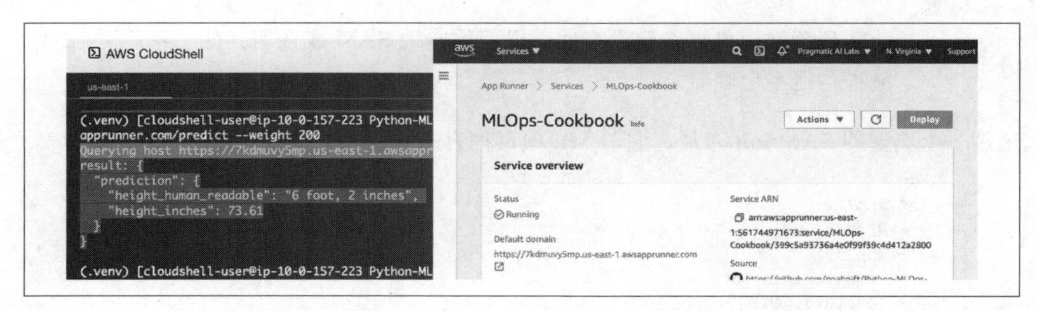

图 7-24：AWS App Runner 预测结果

简而言之，高级 AWS 服务让你更高效地执行 MLOps，因为 DevOps 构建过程的工作量更少了。接下来，让我们转向 AWS 的另一个功能选项：AWS Lambda。

7.3 AWS Lambda 方法

按照 AWS 文档说明（*https://oreil.ly/94HDD*）安装 SAM（AWS 无服务器应用程序模型）。AWS Cloud9 已经安装了它。你可以在 GitHub（*https://oreil.ly/AM38b*）上找到相关程序。AWS Lambda 是必不可少的，因为它与 AWS 的关系非常紧密。接下来让我们探索如何使用现代最佳实践来部署无服务器 ML 模型。

将软件部署到生产环境的一种有效且推荐的方法是通过 SAM（*https://oreil.ly/uhBSr*）。这种创新方法结合了 Lambda 函数、事件源和其他资源作为部署过程和开发工具包。

根据 AWS 的说法，SAM 的主要优势包括单一部署配置、AWS CloudFormation 的扩展、内置最佳实践、本地调试和测试以及与开发工具（包括我最喜欢的 Cloud9）的深度集成。

首先，你应该安装 AWS SAM CLI（*https://oreil.ly/qPVNh*）。之后，你可以参考官方指南以获得最佳效果。

7.3.1 AWS 本地 Lambda-SAM

要使用 SAM Local，你可以针对新项目尝试以下工作流程：

- 安装 SAM（如前所示）
- `sam init`
- `sam local invoke`

如果在 Cloud9 上构建，使用 utils/resize.sh（*https://oreil.ly/Tony1*）调整尺寸可能是个不错的想法：

```
utils/resize.sh 30
```

此技巧为你提供更多磁盘空间，以使用本地 SAM 或任何其他 AWS 容器工作流程构建多个容器。

这是一个典型的 SAM init 布局，它与 ML 项目稍有不同：

```
├── sam-app/
│   ├── README.md
│   ├── app.py
│   ├── requirements.txt
│   ├── template.yaml
│   └── tests
```

```
│       └── unit
│           ├── __init__.py
│           └── test_handler.py
```

有了这些基础知识，让我们继续使用 AWS Lambda 和 SAM 做更多事情。

7.3.2 AWS Lambda-SAM 容器化部署

现在让我们深入探讨 SAM 的容器化工作流程，因为它支持注册 AWS Lambda 使用的容器。你可以在以下仓库（*https://oreil.ly/3ALrA*）中看到容器化的 SAM-Lambda 部署项目。首先，让我们介绍一下关键组件。部署到 SAM 的关键步骤包括以下文件：

- *App.py*（AWS Lambda 入口点）
- Dockerfile（构建并发送到 Amazon ECR ）
- *Template.yaml*（SAM 用来部署应用程序）

Lambda 只做很少的工作，因为艰难繁重的事情在 mlib.py 库中处理。使用 AWS Lambda 要注意的一个“问题”是，你需要根据调用方式在 Lambda 函数中使用不同的处理逻辑。例如 Lambda 通过控制台或 Python 调用，则没有 Web 请求消息体，但在与 API 网关集成的情况下，需要从事件消息体中提取负载：

```
import json
import mlib


def lambda_handler(event, context):
    """Sample pure Lambda function"""

    #Toggle Between Lambda function calls and API Gateway Requests
    print(f"RAW LAMBDA EVENT BODY: {event}")
    if 'body' in event:
        event = json.loads(event["body"])
        print("API Gateway Request event")
    else:
        print("Function Request")

    #If the payload is correct predict it
    if event and "Weight" in event:
        weight = event["Weight"]
        prediction = mlib.predict(weight)
        print(f"Prediction: {prediction}")
        return {
            "statusCode": 200,
            "body": json.dumps(prediction),
        }
    else:
        payload = {"Message": "Incorrect or Empty Payload"}
        return {

            "statusCode": 200,
            "body": json.dumps(payload),
        }
```

该项目包含一个 Dockerfile，用于为 ECR 位置构建 Lambda。请注意，在 ML 模型较小的情况下，它可以打包到 Docker 容器中，甚至可以通过 AWS CodeBuild 以编程方式再训练和打包：

```
FROM public.ecr.aws/lambda/python:3.8

COPY model.joblib mlib.py htwtmlb.csv app.py requirements.txt ./

RUN python3.8 -m pip install -r requirements.txt -t .

# Command can be overwritten by providing a different command
CMD ["app.lambda_handler"]
```

SAM 模板控制 IaC 层，从而实现轻松的部署过程：

```
AWSTemplateFormatVersion: '2010-09-09'
Transform: AWS::Serverless-2016-10-31
Description: >
  python3.8

  Sample SAM Template for sam-ml-predict

Globals:
  Function:
    Timeout: 3

Resources:
  HelloWorldMLFunction:
    Type: AWS::Serverless::Function
    Properties:
      PackageType: Image
      Events:
        HelloWorld:
          Type: Api
          Properties:
            Path: /predict
            Method: post
    Metadata:
      Dockerfile: Dockerfile
      DockerContext: ./ml_hello_world
      DockerTag: python3.8-v1

Outputs:
  HelloWorldMLApi:
    Description: "API Gateway endpoint URL for Prod stage for Hello World ML
    function"
    Value: !Sub "https://${ServerlessRestApi}.execute-api.${AWS::Region}.\
      amazonaws.com/Prod/predict/"
  HelloWorldMLFunction:
    Description: "Hello World ML Predict Lambda Function ARN"
    Value: !GetAtt HelloWorldMLFunction.Arn
  HelloWorldMLFunctionIamRole:
    Description: "Implicit IAM Role created for Hello World ML function"
    Value: !GetAtt HelloWorldMLFunctionRole.Arn
```

剩下要做的就是运行两个命令：`sam build` 和 `sam deploy --guided`，用以完成部署过程。例如，在图 7-25 中，`sam build` 构建容器，然后提示你通过 `sam local invoke` 进行本地测试或执行引导式部署。

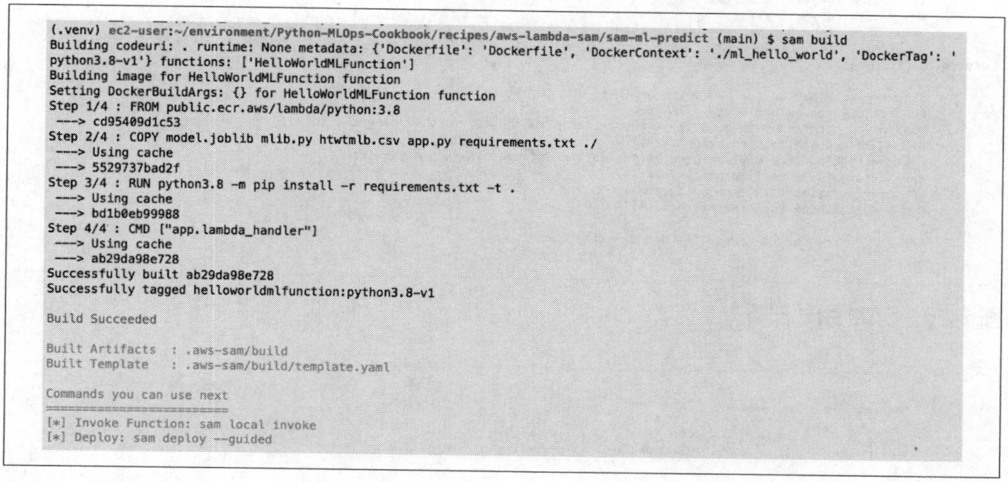

```
(.venv) ec2-user:~/environment/Python-MLOps-Cookbook/recipes/aws-lambda-sam/sam-ml-predict (main) $ sam build
Building codeuri: . runtime: None metadata: {'Dockerfile': 'Dockerfile', 'DockerContext': './ml_hello_world', 'DockerTag': '
python3.8-v1'} functions: ['HelloWorldMLFunction']
Building image for HelloWorldMLFunction function
Setting DockerBuildArgs: {} for HelloWorldMLFunction function
Step 1/4 : FROM public.ecr.aws/lambda/python:3.8
 ---> cd95409d1c53
Step 2/4 : COPY model.joblib mlib.py htwtmlb.csv app.py requirements.txt ./
 ---> Using cache
 ---> 5529737bad2f
Step 3/4 : RUN python3.8 -m pip install -r requirements.txt -t .
 ---> Using cache
 ---> bd1b0eb99988
Step 4/4 : CMD ["app.lambda_handler"]
 ---> Using cache
 ---> ab29da98e728
Successfully built ab29da98e728
Successfully tagged helloworldmlfunction:python3.8-v1

Build Succeeded

Built Artifacts  : .aws-sam/build
Built Template   : .aws-sam/build/template.yaml

Commands you can use next
=========================
[*] Invoke Function: sam local invoke
[*] Deploy: sam deploy --guided
```

图 7-25：SAM 构建

你可以使用以下代码调用 `sam local invoke -e payload.json` 以在本地进行测试：

```
{
    "Weight": 200
}
```

容器开始运行，发送并返回一个有效负载。在将应用程序部署到 ECR 之前，此测试过程非常重要：

```
(.venv) ec2-user:~/environment/Python-MLOps-Cookbook/recipes/aws-lambda-sam/
sam-ml-predict
Building image.................
Skip pulling image and use local one: helloworldmlfunction:rapid-1.20.0.
START RequestId: d104cf8a-ce6b-4f50-9f2b-c82e99b8016f Version: $LATEST
RAW LAMBDA EVENT BODY: {'Weight': 200}
Function Request
Prediction: {'height_inches': 73.61, 'height_human_readable': '6 foot, 2 inches'}
END RequestId: d104cf8a-ce6b-4f50-9f2b-c82e99b8016f
REPORT RequestId: d104cf8a-ce6b-4f50-9f2b-c82e99b8016f Init
 Duration: 0.08 ms Duration: 2187.82
 {"statusCode": 200, "body": "{\"height_inches\": 73.61,\
 \"height_human_readable\": \"6 foot, 2 inches\"}"}
```

你可以不用测试进行引导式部署，如图 7-26 所示。特别注意，如果选择此选项，那么提示符将引导部署过程的每一步。

部署 Lambda 后，有多种方法可以使用和测试它。最简单的方法之一是通过 AWS Lambda 控制台验证镜像（如图 7-27 所示）。

```
        Looking for Config file [samconfig.toml] :  Not found

        Setting default arguments for 'sam deploy'
        =========================================
        Stack Name [sam-app]: sam-ml-hello
        AWS Region [us-east-1]:
        Image Repository for HelloWorldMLFunction: 561744971673.dkr.ecr.us-east-1.amazonaws.com/sam-ml-hello
          helloworldmlfunction:python3.8-v1 to be pushed to 561744971673.dkr.ecr.us-east-1.amazonaws.com/sam-ml-hello:hello
worldmlfunction-adea6346d767-python3.8-v1

        #Shows you resources changes to be deployed and require a 'Y' to initiate deploy
        Confirm changes before deploy [y/N]: y
        #SAM needs permission to be able to create roles to connect to the resources in your template
        Allow SAM CLI IAM role creation [Y/n]: y
        HelloWorldMLFunction may not have authorization defined, Is this okay? [y/N]: Y
        Save arguments to configuration file [Y/n]: Y
        SAM configuration file [samconfig.toml]:
        SAM configuration environment [default]:

        Looking for resources needed for deployment: Found!
```

图 7-26：SAM 引导部署

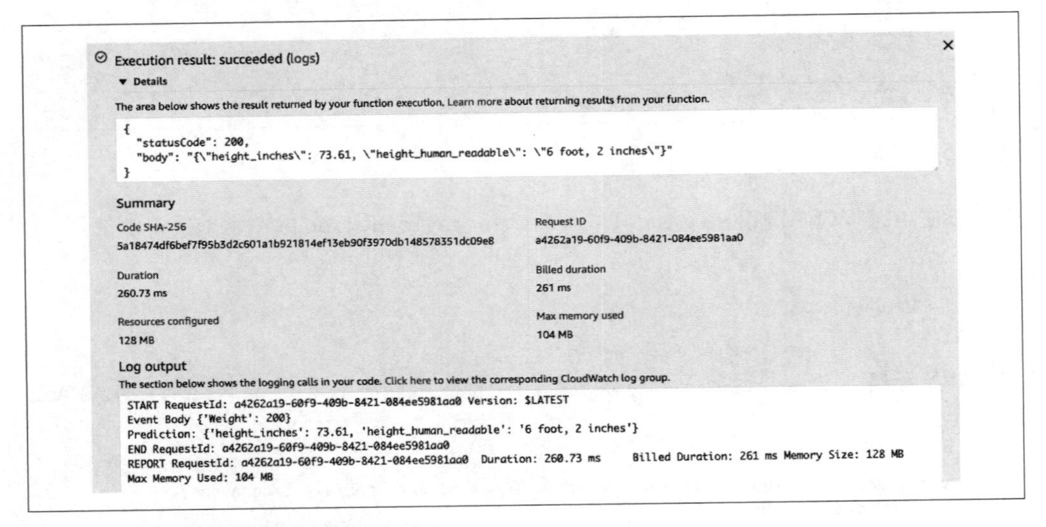

图 7-27：在控制台中测试 AWS Lambda

测试实际 API 包括两种方法：AWS Cloud9 控制台和 Postman 工具。图 7-29 和图 7-30 分别展示了两者的示例。

部署此机器学习方法的其他部署目标包括 Flask Elastic Beanstalk 和 AWS Fargate。方法的不同变体包括其他 HTTP 服务，例如 fastapi（*https://oreil.ly/YVz0t*），或使用通过 AWS Boto3 API 提供的预训练模型，而不用训练模型。

AWS Lambda 是构建结合数据工程和机器学习工程的分布式系统的最令人兴奋的技术之一。接下来让我们谈谈一个现实世界的案例。

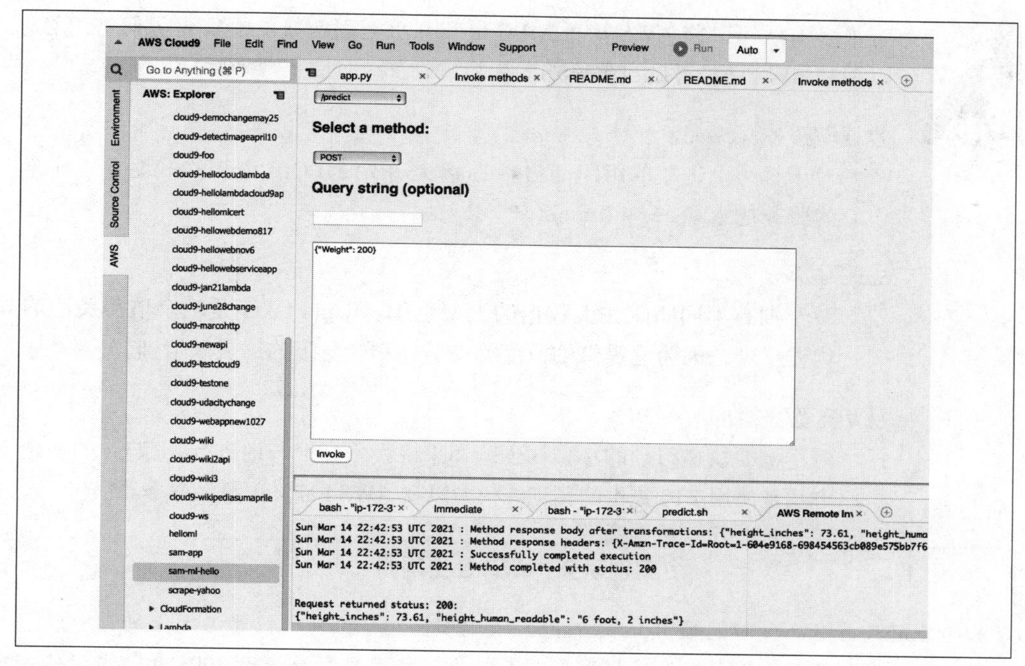

图 7-28：调用 Lambda Cloud9

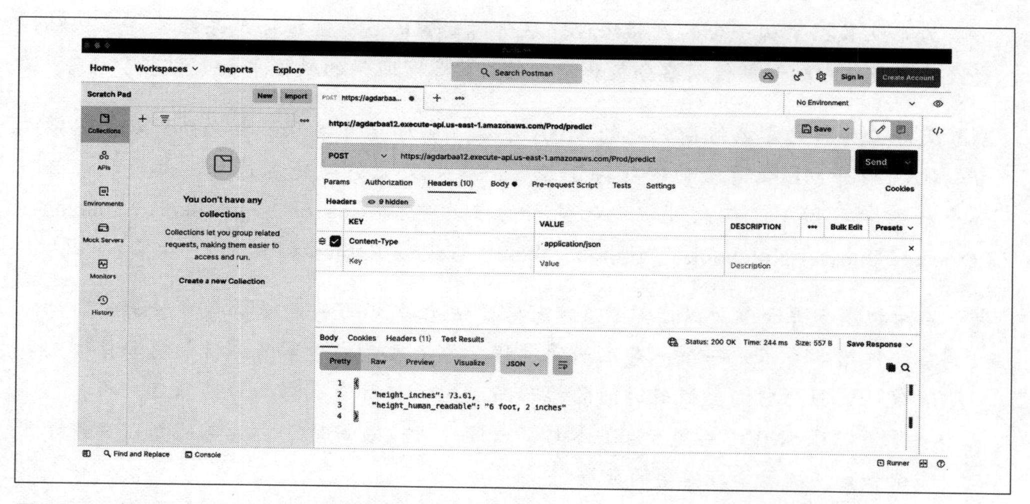

图 7-29：使用 Postman 测试 AWS Lambda

7.4 将 AWS 机器学习应用于现实世界

让我们深入了解如何在现实世界中使用 AWS 机器学习资源的示例。在本节中，我将介绍几个接受 MLOps 进行机器学习实践的公司。

有很多方法可以将 AWS 用于 MLOps 和几乎无限数量的现实世界服务组合。以下是 AWS 上推荐的机器学习工程模式的部分列表：

容器即服务（CaaS）

对于努力上进型的组织而言，CaaS 是开始 MLOps 之旅的好地方。推荐的服务是 AWS App Runner。

SageMaker

对于拥有不同团队和大数据的大型组织，SageMaker 是一个值得关注的优秀平台，因为它提供细粒度的安全性和企业级的部署和培训。

使用无服务器的 AI API

对于需要快速行动的小型初创公司来说，一个很好地进行 MLOps 的初始方法是使用 API 提供的预训练模型以及 AWS Lambda 等无服务器技术。

案例研究：体育社交网络

本部分是与前产品管理总监 Rob Loranger 合作建立在 AWS 机器学习之上的体育社交网络的案例研究。Rob 进入数据世界及其对决策的重要影响始于 2005 年，当时他是一名销售工程师，专门从事用于设计、开发和管理关系数据库的软件工具，并最终成为企业数据架构平台的产品经理。从那时起，Rob 一直担任产品经理，在从社交网络到数据中心和电信网络分析和控制的机器学习驱动的软件平台上积累了经验。

Rob 获得了加州大学戴维斯分校的 MBA 学位，在那里他学习了数据分析和机器学习。他在所有 ML 管道活动中获得了经验，从定义业务问题到选择、评估和部署一个机器学习模型。在此过程中他使用的工具包括 Amazon SageMaker、Amazon Forecast、Jupyter Notebook、Minitab、Stata、Weka、Python 和 R。

问：*在大规模部署和维护机器学习系统时需要注意的 3～5 件最重要的事情是什么？*

答：机器学习不是一个一劳永逸的过程。你必须致力于不断评估数据和模型的准确性，因为它们会随着时间的推移而变化。与所有有影响力的项目一样，尽早并经常让 SME（主题专家）参与，以便你可以最好地了解业务问题以及用于测试和验证机器学习模型的数据。

请务必使你尝试使用机器学习解决的业务问题以及解决该问题的影响尽可能简单明了，以便在项目的整个生命周期内获得关键利益相关者的最大支持。

问：*解释一下 AI/ML 的产品经理如何构建 ML 产品？*

答：作为 Sqor Sports 社交平台的产品经理，对我来说最重要的 KPI 是月活跃用户（MAU），因为它是平台黏性的有力指标。此外，要确定用户真正重视该平台，必须看到该指标随着时间的推移显著增长。即使该指标保持看似良好的稳定状态，平台仍可能出现故障。稳定状态可能归因于一些情况，例如每月有大量新用户涌入，这些用户仅在离开前的第一个月处于活跃状态，或者发现平台有价值并随着时间的推移继续使用它的利基用户的坚实核心。这两者中的任何一个都远远达不到 Sqor Sports 的使命，成为运动员、球队和他们的球迷进行有意义的相互交流的第一社交平台。

建立一个丰富的平台来吸引新用户并提供其他任何地方都没有的令人兴奋和独特的体验至关重要。因此，我们的策略是通过粉丝（即粉丝帮助获得新粉丝）。在这些领域对平台的改进将反映在我们的核心 KPI 上，在我们把所有这些领域都做好之前，MAU 不会令人满意地增长。

通过利用与我们的执行团队、董事会和业务团队所持有的运动员和球队的现有关系，我们迅速增加了平台上的运动员和团体的数量。反过来，通过利用在 Sqor 上创建并跨其他社交网络联合的运动员和球队社交内容，我们迅速获得了这些运动员和球队的粉丝。此外，病毒式增长是一个很大的话题，我们不会在这里充分探讨。尽管如此，这也是我们在产品路线图中反映的策略的核心部分，即为粉丝提供独特的内容和体验，并提高了粉丝在平台内外建立和培养关系以及分享内容的能力。

然而在早期，粉丝留存被证明具有挑战性，因为即使我们的运动员和球队创造了很多内容，粉丝们仍然很难发现和关注新的运动员 / 球队。因此，粉丝通常拥有一个由运动员和球队组成的小型网络，并且没有从平台接收到足够的内容。这样导致大多数粉丝在第一个月后就变得不活跃了。

解决这一留存问题的一个关键方面源于我们基于机器学习的推荐引擎。不幸的是，引擎的前几次迭代因数据输入少而导致粉丝反馈效果不佳。然而，随着我们改进推荐引擎数据和算法，我们开始看到我们所追求的粉丝留存率的改善，正如通过群组分析看到的那样。

最后，只有拥有可观且不断增长的 MAU，我们才能最终支持我们的收入策略，该策略在早期仅包括在平台上销售的运动员商品的收入份额，但最终目标是提供一个企业平台来管理社交活动（例如，社交媒体活动、顶级粉丝、商品销售等）。

问：人们如何才能找到你，你想与读者分享你正在做什么吗？

答：你可以通过电子邮件（*rtloranger@gmail.com*）或 LinkedIn（*https://oreil.ly/GLK60*）联系我。

案例研究：Julien Simon 的职业建议，AWS 机器学习布道者

Julien Simon 是 AWS 机器学习平台的多产内容创建者和布道者。我很幸运地找到了他，以深入了解 AWS 平台上的机器学习。

问：你的背景是什么，你是如何参与实施机器学习的？

答：我是一名软件工程师，最终花了 10 年时间在几家初创公司领导大型软件和基础设施团队。收集、存储和处理数据一直是我团队的核心工作。随着时间的推移，它从关系数据库发展到商业智能，再到实时分析再到机器学习。后者实际上是我工作过的其中一家公司的核心。鉴于我们当时的规模（大约每秒 50 万次点击），训练和部署模型创造了各种有趣的挑战，从存储数据到部署（有时回滚）数百台服务器上的模型。

问：在大规模部署和维护机器学习系统时需要注意的 3～5 件最重要的事情是什么？

答：首先，我们能否同意机器学习是软件工程这一事实？如果我们这样做了，那么我们也同意可追溯性、版本控制、测试、自动化和文档等最佳实践不是可选的。我仍然对机器学习工作流程的异常感到惊讶，因为"事情是不同的"。我不认为他们是。其次，数据科学是一门非常特殊的学科，但归根结底，它会产生代码和数据工件，所以我们不要重新发明轮子。很多工作了几十年的东西仍然可以用在机器学习中。

代码和数据集应该进行版本控制和跟踪。应测试代码和模型。模型应该安全地部署在生产环境中，具有质量门和易于理解的策略（金丝雀部署、蓝绿部署等）。监控也很重要，无论是从基础设施的角度（吞吐量、延迟）还是从机器学习视角（预测质量、数据漂移）。最后，你的模型还应根据传入流量进行放大和缩小。是的，所有这些过程都应该尽可能自动化。

再说一次，没什么新鲜的，但让我们也开始为机器学习做这件事吧！

问：你现在对机器学习最感兴趣的是什么，为什么？

答：我这个懒惰的人喜欢只用几行代码就可以下载和部署模型。即使你不是机器学习专家，像 Hugging Face 这样的举措也可以非常轻松地将最先进的模型添加到你的应用程序中。一般来说，任何使机器学习更容易获得的东西是向前迈出的一大步：迁移学习、AutoML 和完全隐藏所有复杂性的高级 AI 服务。我经常说我们应该让机器学习像 Amazon S3 一样简单，所以我们欢迎朝这个方向迈出的任何一步。

从技术角度来看，我密切关注可以大幅加速训练和推理的新硬件。GPU 很好，但大多数时候它们感觉像是一种蛮力选择。我绝对期待更优雅、更具成本效益且耗电更少的替代品！

问：阅读本书的人为了在 MLOps 的职业生涯中取得成功，可以做的最重要的 3～5 件事是什么？

答：我的第一个建议是尽可能多地了解你要解决的业务问题。除非你对它有深刻的理解，否则你将无法做出正确的决定。用户真正关心的是什么？你应该关注哪些关键指标？如何在最佳成本、性能与时间之间权衡？所有这些对于在任何机器学习项目中取得成功都至关重要。技术只是一种工具。掌握它本身或加强你的简历是没有意义的。

此外，你还应该痴迷于自动化，否则你将无法扩展你的运营。你的数据科学团队应该能够完全独立工作，在他们自己的账户中训练、部署和测试他们的模型。Ops 团队应该只参与管理生产基础设施，而不是开发和测试基础设施。当然，你需要定义适当的质量门以防止不良模型进入生产环境。如果手动批准最适合你，那很好，但其他一切都应该自动化。

最后但并非最不重要的一点是，请确保你的安全得到保障。在这里，也应该应用最佳实践（最小权限原则、加密、审计等）。AWS 有许多与安全相关的服务（IAM、KMS、CloudTrail、S3 存储桶策略等），你绝对应该研究它们，以构建安全的数据科学和机器学习平台。

问：人们如何才能了解你，你想分享你正在做什么么吗？

答：我总是很高兴在 LinkedIn、Twitter @julsimon 或 YouTube 上建立联系，在那里我构建和分享尽可能多的内容，帮助开发人员在 AWS 上成功使用机器学习！

7.5 小结

本章涵盖了 AWS 的通用性和独特性。一个关键点是 AWS 是最大的云平台。使用 AWS 技术可以通过多种不同的方式来解决问题，从建立一个完整的机器学习公司（如案例研究所讨论的）到使用高级计算机视觉 API。

特别是，对于业务和技术领导者，我会推荐以下最佳实践来尽快指导 MLOps 功能：

- 参与 AWS 企业支持。
- 从 AWS 解决方案架构师或云从业者考试和 AWS 认证机器学习专长开始，让你的团队获得 AWS 认证。
- 通过使用 AI API（如 AWS Comprehend、AWS Rekognition）和高级 PaaS 产品（如 AWS App Runner 或 AWS Lambda）获得快速胜利。

- 专注于自动化并确保你可以自动化一切，从数据获取和特征存储到建模和机器学习模型的部署。
- 开始将 SageMaker 用作 MLOps 的长期投资，并将其用于更长期或更复杂的项目以及更易于访问的解决方案。

最后，如果你作为个人认真对待 AWS，包括开始作为 AWS 机器学习专家的职业生涯，那么获得认证可能是有益且有利可图的。附录 B 为你提供了有关如何准备 AWS 认证的快速入门考试。推荐的任务是通过一些练习和独立思考和讨论来进一步练习 AWS。

我们的下一章从 AWS 开始，深入 Azure。

练习题

- 使用 Elastic Beanstalk 为 Flask Web 服务构建机器学习持续交付管道。你可以参考 GitHub 仓库（*https://oreil.ly/J5Btz*）作为起点。
- 启动 Amazon SageMaker 实例并为人口细分示例构建和部署美国人口普查数据（*https://oreil.ly/yKrhb*）。
- 使用 AWS Fargate 构建 CaaS 机器学习预测服务。你可以使用此 GitHub 仓库（*https://oreil.ly/opQJh*）作为起点。
- 使用此 GitHub 仓库（*https://oreil.ly/3klFK*）作为起点构建无服务器数据工程原型。
- 构建检测标签的计算机视觉触发器，使用此 GitHub 仓库（*https://oreil.ly/xKv0p*）作为起点。
- 使用 MLOps Cookbook 基础项目并尽可能多地部署到不同目标：容器化 CLI、EKS、Elastic Beanstalk、Spot 实例以及你能想到的任何其他目标。

独立思考和讨论

- 为什么进行机器学习的组织要使用数据湖？他们解决的核心问题是什么？
- 使用 AWS Comprehend 等预建模型与训练你的情感分析模型的用例是什么？
- 与 Pandas、sklearn、Flask 和 Elastic Beanstalk 相比，组织为什么要使用 AWS SageMaker？两者的用例是什么？
- 容器化机器学习模型部署流程的优势是什么？
- 一位同事表示，由于产品种类繁多，他们对从哪里开始在 AWS 上进行机器学习感到困惑。你会建议他们如何进行搜索？

第 8 章 Azure 的 MLOps

Alfredo Deza

我们一家人搬家的第三个原因是，自 1933 年以来，我们从未有过一个合适的家，当时在大萧条时期，我们被剥夺了财产。直到几年后，我才明白我 6 岁时所爱的乡村天堂是如何消失的。我父母没钱支付。我母亲放弃了她垂死挣扎的诊所，在一家州立医院找到了一份接待医生的工作，这份工作提供了每月几美元的收入，还有一套对我们来说很拥挤的公寓，所以我和哥哥被送到了我们后来称之为“流放者”的地方。

——Joseph Bogen 博士

微软对 Azure 用于机器学习的持续投资正在取得成效。现今提供的特性数量使该平台作为一个整体成为一个伟大的产品。几年前，没有人会料到 Azure 上将会有如此多的顶级工程，并对其服务产生越来越大的兴趣。

如果你根本没有试用过 Azure，或者没有在微软的云产品中看过任何与机器学习相关的内容，我强烈建议你尝试它。与大多数云提供商一样，试用期提供了足够的额度来试用并让你进行自我判断。

我通常倾向于提到的一个例子是使用 Kubernetes。安装、配置和部署 Kubernetes 集群根本不是一项简单的任务。如果将机器学习模型与潜在消费者的互动规模扩大考虑在内，则情况会更加复杂。这是一个需要正确解决的具有挑战性的问题。如果你有机会阅读已训练模型的部署设置，使用 Kubernetes 集群作为模型部署的目标，则归结为从下拉菜单中选择集群。

除了复杂问题的所有功能和抽象（如在生产中部署模型），看到大量详细的文档非常令人耳目一新。尽管本章重点介绍如何在 Azure 中执行机器学习操作，但它仍然无法包含所有令人兴奋的细节。主要的文档资源（*https://oreil.ly/EV9wX*）是一个绝佳的书签，可以帮你更加深入地了解本文中未涵盖的信息。

在本章中，我将介绍 Azure 中一些有趣的选项，从训练模型到将其部署到容器或 Kubernetes 集群中。随着它们在机器学习产品中变得司空见惯，我将深入研究管道。管道可以进一步增强自动化，即使来源于 Azure 云外部的自动化也是如此。

可通过多种方式在平台中执行机器学习任务——Azure ML Studio Designer、Jupyter Notebook 和 AutoML，可在这些产品中上传 CSV 并立即开始训练模型。最后，大多数（不是全部）特性在 SDK 中都有相应的支持（将在下一节中介绍）。这种灵活性至关重要，因为它允许你选择最适合你的解决方案。因此，没有必要遵循固执己见的方式来操作模型。

最后，我将介绍有关应用 DevOps 的一些核心原则的实用建议，例如使用 Azure 机器学习的特性进行监控和日志记录。

虽然本章是关于 Azure 机器学习的，但它不会介绍创建和设置新账户等基础知识。如果你尚未试用过该服务，则可以从该地址（*https://oreil.ly/LcSb2*）开始。

8.1 Azure CLI 和 Python SDK

本章中的各种示例和代码段假设你的环境中已安装并提供了 Azure 命令行工具和 Python SDK（软件开发工具包）。请确保你安装了最新版本的 CLI（*https://oreil.ly/EPTdV*），并且机器学习扩展在安装后可用：

```
$ az extension add -n azure-cli-ml
```

大多数情况下，需要从本地系统对 Azure 进行身份认证。此工作流和其他云提供商的流程类似。若要将你的 Azure 账户与当前环境关联，请运行以下命令：

```
$ az login
```

大多数使用 Azure 的 Python SDK 的 Python 示例都需要 Azure 账户以及一个与工作区关联的 *config.json* 文件，该文件需要下载到本地。此文件包含将 Python 代码与工作区关联的所有必要信息。与 Python SDK 的所有交互都应使用此选项来配置运行时：

```
import azureml.core
from azureml.core import Workspace

ws = Workspace.from_config()
```

若要检索 *config.json* 文件，请登录到 Azure 的 ML studio（*https://ml.azure.com*），然后单击右上角的菜单（标记为“更改订阅”）。子菜单里有一个用于下载 *config.json* 文件的链接（如图 8-1所示）。

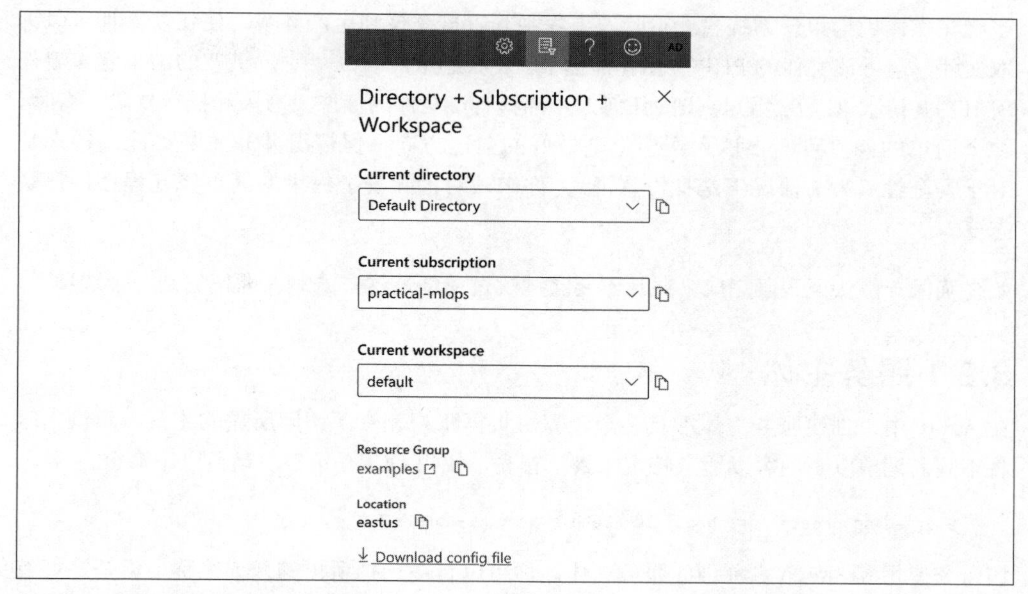

图 8-1：Azure JSON 配置

如果 *config.json* 在当前工作目录中不存在，则使用 SDK 将会失败并显示回溯信息：

```
In [2]: ws = Workspace.from_config()
~~~~~~~~~~~~~~~~~~~~~~~~~~~~~~~~~~~~~~~~~~~~~~~~~~~~~~~~~~~~~~~~~~~~~~~~~~~
UserErrorException                         Traceback (most recent call last)
<ipython-input-2-e469111f639c> in <module>
----> 1 ws = Workspace.from_config()
~/.python3.8/site-packages/azureml/core/workspace.py in from_config
    269
    270 if not found_path:
--> 271   raise UserErrorException(
    272    'We could not find config.json in: {} or in its parent directories.'
    273     'Please provide the full path to the config file or ensure that '
```

现在，我已经介绍了使用 Azure CLI 和 SDK 的一些基础知识，接下来我将介绍更多身份认证的详细信息以及可以在 Azure 中使用的一些变量。

8.2 身份认证

身份认证应该是处理服务时自动化的核心部分之一。Azure 具有用于访问（和访问控制）资源的服务主体。在自动化服务和工作流时，人们往往会忽略甚至试图简化身份认证。经常会听到这样的建议："只需使用 root 用户。"或"只需更改文件权限，以便任何人都可以编写和执行。"经验丰富的工程师最清楚，但这只是因为他们在接受了这些松懈的安全性和部署约束的建议后经历了痛苦。我非常理解试图解决这种情况的困难。

当我在媒体机构担任系统管理员时，工程主管直接登录到生产环境，使任何人都可以读取文件（运行该文件的 PHP 应用程序需要）。我们最终发现了它。更改的结果意味着任何 HTTP 请求（以及互联网上的任何人）都具有该文件的读取、写入和执行权限。有时，一个简单的修复可能很诱人，感觉是最好的前进方向，但情况并非总是如此。特别是对于安全性（当前情况下是身份认证），你必须对消除安全约束的简单修复程序持怀疑态度。

始终确保身份认证正确完成，并且不要尝试跳过或绕过这些限制，即使它是一个选项。

8.2.1 服务主体

在 Azure 中，创建服务主体涉及多个步骤。根据账户和资源访问所需的约束，示例内容将不同。调整以下内容以适应特定场景。首先，使用 CLI 登录后，运行以下命令：

```
$ az ad sp create-for-rbac --sdk-auth --name ml-auth
```

该命令使用 `ml-auth` 名称创建服务主体。你可以自由选择所需的任何名称，但是最好有一些约定来记住这些名称与什么相关联。接下来，记下输出，并检查“`clientId`”值，接下来的步骤将需要使用“`clientId`”：

```
[...]
Changing "ml-auth" to a valid URI of "http://ml-auth", which is the required
format used for service principal names
Creating a role assignment under the scope of:
     "/subscriptions/xxxxxxxx-2cb7-4cc5-90b4-xxxxxxxx24c6"
  Retrying role assignment creation: 1/36
  Retrying role assignment creation: 2/36
{
[...]
  "clientId": "xxxxxxxx-3af0-4065-8e14-xxxxxxxxxxxx",
[...]
  "sqlManagementEndpointUrl": "https://management.core.windows.net:8443/",
  "galleryEndpointUrl": "https://gallery.azure.com/",
  "managementEndpointUrl": "https://management.core.windows.net/"
}
```

现在，使用“`clientId`”从新创建的服务主体中检索元数据：

```
$ az ad sp show --id xxxxxxxx-3af0-4065-8e14-xxxxxxxxxxxx
{
    "accountEnabled": "True",
    "appDisplayName": "ml-auth",
    ...
    ...
    ...
    "objectId": "4386304e-3af1-4066-8e14-475091b01502",
    "objectType": "ServicePrincipal"
}
```

若要允许服务主体访问 Azure 机器学习工作区，需要将其与工作区和资源组关联：

```
$ az ml workspace share -w example-workspace \
  -g alfredodeza_rg_linux_centralus \
  --user 4386304e-3af1-4066-8e14-475091b01502 --role owner
```

该命令是完成创建服务主体并使用 owner 角色将其与机器学习账户关联的过程所需的最后一个命令。example-workspace 是我在 Azure 中使用的工作区的名称，alfredodeza_rg_linux_centralus 是该工作区中的资源组。非常不幸的是，运行该命令在成功调用后没有输出。

创建此账户后，你可以使用它启用具有身份认证的自动化，从而避免提示和持续的身份认证。请确保将访问权限和角色限制为所需的最少权限数。

这些示例使用的服务主体的角色值为“owner”，该角色具有较大的权限。--role 标志的默认值为“contributor”，它受到更多限制。将此值调整为更适合你的环境（和使用情况）的值。

8.2.2 API 服务的身份认证

其他环境可能无法从服务主体账户中受益，具体取决于手头的工作流。这些服务可以暴露在互联网上，通过 HTTP 请求提供与已部署模型的交互。在这些情况下，你需要确定要启用的身份认证类型。

在部署模型甚至配置任何设置以将模型投入生产之前，你需要对可用的不同安全功能有一个很好的了解。

Azure 提供不同的身份认证方法，具体取决于需要与之交互的服务。根据部署类型的不同，这些服务的默认值也会更改。实质上，支持两种类型：密钥和令牌。Azure Kubernetes Service（AKS）和 Azure Container Instances（ACI）对这些身份认证类型的支持各不相同。

基于密钥的身份认证：

- AKS 默认开启基于密钥的认证。
- 默认情况下，ACI 禁用了基于密钥的身份认证（但可以启用）。默认情况下不启用任何身份认证。

基于令牌的身份认证：

- AKS 有基于令牌的身份认证，默认禁用。
- ACI 不支持基于令牌的身份认证。

在将模型部署到生产环境之前，掌握这些类型的集群对于部署来说非常重要。即使对于测试环境，也应始终启用身份认证，以防止开发和生产之间的错误匹配。

8.3 计算实例

Azure 对计算实例有一个定义，该定义将其描述为面向科学家的基于云的托管工作站。从本质上讲，它允许你非常快速地开始使用在云上执行机器学习操作可能需要的所有内容。在开发概念证明或尝试教程中的新内容时，你可以利用对 Jupyter Notebook（*https://jupyter.org*）的出色支持，Azure 在其上预装并准备好了大量依赖。尽管你可以上传自己的 Notebook，但我建议你先浏览现有的完整示例，如图 8-2 所示。

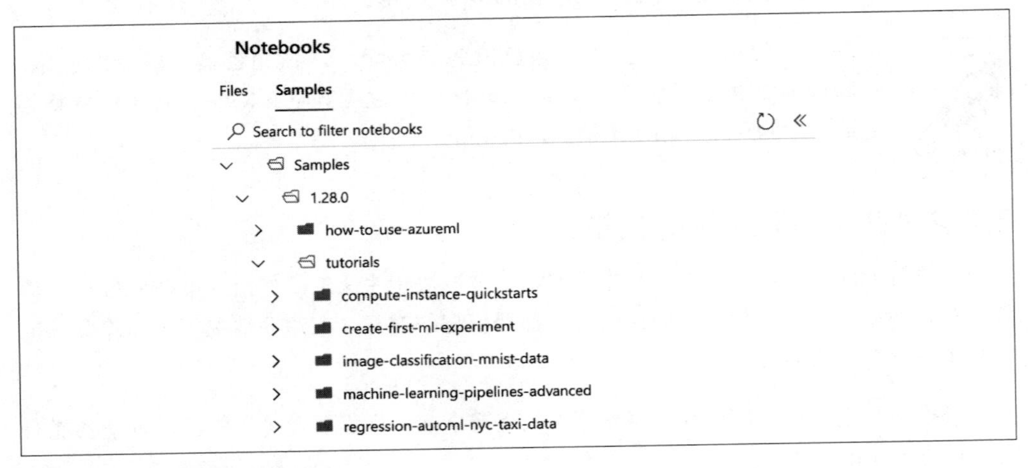

图 8-2：Azure Notebook 示例

在尝试开始运行 Notebook 和调试模型时，要解决的最烦人的问题之一是设置环境。通过提供专门针对机器学习的即用型和预配置功能，你可以快速完成任务，将 Notebook 中的想法转移到生产环境中。

一旦你准备从计算实例上部署训练模型，可以将该计算实例用作训练集群，因为它支持作业队列、多个作业并行计算和多 GPU 分布式训练。这是调试和测试的完美组合，因为环境是可重现的。

你以前有没有听说过“但它在我的机器上有效”？我肯定听说过！即使测试或探索新想法，可重现的环境也是规范化开发的好方法，这样可以减少意外情况，并且和其他工程师之间的协作更加简化。使用可重现的环境是 DevOps 应用于机器学习的重要部分。一致性以及规范化需要付出很多努力才能正确实现，每当你找到立即可用的工具或服务时，你都应该立即利用它们。

作为系统管理员，我在规范化用于开发的生产环境方面付出了巨大的努力，这是一个很难解决的问题。尽可能多地使用 Azure 计算实例！

可以在 Azure ML Studio 中从需要计算实例的各种工作流中创建计算实例，例如在创建 Jupyter Notebook 时。在“管理”部分找到“计算”链接并在那里创建一个实例会更容易。加载后，将显示多个选项（如图 8-3 所示）。一个好的经验法则是选择一个低成本的虚拟机来开始使用，这样可以避免较高的成本，因为运行 Notebook 可能不需要太多资源。

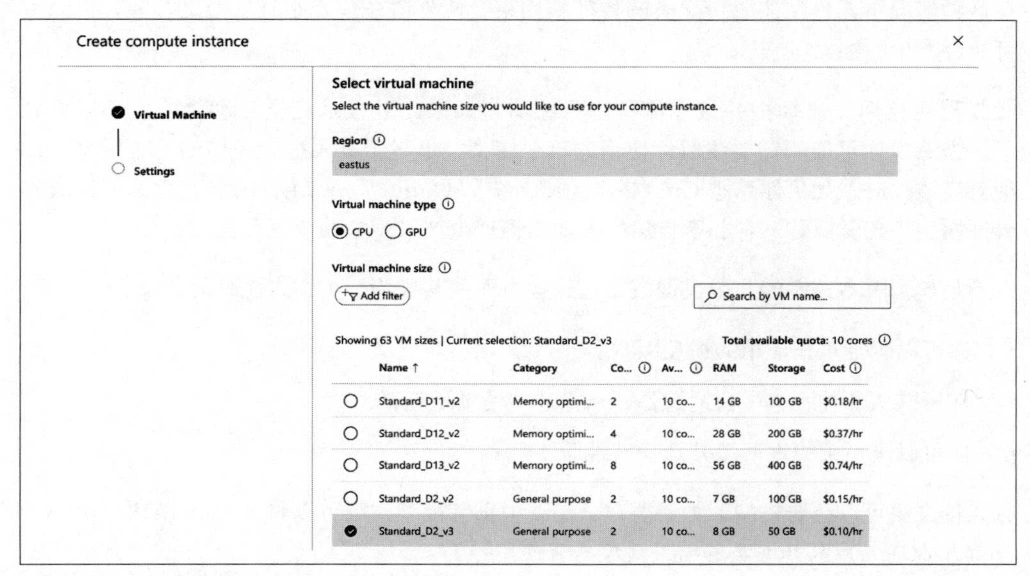

图 8-3：Azure 创建计算实例

在此示例中，我选择的规格是 `Standard_D2_v3`。由于所提供的各种机器的名称不断变化，因此你获得的选择可能会有所不同。

8.4 部署

可通过多种方式在 Azure 中进行部署以与模型进行交互。如果你处理的数据量超过了内存可处理的合理范围，则批量推理更适合。Azure 提供了许多有用的工具（此服务已于 2020 年正式发布），可帮助用户处理 TB 级的结构化和非结构化数据，并从中获取推理。

另一种部署方式是进行在线（有时称为实时）推理。在处理较小的数据集（不是以 TB 为单位）时，快速部署模型非常有用，通过 HTTP API 进行访问，Azure 可以使用编程方式为你创建 API。对于训练好的模型，自动创建一个 HTTP API 是你应该使用的另一个功能。

创建 HTTP API 并不是一项繁重的工作，但是将这项工作交给服务去创建意味着你（和你的团队）有更多时间处理更实质性的工作，例如数据质量或部署过程的稳健性。

8.4.1 注册模型

Azure 文档将注册描述为可选内容。它确实是可选的，因为部署模型不需要它。但是，当你习惯于部署模型并将其发布到生产环境中的过程时，很明显，省略身份认证（或者在这种情况下，模型注册）之类的特征和约束会使事情在一开始时变得更容易，但以后可能会产生问题。

我强烈建议你注册模型并按照流程进行注册，如果此过程是完全自动化的，那就更好了。当然，你可能不需要注册你使用的每个模型，但对于进入生产环境的选定模型，你绝对应该注册。如果你熟悉 Git（版本控制系统）（*https:// oreil.ly/Ttyl0*），那么利用版本管理模型将感觉像是一种非常自然的方式来推理生产级模型的变更和修改。

以下是模型版本控制的几个关键方面，这些方面使其成为一个引人注目的特征：

- 你可以确定正在使用的模型版本。
- 你可以从各种版本中快速选择，从描述中清晰地选择。
- 你可以毫不费力地回滚并选择其他版本。

有几种方法可以注册模型。如果要在 Azure 中训练模型，则可以将 Python SDK（*https://oreil.ly/6CN0h*）与 Run 类的结果对象结合使用：

```
description = "AutoML trained model"
model = run.register_model(description=description)

# A model ID is now accessible
print(run.model_id)
```

并不要求你使用 Azure 来训练模型。也许你已经训练了多个模型，并且正在考虑迁移到 Azure 以使其投入生产。Python SDK 也允许你注册这些模型。下面是一个将你本地系统可用的 ONNX（*https://onnx.ai*）模型注册到 Azure 上的示例：

```
import os
from azureml.core.model import Model

# assumes `models/` is a relative directory that contains uncompressed
# ONNX models
model = Model.register(
    workspace=ws,
    model_path ="models/world_wines.onnx",
    model_name = "world_wines",
    tags = {"onnx": "world-wines"},
    description = "Image classification of world-wide wine labels"
)
```

Azure 令人耳目一新的一点是它的灵活性。Python SDK 并不是注册模型的唯一方法。以下是使用 Azure CLI 执行此操作的方法：

```
$ az ml model register --name world_wines --model-path mnist/model.onnx
```

可以对前面的示例进行一些修改循环迭代多个模型，将它们快速注册到 Azure 中。如果你有通过 HTTP 提供的模型，则可以以编程方式下载它们并发送它们到 Azure 上。使用额外的元数据来填写标签和描述，良好的描述使以后更容易识别它。流程越自动化越好！在图 8-4 中，我使用 Azure ML Studio 直接上传和注册 ONNX 模型，这对于处理单个模型也很有用。

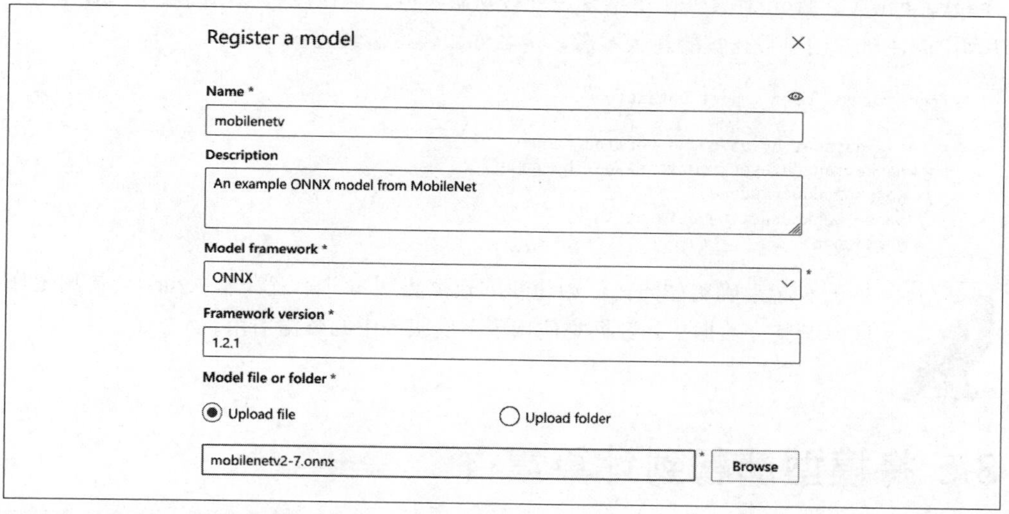

图 8-4：在 Azure 上注册模型

8.4.2 数据集的版本控制

与注册模型类似，对数据集进行版本控制的能力解决了当今机器学习中最大的问题之一：差异稍大的巨大数据集很难（或者说不可能，直到最近）很好地进行版本控制。像 Git 这样的版本控制系统并不适合这项任务，尽管版本控制系统应该提供帮助。生成可靠且可重现的生产模型时，一个棘手的问题是针对源代码更改和大量数据集的版本控制系统的不匹配。

这是 Azure 等云提供商利用数据集版本控制等功能改进工作流的另一个示例。在制作机器学习管道时，数据是最重要的部分之一，并且由于数据可以经过多轮转换和清洗，因此在从原始到干净的整个过程中进行版本控制非常重要。

首先检索数据集。在此示例中，数据集通过 HTTP 托管：

```
from azureml.core import Dataset

csv_url = ("https://automlsamplenotebookdata.blob.core.windows.net"
       "/automl-sample-notebook-data/bankmarketing_train.csv")
dataset = Dataset.Tabular.from_delimited_files(path=csv_url)
```

接下来，使用 `dataset` 对象注册它：

```
dataset = dataset.register(
    workspace=workspace,
    name="bankmarketing_dataset",
    description="Bankmarketing training data",
    create_new_version=True)
```

`create_new_version` 对数据使用增量设置较新版本号，即使没有以前的版本（版本从 `1` 开始）。注册并创建数据集的新版本后，按名称和版本检索它：

```
from azureml.core import Dataset

# Get a dataset by name and version number
bankmarketing_dataset = Dataset.get_by_name(
    workspace=workspace,
    name="bankmarketing_dataset",
    version=1)
```

尽管看起来确实如此，但创建新的数据集版本并不意味着 Azure 会使用工作区复制整个数据集。数据集使用了存储服务中的数据引用。

8.5 将模型部署到计算集群

在本节中，你将配置模型并将其部署到计算集群中。虽然涉及几个步骤，但重复该过程几次以习惯它们是有用的。

转到 Azure ML Studio（*https://ml.azure.com*），通过单击 Automated ML 部分中的“New Automated ML run”来创建一个 new automated ML run，或者直接从主页单击带有下拉列表的“新建”框来创建。对于此过程的这一部分，你将需要一个可用的数据集。如果尚未注册数据集，可以下载一个数据集，然后选择“从本地文件”进行注册。按照步骤将其上传并使其在 Azure 中可用。

8.5.1 配置集群

返回到“Automated ML run”部分，选择可用数据集以配置一个新的运行。配置部分中需要有意义的名称和描述。在此之前，你配置和提供的所有内容都是数据集以及应如何使用和存储数据集。但是，鲁棒的部署策略的关键组件之一是确保集群足够可靠，可以训练模型（如图 8-5 所示）。

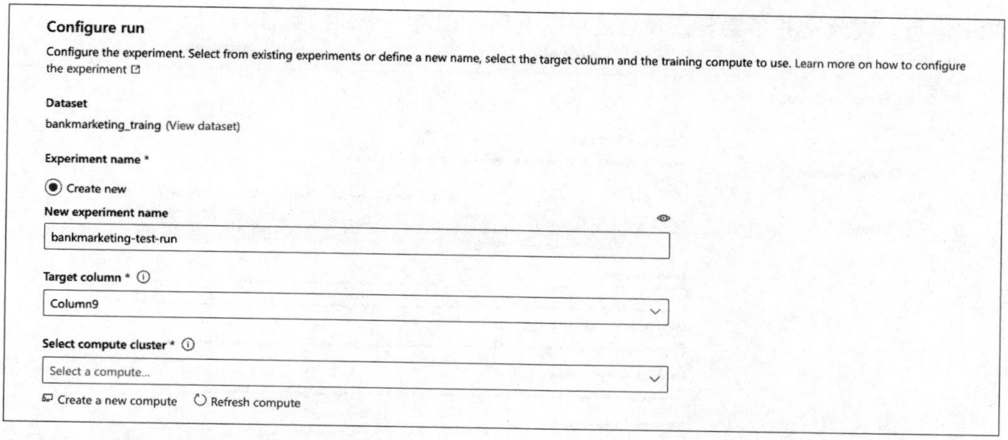

Configure run

Configure the experiment. Select from existing experiments or define a new name, select the target column and the training compute to use. Learn more on how to configure the experiment

Dataset

bankmarketing_traing (View dataset)

Experiment name *

Create new

New experiment name

bankmarketing-test-run

Target column *

Column9

Select compute cluster *

Select a compute...

Create a new compute　Refresh compute

图 8-5：配置一个 Automated ML run

此时，账户中没有可用的集群。从窗体底部选择“ Create a new compute ”。可以在配置训练模型的运行时创建一个新集群，也可以直接在“计算”链接下的“管理”部分创建新集群。最终目标是创建一个鲁棒的集群来训练模型。

值得强调的是，在 Azure ML 中的许多特征和产品中应尽可能使用有意义的名称和说明。添加这些信息片段对于理解（并在以后识别）基础特征至关重要。解决这个问题的一个有用方法是将这些视为字段，就像在写电子邮件时一样：电子邮件主题应该包含正文内容的概要描述。当你处理数百个模型（或更多）时，描述非常强大。在命名约定和描述中保持井井有条和清晰非常有用。

有两种重要的集群类型：推理集群和计算集群。对底层系统无感知之前，人们很容易感到困惑：在后端推理集群使用了 Kubernetes（*https://kubernetes.io*），而计算集群使用了虚拟机。在 Azure ML Studio 中创建两者非常简单。你需要做的就是填写一个表单，然后你得到一个启动并运行着的集群，可以准备训练一些模型了。创建后，所有这些集群（无论类型如何）都可以作为训练模型的选项。

虽然 Kubernetes 集群（推理）可用于测试目的，但我倾向于使用计算集群来尝试不同的策略。无论选择哪种后端，将工作负载与执行工作的计算机的规格（和数量）相匹配至关重要。例如，在计算群集中，必须确定最小节点数以及最大节点数。并行化模型的训练时，并行运行的数量不能高于最大节点数。正确确定节点数量、RAM 大小和 CPU 内核数是否足够更像是试错工作流。对于测试运行，最好从较少的运行开始，并根据需要创建具有更大算力的集群（如图 8-6 所示）。

我选择 `0` 作为此图中的最小节点数，因为它可以防止为空闲节点付费。这将允许系统在集群未使用时将节点缩减到 `0`。我选择的计算机类型不是很高性能的，但是由于我正在测试运行，因此这并不重要。我总是可以返回并创建一个新的集群。

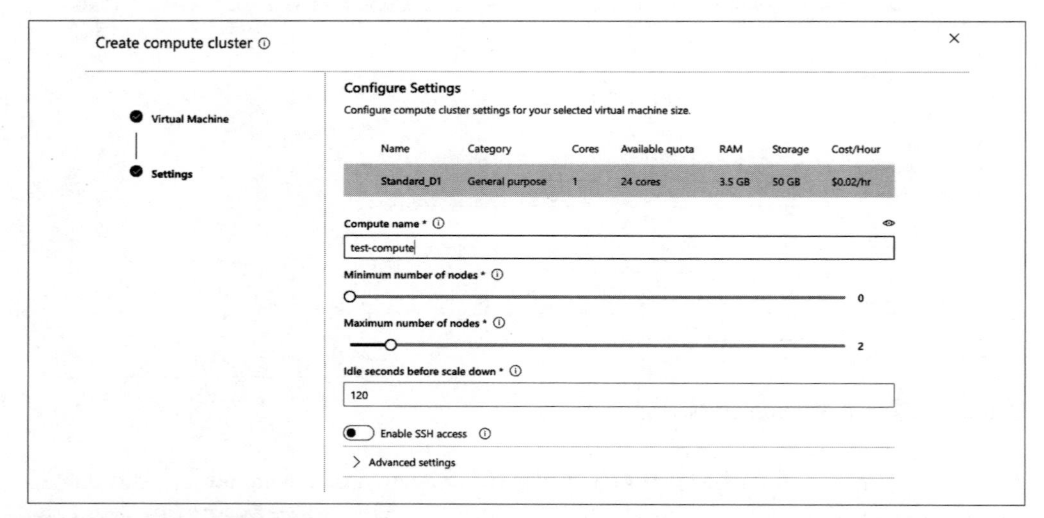

图 8-6：创建一个计算集群

用于训练模型的集群与用于部署模型以进行实时（或批量）推理的集群不同。这可能会令人困惑，因为两种策略（训练和推理）都使用“集群”术语来指代执行工作的节点组。

8.5.2 部署模型

与训练模型非常相似，当需要将模型部署到生产环境时，你必须了解可用的集群选项。尽管有几种方法可以完成此操作，其中有两种关键的部署方法。根据部署用例的类型（生产或测试），你必须选择最适合的部署方法。以下是考虑这些资源及其最佳适用场景的绝佳方法：

Azure Container Instance (ACI)

通常最适合测试和测试环境，尤其是当模型较小（大小小于 1 GB）时。

Azure Kubernetes Service (AKS)

Kubernetes 的所有优点（特别是伸缩）以及大小大于 1 GB 的模型。

这两个选项对于部署进行配置都相对简单。在 Azure ML Studio 中，转到 Assets 部分中的 Models，然后选择之前训练好的模型。在图 8-7 中，我选择了已注册的 ONNX 模型。

表单中有几个基本部分，我选择 ACS 作为计算类型，并启用了身份认证。这一点至关重要，因为部署完成后，除非使用密钥对 HTTP 请求进行身份认证，否则将无法与容器进行交互。开启身份认证不是必需的，但强烈建议保持生产和测试环境之间的一致。

完成表单并提交后，将开始部署模型的过程。在我的示例中，我启用了身份认证并使用 ACS。这些选项不会对与模型的交互产生太大影响，因此部署完成后，我就可以开始通过 HTTP 与模型进行交互，请确保请求使用了密钥。

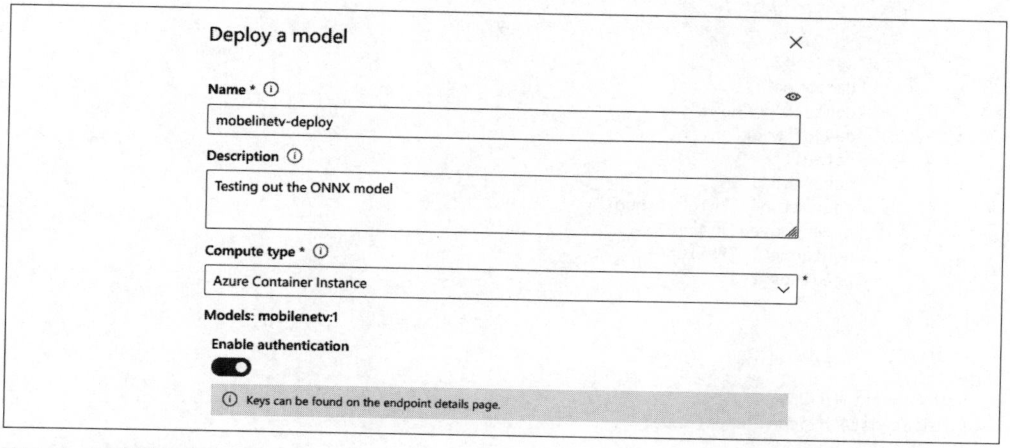

图 8-7：部署模型

可以在 Endpoints 部分找到有关已部署模型的所有详细信息。将列出用于部署的名称，该名称链接到部署详细信息的面板。此面板包含三个选项卡：Details、Consume 和 Deployment Logs。所有这些都充满了有用的信息。如果部署成功完成，则日志可能不会那么有趣。在 Details 选项卡中，有一个部分将显示 HTTP API（显示为“REST endpoint”）。由于我开启了身份认证，因此页面中“Key-based authentication”的值为 `true`，如图 8-8 所示。

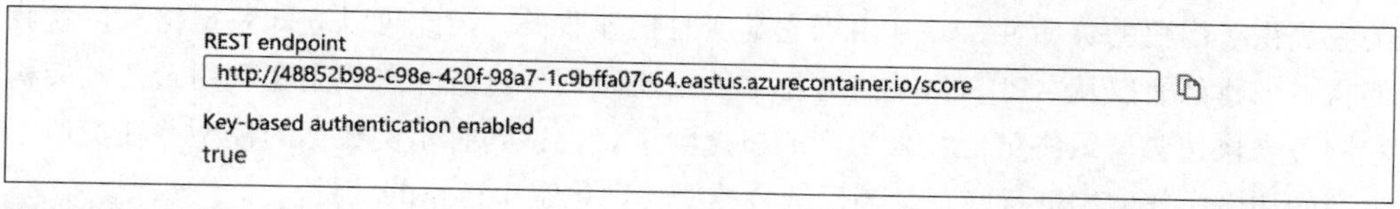

图 8-8：REST endpoint

任何可以与启用了身份认证的 HTTP 服务通信的程序都可以正常工作。这是一个使用 Python 的例子（不需要 Azure SDK），输入使用 JSON（*https://oreil.ly/Ugp7i*）（JavaScript 对象表示法），并且此特定模型的输入遵循严格的模式，该模式将根据你与之交互的模型而有所不同。此示例使用了 Requests（*https://oreil.ly/k3YqL*）Python 库：

```
import requests
import json

# URL for the web service
scoring_uri = 'http://676fac5d-5232-adc2-3032c3.eastus.azurecontainer.io/score'
```

```
# If the service is authenticated, set the key or token
key = 'q8szMDoNlxCpiGI8tnqax1yDiy'

# Sample data to score, strictly tied to the input of the trained model
data = {"data":
    [
      {
        "age": 47,
        "campaign": 3,
        "contact": "home",
        "day_of_week": "fri",
        "default": "yes",
        "duration": 95,
        "education": "high.school",
        "nr.employed": 4.967,
        "poutcome": "failure",
        "previous": 1
      }
   ]
}

# Convert to JSON
input_data = json.dumps(data)

# Set the content type
headers = {'Content-Type': 'application/json'}

# Authentication is enabled, so set the authorization header
headers['Authorization'] = f'Bearer {key}'

# Make the request and display the response
resp = requests.post(scoring_uri, input_data, headers=headers)
print(resp.json())
```

由于该服务是使用 HTTP 公开的，因此它允许我以我选择的任何方式（如在前面的示例中使用 Python）与 API 进行交互。通过 HTTP API 完成与模型的交互非常有吸引力，因为它提供了出色的灵活性，并且由于它是实时推理服务，因此可以立即获得结果。就我而言，创建部署以从 API 获取响应并不需要很长时间。这意味着我正在利用云基础架构和服务来快速尝试最终可能投入生产的概念验证。尝试具有示例数据的模型并在类似于生产的环境中与它们进行交互是为后续鲁棒的自动化铺平道路的关键。

当一切顺利时，JSON 响应将返回预测中的有用数据。但是，当事情异常时会发生什么？了解这些异常的不同方式以及它们的含义是很有用的。在此示例中，我使用了 ONNX 模型意外的输入：

```
{
  "error_code": 500,
  "error_message": "ONNX Runtime Status Code: 6. Non-zero status code returned
  while running Conv node. Name:'mobilenetv20_features_conv0_fwd'
  Missing Input: data\nStacktrace:\n"
}
```

HTTP 状态代码 500 表示服务存在由无效输入导致的错误。请确保使用正确的密钥和身份认证方法。来自 Azure 的大多数错误都很容易理解和修复，以下是一些示例：

`Missing or unknown` *`Content-Type`* `header field in the request`

确保在请求中使用并声明了正确的内容类型（如，JSON）。

`Method Not Allowed. For HTTP method: GET and request path: /score`

当你可能需要一个发送数据的 `POST` 请求时，你使用了 `GET` 请求

`Authorization header is malformed. Header should be in the form: "Authorization: Bearer <token>"`

确保正确构造消息头，并且使用有效的令牌。

8.6 部署问题排查

有效的 MLOps（当然继承自 DevOps 最佳实践，在 1.3 节中有 DevOps 和 MLOps 的介绍）的众多关键因素之一是良好的故障排除技能。调试或故障排除不是你与生俱来的技能；这需要实践和毅力。我解释这项技能的一种方式是将其与在一个新的城市中行走并找到自己的路线进行比较。有人会说，如果我轻松地找到自己的方向，那么我一定有一些天生的能力。但这不是真的。注意细节，定期回顾那些心理细节，质疑一切。永远不要假设。

当找到我的方位时，我会立即确定太阳或者大海的位置（是东还是西），并记下地标或显著的建筑物。然后，我从头到尾，在心里回顾每一个步骤：我在酒店左转，然后一直走到大教堂再右转，穿过美丽的公园，现在我在广场上。然后夜幕降临，没有太阳可以指引我，我不记得要去哪里。在这儿左转吗？或者右转？我提出问题，我的朋友都告诉我向左转，我不认为他们是对的。信任但是需要验证。“如果他们告诉我向左转，那意味着我不会走到公园，我会走他们的路，等走过几个街区，如果没有到达公园，我会原路返回并转向另一条路。”

永远不要假设事情。质疑一切。注意细节。信任但是需要验证。如果你践行这个建议，你的调试技能相对你的同龄人来说似乎是一项天生的技能。在本节中，我将介绍与 Azure 中的容器和容器化部署相关的一些细节，以及你可能会遇到的一些问题。但是你可以将这些核心概念应用在任何地方。

8.6.1 检索日志

部署容器后，你有几种检索日志的方法。这些在 Azure ML Studio 以及命令行和 Python SDK 中都是可用的。使用 Python SDK 意味着在初始化工作区后只需几行代码：

```
from azureml.core import Workspace
from azureml.core.webservice import Webservice

# requires `config.json` in the current directory
ws = Workspace.from_config()

service = Webservice(ws, "mobelinetv-deploy")
logs = service.get_logs()

for line in logs.split('\n'):
    print(line)
```

使用你之前部署的服务名称运行该示例代码，并生成包含大量信息的输出。有时日志不是那么友好，而且存在很多重复。你必须自己排除干扰，找出有用的信息。在成功的部署中，大部分输出将没有太多意义。

这些是部署 ONNX 模型的一些日志（为简洁起见，删除了时间戳）：

```
WARNING - Warning: Falling back to use azure cli login credentials.
Version: local_build
Commit ID: default

[info] Model path: /var/azureml-models/mobilenetv/1/mobilenetv2-7.onnx
[info][onnxruntime inference_session.cc:545 Initialize]: Initializing session.
[onnxruntime inference_session Initialize]: Session successfully initialized.
GRPC Listening at: 0.0.0.0:50051
Listening at: http://0.0.0.0:8001
```

8.6.2 Application Insights

检索日志和调试的另一个值得探索的方面是使用可观测性工具。可观测性是指在任何给定时间点采集系统（或多个系统）状态的方法。这听起来有点拗口，但简而言之，这意味着你依赖面板、日志聚合、图表和警报机制等工具来将系统作为一个整体进行可视化。因为可观测性的整个主题充满了工具和过程，所以将这样的东西投入生产通常很复杂。

可观测性至关重要，因为它不是关于应用程序日志的，它是关于在出现问题时讲述有关应用程序故事的。当然，你在日志中发现了 Python 回溯，但这并不一定意味着 Python 代码需要修复。如果预期的输入是来自另一个系统的 JSON 负载，但外部系统发送的是一个空文件，该怎么办？为什么会这样？可观测性使看似混乱的系统变得清晰。在处理分布式系统时，问题会变得更加复杂。

定义一个管道系统以将数据输入到涉及几个不同步骤的模型中并不少见。获取数据、清理数据、删除垃圾列、规范化数据并版本控制这个新数据集。假设所有这些都是通过 Python SDK 并利用 Azure 的触发器来完成的。例如，新数据进入存储系统，这会触发 Azure 函数（*https://oreil.ly/zxv74*）执行一些 Python 代码。在这一系列事件中，没有工具就很难讲述一个故事。

Azure 通过 SDK 中最简单的调用提供了开箱即用的正确工具，它被称为 Application Insights（*https://oreil.ly/CnZxv*），在启用它之后，它包含了所有有用的图表和面板。然而，它提供的不仅仅是日志或漂亮的图表。一整套具有高度可视化界面的关键数据随时可用。响应时间、故障率和异常——它们都被汇总、加时间戳并图表化。

这是在以前部署的服务中启用 Application Insights 的方式：

```
from azureml.core.webservice import Webservice

# requires `ws` previously created with `config.json`
service = Webservice(ws, "mobelinetv-deploy")

service.update(enable_app_insights=True)
```

启用 Application Insights 后，ML Studio 中的 API 端点部分如图 8-9 所示。

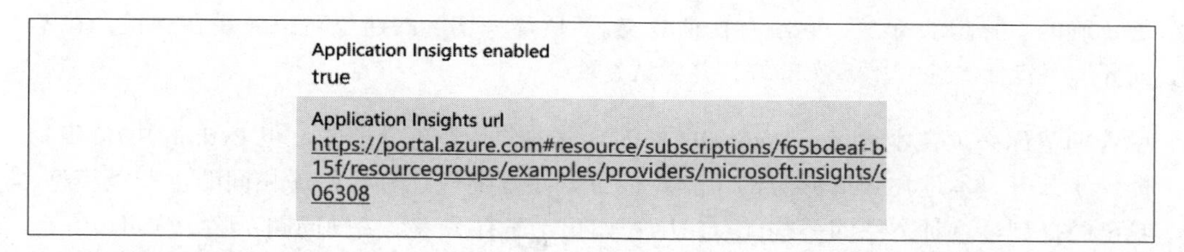

图 8-9：开启 Application Insights

按照面板中为服务提供的链接进行操作。有大量的各种图表和信息源可供使用。该图像展示了一小部分图表，这些图表可用于洞察调用容器中已部署模型的请求信息，如图 8-10 所示。

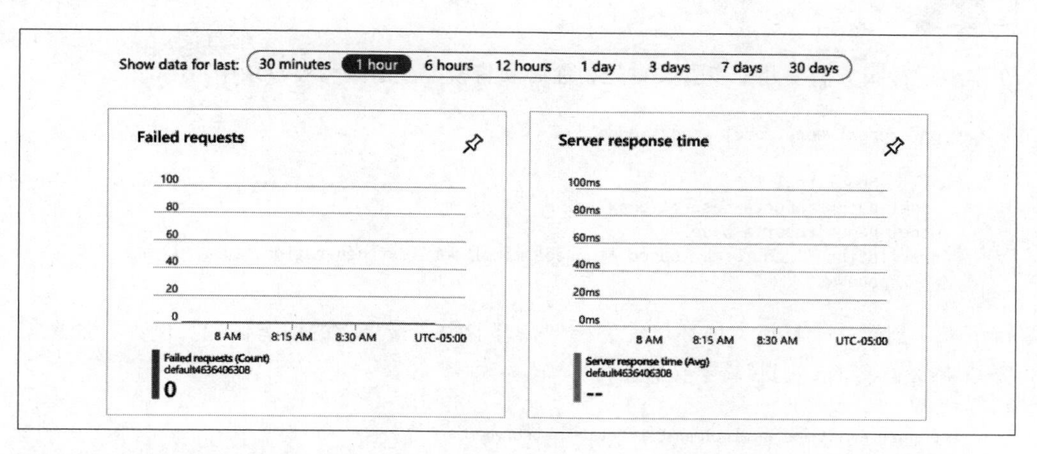

图 8-10：Application Insights

8.6.3 本地调试

在调试时遵循 DevOps 原则：你必须质疑一切，永远不要假设任何事情。对调试问题有用的一种技术是在不同环境中运行生产服务，或者在当前场景下，运行训练好的模型。容器化部署和容器通常提供了这种灵活性，其中在 Azure 生产中运行的东西可以在本地运行。当在本地运行一个容器（它是在生产中运行出现问题的同一个容器）时，除了查看日志之外，你还可以做更多的事情。本地调试（可能在你自己的机器上）是可以掌握和利用的巨大财产，这样会避免中断或灾难性的服务中断。我遇到过几种情况，唯一的选择是“登录到生产 Web 服务器以查看发生了什么”。这是非常有问题和危险的操作。

通过对事件和问题持怀疑态度，尝试复现问题至关重要。重现问题是解决问题的关键。有时，为了重现面向客户的产品，我重新安装操作系统，并在单独的环境中进行部署。开发人员开玩笑地使用“它在我的机器上是正常工作的”这句话，我敢打赌，它几乎总是正确的——但实际上，它没有任何意义。“质疑一切”的建议可以应用在这里：在不同环境（包括本地）中多次部署，并尝试复现。

尽管期望你必须在本地运行 Azure 的 Kubernetes 产品是不合理的，但 Python SDK 确实提供了公开（本地）Web 服务的工具，你可以在本地通过容器部署相同的生产级模型。我已经提到过这种方法的一些优点。尽管如此，还有另一个关键问题：除了你可以在运行时通过所有容器工具命令行检查容器之外，大多数 Python SDK API 将针对此本地部署工作。检索容器日志或进入容器内部检查环境等操作都是可行且无缝衔接的。

由于这些操作涉及容器化部署，因此需要在你的环境中安装并运行 Docker（*https://docker.com*）。

在本地运行服务需要几个步骤。首先，你必须将模型注册到当前目录中：

```
from azureml.core.model import Model

model = Model.register(
  model_path="roberta-base-11.onnx",
  model_name="roberta-base",
  description="Transformer-based language model for text generation.",
  workspace=ws)
```

接下来，创建一个环境，该环境安装模型在容器内运行所需的所有依赖。例如，如果需要 ONNX 运行时，则必须定义它：

```
from azureml.core.environment import Environment

environment = Environment("LocalDeploy")
environment.python.conda_dependencies.add_pip_package("onnx")
```

部署模型需要一个评分文件（通常命名为 *score.py*）。该脚本负责加载模型、定义该模型的输入，以及对数据进行评分。评分脚本始终特定于模型，并且没有一种通用的方法可以为所有模型编写统一的评分脚本。该脚本确实需要两个函数：`init()` 和 `run()`。

现在，创建一个推理配置，它将评分脚本和环境结合在一起：

```
from azureml.core.model import InferenceConfig

inference_config = InferenceConfig(
    entry_script="score.py",
   environment=environment)
```

现在将它们放在一起需要使用 Python SDK 中的 `LocalWebservice` 类将模型加载到本地容器中：

```
from azureml.core.model import InferenceConfig, Model
from azureml.core.webservice import LocalWebservice


# inference with previously created environment
inference_config = InferenceConfig(entry_script="score.py", environment=myenv)

# Create the config, assigning port 9000 for the HTTP API
deployment_config = LocalWebservice.deploy_configuration(port=9000)

# Deploy the service
service = Model.deploy(
  ws, "roberta-base",
  [model], inference_config,
  deployment_config)

service.wait_for_deployment(True)
```

启动模型将在后台使用一个容器，该容器将运行暴露在 `9000` 端口的 HTTP API。你不仅可以将 HTTP 请求直接发送到 `localhost:9000`，而且可以在运行时访问该容器。我的容器运行时没有在我的系统中准备好容器，但是运行代码来本地部署从 Azure 中拉取的所有内容：

```
Downloading model roberta-base:1 to /var/folders/pz/T/azureml5b/roberta-base/1
Generating Docker build context.
[...]
Successfully built 0e8ee154c006
Successfully tagged mymodel:latest
Container (name:determined_ardinghelli,
id:d298d569f2e06d10c7a3df505e5f30afc21710a87b39bdd6f54761) cannot be killed.
Container has been successfully cleaned up.
Image sha256:95682dcea5527a045bb283cf4de9d8b4e64deaf60120 successfully removed.
Starting Docker container...
Docker container running.
Checking container health...
Local webservice is running at http://localhost:9000
9000
```

现在部署完成了，我可以通过运行 docker 来验证它：

```
$ docker ps
CONTAINER ID        IMAGE               COMMAND
2b2176d66877        mymodel             "runsvdir /var/runit"

PORTS
8888/tcp, 127.0.0.1:9000->5001/tcp, 127.0.0.1:32770->8883/tcp
```

我进入容器并可以验证我的 *score.py* 脚本和模型是否都存在：

```
root@2b2176d66877:/var/azureml-app# find /var/azureml-app
/var/azureml-app/
/var/azureml-app/score.py
/var/azureml-app/azureml-models
/var/azureml-app/azureml-models/roberta-base
/var/azureml-app/azureml-models/roberta-base/1
/var/azureml-app/azureml-models/roberta-base/1/roberta-base-11.onnx
/var/azureml-app/main.py
/var/azureml-app/model_config_map.json
```

在尝试部署时，我遇到了 *score.py* 脚本的一些问题。部署过程立即出现错误，并给出了一些建议：

```
Encountered Exception Traceback (most recent call last):
  File "/var/azureml-server/aml_blueprint.py", line 163, in register
    main.init()
AttributeError: module 'main' has no attribute 'init'

Worker exiting (pid: 41)
Shutting down: Master
Reason: Worker failed to boot.
2020-11-19T23:58:11,811467402+00:00 - gunicorn/finish 3 0
2020-11-19T23:58:11,812968539+00:00 - Exit code 3 is not normal. Killing image.

ERROR - Error: Container has crashed. Did your init method fail?
```

在这种情况下，`init()` 函数需要接受一个参数，而我的示例不需要它。在本地调试和修改带有模型的本地部署容器非常有用，并且是在 Azure 上尝试部署之前快速迭代模型的不同设置和变更的绝佳方式。

8.7 Azure 机器学习管道

管道只不过是实现预期目标的各种步骤组合。如果你曾经使用过像 Jenkins（*https://jenkins.io*）这样的持续集成或持续发布平台，那么对任何“管道”工作流都会感到很熟悉。Azure 将其机器学习管道描述为非常适合三种不同的场景：机器学习、数据准备和应用程序编排。它们具有相似的设置和配置，同时使用不同的信息源和目标来完成其工作。

与大多数 Azure 产品一样，你可以使用 Python SDK 或 Azure ML Studio 来创建管道。正如我已经提到的，管道是实现目标的一系列步骤，如何编排这些步骤来得到最终的结果取决于你。例如，一个管道可能要处理数据，我们已经在本章中介绍了数据集，因此检索现有数据集以便创建管道步骤。在这个例子中，数据集成为 Python 脚本的输入，形成一个独特的管道步骤：

```
from azureml.pipeline.steps import PythonScriptStep
from azureml.pipeline.core import PipelineData
from azureml.core import Datastore

# bankmarketing_dataset already retrieved with `get_by_name()`
# make it an input to the script step
dataset_input = bankmarketing_dataset.as_named_input("input")

# set the output for the pipeline
output = PipelineData(
    "output",
    datastore=Datastore(ws, "workspaceblobstore"),
    output_name="output")

prep_step = PythonScriptStep(
    script_name="prep.py",
    source_directory="./src",
    arguments=["--input", dataset_input.as_download(), "--output", output],
    inputs=[dataset_input],
    outputs=[output],
    allow_reuse=True
)
```

Azure SDK 可能会经常更改，因此请务必查看微软 AzureML 官方文档（*https://oreil.ly/28JXz*）。

该示例使用了 `PythonScriptStep`，这是可用作管道步骤的许多不同步骤之一。请记住：管道都是关于实现目标的步骤，Azure 为 SDK 和 Azure ML Studio 中的不同类型的工作提供了不同的步骤。然而，这一步缺少一个关键部分：计算目标。但它已经包含了进行数据准备所需的几乎所有内容。首先，它使用数据集对象并调用 `as_named_input`，`PythonScriptStep` 将其作为参数。脚本步骤是一个 Python 类，但它试图表示一个命令行工具，因此参数使用了破折号，并且这些参数的值作为列表中的项目传入。这是你使用 SDK 检索先前创建的计算目标的方式：

```
from azureml.core.compute import ComputeTarget, AmlCompute
from azureml.core import Workspace

ws = Workspace.from_config()

# retrieve the compute target by its name, here a previously created target
# is called "mlops-target"
compute_target = ws.compute_targets["mlops-target"]
```

除了我们在本章中已经介绍过的计算目标，你还可以选择提供运行时配置，它允许设置环境变量来告诉 Azure 如何管理环境。例如，如果你想管理你的依赖而不是让 Azure 为你处理它，那么运行时配置将是实现此目的的方式。这是设置该特定选项的简化方法：

```
from azureml.core.runconfig import RunConfiguration

run_config = RunConfiguration()

# a compute target should be defined already, set it in the config:
run_config.target = compute_target

# Disable managed dependencies
run_config.environment.python.user_managed_dependencies = False
```

8.7.1 发布管道

我之前已经将 Jenkins 等持续集成系统与管道进行了比较：许多步骤协调工作来达到目标。但是，尽管像 Jenkins 这样的其他 CI/CD 系统也有这种能力，但实现起来非常棘手的一件事是将这些作业暴露在环境之外。Azure 有一种简单的方法来实现这一点，通过 Azure ML Studio 和 SDK 都可以。本质上，管道做的事情是通过 HTTP 来实现的，以便世界上任何地方的任何系统都可以访问管道并触发它。

那么可能性是无穷无尽的。你不再完全依赖 Azure 中的服务、管道和触发器。这样的话，你的管道步骤可以从其他地方开始，可能是在你公司封闭的内部环境中或在 GitHub 之类的公共源代码服务中。这是一个有趣的灵活性，因为它提供了更多的选择，并且云提供商的限制消失了。你不需要每次发布管道时都创建一个新管道。在尝试了解如何发布管道时，你可能会在文档中遇到此问题。在此示例中，检索先前的实验和运行以发布管道：

```
from azureml.core.experiment import Experiment
from azureml.pipeline.core import PipelineRun

experiment = Experiment(ws, "practical-ml-experiment-1")

# run IDs are unique, this one already exists
run_id = "78e729c3-4746-417f-ad9a-abe970f4966f"
pipeline_run = PipelineRun(experiment, run_id)

published_pipeline = pipeline_run.publish_pipeline(
    name="ONNX example Pipeline",
    description="ONNX Public pipeline", version="1.0")
```

现在你知道如何发布它，你可以通过 HTTP 与它交互。这些 API 端点需要身份认证，但 SDK 拥有获取发出请求所需的身份认证消息头所需的一切：

```
from azureml.core.authentication import InteractiveLoginAuthentication
import requests
```

```
interactive_auth = InteractiveLoginAuthentication()
auth_header = interactive_auth.get_authentication_header()

rest_endpoint = published_pipeline.endpoint
response = requests.post(
    rest_endpoint,
    headers=auth_header,
    json={"ExperimentName": "practical-ml-experiment-1"}
)


run_id = response.json().get('Id')
print(f"Pipeline run submitted with ID: {run_id}")
```

8.7.2 Azure 机器学习设计器

如果你倾向于使用图形化工具，那么 Azure 机器学习设计器是一个不错的选择，可以用其抽象出在 Azure 上构建机器学习项目的复杂性。训练模型的过程如下：

1. 登录到 Azure ML Studio。
2. 选择如图 8-11 所示的 Designer 界面。

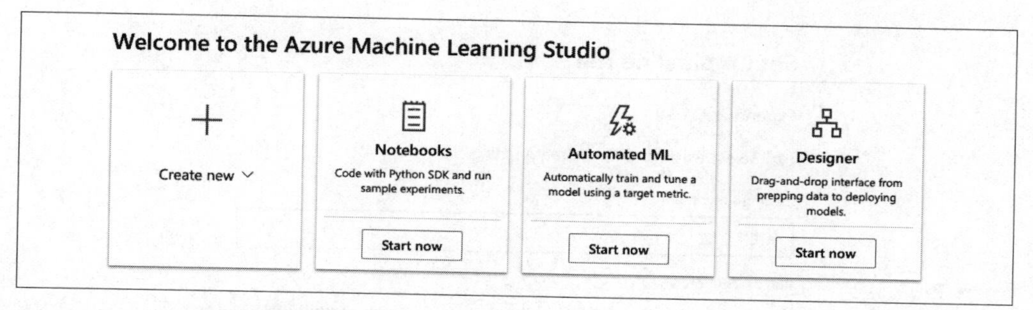

图 8-11：Azure 机器学习设计器

3. 选择一个示例项目进行探索，例如图 8-12 中的汽车价格预测回归项目。请注意，有许多示例项目可供探索，或者你可以从零开始构建你自己的机器学习项目。研究机器学习设计器示例项目的绝佳资源是官方微软 Azure 机器学习设计器文档（*https://oreil.ly/NJrfK*）。
4. 要运行该项目，请提交一个管道作业，如图 8-13 所示。

Azure 机器学习设计器可能看起来有点花哨，但它可以在理解 Azure ML Studio 生态系统的工作原理方面发挥重要作用。通过仔细检查研究示例项目，你可以接触到 Azure ML Studio 的所有基本方面，包括 AutoML、存储、计算集群和报告。接下来，让我们谈谈所有这些与 Azure 上的机器学习生命周期有何关系。

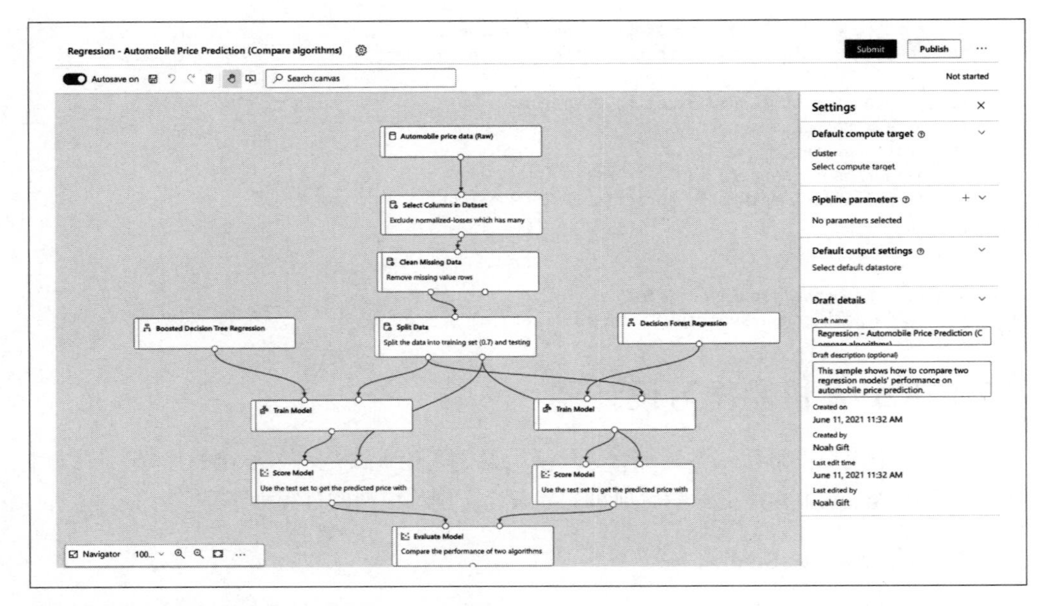

图 8-12：Azure 机器学习设计器汽车回归项目

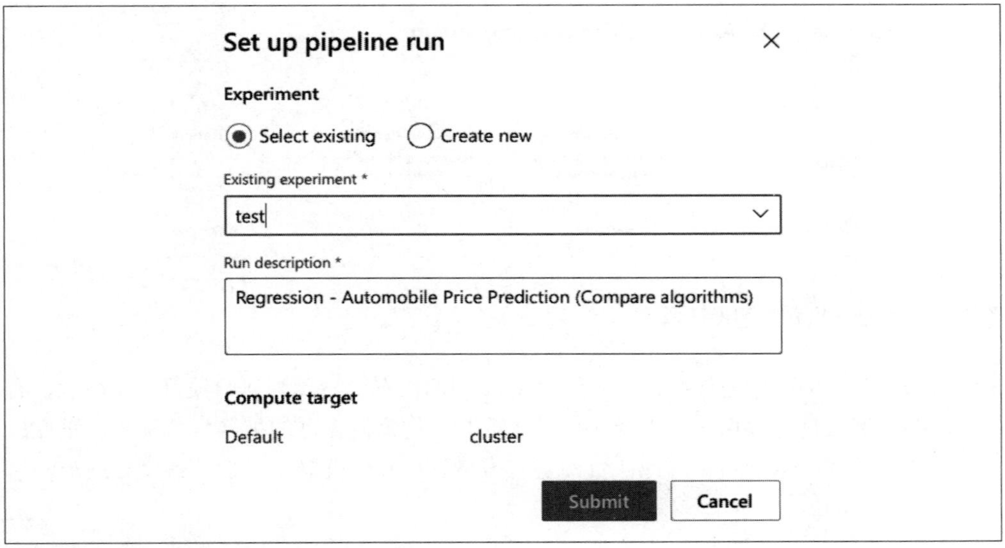

图 8-13：Azure 机器学习设计器任务提交

8.8 机器学习生命周期

最后，Azure 中的所有工具和服务都可以为模型生命周期提供帮助。这种方法并不完全是 Azure 特有的，但了解这些服务如何帮助你将模型投入生产非常有用。如图 8-14 所示，你从训练开始，这可以在 Notebook、AutoML 或 SDK 中进行。然后，你可以继续使用 Azure 设计器或 Azure ML Studio 本身进行验证。然后，可以使用 Kubernetes 进行规模化生产部署，同时关注 Application Insights 的问题。

图 8-14 试图表明这不是一个线性过程，并且贯穿模型投入到生产的整个过程的持续反馈循环，可能需要返回之前的步骤来解决模型中观察到的数据事件和其他一些常见问题。无论如何，反馈循环和不断调整对于健康的环境至关重要，单击启用监控或让 Kubernetes 自动处理扩展的复选框是不够的。无论是哪家云提供商，没有一致的评估，成功是不可能的。

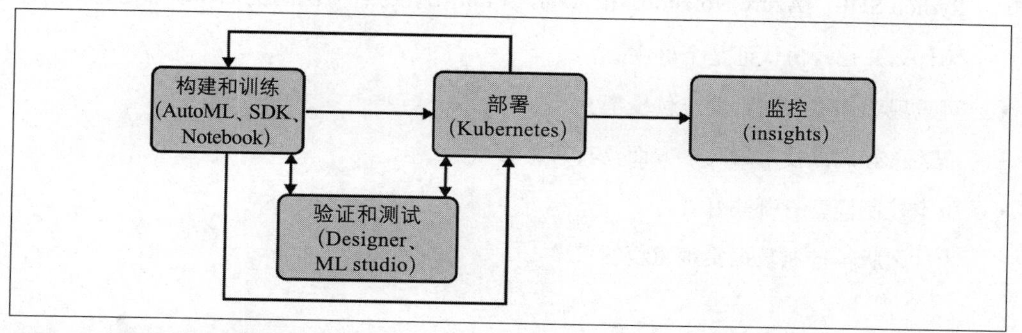

图 8-14：机器学习生命周期

8.9 小结

毫无疑问，Azure 已经在解决与操作机器学习相关的具有挑战性的问题，从注册和版本控制数据集到简化在可扩展集群上监控和部署实时推理模型。感觉这一切都相对较新，而且 Azure 作为整体在功能上仍在追赶其他云提供商——但这些都无关紧要。选择的平台（即使不是 Azure）必须可以轻松启用工作流，你必须利用可用的资源。你将在整本书中看到一些关于利用技术和避免使用尚未成熟的解决方案解决挑战的想法的重复和强调。技术复用将推动企业的发展。请记住，作为 MLOps 工程师，最重要的事情是将模型投入到生产环境，而不是重新开发云功能。

第 9 章将深入探讨谷歌云平台。

练习题

- 从公共源检索 ONNX 模型，并通过 Python SDK 将其注册在 Azure 上。
- 将模型部署到 ACI 并创建一个 Python 脚本，该脚本返回模型的响应，响应是通过 HTTP API 返回的。

- 使用 Azure 的 Python SDK 在本地部署容器，并生成一些用于实时推理的 HTTP 请求。
- 发布一个新管道，然后触发它。触发器应显示成功请求后 `run_id` 的输出。
- 通过从 Kaggle 获取数据集，使用 Python SDK 中的 Azure AutoML 训练模型。

独立思考和讨论

- 在 Azure 平台上训练模型的方法有很多种：Azure ML Studio Designer、Azure Python SDK、Azure Notebook 和 Azure AutoML。每种方法的优点和缺点是什么？
- 为什么开启身份认证是个好主意？
- 可重现的环境如何帮助交付模型？
- 描述良好调试技术的两个方面及其有用的原因。
- 版本控制模型有哪些好处？
- 为什么版本控制数据集很重要？

第9章

谷歌云平台的 MLOps

Noah Gift

最好的盆景老师既掌握了现实，又具有解释和启发的能力。约翰曾经说过："将这部分用金线固定，然后将其连接起来，这样它就会变干并形成漂亮的形状。""什么形状？"我问。"你决定，"他回答说，"不是我给你唱你的歌！"

——Joseph Bogen 博士

与竞争对手相比，谷歌云平台（GCP）是独一无二的。一方面，它很少以企业为中心；另一方面，它拥有世界一流的研发能力，创造了业界领先的技术，包括 Kubernetes 和 TensorFlow 等产品。谷歌云的另一个更独特的方面是通过 *https://edu.google.com* 为学生和工作专业人士提供的丰富的教育资源库。

接下来，让我们深入了解谷歌云，重点介绍使用它来执行 MLOps。

9.1 谷歌云平台概览

每个云平台都有优点和缺点，所以让我们从介绍谷歌云平台的三个主要缺点开始。首先，谷歌落后于 AWS 和微软 Azure，使用谷歌的一个缺点是它的认证从业者较少。在图 9-1 中，可以看到 2020 年 AWS 和 Azure 控制了超过 50% 的市场，而谷歌云不到 9%。因此，为谷歌云平台招聘人才更具挑战性。

其次，谷歌是哈佛教授 Shoshana Zuboff（*https://oreil.ly/le2OC*）所谓的监视资本主义的一部分，其中"硅谷和其他公司正在挖掘用户的信息来预测和塑造他们的行为"。因此，从理论上讲，技术监管可能会影响未来的市场份额。

最后，谷歌以糟糕的用户和客户体验而闻名，并且经常放弃 Google Hangouts 和 Google Plus 社交网络等产品。如果谷歌云在未来五年内仍然是第三好的选择，谷歌是否会停止使用谷歌云？

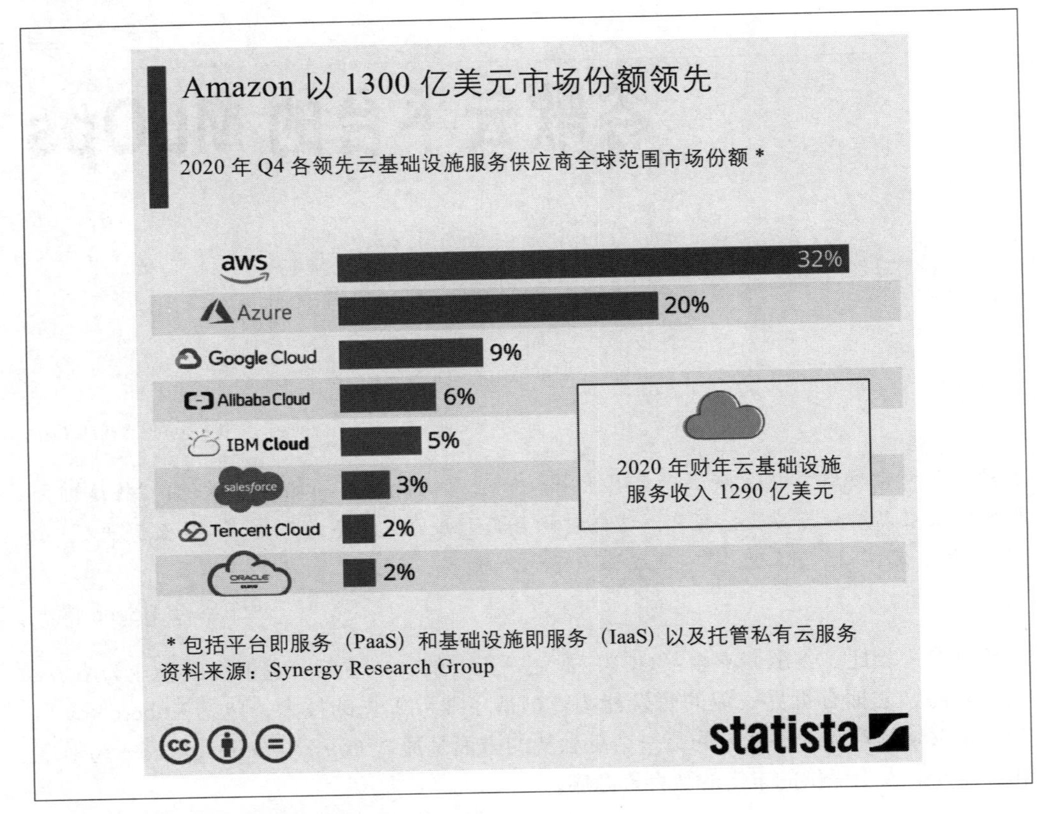

图 9-1：GCP Cloud 市场份额

虽然这些都是巨大的挑战，谷歌迅速解决导致这些缺点的文化问题是明智的，但由于其文化，谷歌平台有许多独特的优势。例如，虽然 AWS 和微软是面向客户服务的文化，拥有丰富的企业客户支持历史，但众所周知，谷歌对大多数产品都没有电话支持。相反，谷歌的文化侧重于激烈的“ leet code”式的面试，只“雇用最好的”人才。此外，研究和开发在“ planet-scale”上工作的令人麻木的复杂解决方案是它做得很好的事情。谷歌最成功的三个开源项目尤其展示了这种文化优势：Kubernetes、Go 语言和深度学习框架 TensorFlow。

最终，使用谷歌云的第一大优势可能是其技术非常适合多云战略。Kubernetes 和 Tensor Flow 等技术在任何云上都能很好地运行并被广泛采用。因此，对于希望检查与 AWS 或 Azure 的供应商关系的力量的大公司来说，使用谷歌云可能是一种对冲。此外，这些技术已被广泛采用，因此招聘需要 TensorFlow 专业知识的职位相对简单。

让我们来看看谷歌云的核心产品。这些服务分为四个清晰的类别：计算、存储、大数据和机器学习，如图 9-2 所示。

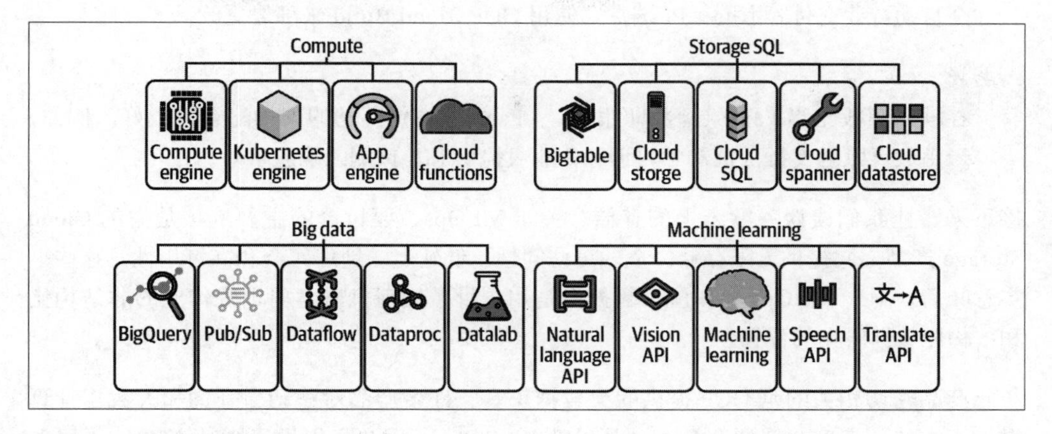

图 9-2：GCP 云服务

接下来，让我们定义谷歌云的主要组件，以计算开始：

计算引擎

与其他云提供商（特别是 AWS 和 Azure）一样，GCP 提供虚拟机即服务。计算引擎是一项服务，可让你在谷歌的基础架构上创建和运行虚拟机。也许最关键的一点是有许多不同的虚拟机，包括计算密集型、内存密集型、加速器优化型和通用型。此外，还有可抢占式虚拟机，最长可用时间为 24 小时，适用于批处理作业，最多可节省 80% 的存储成本。

作为 MLOps 从业者，使用合适的机器来完成手头的任务至关重要。成本在现实世界中确实很重要，准确预测成本的能力可以决定一家从事机器学习的公司的成败。例如，对于深度学习，使用 Accelerator Optimized 实例可能是最佳选择，因为它们可以利用 NVIDIA GPU 的额外大规模并行功能。另一方面，将这些实例用于无法利用 GPU 的机器学习训练将是非常浪费的。同样，为批量机器学习任务设计可抢占式虚拟机，组织可以节省高达 80% 的成本。

Kubernetes 引擎和 Cloud Run

由于谷歌创建并维护了 Kubernetes，因此其 GKE（Google Kubernetes Engine）对在 Kubernetes 上工作的支持非常出色。另外，Cloud Run 是一种高级服务，它抽象了运行容器的许多复杂性。对希望以简单方式部署容器化机器学习应用程序的组织而言，Cloud Run 是谷歌云平台的良好起点。

应用引擎

谷歌应用引擎是一个完全托管的 PaaS。你可以使用多种语言编写代码，包括 Node.

js、Java、Ruby、C#、Go、Python 或 PHP。MLOps 工作流可以使用应用引擎作为全自动持续交付管道的 API 端点，使用 GCP Cloud Build 来部署更改。

云函数

谷歌云函数充当 FaaS（函数即服务）。FaaS 与事件驱动的架构配合得很好。例如，云函数可以触发批量机器学习训练作业或提供 ML 预测以响应事件。

接下来，让我们谈谈谷歌云上的存储。关于 MLOps，要讨论的主要选项是它的 Cloud Storage 产品。它提供无限存储、全球可访问性、低延迟、地理冗余和高可用性。这些事实意味着，对于 MLOps 工作流，数据湖是用于批量处理机器学习训练作业的非结构化和结构化数据所在的位置。

与此产品密切相关的是 GCP 提供的大数据工具。许多产品对移动、查询和大数据计算提供了支持。最受欢迎的产品之一是谷歌 BigQuery，因为它提供了 SQL 接口、无服务器范式以及在平台内进行机器学习的能力。谷歌 BigQuery 是开始在 GCP 上进行机器学习的好地方，因为你可以通过这一个工具解决整个 MLOps 价值链。

最后，机器学习和 AI 功能在名为 Vertex AI 的产品进行了统一集成。谷歌这种方式的一个优势在于，它的目标是从一开始就成为 MLOps 解决方案。Vertex AI 的工作流程允许采用结构化的机器学习方法，包括以下内容：

- 数据集创建和存储。
- 训练 ML 模型。
- 在 Vertex AI 中存储模型。
- 将模型部署到端点以进行预测。
- 测试和创建预测请求。
- 对端点使用流量拆分。
- 管理 ML 模型和端点的生命周期。

根据谷歌的说法，这些能力影响了 Vertex AI 如何实现 MLOps，如图 9-3 所示。这七个组件的中心是数据和模型管理，它是 MLOps 的核心元素。

以上思考过程最终形成了谷歌端到端 MLOps 的设计构想，如图 9-4 所示。像 Vertex AI 这样的综合平台提供了一种管理 MLOps 的综合方法。

简而言之，基于 Vertex AI 和该系统的子组件（如谷歌 BigQuery），谷歌云平台上的 MLOps 非常简单。接下来，让我们更详细地了解 GCP 上的 CI/CD，这是 MLOps 的一个必不可少的基础组件。

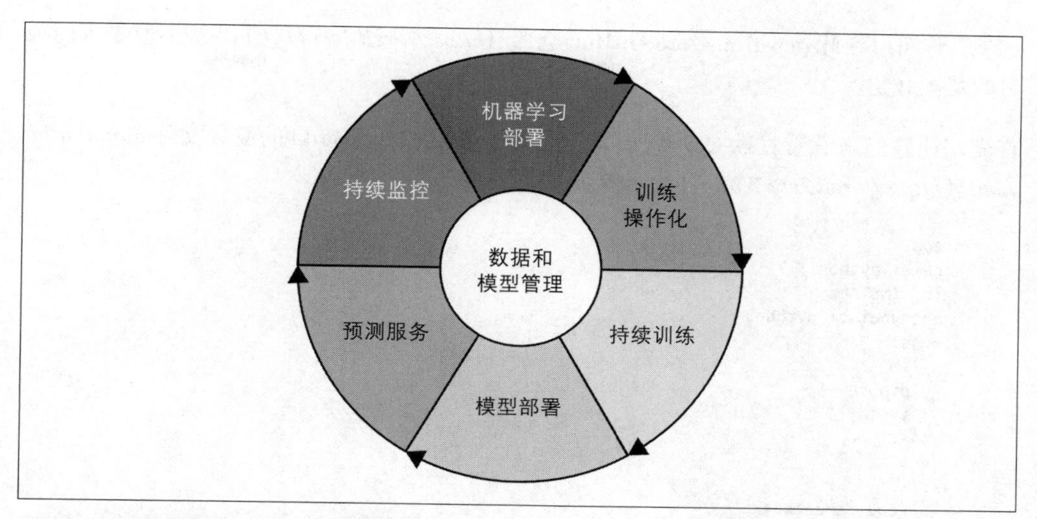

图 9-3：谷歌 MLOps 的七个核心组件

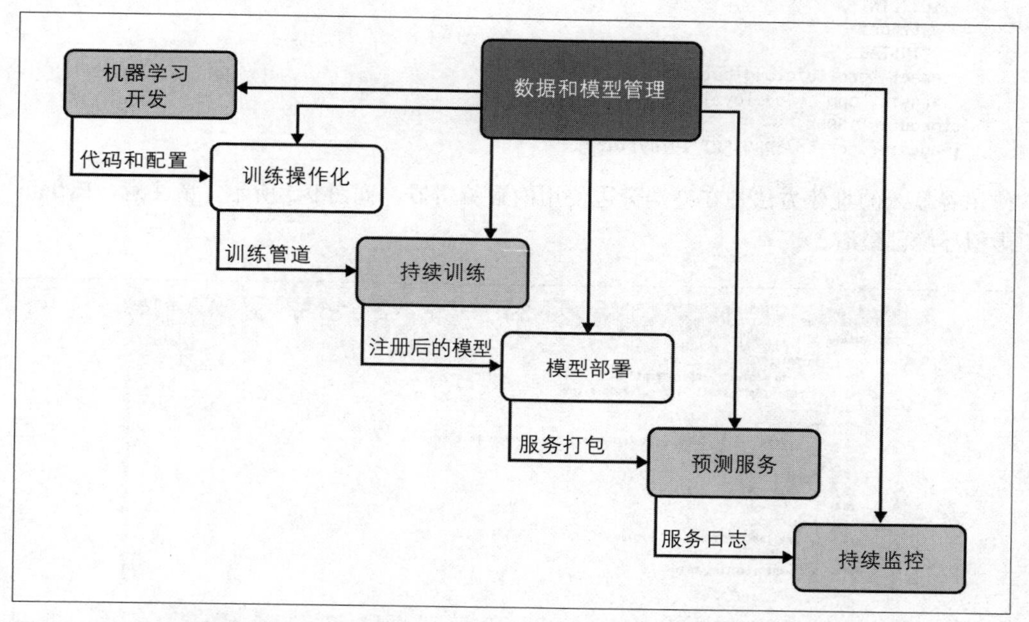

图 9-4：GCP 上端到端的 MLOps 流程

9.1.1 持续集成和持续交付

项目中最重要但又被忽视的领域之一涉及持续集成。测试是执行 DevOps 和 MLOps 的基本组成部分。对于 GCP，有两个主要的持续集成选项：使用 GitHub Actions 等 SaaS 产品或使用云原生解决方案 Cloud Build（*https://oreil.ly/oTafJ*）。让我们来看一下这两个选项。你可以在此 gcp-from-zero GitHub 仓库（*https://oreil.ly/34TQt*）中查看整个入门项目的基本介绍。

首先，让我们来看看谷歌 Cloud Build。以下是谷歌 Cloud Build 的配置文件 *cloudbuild.yaml*（*https://oreil.ly/wWbRS*）的示例：

```
steps:
- name: python:3.7
  id: INSTALL
  entrypoint: python3
  args:
  - '-m'
  - 'pip'
  - 'install'
  - '-t'
  - '.'
  - '-r'
  - 'requirements.txt'
- name: python:3.7
  entrypoint: ./pylint_runner
  id: LINT
  waitFor:
  - INSTALL
- name: "gcr.io/cloud-builders/gcloud"
  args: ["app", "deploy"]
timeout: "1600s"
images: ['gcr.io/$PROJECT_ID/pylint']
```

使用谷歌云的推荐方法是在终端旁边使用内置编辑器，如图 9-5 所示。请注意，Python 虚拟环境已激活。

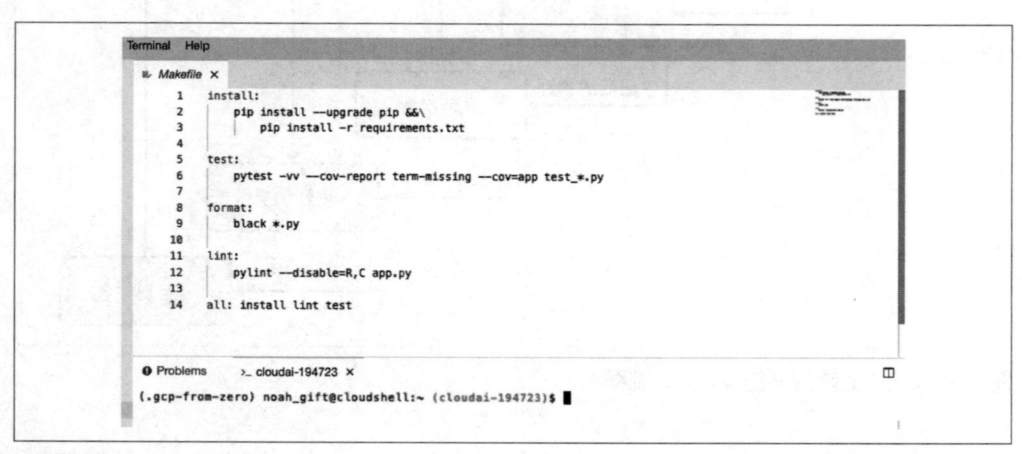

图 9-5：GCP 编辑器

一个要点是，与 GitHub Actions 相比，谷歌 Cloud Build 在测试和 linting 代码方面有点不太好用，但它确实使部署像谷歌应用引擎这样的服务变得容易。

现在让我们看看 GitHub Actions 是如何工作的。可以参考 *pythonpublish.yml* 配置文件（*https://oreil.ly/mJd0T*）：

```
name: Python application test with GitHub Actions

on: [push]

jobs:
  build:

    runs-on: ubuntu-latest

    steps:
    - uses: actions/checkout@v2
    - name: Set up Python 3.8
      uses: actions/setup-python@v1
  with:
    python-version: 3.8
- name: Install dependencies
  run: |
    make install
- name: Lint with pylint
  run: |
    make lint
- name: Test with pytest
  run: |
    make test
- name: Format code
  run: |
    make format
```

以上两种方法的一个重要区别在于，GitHub 专注于提供令人难以置信的开发人员体验，而 GCP 则专注于云体验。一种策略是使用 GitHub Actions 获取开发人员反馈，即 linting 和测试代码，并使用谷歌 Cloud Build 进行部署。

了解 GCP 上的 CI/CD 系统后，接下来让我们探索谷歌的核心计算技术 Kubernetes。

9.1.2 Kubernetes Hello World

理解 Kubernetes 的一种方式是将 Kubernetes 看作“迷你云”或“盒中云”。Kubernetes 允许创建近乎无限的复杂应用程序。Kubernetes 的一些功能使其成为 MLOps 的理想选择，主要包括：

- 高可用性架构
- 弹性伸缩
- 丰富的生态系统
- 服务发现
- 容器健康管理

- 秘密和配置管理
- Kubeflow（基于 Kubernetes 的端到端 ML 平台）

从图 9-6 可以看出，基于 Kubernetes 核心架构，Kubeflow 可对从 TensorFlow 到 Scikit-Learn 的 ML 框架进行协调、调度。最后，如前所述，Kubernetes 可以在许多云或你自己的数据中心中运行。

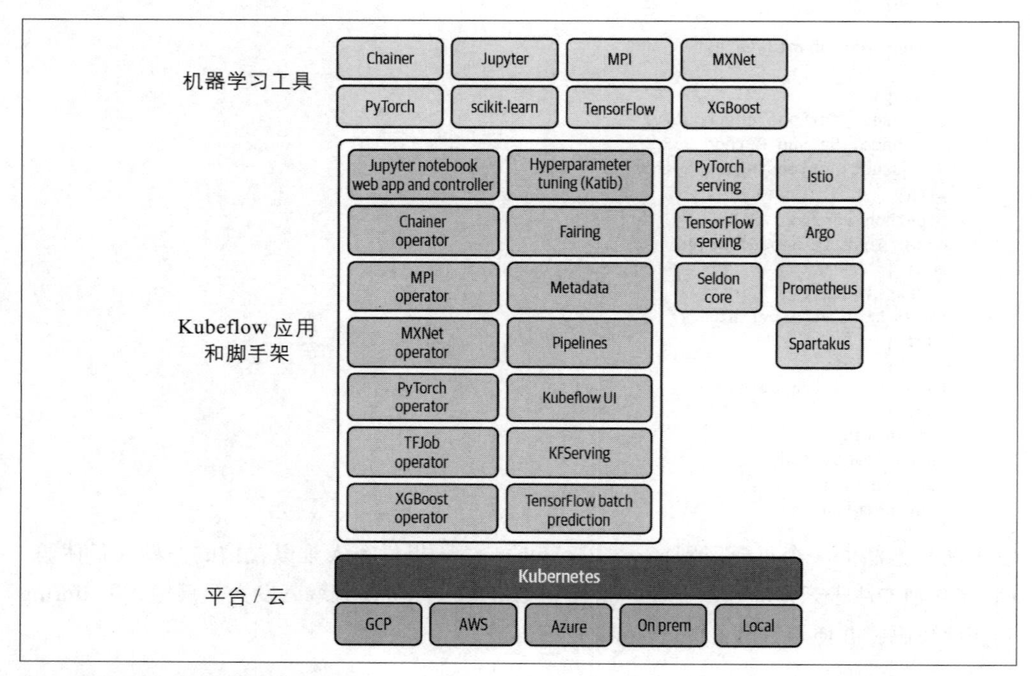

图 9-6：Kubeflow 架构图

如图 9-7 所示，Kubernetes 架构图中展示了 Kubernetes 涉及的核心操作，包括：

- 创建 Kubernetes 集群。
- 将应用程序部署到集群中。
- 暴露应用程序端口。
- 扩展应用程序。
- 更新应用程序。

如图 9-8 所示，Kubernetes 层次结构展示了一个 Kubernetes 控制节点，该节点管理包含一个或多个容器的其他节点。

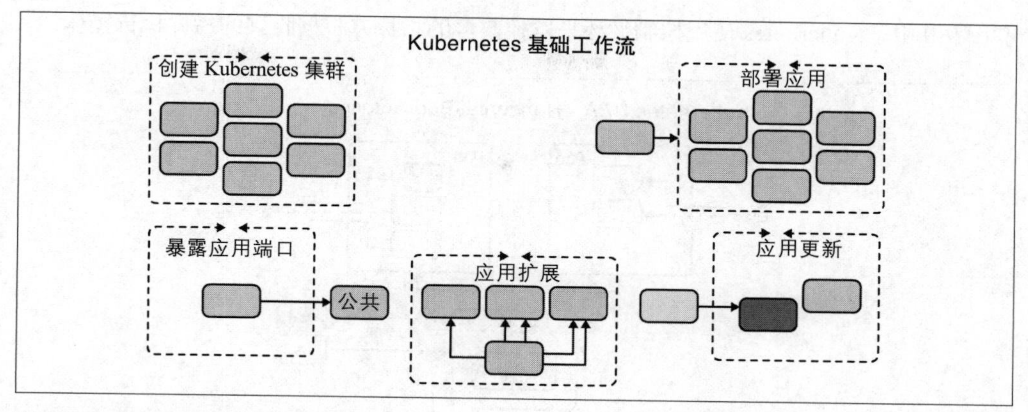

图 9-7：Kubernetes 基础

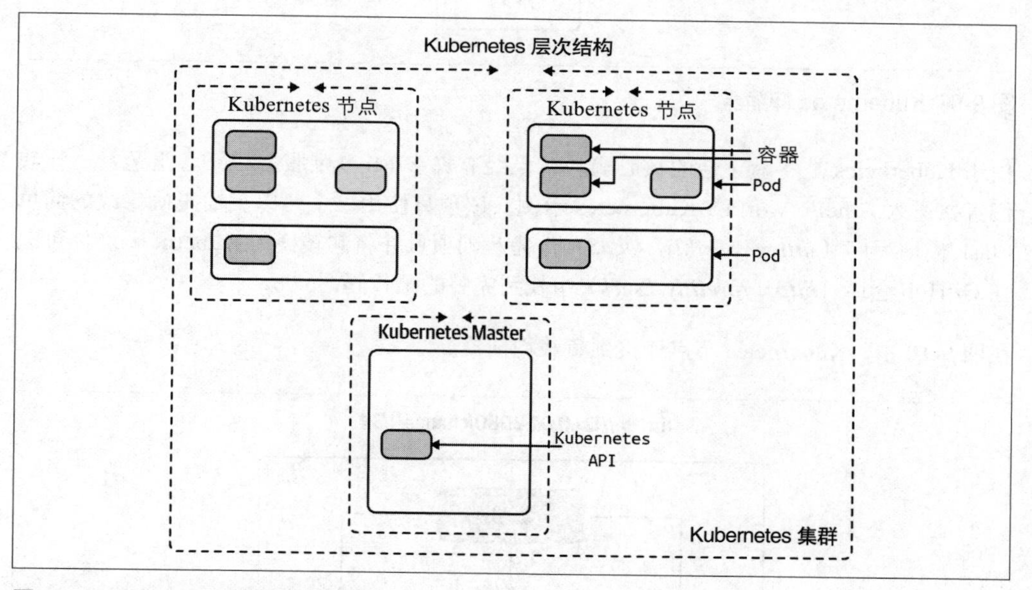

图 9-8：Kubernetes 层次结构

主要有两种方法：设置本地集群（最好使用 Docker Desktop）或提供云集群：亚马逊、谷歌、微软分别通过 Amazon EKS、Google Kubernetes Engine GKE、Azure Kubernetes Service（AKS）提供集群。

Kubernetes 的“杀手级”功能之一是能够通过 Horizontal Pod Autoscaler（HPA）设置弹性伸缩。Kubernetes HPA 将弹性伸缩复制 controller（控制器）、deployment（部署）或 replica set（副本集）中的 Pod 数量（请注意，它们可以包含多个容器）。弹性伸缩使用了 Kubernetes Metrics Server 中定义的 CPU 利用率、内存或自定义指标。

在图 9-9 中，Kubernetes 使用控制循环来监控集群的指标并根据收到的指标执行操作。

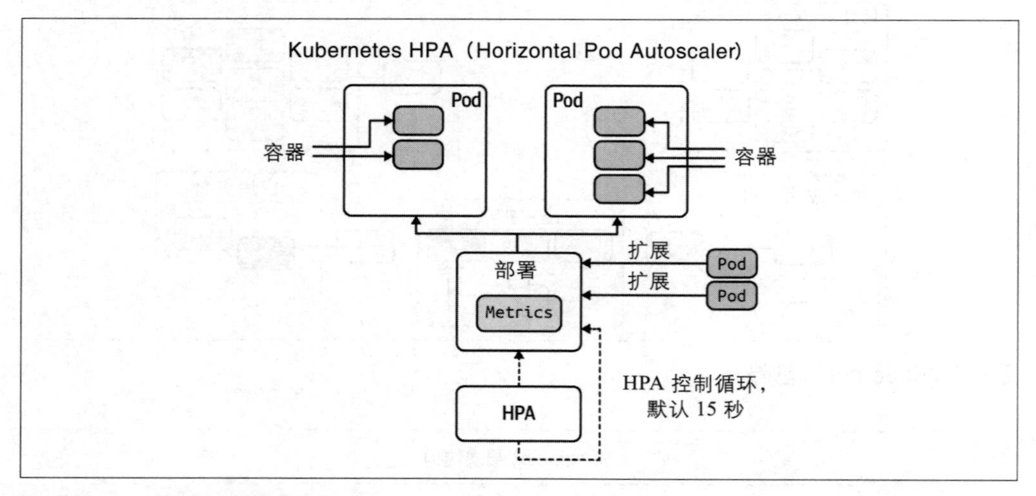

图 9-9：Kubernetes 伸缩器

由于 Kubernetes 是谷歌平台的核心优势，已经有许多 MLOps 服务在平台上运行，让我们直接进入"hello world"Kubernetes 示例。该项目使用一个可以反馈正确修改的简单 Flask 应用程序（*https://oreil.ly/sOcdS*）作为基础项目并将其转换为 Kubernetes。你可以在 GitHub 仓库（*https://oreil.ly/ISgrh*）中找到完整的源代码。

在图 9-10 中，Kubernetes 节点连接到负载均衡器。

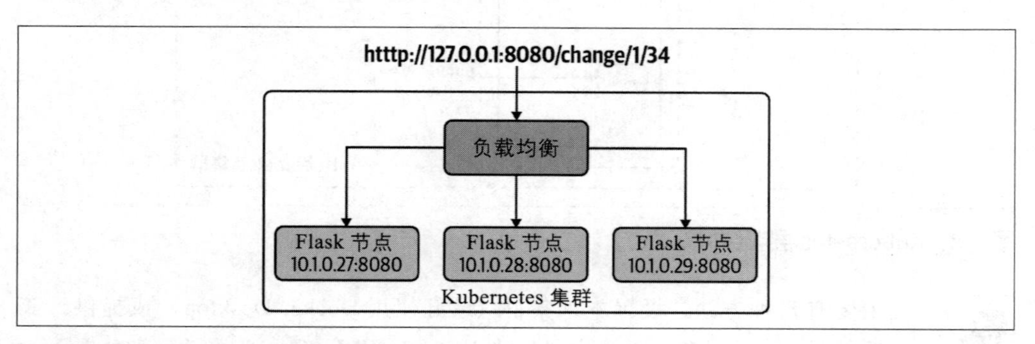

图 9-10：Kubernetes hello world 示例

让我们看看 GitHub 仓库中的主要内容。

- *Makefile*（*https://oreil.ly/HSX9G*）：构建项目
- *Dockerfile*（*https://oreil.ly/2Znkk*）：容器配置
- *app.py*（*https://oreil.ly/G2Tjt*）：Flask 应用程序

- *kube-hello-change.yaml*（*https://oreil.ly/BCARa*）：Kubernetes YAML 配置

首先，请执行以下步骤：

1. 创建 Python 虚拟环境：

```
python3 -m venv ~/.kube-hello && source ~/.kube-hello/bin/activate
```

2. 运行 `make all` 以执行多个构建步骤，包括安装库、检查项目和运行测试。

接下来，构建并运行一个 Docker 容器：

1. 安装 Docker Desktop（*https://oreil.ly/oUB0E*）。
2. 在本地构建镜像，请执行以下操作：

   ```
   docker build -t flask-change:latest .
   ```

   或执行 `make build`，它具有相同的命令。
3. 验证容器，执行 `docker image ls`。
4. 运行容器，请执行以下操作：

   ```
   docker run -p 8080:8080 flask-change
   ```

   或执行 `make run`，它们具有相同作用。
5. 在另一个单独的终端中，通过 `curl` 调用 Web 服务，或执行 `make invoke`，它们具有相同作用：

   ```
   curl http://127.0.0.1:8080/change/1/34
   ```

   以下是输出结果：

   ```
   $ kubectl get nodes
   [
     {
       "5": "quarters"
     },
     {
       "1": "nickels"
     },
     {
       "4": "pennies"
     }
   ]
   ```

6. 执行 Ctrl+C 命令，终止 Docker 容器运行。

使用经过认证的容器

Docker 工作流程对开发人员的优势之一是使用来自“官方”开发团队的经过认证的容器。在此工作流中，开发人员使用由核心 Python 开发者开发的官方 Python 基础镜像。此步骤使用 FROM 语句加载先前创建的容器镜像。

当开发人员更改 Dockerfile 时，他们会在本地进行测试，然后将更新推送到私有 Docker Hub 仓库。例如，在图 9-11 中，镜像更新可以通过部署过程提供给云或其他开发人员。

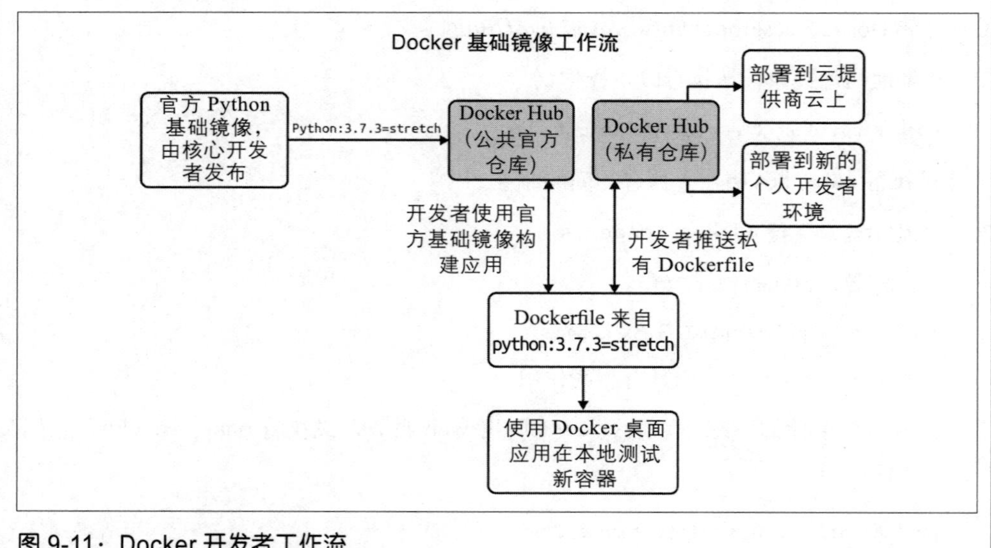

图 9-11：Docker 开发者工作流

接下来，在本地运行 Kubernetes：

1. 通过 docker-desktop 上下文验证 Kubernetes 是否正常运行：

```
(.kube-hello) ➜ kubernetes-hello-world-python-flask git:(main) kubectl \
get nodes

NAME             STATUS   ROLES    AGE   VERSION
docker-desktop   Ready    master   30d   v1.19.3
```

2. 使用以下命令在 Kubernetes 中运行应用程序，它告诉 Kubernetes 设置负载均衡服务并运行它：

```
kubectl apply -f kube-hello-change.yaml
```

或执行 make run-kube，它们具有相同作用。

你可以从配置文件中看到负载均衡器和三个节点是配置的应用程序：

```
apiVersion: v1
kind: Service
metadata:
  name: hello-flask-change-service
spec:
  selector:
    app: hello-python
  ports:
  - protocol: "TCP"
    port: 8080
    targetPort: 8080
  type: LoadBalancer

---
apiVersion: apps/v1
kind: Deployment
metadata:
  name: hello-python
spec:
  selector:
    matchLabels:
      app: hello-python
  replicas: 3
  template:
    metadata:
      labels:
        app: hello-python
    spec:
      containers:
      - name: flask-change
        image: flask-change:latest
        imagePullPolicy: Never
        ports:
        - containerPort: 8080
```

3. 验证容器是否正常运行：

```
kubectl get pods
```

以下是输出结果：

```
NAME                              READY   STATUS    RESTARTS   AGE
flask-change-7b7d7f467b-26htf     1/1     Running   0          8s
flask-change-7b7d7f467b-fh6df     1/1     Running   0          7s
flask-change-7b7d7f467b-fpsxr     1/1     Running   0          6s
```

4. 查看负载均衡服务详情：

```
kubectl describe services hello-python-service
```

你应该可以看到类似下面的输出结果：

```
Name:                     hello-python-service
Namespace:                default
Labels:                   <none>
Annotations:              <none>
Selector:                 app=hello-python
Type:                     LoadBalancer
IP Families:              <none>
IP:                       10.101.140.123
IPs:                      <none>
LoadBalancer Ingress:     localhost
Port:                     <unset>  8080/TCP
TargetPort:               8080/TCP
NodePort:                 <unset>  30301/TCP
Endpoints:                10.1.0.27:8080,10.1.0.28:8080,10.1.0.29:8080
Session Affinity:         None
External Traffic Policy:  Cluster
Events:                   <none>
```

5. 通过 `curl` 命令触发端点服务：

   ```
   make invoke
   ```

   接下来，执行 `make invoke` 命令来查询微服务。

   以下是执行操作后的输出结果：

   ```
   curl http://127.0.0.1:8080/change/1/34
   [
     {
       "5": "quarters"
     },
     {
       "1": "nickels"
     },
     {
       "4": "pennies"
     }
   ]
   ```

要清理部署，请执行 `kubectl delete deployment hello-python`。

本基础教程之外的下一步是使用 GKE（Google Kubernetes Engine）、谷歌 Cloud Run（容器即服务）或 Vertex AI 来部署机器学习端点服务。你可以使用 Python MLOps Cookbook 仓库（*https://oreil.ly/EYAvj*）作为执行此操作的基础。Kubernetes 技术是构建 ML 驱动的 API 的极好基础，如果你从一开始就在 GCP 上使用 Docker 格式的容器，则有许多可用选项。

抛开 GCP 基础知识，让我们讨论一下像谷歌 BigQuery 这样的云原生数据库如何在采用 MLOps 方面大有作为。

9.1.3 云原生数据库选型和设计

出于以下几个原因，谷歌 BigQuery 是谷歌云平台上极佳的几个产品之一。一个原因是它很容易上手，另一个原因是广泛普及的公开可用数据库。这个 Reddit 页面（*https://oreil.ly/2FdDK*）上提供了一个很好的谷歌 BigQuery 开放数据集列表。最后，从 MLOps 的角度来看，谷歌 BigQuery 的“杀手级”功能之一是能够在谷歌 BigQuery 平台内训练和托管 ML 模型。

从图 9-12 可以看出，谷歌 BigQuery 是 MLOps 管道的中心，该管道可以将产品导出到商业智能和机器学习工程，包括 Vertex AI。由于公共数据集、流式 API 和谷歌 Dataflow 产品等 DataOps（数据操作化）输入，此 MLOps 工作流成为可能。谷歌 BigQuery 内联执行机器学习这一事实简化了大数据集的处理。

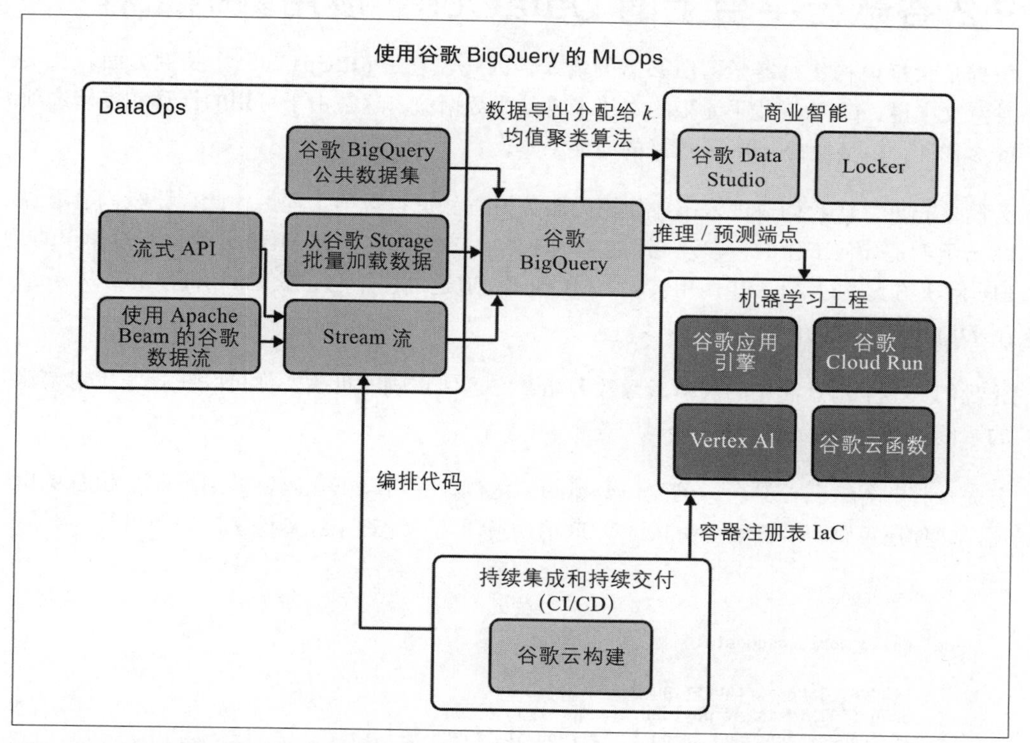

图 9-12：谷歌 BigQuery MLOps 工作流

此工作流的示例如图 9-13 所示，在谷歌 BigQuery 中进行 ML 建模后，可以将结果导出到谷歌 Data Studio。该 k 均值聚类分析工件从 BigQuery 创建，如以下可共享报告（*https://oreil.ly/JcpbT*）所示。

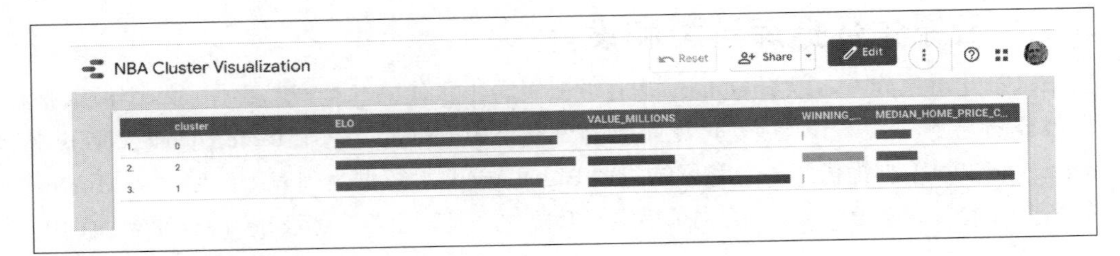

图 9-13：谷歌 Data Studio *k* 均值聚类

作为在 GCP 平台上进行 MLOps 的起点，由于平台的灵活性，BigQuery 是最佳选择。接下来讨论一下 GCP 平台上的 DataOps 和应用数据工程。

9.2 谷歌云平台上的 DataOps：应用数据工程

数据是大规模构建机器学习所必需的输入，因此，它是 MLOps 的一个关键方面。从某种意义上说，GCP 有几乎无限的方法来自动化数据流。这是由于可用的计算和存储选项的多样性，包括像 Dataflow 这样的高级工具。

为简单起见，让我们通过云函数使用无服务器方法进行数据工程。为此，让我们看看谷歌云函数是如何工作的，以及它们是如何起到 ML 解决方案和 MLOps 管道双重作用的。ML 解决方案通过 AI API 调用实现，MLOps 管道通过使用与谷歌 Pub/Sub（*https://oreil.ly /DKj58*）交互的云函数实现。

让我们从一个刻意简化的谷歌云函数开始，它返回正确的更改。你可以在此处找到完整的示例（*https://oreil.ly/MFmyg*）。

首先，打开谷歌云控制台，创建一个新的云函数，并将以下代码粘贴到里面，如图 9-14 所示。你还可以将“需要身份认证”“取消切换”为“允许未经身份认证的调用”。

```
import json

def hello_world(request):

    request_json = request.get_json()
    print(f"This is my payload: {request_json}")
    if request_json and "amount" in request_json:
        raw_amount = request_json["amount"]
        print(f"This is my amount: {raw_amount}")
        amount = float(raw_amount)
        print(f"This is my float amount: {amount}")
    res = []
    coins = [1, 5, 10, 25]
    coin_lookup = {25: "quarters", 10: "dimes", 5: "nickels", 1: "pennies"}
    coin = coins.pop()
    num, rem = divmod(int(amount * 100), coin)
```

```
    res.append({num: coin_lookup[coin]})
    while rem > 0:
        coin = coins.pop()
        num, rem = divmod(rem, coin)
        if num:
            if coin in coin_lookup:
                res.append({num: coin_lookup[coin]})
    result = f"This is the res: {res}"
    return result
```

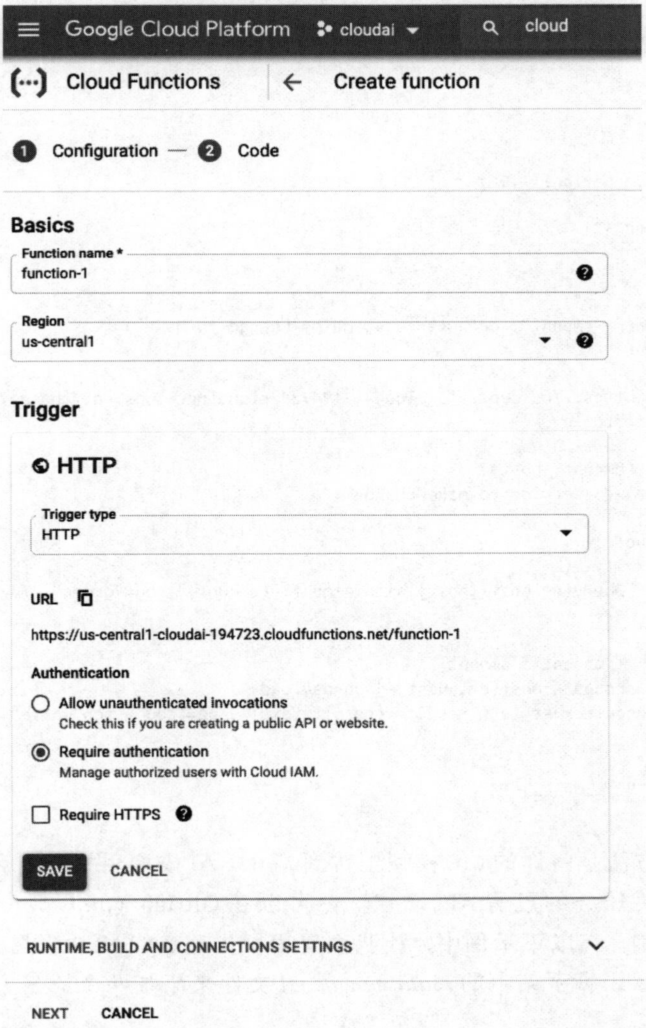

图 9-14：谷歌云函数

通过执行以下 gcloud 命令行触发：

```
gcloud functions call changemachine --data '{"amount":"1.34"}'
```

如果通过 curl 命令触发，你可以执行以下命令：

```
curl -d '{
    "amount":"1.34"
}'     -H "Content-Type: application/json" -X POST <trigger>/function-3
```

另一种方法是构建一个命令行工具来触发你的端点：

```
#!/usr/bin/env python
import click
import requests


@click.group()
@click.version_option("1.0")
def cli():
    """Invoker"""


@cli.command("http")
@click.option("--amount", default=1.34, help="Change to Make")
@click.option(
    "--host",
    default="https://us-central1-cloudai-194723.cloudfunctions.net/change722",
    help="Host to invoke",
)
def mkrequest(amount, host):
    """Asks a web service to make change"""

    click.echo(
        click.style(
            f"Querying host {host} with amount: {amount}", bg="green", fg="white"
        )
    )
    payload = {"amount": amount}
    result = requests.post(url=host, json=payload)
    click.echo(click.style(f"result: {result.text}", bg="red", fg="white"))


if __name__ == "__main__":
    cli()
```

最后，另一种方法是将你的 ML 模型上传到 Vertex AI 或调用执行计算机视觉、NLP 或其他 ML 相关任务的已有 API 端点。你可以在 GitHub（*https://oreil.ly/P7JsE*）上找到完整的示例。在以下示例中，让我们使用预先存在的 NLP API。你还需要通过编辑包含在谷歌云脚手架中的 *requirements.txt* 文件来添加两个第三方库（如图 9-15 所示）。

在 Google Cloud Shell Console 中将以下代码粘贴至 *main.py* 文件的函数中。

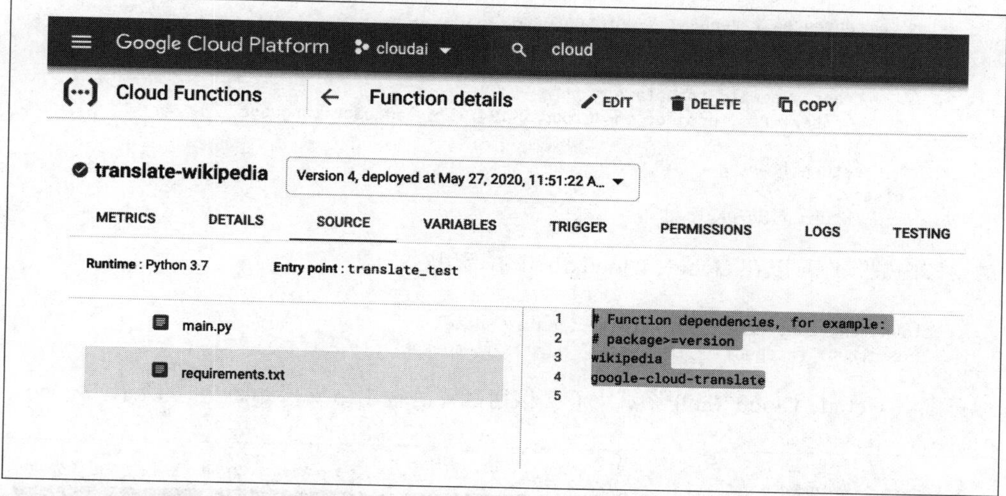

图 9-15：添加 requirements

```
import wikipedia

from google.cloud import translate


def sample_translate_text(
    text="YOUR_TEXT_TO_TRANSLATE", project_id="YOUR_PROJECT_ID", language="fr"
):
    """Translating Text."""

    client = translate.TranslationServiceClient()

    parent = client.location_path(project_id, "global")

    # Detail on supported types can be found here:
    # https://cloud.google.com/translate/docs/supported-formats
    response = client.translate_text(
        parent=parent,
        contents=[text],
        mime_type="text/plain",  # mime types: text/plain, text/html
        source_language_code="en-US",
        target_language_code=language,
    )
    print(f"You passed in this language {language}")
    # Display the translation for each input text provided
    for translation in response.translations:
        print("Translated text: {}".format(translation.translated_text))
    return "Translated text: {}".format(translation.translated_text)
def translate_test(request):
    """Takes JSON Payload {"entity": "google"}"""
    request_json = request.get_json()
    print(f"This is my payload: {request_json}")
    if request_json and "entity" in request_json:
        entity = request_json["entity"]
        language = request_json["language"]
```

```
        sentences = request_json["sentences"]
        print(entity)
        res = wikipedia.summary(entity, sentences=sentences)
        trans = sample_translate_text(
            text=res, project_id="cloudai-194723", language=language
        )
        return trans
    else:
        return f"No Payload"
```

触发该函数，你可以在 Google Cloud Shell 中调用它：

```
gcloud functions call translate-wikipedia --data\
 '{"entity":"facebook", "sentences": "20", "language":"ru"}'
```

你可以在 Google Cloud Shell 终端中看到俄语翻译的输出结果，如图 9-16 所示：

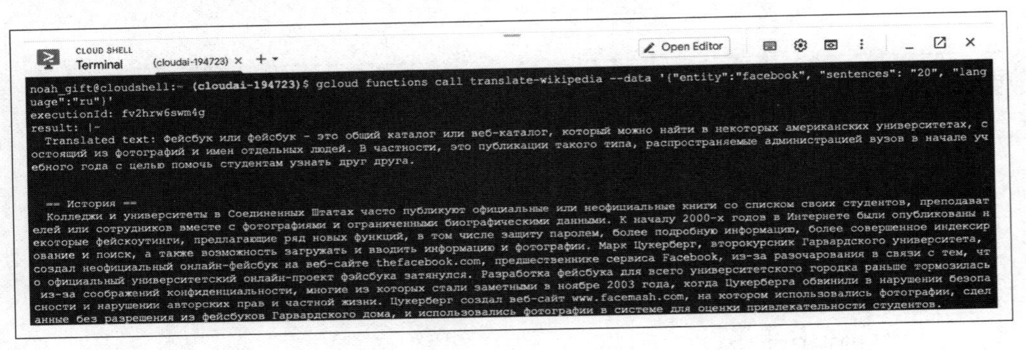

图 9-16：翻译

对于数据工程工作流的原型设计，没有比谷歌云函数这样的无服务器技术更快的方法。我的建议是使用无服务器技术解决初始数据工程工作流，并在必要时转向更复杂的工具。

一个重要的注意事项是 Vertex AI 平台添加了许多额外的数据工程和 ML 工程组件，以增强更大的项目。特别是，使用可解释 AI、跟踪模型质量和使用特征存储的能力是综合 MLOps 解决方案的重要组成部分。接下来让我们深入研究这些选项。

9.3 机器学习模型运维

如今，每个主流的云平台都有一个 MLOps 平台。在 GCP 上，该平台是 Vertex AI，并集成了它多年来开发的许多独立服务，包括 AutoML 技术。MLOps 平台的一些基本组件包括特征存储、可解释性 AI 和模型质量跟踪。如果在一家大公司启动一个 MLOps 项目，在 GCP 上 Vertex AI 平台将是首选，就像 AWS 上的 SageMaker 或 Azure 上的 Azure ML Studio。

另一种选择是将组件用作独立的解决方案，以在 GCP 平台上操作 ML 模型。要使用的一项服务是预测服务（*https://oreil.ly/7cWEV*），用于部署模型然后接受请求。

例如，你可以使用类似于以下的命令测试本地 sklearn 模型：

```
gcloud ai-platform local predict --model-dir\
  LOCAL_OR_CLOUD_STORAGE_PATH_TO_MODEL_DIRECTORY/ \
--json-instances LOCAL_PATH_TO_PREDICTION_INPUT.JSON \
--framework NAME_OF_FRAMEWORK
```

稍后，你可以创建一个端点，然后从本章前面显示的示例中调用该端点，例如谷歌云函数、Google Cloud Run 或谷歌应用引擎。

让我们以该仓库（*https://oreil.ly/2vC8t*）中示例为起点来看看在 GCP 云上谷歌应用引擎项目是怎样的。请注意 GCP 上持续交付的核心架构。首先，创建一个新的谷歌应用引擎项目，如图 9-17 中“轻量级”MLOps 工作流程所示。

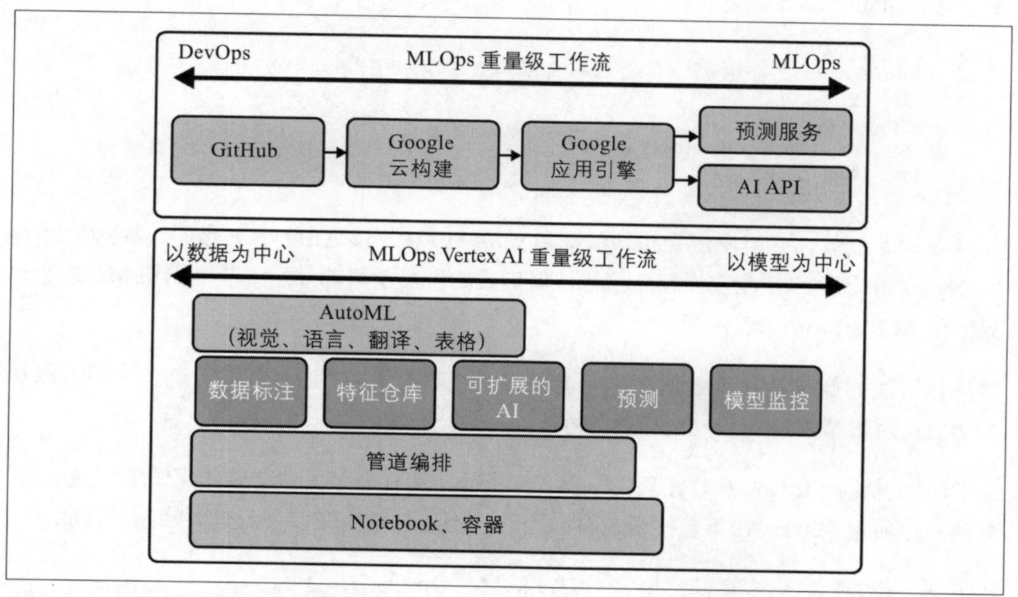

图 9-17：MLOps 轻量级、重量级工作流对比

请注意，此轻量级工作流允许以透明且直接的方式部署 ML 模型，但如果项目需要特征展示的功能（如可解释人工智能），“重量级”工作流可能会带来巨大的价值。

接下来，打开 Cloud Build API 开关，如图 9-18 所示。

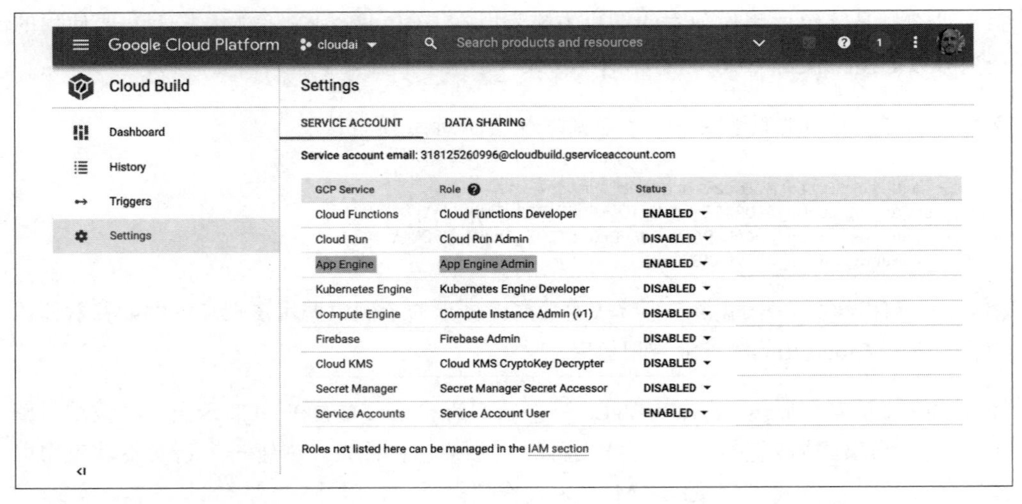

图 9-18：Cloud Build

该 *cloudbuild.yaml* 文件仅需一个部署命令：

```
steps:
- name: "gcr.io/cloud-builders/gcloud"
  args: ["app", "deploy"]
timeout: "1600s"
```

其他要求是 *app.yaml*、*requirements.txt* 和 *main.py*，都可以在此示例仓库（*https://oreil.ly/YAy6c*）中找到。使此应用程序执行任何形式的机器学习的最后一步是调用 ML/AI API 或使用 AI Platform 端点托管。

该简化方法的优点是，最多两个小时就可以轻松设置完整的 MLOps 管道。你还可以从 AI API、预测服务和 AutoML 端点中挑选。

在 GCP 上执行 MLOps 有“轻量级”和“重量级”两种方法。这个例子探索了“轻量级”方法，但使用 Vertex AI 平台技术是有好处的，因为它包括许多企业想要的高级功能。

接下来，让我们总结本章并讨论将 GCP 用于 MLOps 的后续步骤。

9.4 小结

像 Vertex AI 这样的 MLOps 技术的需要说明的最后一点是，它们比大多数组织能更好地自己解决一个复杂的问题。我记得和某研究实验室的人交谈过，他们吹嘘说云计算被高估了，因为他们有大量的 GPU。大量 GPU 无法为你提供像这些平台这样的平台服务。这种说法是对企业软件和初创公司运作方式的根本误解。比较优势对早期初创企业和《财富》500 强公司都至关重要。不要构建比你用微不足道的成本可以买到的东西更糟糕的东西。

我建议将本章中的所有内容应用到最终的机器学习项目中，该项目包括在 GCP 上构建云原生 ML 应用程序。该项目应该使你能够创建使用现代技术设计的现实可行的解决方案。

在开始之前，请确保你阅读了 Sculley 等（2015）的论文，该论文讨论了机器学习（ML）系统中的技术债务（*https://oreil.ly/d8jrl*）。你的项目可能会受益于使用来自谷歌 BigQuery 数据集的公共数据。或者，如果使用 AutoML，数据可以是示例数据或自定义数据。

主要想法是创建一个投资组合项目，展示你在 GCP 上进行 ML 工程的能力。以下是需要考虑的建议项目要求：

- 存储在 GitHub 中的源代码
- 来自 CircleCI 的持续部署
- 存储在 GCP（BigQuery、Google Cloud Storage 等）中的数据
- 创建和提供 ML 预测（AutoML、BigQuery、AI 平台等）
- 云原生监控
- 谷歌应用引擎通过带有 JSON 负载的 REST API 提供 HTTP 请求
- 使用 Google Cloud Build 部署到 GCP 环境

以下是要添加到最终项目要求清单中的一些项目：

- 应用程序能否进行 ML 推理？
- 是否有单独的环境？
- 是否有全面的监控和警报？
- 是否使用了正确的数据存储？
- 最低安全性原则是否适用？
- 数据在传输过程中是否加密？

你可以在官方代码仓库（*https://oreil.ly/hJkDx*）中看到一些最近的学生完成的项目和顶级数据科学项目。这些项目为你可以构建的内容提供了参考框架，我也欢迎你将来提交拉取请求以添加你的项目。

- Jason Adams：使用 Kubernetes 进行 FastAPI 情绪分析（*https://oreil.ly/5Omf3*）。
- James Salafatinos：Tensorflow.js 实时图像分类（*https://oreil.ly/ rs4QQ*）。

- Nikhil Bhargava：运动鞋价格预测（*https://oreil.ly/MjU7H*）。
- 新冠病毒预测：COVID Predictor（*https://oreil.ly/Wm8UF*）。
- 工作缺勤（*https://oreil.ly/Rrh6S*）。

第 10 章将讨论机器学习互操作性及其如何独特地解决了从不同平台、技术和模型格式中出现的 MLOps 问题。

练习题

- 使用 Google Cloud Shell 编辑器，使用 Makefile、linting 和测试创建一个带有必要 Python 脚手架的新 GitHub 仓库。在 Makefile 中添加诸如代码格式化之类的步骤。
- 在谷歌云上创建一个“ hello world”管道，该管道调用基于 Python 的谷歌应用引擎项目并以 JavaScript Object Notation (JSON) 响应的形式返回“hello world”。
- 使用 CSV 文件和谷歌 BigQuery 创建 ETL 管道的摄取数据。定时调度重复发生的 cron 作业来批量更新数据。
- 在谷歌 AutoML Vision 上训练多类分类模型并部署到边缘设备。
- 创建生产和开发环境，并使用 Google Cloud Build 将项目部署到这两个环境中。

独立思考和讨论

- CI 系统解决了什么问题，为什么 CI 系统是 SaaS 软件的重要组成部分？
- 为什么云平台是分析应用程序的理想目标，深度学习如何从云中受益？
- 谷歌 BigQuery 等托管服务有哪些优势？谷歌 BigQuery 与传统 SQL 有何不同？
- 直接来自 BigQuery 的 ML 预测如何为谷歌平台增加价值，这对分析应用程序工程有什么优势？
- AutoML 技术如何具有更低的总拥有成本（Total Cost of Ownership，TCO)，以及它如何具有更高的 TCO ？

第10章 机器学习互操作性

Alfredo Deza

哺乳动物的大脑具有相当强的泛化计算能力，但特殊功能（例如主观性）通常需要专门的结构。Marcel Kinsbourne 把这个假设开玩笑地称为“主观泵”。这正是我们中的一些人正在寻找的。主观性的工作机制具有双重性，正如解剖学的二元性、半球切除术的成功、裂脑结果（在猫和猴子以及人类中）所表明的那样。

——Joseph Bogen 博士

秘鲁有数千种马铃薯。作为在秘鲁长大的人，听到这个消息我感到很惊讶。很容易想象大多数土豆的味道有些相似，但事实并非如此。不同的菜肴需要不同的土豆。如果秘鲁厨师要求使用 Huayro 土豆，而美国大部分地区使用常见的烤土豆，那么你肯定不会争论。如果你有机会在南美洲（更确切说是在秘鲁）旅行，请尝试在街边市场漫步。新鲜蔬菜的数量（包括几十个马铃薯品种）多得让人头晕目眩。

我不再住在秘鲁，我想念那些土豆。我真的不能用从当地超市买来的普通烤土豆来做一些菜，让它们尝起来味道一样。它们不一样。我认为由这种不起眼的蔬菜导致的多样性和不同口味对于秘鲁的美食身份至关重要。你可能仍然会发现用普通的烤土豆做饭是可以的，但归根结底是你对食材的选择。

授权多样性就伴随着挑选和选择更合适的能力。当处理最终产品时（经过训练的模型），这种授权在机器学习中也是如此。

训练的机器学习模型也有各种限制，其中大多数只能在专门为支持它而量身定制的环境中工作。模型互操作性的主要概念是能够将模型从一个平台转换到另一个平台，从而创造选择性。在本章中，尽管使用来自云提供商开箱即用的模型并且不太担心供应商锁定，但了解如何将模型导出为可以在具有不同约束的其他平台上工作的其他格式是必要的。就像容器如何在大多数系统中无缝工作一样，只要有一个底层容器运行时（参见 3.1

节)、模型互操作性或将模型导出为不同格式是灵活性和授权的关键。图 10-1 概述了在任何 ML 框架中进行训练的互操作性是什么，转换一次生成的模型，几乎可以在任何地方部署：从边缘设备到手机和其他操作系统。

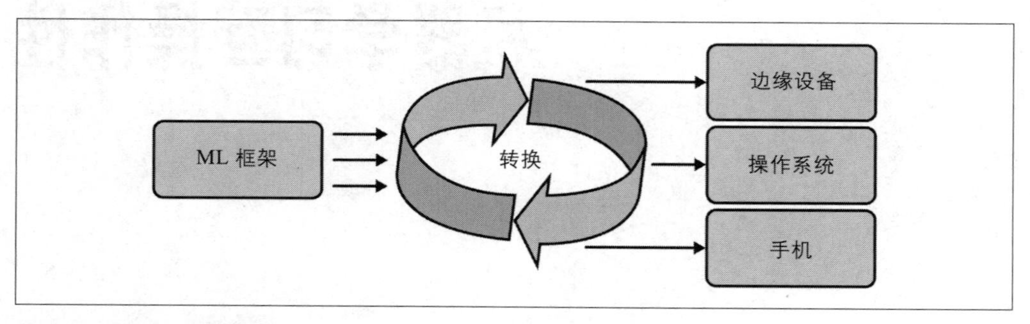

图 10-1：互操作性概述

这种情况就像生产可以匹配任何螺丝刀的螺丝，而不是生产只匹配一家家装店的螺丝刀的螺丝。在 3.2 节中，我们已经遇到了模型无法用于边缘 TPU 的问题，最终需要转换。目前，有一些令人兴奋的选择，让我感到特别惊讶的是 ONNX，一个社区驱动的开源项目，它希望通过降低工具链的复杂性使模型交互更容易。本章将介绍使 ONNX 成为引人注目的机器学习选择的一些细节，以及大多数云如何已经支持这种格式。

10.1 为什么互操作性至关重要

抽象复杂的过程和交互是软件工程中的典型模式。有时抽象可能完全失控，导致抽象与它试图抽象的底层软件一样复杂。Openstack（一个开源基础设施即服务平台）及其安装程序就是一个很好的例子。安装和配置基础设施平台可能非常复杂。不同的机器类型和网络拓扑创建了一个棘手的组合，需要通用的安装程序来解决。

一个新的安装程序被创建，它可以轻松地安装 TripleO（Openstack On Openstack）。TripleO 生成了一个临时实例，反过来，它将安装 Openstack。该项目解决了许多与安装和配置相关的问题，但是有些人认为它仍然很复杂，需要进一步抽象。这就是提出 QuintupleO 的原因（Openstack On Openstack On Openstack）。在没有积极参与 Openstack 的情况下，我可以告诉你它很难部署，而且工程团队正在尝试一般性地解决这些问题。但我怀疑添加另一层是否是解决方案。

添加另一层使事情变得更容易很容易被说服，但实际上，很难在取悦所有人的同时做好。我有一个经常用来设计系统的开放性问题：系统可以非常简单和固执己见，也可以非常灵活和复杂。你选择哪一个？没有人喜欢这些选项，每个人都追求简单和灵活。创建这样的系统是可能的，但实现起来却是具有挑战性的。

在机器学习中，多个平台和云提供商以不同且特定的方式训练模型。如果留在平台内考虑它如何与模型交互是无关紧要的，但如果你需要让经过训练的模型在其他地方运行，这将是一个令人沮丧的方法。

最近在 Azure 上使用 AutoML 训练数据集时，我在尝试本地推理正常工作时遇到了几个问题。Azure 使用 AutoML 进行“无代码”部署，并且多种类型的训练模型支持这种类型的部署。这意味着无须编写一行代码即可创建推理并提供响应。Azure 处理解释输入和预期输出是什么的 API 文档。我找不到训练模型的评分脚本，也找不到任何可以帮助我在本地运行评分脚本的提示。没有明显的方法来理解如何加载模型并与模型交互。

该模型的后缀表明它使用的是 Python 的 `pickle` 模块，因此在尝试了一些不同的事情后，我设法加载了它，但无法对其进行任何推理。接下来我必须处理依赖。Azure 中的 AutoML 不会公布确切的用于训练模型的版本和库。我目前使用的是 Python 3.8，但无法在我的系统中安装 Azure SDK，因为 SDK 仅支持 3.7。我必须安装 Python 3.7，然后创建一个虚拟环境并在那里安装 SDK。

其中一个库（xgboost）的最新版本（模块被移动或重命名）不具有向后兼容性，所以我不得不猜测允许一个特定导入的库。结果是 2019 年的 0.90。最后，在用 Azure 中的 AutoML 训练模型时，它使用最新版本的 Azure SDK。但这也不是广告。也就是说，如果模型在一月份训练，而你尝试在一个月后使用它，中间有几个 SDK 版本，则你不能使用最新的 SDK 版本。你必须返回当 Azure 训练模型时最新版本的 SDK。

这种情况绝不是对 Azure 的 AutoML 过分批评的描述。该平台非常好用，可以通过更好地宣传使用的版本以及如何在本地与模型交互来改进。普遍存在的问题是你在这个过程中失去了控制粒度：低代码或没有代码对速度来说非常好，但在可移植性方面可能会变得复杂。我在尝试进行本地推理时遇到了所有这些问题，如果你一般使用 Azure 进行机器学习，但你的公司使用 AWS 进行托管，那么也会发生同样的问题。

另一种经常发生的问题是，在一个平台上生成模型的科学家通常做出假设，例如底层环境，其中包括计算能力、存储和内存。当在 AWS 中表现良好的模型需要部署在完全不兼容的边缘 TPU 设备时会发生什么？让我们假设你的公司有这种情况并针对不同平台生成相同的模型。而且边缘设备的最终模型是 5 GB，这超出了加速器的最大存储容量。

模型互操作性通过公开描述约束解决了这些问题，从而更容易地将模型从一种格式转换为另一种格式，同时享受所有著名云提供商的支持。在 10.2 节中，我将详细说明是什么使 ONNX 成为具有更高互操作性的可靠项目，以及如何构建自动化来毫不费力地转换模型。

10.2 ONNX：开放式神经网络交换

正如我之前提到的，ONNX 不仅是模型互操作性的绝佳选择，而且还是第一个允许轻松切换框架的系统。该项目始于 2017 年，当时 Facebook 和微软都提出了 ONNX 作为 AI 模型互操作性的开放生态系统，共同开发了项目和工具以推动应用。从那时起，该项目已经成长为一个大型开源项目，还包括发布和培训相关的 SIG（特别兴趣小组）和工作组。

除了互操作性之外，该框架的通用性还允许硬件供应商以 ONNX 为目标并同时影响多个其他框架。通过利用 ONNX 表示，不再需要为每个框架单独集成优化（一个耗时的过程）。虽然 ONNX 是相对较新的，但看到它在云提供商中得到很好的支持还是令人耳目一新。Azure 甚至在其机器学习 SDK 中为 ONNX 模型提供本地支持也就不足为奇了。

ONNX 的主要思想是在你喜欢的框架中训练一次并在任何地方运行：从云到边缘设备。一旦模型采用 ONNX 格式，你就可以将其部署到各种设备和平台。这也包括不同的操作系统。实现这一目标的努力是巨大的。使用相同格式，但能在多种不同的操作系统、边缘设备和云环境中运行的软件示例并不多。

尽管支持多种机器学习框架（一直在添加更多），图 10-2 展示了最常见的转换模式。

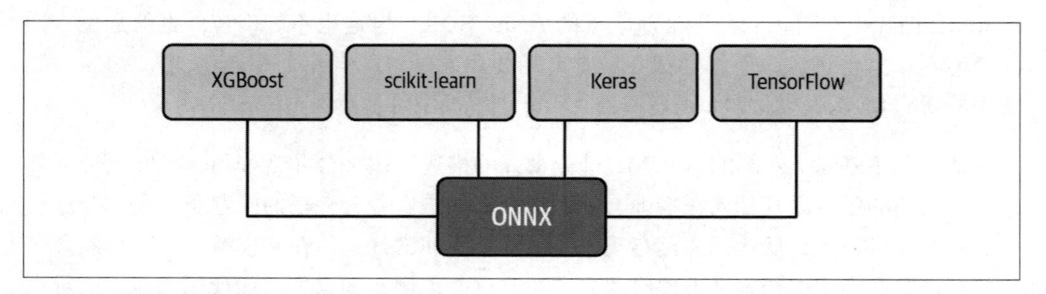

图 10-2：转换为 ONNX

你可以利用最喜欢的框架知识和功能训练模型，然后转换为 ONNX。然而，正如我将在 10.3 节中所展示的，也可以（虽然不那么常见）将 ONNX 模型转换为不同的运行时。这些转换不是“免费”的：当新功能尚不支持（ONNX 转换器总是跟进）或较新的版本不支持旧模型时，你可能会遇到问题。我仍然相信通用性和“到处运行”的想法是可靠的，并且在可能的情况下利用它是有帮助的。

接下来，让我们看看在哪里可以找到预训练的 ONNX 模型，并尝试其中的一些。

10.2.1 ONNX Model Zoo

在讨论 ONNX 模型时，经常会引用 Model Zoo。尽管它通常被描述为即用型 ONNX 模型的注册服务器，但它主要是 GitHub（*https://oreil.ly/gX2PB*）中与社区贡献并在存储库中策划的多个预训练模型有联系的信息存储库。这些模型分为三类：视觉、语言和其他。如果你想开始使用 ONNX 并进行一些推理，那么 Model Zoo 就是你想要的。

在 4.1 节中，我使用了 Model Zoo 中的 RoBERTa-SequenceClassification 模型。由于我想在 Azure 中注册，因此需要添加一些信息，例如 ONNX 运行时版本。图 10-3 展示了如何在 Model Zoo（*https://oreil.ly/ptOGC*）中为该特定模型提供所有这些功能。

Model

Model	Download	Download (with sample test data)	ONNX version	Opset version	Accuracy
RoBERTa-BASE	499 MB	295 MB	1.6	11	88.5
RoBERTa-SequenceClassification	499 MB	432 MB	1.6	9	MCC of 0.85

图 10-3：Model Zoo

除了版本和大小信息外，页面通常会有一些关于如何与模型交互的示例，如果你想创建一个概念验证以快速试用它，这一点至关重要。关于这些文档页面，我认为还有一件事值得注意：获取出处（模型的真实来源）。以 RoBERTa-SequenceClassification 模型为例，它起源于 PyTorch RoBERTa，然后到 ONNX，最后在 Model Zoo 中可用。

目前不能立刻了解为什么模型的起源和工作来源至关重要。每当需要更改或检测到需要解决的问题时，你最好查明真相的来源，以便可以放心地完成任何需要修改的事情。当我还是一名大型开源项目的发布经理时，我负责为不同的 Linux 发行版构建 RPM 和其他包类型。有一天，生产仓库被破坏了，我被要求重建这些包。在重建它们时，我找不到生成这些包中一个的脚本、管道或 CI 平台，这些包被包含在几十个代码仓库中。

在跟踪查找一个包的来源所涉及的各个步骤之后，我发现一个脚本正在从服务器中开发人员（早就离职了）的主目录中下载，而这与包的构建毫无关系。一个位于不负责构建系统的服务器的主目录中的文件是一个定时炸弹。我不知道包的来源是什么，如何对其进行更新，或者需要以这种方式包含它的原因。这些情况并不少见。在确定生产管道中所有元素的真实来源时，你必须按序准备好一切并有可靠的答案。

当你从 Model Zoo 等地方获取模型时，请确保捕获尽可能多的信息，并将其包含在这些模型目的地所在的任何位置。当在 Azure 中注册模型时，有几个字段可完成此目的。正如你将在以下小节中看到的，一些模型转换器允许添加元数据。利用这个看似不重要的任务对于调试生产问题至关重要。减少调试时间并加快入门和维护简便性的两个有益实践是使用有意义的名称和尽可能多的元数据。使用有意义的名称对于识别和提供清晰度至关重要。注册为“production-model-1”的模型并没有告诉我它是什么或它是关于什么的。如果你将其与没有其他元数据或信息的情况配对，则在找出生产问题时会导致挫折和延迟。

10.2.2 将 PyTorch 转换为 ONNX

开始使用不同的框架总是令人生畏，即使潜在任务是从数据集训练模型。PyTorch 在包含预训练模型方面做得非常出色，它可以帮你快速入门，因为无须处理数据集，也不需要指明如何训练模型就能尝试框架的不同功能。许多其他框架（如 TensorFlow 和 scikit-learn）也在做同样的事情，这是快速开始学习的绝佳方式。在本节中，我使用来自 PyTorch 的预训练视觉模型，然后将其导出到 ONNX。

创建一个新的虚拟环境和一个如下所示的 *requirements.txt* 文件：

```
numpy==1.20.1
onnx==1.8.1
Pillow==8.1.2
protobuf==3.15.6
six==1.15.0
torch==1.8.0
torchvision==0.9.0
typing-extensions==3.7.4.3
```

安装依赖并创建一个 *convert.py* 文件用来生成 PyTorch 模型：

```
import torch
import torchvision

dummy_tensor = torch.randn(8, 3, 200, 200)

model = torchvision.models.resnet18(pretrained=True)

input_names = [ "input_%d" % i for i in range(12) ]
output_names = [ "output_1" ]

torch.onnx.export(
    model,
    dummy_tensor,
    "resnet18.onnx",
    input_names=input_names,
    output_names=output_names,
    opset_version=7,
    verbose=True,
)
```

让我们来看看 Python 脚本生成 ONNX 模型所经历的一些步骤。它使用由随机数填充的三通道张量（对于预训练模型至关重要）。接下来，我们通过 torchvision 库检索可用的 resnet18 预训练模型。我定义了一些输入和输出，最后导出包含所有这些信息的模型。

这个例子过于简单，无法证明一个观点。导出的模型根本不鲁棒，并且充满了没有意义的虚拟值。只是为了演示 PyTorch 如何让你以简单的方式将模型导出为 ONNX。转换器是框架的一部分这一事实令人宽慰，因为它负责确保完美无缺地工作。尽管存在单独的转换器库和项目，但我更喜欢提供转换的框架，例如 PyTorch。

> `export()` 函数中的 `opset_version` 参数至关重要。PyTorch 的张量索引可能会让你陷入不受支持的 ONNX opset 版本。某些索引器类型不支持版本 12(最新版本）以外的任何内容。始终仔细检查版本是否与你需要的功能相匹配。

运行 *convert.py* 脚本，它会创建一个 *resnet18.onnx* 文件。你应该会看到与此类似的输出：

```
$ python convert.py
graph(%learned_0 : Float(8, 3, 200, 200, strides=[120000, 40000, 200, 1],
  requires_grad=0, device=cpu),
  %fc.weight : Float(1000, 512, strides=[512, 1], requires_grad=1, device=cpu),
  %fc.bias : Float(1000, strides=[1], requires_grad=1, device=cpu),
  %193 : Float(64, 3, 7, 7, strides=[147, 49, 7, 1], requires_grad=0,
```

用 PyTorch 脚本生成的 ONNX 模型现在是可用的，让我们使用 ONNX 框架来验证生成的模型是否兼容。创建一个名为 *check.py* 的新脚本：

```
import onnx

# Load the previously created ONNX model
model = onnx.load("resnet18.onnx")

onnx.checker.check_model(model)

print(onnx.helper.printable_graph(model.graph))
```

从 *resnet18.onnx* 所在的同一目录运行 *check.py* 脚本，并验证输出是否与此类似：

```
$ python check.py
graph torch-jit-export (
  %learned_0[FLOAT, 8x3x200x200]
) optional inputs with matching initializers (
  %fc.weight[FLOAT, 1000x512]
[...]
  %189 = GlobalAveragePool(%188)
  %190 = Flatten[axis = 1](%189)
  %output_1 = Gemm[alpha = 1, beta = 1, transB = 1](%190, %fc.weight, %fc.bias)
  return %output_1
}
```

调用 `check_model()` 函数的验证不应产生任何错误，证明转换具有一定程度的正确性。为了完全确保转换后的模型是正确的，需要评估推理，捕捉任何可能的漂移。如果你不确定要使用哪些指标或如何创建可靠的比较策略，请查看 6.4.1 节。接下来，让我们看看如何在命令行工具中使用相同的检查模式。

10.2.3 创建通用 ONNX 检查器

现在我已经详细了解了将模型从 PyTorch 导出到 ONNX 并进行验证的步骤，让我们创建一个简单通用工具来验证任何 ONNX 模型，而不仅仅是一个特定的模型。尽管我们在第 11 章中专门用了很大一部分来介绍构建强大的命令行工具（参见 11.3 节），但我们仍然可以尝试构建一些适用于这个用例的东西。借鉴 DevOps 中的概念和我作为系统管理员的经验就是尽可能尝试自动化，首先从最简单的问题开始。对于这个例子，我不会使用任何命令行工具框架或任何高级解析器。

首先，创建具有单个 `main()` 函数的 *onnx-checker.py* 文件：

```
def main():
    help_menu = """
    A command line tool to quickly verify ONNX models using
    check_model()
    """
    print(help_menu)


if __name__ == '__main__':
    main()
```

执行上述脚本，输出呈现帮助菜单：

```
$ python onnx-checker.py

    A command line tool to quickly verify ONNX models using
    check_model()
```

该脚本没有做任何特别的事情。它使用 `main()` 函数生成帮助菜单和 Python 中广泛使用的拐杖，当 Python 在终端中执行脚本时调用特定函数。接下来，我们需要处理任意输入。毫无疑问，命令行工具框架对此有所帮助，但我们仍然可以以最少的努力获得一些有价值的东西。要检查脚本的参数（我们需要知道要检查的模型），我们需要使用 `sys.argv` 模块。更新脚本，以便导入模块并将其传递给函数：

```
import sys

def main(arguments):
    help_menu = """
    A command line tool to quickly verify ONNX models using
    check_model()
    """

    if "--help" in arguments:
        print(help_menu)

if __name__ == '__main__':
    main(sys.argv)
```

更改将导致脚本仅在使用 `--help` 标志时输出帮助菜单。该脚本仍然没有做任何有用的事情，所以让我们再次更新 `main()` 函数以包含 ONNX 检查功能：

```
import sys
import onnx

def main(arguments):
    help_menu = """
    A command line tool to quickly verify ONNX models using
    check_model()
    """

    if "--help" in arguments:
        print(help_menu)
        sys.exit(0)

    model = onnx.load(arguments[-1])
    onnx.checker.check_model(model)
    print(onnx.helper.printable_graph(model.graph))
```

该函数有两个关键的变化。首先，它在帮助菜单检查后调用 `sys.exit(0)` 以防止执行下一个代码块。接下来，如果不满足帮助条件，它将使用最后一个参数（无论是什么）作为模型的检查路径。最后，它使用与 ONNX 框架相同的函数进行模型检查。请注意，此处根本没有对输入的清洗或验证。这是一个非常脆弱的脚本，但如果你运行它，仍然会有帮助：

```
$ python onnx-checker.py ~/Downloads/roberta-base-11.onnx
graph torch-jit-export (
  %input_ids[INT64, batch_sizexseq_len]
) initializers (
  %1621[FLOAT, 768x768]
  %1622[FLOAT, 768x768]
  %1623[FLOAT, 768x768]
[...]
  %output_2 = Tanh(%1619)
  return %output_1, %output_2
}
```

我使用的路径是 RoBERTa 基础模型的，该模型位于我的下载目录中的另一单独路径中。这种类型的自动化是一块积木：进行快速检查的最简单方法是稍后介绍的其他自动化方式（如 CI/CD 系统或云提供商工作流中的管道）。现在我们已经尝试了一些模型，让我们看看如何将在其他流行框架中创建的模型转换为 ONNX。

10.2.4 将 TensorFlow 转换为 ONNX

ONNX GitHub 仓库中有一个专门用于从 TensorFlow 进行模型转换的项目。它提供了来自 ONNX 和 TensorFlow 的一系列支持的版本。同样，至关重要的是确保你选择的任何工具都具有你的模型成功转换到 ONNX 所需的版本。

寻找合适的项目、库或工具进行转换可能会变得棘手。对于 TensorFlow，你可以使用具

有 `onnxmltools.convert_tensorflow()` 函数的 onnxmltools（*https://oreil.ly/BvLxv*）或 tensorflow-onnx（*https://oreil.ly/E6RDE*）项目，它有两种方法进行转换：使用命令行工具或使用库。

本节使用带有 Python 模块的 tensorflow-onnx 项目，你可以将其用作命令行工具。该项目允许你转换来自 TensorFlow 主要版本（1 和 2）以及 tflite 和 *tf.keras* 的模型。广泛的 ONNX opset 支持非常好（从版本 7 到 13），因为它在规划转换策略时提供了更大的灵活性。

在进入实际转换之前，值得探讨一下如何调用转换器。tf2onnx 项目使用 Python 快捷方式从文件中暴露命令行工具，而不是将命令行工具与项目打包在一起。这意味着该调用要求你使用带有特殊标志的 Python 可执行文件。首先在新的虚拟环境中安装库。创建一个 *requirements.txt* 文件以确保此示例的所有版本都可以工作：

```
certifi==2020.12.5
chardet==4.0.0
flatbuffers==1.12
idna==2.10
numpy==1.20.1
onnx==1.8.1
protobuf==3.15.6
requests==2.25.1
six==1.15.0
tf2onnx==1.8.4
typing-extensions==3.7.4.3
urllib3==1.26.4
tensorflow==2.4.1
```

然后用 `pip` 安装上述固定版本的依赖：

```
$ pip install -r requirements.txt
Collecting tf2onnx
[...]
Installing collected packages: six, protobuf, numpy, typing-extensions,
onnx, certifi, chardet, idna, urllib3, requests, flatbuffers, tf2onnx
Successfully installed numpy-1.20.1 onnx-1.8.1 tf2onnx-1.8.4 ...
```

如果安装没有 *requirements.txt* 文件的 *tf2onnx* 项目，该工具将无法工作，因为它没有将 `tensorflow` 列为依赖。对于本节中的示例，我使用 2.4.1 版本的 TensorFlow。确保安装它以防止出现依赖问题。

运行帮助菜单以检查可用的内容。请记住，调用看起来有点不合常规，因为它需要 Python 可执行文件才能使用：

```
$ python -m tf2onnx.convert --help
usage: convert.py [...]
```

```
Convert tensorflow graphs to ONNX.

[...]

Usage Examples:

python -m tf2onnx.convert --saved-model saved_model_dir --output model.onnx
python -m tf2onnx.convert --input frozen_graph.pb  --inputs X:0 \
  --outputs output:0 --output model.onnx
python -m tf2onnx.convert --checkpoint checkpoint.meta  --inputs X:0 \
  --outputs output:0 --output model.onnx
```

为简洁起见，我省略了帮助菜单的几个部分。调用帮助菜单是确保库可以在安装后加载的可靠方法。例如，如果未安装 tensorflow，这将是不可能的。我从帮助菜单中留下了三个示例，因为它们是你需要的，具体取决于你执行的转换类型。除非你对要尝试的模型内部结构有很好的了解，否则这些转换都不是直观的转换。让我们从不需要模型知识的转换开始，并且允许转换开箱即用。

首先，从 tfhub 下载 ssd_mobilenet_v2（*https://oreil.ly/ytJk8*）模型（压缩在 *tar.gz* 文件中）。然后创建一个目录并在那里解压缩：

```
$ mkdir ssd
$ cd ssd
$ mv ~/Downloads/ssd_mobilenet_v2_2.tar.gz .
$ tar xzvf ssd_mobilenet_v2_2.tar.gz
x ./
x ./saved_model.pb
x ./variables/
x ./variables/variables.data-00000-of-00001
x ./variables/variables.index
```

现在解压缩的模型位于刚创建的目录中，使用 tf2onnx 转换工具将 ssd_mobilenet 移植到 ONNX。确保你使用的 opset 为 13，以防止模型的不兼容功能。这是在指定不受支持的 opset 时可能看到的异常回溯部分信息：

```
File "/.../.../tf2onnx/tfonnx.py", line 294, in tensorflow_onnx_mapping
  func(g, node, **kwargs, initialized_tables=initialized_tables, ...)
File "/.../.../tf2onnx/onnx_opset/tensor.py", line 1130, in version_1
  k = node.inputs[1].get_tensor_value()
File "/.../.../tf2onnx/graph.py", line 317, in get_tensor_value
  raise ValueError("get tensor value: '{}' must be Const".format(self.name))
ValueError: get tensor value:
  'StatefulPartitionedCall/.../SortByField/strided_slice__1738' must be Const
```

将 --saved-model 标志与提取模型的路径一起使用，来执行最终的转换。如下是我使用 opset 13 的情形：

```
$ python -m tf2onnx.convert --opset 13 \
  --saved-model /Users/alfredo/models/ssd --output ssd.onnx
2021-03-24 - WARNING - '--tag' not specified for saved_model. Using --tag serve
2021-03-24 - INFO - Signatures found in model: [serving_default].
```

```
2021-03-24 - INFO - Using tensorflow=2.4.1, onnx=1.8.1, tf2onnx=1.8.4/cd55bf
2021-03-24 - INFO - Using opset <onnx, 13>
2021-03-24 - INFO - Computed 2 values for constant folding
2021-03-24 - INFO - folding node using tf type=Select,
  name=StatefulPartitionedCall/Postprocessor/.../Select_1
2021-03-24 - INFO - folding node using tf type=Select,
  name=StatefulPartitionedCall/Postprocessor/.../Select_8
2021-03-24 - INFO - Optimizing ONNX model
2021-03-24 - INFO - After optimization: BatchNormalization -53 (60->7), ...
  Successfully converted TensorFlow model /Users/alfredo/models/ssd to ONNX
2021-03-24 - INFO - Model inputs: ['input_tensor:0']
2021-03-24 - INFO - Model outputs: ['detection_anchor_indices', ...]
2021-03-24 - INFO - ONNX model is saved at ssd.onnx
```

这些示例可能看起来过于简单，但这些都是构建块，因此你可以通过了解转换中的可能性来探索进一步的自动化。现在我已经演示了转换 TensorFlow 所需的条件，让我们看看转换 tflite 需要什么，这是 tf2onnx 支持的另一种类型。

从 tfhub（*https://oreil.ly/qNqml*）下载 mobilenet 模型的 tflite 量化版本。tf2onnx 中的 tflite 支持使调用略有不同。这是根据一个标准创建工具（将 TensorFlow 模型转换为 ONNX）生成的，然后对相同模式不太适合的部分进行了处理。在这种情况下，你必须使用 `--tflite` 标志，它应该指向下载的文件：

```
$ python -m tf2onnx.convert \
  --tflite ~/Downloads/mobilenet_v2_1.0_224_quant.tflite \
  --output mobilenet_v2_1.0_224_quant.onnx
```

运行命令时我很快又遇到了麻烦，因为支持的 opset 与默认值不匹配。此外，该模型是量化的，这是转换器必须解决的另一层。这是另一个尝试的简短回溯记录：

```
  File "/.../.../tf2onnx/tfonnx.py", line 294, in tensorflow_onnx_mapping
    func(g, node, **kwargs, initialized_tables=initialized_tables, dequantize)
  File "/.../.../tf2onnx/tflite_handlers/tfl_math.py", line 96, in version_1
    raise ValueError
ValueError: \
  Opset 10 is required for quantization.
  Consider using the --dequantize flag or --opset 10.
```

至少这次错误暗示模型已量化，我应该考虑使用不同的 opset（相对于默认 opset，这显然不起作用）。

不同的 TensorFlow ops 对 ONNX 有不同的支持，如果使用不正确的版本，则可能会产生各种问题。tf2onnx 支持状态页面（*https://oreil.ly/IJwxB*）在尝试确定正确版本时很有用。

当一本书或演示一直表现完美时，我通常会非常怀疑。回溯、错误和陷入困境具有巨大的价值——当我试图让 tf2onnx 正常工作时就是如此。如果本章中的示例向你展示了这一切是如何“正常工作”的，你无疑会认为存在重大的知识差距或工具失败，从而没有机会理解为什么事情没有完全解决。我添加这些回溯和错误是因为 tf2onnx 具有更高的复杂性，很容易就会碰到问题。

让我们修复调用并给它一个 opset 13（目前支持的最高漂移量），然后再试一次：

```
$ python -m tf2onnx.convert --opset 13 \
  --tflite ~/Downloads/mobilenet_v2_1.0_224_quant.tflite \
  --output mobilenet_v2_1.0_224_quant.onnx

2021-03-23 INFO - Using tensorflow=2.4.1, onnx=1.8.1, tf2onnx=1.8.4/cd55bf
2021-03-23 INFO - Using opset <onnx, 13>
2021-03-23 INFO - Optimizing ONNX model
2021-03-23 INFO - After optimization: Cast -1 (1->0), Const -307 (596->289)...
2021-03-23 INFO - Successfully converted TensorFlow model \
                  ~/Downloads/mobilenet_v2_1.0_224_quant.tflite to ONNX
2021-03-23 INFO - Model inputs: ['input']
2021-03-23 INFO - Model outputs: ['output']
2021-03-23 INFO - ONNX model is saved at mobilenet_v2_1.0_224_quant.onnx
```

最后，量化的 tflite 模型被转换为 ONNX。当然还有改进空间，就像我们在本节前面的步骤中看到的那样，很好地掌握模型输入和输出以及模型的创建方式是非常宝贵的。这种专业知识在转换时至关重要，你可以在转换时提供尽可能多的信息，以确保获得成功的结果。现在我已经将一些模型转换为 ONNX，让我们看看如何使用 Azure 部署它们。

10.2.5 将 ONNX 部署到 Azure

Azure 平台中具有非常好的 ONNX 集成，并在其 Python SDK 中提供直接支持。你可以创建一个实验来使用 PyTorch 训练模型，然后将其导出到 ONNX，正如我将在本节中向你展示的那样，你可以将该 ONNX 模型部署到集群以进行实时推理。本节不会介绍如何执行模型的实际训练，但是我将解释使用 Azure 中注册的已训练 ONNX 模型，并将其部署到集群是多么简单。

在 4.1 节中，我介绍了将模型导入 Azure 然后将其打包到容器中所需的所有详细信息。让我们重用一些容器代码来创建评分文件，Azure 需要将其部署为 Web 服务。本质上它是一样的：脚本接收一个请求，它知道如何转换输入以使用加载的模型进行预测，然后返回值。

这些示例使用定义为 `ws` 对象的 Azure 工作区。在开始之前需要对其进行配置。这在 8.1 节中有详细介绍。

创建评分文件，将其命名为 *score.py*，并添加一个 `init()` 函数来加载模型：

```
import torch
import os
import numpy as np
from transformers import RobertaTokenizer
import onnxruntime


def init():
    global session
    model = os.path.join(
       os.getenv("AZUREML_MODEL_DIR"), "roberta-sequence-classification-9.onnx"
    )
    session = onnxruntime.InferenceSession(model)
```

现在评分脚本的基本要素已经完成，在 Azure 中运行还需要一个 `run()` 函数。通过创建了解如何与 RoBERTa 分类模型交互的 `run()` 函数来更新 *score.py* 脚本：

```
def run(input_data_json):
    try:
        tokenizer = RobertaTokenizer.from_pretrained("roberta-base")
        input_ids = torch.tensor(
            tokenizer.encode(input_data_json[0], add_special_tokens=True)
        ).unsqueeze(0)

        if input_ids.requires_grad:
            numpy_func = input_ids.detach().cpu().numpy()
        else:
            numpy_func = input_ids.cpu().numpy()

        inputs = {session.get_inputs()[0].name: numpy_func(input_ids)}
        out = session.run(None, inputs)

        return {"result": np.argmax(out)}
    except Exception as err:
        result = str(err)
        return {"error": result}
```

接下来，创建配置以执行推理。由于这些示例使用 Python SDK，因此你可以在 Jupyter Notebook 中使用它们或直接使用 Python shell。首先创建一个描述你环境的 YAML 文件：

```
from azureml.core.conda_dependencies import CondaDependencies

environ = CondaDependencies.create(
  pip_packages=[
    "numpy","onnxruntime","azureml-core", "azureml-defaults",
    "torch", "transformers"]
)
with open("environ.yml","w") as f:
    f.write(environ.serialize_to_string())
```

现在 YAML 文件已经完成，然后安装配置：

```
from azureml.core.model import InferenceConfig
from azureml.core.environment import Environment
```

```
environ = Environment.from_conda_specification(
    name="environ", file_path="environ.yml"
)
inference_config = InferenceConfig(
    entry_script="score.py", environment=environ
)
```

最后，用 SDK 部署模型。先创建 Azure Container Instance（ACI）配置文件：

```
from azureml.core.webservice import AciWebservice

aci_config = AciWebservice.deploy_configuration(
    cpu_cores=1,
    memory_gb=1,
    tags={"model": "onnx", "type": "language"},
    description="Container service for the RoBERTa ONNX model",
)
```

使用 aci_config 来部署服务：

```
from azureml.core.model import Model

# retrieve the model
model = Model(ws, 'roberta-sequence', version=1)

aci_service_name = "onnx-roberta-demo"
aci_service = Model.deploy(
    ws, aci_service_name,
    [model],
    inference_config,
    aci_config
)

aci_service.wait_for_deployment(True)
```

需要做好几件事情才能使部署正常工作。首先，你使用推理工作所需的依赖定义了环境。然后你配置了一个 Azure 容器实例。最后，你检索 roberta_sequence ONNX 模型的版本 1 并使用 SDK 中的 Model.deploy() 方法来部署模型。同样，模型的训练细节不在此处描述。你可以在 Azure 中很好地训练任何模型，将其导出到 ONNX，进行注册，然后在本节中选择以继续部署过程。在这些示例中几乎不需要修改即可取得进展。也许需要不同的库，当然也需要不同的方式来与模型交互。尽管如此，这个工作流程使你能够添加另一层自动化，以编程方式将模型从 PyTorch 部署到 Azure 容器实例中的 ONNX（或直接来自先前注册的 ONNX 模型）。

在某些情况下，你可能希望使用 ONNX 部署到其他非云环境，例如移动设备。我将在 10.3 节中介绍苹果的机器学习框架所涉及的一些细节。

10.3 苹果的 Core ML

苹果的机器学习框架有点独特，因为它支持将 Core ML 模型转换为 ONNX，以及将它们从 ONNX 转换为 Core ML。正如我在本章中所说，你必须非常小心地确保它支持模型转换，以及获取正确的版本。目前，*coremltools* 支持 ONNX opset 版本 10 及更高版本。陷入模型缺乏支持和破损的情况并不难。除了支持 ONNX 以外，你还必须了解目标转换环境是否支持 iOS 和 macOS 版本。

请参阅 Core ML 文档中不同环境支持的最小目标（*https://oreil.ly/aKJOK*）。

除了在 iOS 等目标环境中的支持，还有一个经过测试的来自 ONNX 的很好的模型列表，它们可以很好地工作。我将从该列表中选择 MNIST 模型来尝试转换。转到 Model Zoo 并找到 MNIST 部分。下载（*https://oreil.ly/Q005Q*）最新版本（在我的例子中是 1.3）。现在使用以下库创建一个新的虚拟环境和一个 *requirements.txt*，其中包括 *coremltools* 库：

```
attr==0.3.1
attrs==20.3.0
coremltools==4.1
mpmath==1.2.1
numpy==1.19.5
onnx==1.8.1
packaging==20.9
protobuf==3.15.6
pyparsing==2.4.7
scipy==1.6.1
six==1.15.0
sympy==1.7.1
tqdm==4.59.0
typing-extensions==3.7.4.3
```

安装依赖，以便我们可以创建工具来进行转换。让我们尽可能地创建最简单的工具，就像 10.2.3 节介绍的一样，没有参数解析器或任何花哨的帮助菜单。首先创建 `main()` 函数和文件末尾所需的特殊 Python“魔法”，以便你可以在终端中将其作为脚本调用：

```
import sys
from coremltools.converters.onnx import convert

def main(arguments):
    pass

if __name__ == '__main__':
    main(sys.argv)
```

在这种情况下，脚本还没有做任何有用的事情，我也跳过了帮助菜单的实现。你应该始终在脚本中包含一个帮助菜单，以便其他人在需要与之交互时对程序的输入和输出有所了解。更新 `main()` 函数以尝试转换。我假设收到的最后一个参数将代表需要转换的 ONNX 模型的路径：

```
def main(arguments):
    model_path = arguments[-1]
    basename = model_path.split('.onnx')[0]
    model = convert(model_path,  minimum_ios_deployment_target='13')
    model.short_description = "ONNX Model converted with coremltools"
    model.save(f"{basename}.mlmodel")
```

首先，该函数捕获最后一个参数作为 ONNX 模型的路径，然后通过去除 *.onnx* 后缀来计算基本名称。最后，它通过转换（使用最低 iOS 版本目标 13），并保存输出（包括描述）。使用之前下载的 MNIST 模型尝试更新的脚本：

```
$ python converter.py mnist-8.onnx
1/11: Converting Node Type Conv
2/11: Converting Node Type Add
3/11: Converting Node Type Relu
4/11: Converting Node Type MaxPool
5/11: Converting Node Type Conv
6/11: Converting Node Type Add
7/11: Converting Node Type Relu
8/11: Converting Node Type MaxPool
9/11: Converting Node Type Reshape
10/11: Converting Node Type MatMul
11/11: Converting Node Type Add
Translation to CoreML spec completed. Now compiling the CoreML model.
Model Compilation done.
```

结果应该会生成一个 *mnist-8.mlmodel* 文件，这是一个 Core ML 模型，你现在可以将其加载到安装了 XCode 的 macOS 计算机中。使用苹果电脑中的 Finder，双击新生成的 coreml 模型。MNIST 模型立即被加载，同时也包括在转换脚本中的描述信息，如图 10-4 所示。

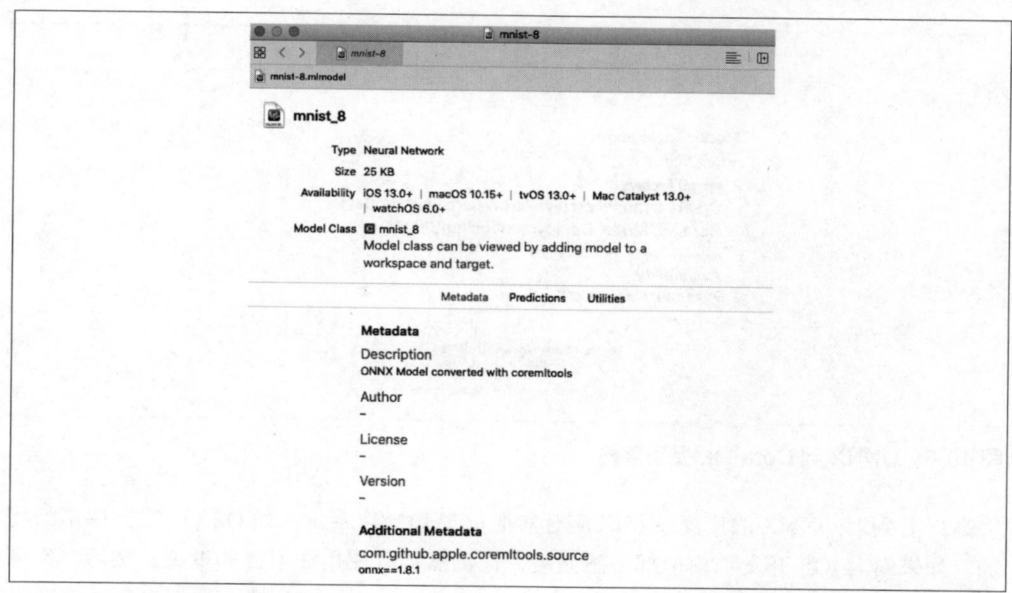

图 10-4：ONNX 到 Core ML

验证 Availability（可用性）部分是否显示了最小 IOS 目标 13，就像转换脚本中设置的那样。Predictions（预测）部分包含有关模型接受的输入和输出的有用信息，如图 10-5 所示。

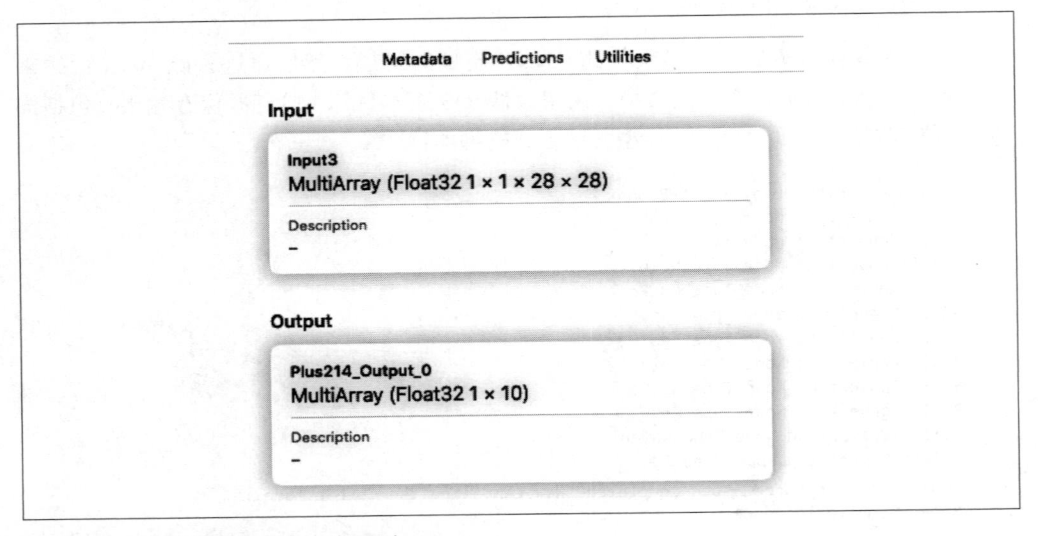

图 10-5：ONNX 到 CoreML 的预测

最后，Utilities（效用）部分提供了使用与 CloudKit（苹果的 iOS 应用程序资源环境）集成的模型存档来部署该模型的帮助程序，如图 10-6 所示。

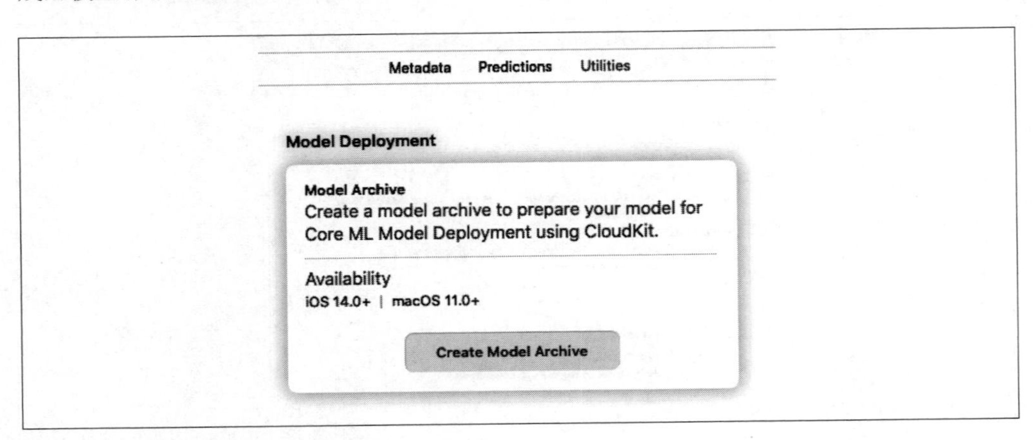

图 10-6：ONNX 到 Core ML 模型存档

很高兴看到对 ONNX 的广泛支持以及对其他框架和操作系统（如 OSX）的支持不断增加。如果你对 iOS 开发和模型部署感兴趣，你仍然可以使用你习惯的框架。然后，你可以转换到目标 iOS 环境进行部署。

这样看来使用 ONNX 是令人信服的，因为它允许你利用完善的框架转换为目标环境。接下来，让我们看看其他一些边缘集成，它们进一步强调了 ONNX 框架和工具的实用性。

10.4 边缘集成

最近，ONNX 宣布了一种称为 ORT 的新款模型格式，它最大限度地减少了模型的构建大小，以便在嵌入式或边缘设备上进行最佳部署。模型较小的占用空间有几个方面有助于边缘设备。边缘设备的存储容量有限，而且大多数情况下，存储速度并不快。读取和写入小型存储设备很快就会出现问题。一般来说，ONNX 一直在努力支持更多具有不同 CPU 和 GPU 的硬件配置，这不是一个容易解决的问题，但确实需要很多的努力。越广泛友好地支持就越容易在之前无法实现的环境中部署机器学习模型。由于我在 3.2 节中介绍了边缘的大部分优势和关键方面，因此本节将重点介绍从 ONNX 模型到 ORT 格式的转换。

首先创建一个新的虚拟环境并激活它，然后安装如下 *requirements.txt* 文件所示的依赖：

```
flatbuffers==1.12
numpy==1.20.1
onnxruntime==1.7.0
protobuf==3.15.6
six==1.15.0
```

当前没有可供安装的单独工具，因此你需要克隆整个 *onnxruntime* 仓库以尝试转换为 ORT。克隆后，你将使用 *tools/python* 目录中的 *convert_onnx_models_to_ort.py* 文件：

```
$ git clone https://github.com/microsoft/onnxruntime.git
$ python onnxruntime/tools/python/convert_onnx_models_to_ort.py --help
usage: convert_onnx_models_to_ort.py [-h]
[...]
Convert the ONNX format model/s in the provided directory to ORT format models.
All files with a `.onnx` extension will be processed. For each one, an ORT
format model will be created in the same directory. A configuration file will
also be created called `required_operators.config`, and will contain the list
of required operators for all converted models. This configuration file should
be used as input to the minimal build via the `--include_ops_by_config`
parameter.
[...]
```

ORT 转换器从 ONNX 模型生成一个配置文件和一个 ORT 模型文件。你可以用唯一的 ONNX 运行时来部署优化的模型。首先，尝试使用 ONNX 模型进行转换。在这个例子中，我下载了 mobilenet_v2-1.0（*https://oreil.ly/c7hBm*）ONNX 模型并放入 *models/* 目录，并将其用作转换脚本的参数：

```
$ python onnxruntime/tools/python/convert_onnx_models_to_ort.py \
        models/mobilenetv2-7.onnx
Converting optimized ONNX model to ORT format model models/mobilenetv2-7.ort
Processed models/mobilenetv2-7.ort
Created config in models/mobilenetv2-7.required_operators.config
```

这个配置很重要，因为它罗列了模型需要的各种运算符。你可以仅用这些运算符去创建 ONNX 运行时。对已转换的模型来说，这个配置文件如下所示：

```
ai.onnx;1;Conv,GlobalAveragePool
ai.onnx;5;Reshape
ai.onnx;7;Add
com.microsoft;1;FusedConv
```

你可以通过仅指定模型的需求来实现运行时的二进制尺寸缩减。我不会介绍如何从源代码构建 ONNX 运行时的所有细节，但你可以使用构建指南（*https://oreil.ly/AWP5r*）作为后续步骤的参考，因为我们可以探索哪些标志和选项有助于二进制包缩减。

首先，你必须使用 `--include_ops_by_config` 标志。在这种情况下，此标志的值是从上一步生成的配置的路径。在我的例子中，该路径是 *models/mobilenetv2-7.required_operators.config*。其次，我还建议你试试 `--minimal_build` 选项，仅支持加载和执行 ORT 模型（放弃对普通 ONNX 格式的支持）。最后，如果你的目标是 Android 设备，使用 `--android_cpp_shared` 标志将通过利用共享 *libc++* 库而不是运行时默认提供的静态库来生成更小的二进制文件。

10.5 小结

像 ONNX 这样的框架（和一组工具）提供的通用性有助于整个机器学习生态系统。本书的理想之一是提供实际示例，以可重现和可靠的方式将模型投入生产。对机器学习模型的支持越全面，工程师就越容易尝试并利用机器学习提供的一切。我对边缘应用程序特别兴奋，尤其是对于无法连接互联网或任何网络连接的远程环境。ONNX 正在减少部署到这些环境中存在的问题。我希望通过更多的工具和更好的支持继续减少这些问题，而这些努力将继续受益于集体知识和贡献。虽然我们简要尝试了命令行工具，我将在第 11 章详细介绍如何使用错误处理和明确定义的标志制作鲁棒的命令行工具。此外，我还将介绍 Python 打包和微服务，这样当你解决机器学习挑战时可以灵活地尝试不同方法。

练习题

- 更新所有脚本以使用 10.2.3 节中的脚本验证生成的 ONNX 模型。
- 修改 Core ML 转换器脚本以使用 Click 框架来更好地解析选项和帮助菜单。
- 将三个转换器组合到一个命令行工具中，以便使用不同的输入轻松进行转换。
- 改进 tf2onnx 转换器，使其包含在一个新脚本中，该脚本可以捕获常见错误并以更友好的消息报告它们。
- 使用不同的 ONNX 模型进行 Azure 部署。

独立思考和讨论

- 为什么 ONNX 很重要？至少给出三个理由。
- 在没有命令行工具框架的情况下创建脚本有什么用处？使用框架有什么好处？
- ORT 格式有何用处？在什么情况下可以使用它？
- 如果不存在可移植性，你可能会遇到哪些问题？给出三个改进这些问题会在总体上改善机器学习的理由。

第 11 章

构建 MLOps 命令行工具和微服务

Alfredo Deza

日本人于 1941 年 12 月 7 日轰炸了珍珠港，然后我们立即无法购买轮胎，而这显然是前往加利福尼亚的长途旅行所必需的。我父亲在全国各地寻找福特的旧轮胎和我们曾几次用于短途家庭旅行的小型拖车。我们于 1942 年 2 月离开辛辛那提，将 22 个轮胎绑在拖车和汽车的车顶上，在我们到达加利福尼亚之前，我们使用了所有轮胎。

——Joseph Bogen 博士

构建命令行工具是我多年前开始使用 Python 的方式，我相信它是软件开发和机器学习之间的完美结合。我记得多年前，当我努力学习新的 Python 概念时，作为系统管理员，我觉得这些概念很陌生：函数、类、日志记录和测试。作为一名系统管理员，我主要接触过使用 Bash 编写自上而下的指令来完成某项工作的 shell 脚本。

试图解决 shell 脚本问题有几个困难。通过简单的报告、日志记录和调试来处理错误都是在其他语言（如 Python）中不需要太多努力的就能使用功能。其他几种语言提供了类似的功能，如 Go 和 Rust，应该会提示为什么使用 Bash 等命令语言以外的其他语言是个好主意。当几行代码就可以完成任务时，我推荐使用 shell 脚本语言。例如，这个 shell 函数将我的公共 SSH 密钥复制到远程机器中的授权密钥，允许我的账户访问该远程服务器而不需要密码：

```
ssh-copy-key() {
  if [ $2 ]; then
      key=$2
  else
      key="$HOME/.ssh/id_rsa.pub"
  fi
  cat "$key" | ssh ${1} \
      'umask 0077; mkdir -p .ssh; cat >> .ssh/authorized_keys'
}
```

示例 Bash 函数可能无法在你的环境中正常工作。如果你想尝试一下，路径和配置文件必须匹配。

用像 Python 这样的语言做同样的事情没有多大意义，因为它需要更多的代码行，并且可能需要安装一些额外的依赖。这个功能很简单，只做一件事，非常便携。我的建议是，当解决方案有十几行左右时，不要考虑使用 shell 脚本语言。

如果你发现自己经常创建 shell 命令的小片段，最好创建一个仓库来收集它们。如果你需要参考，我的命令别名、函数和配置的仓库（*https://oreil.ly/NQTfW*）应该会向你展示一个很好的开始方式。

我学习 Python 的方式是使用命令行工具自动化烦琐、重复的任务，从使用模板创建客户端网站到在公司服务器中添加和删除用户。对于投入学习，我的建议是找到一个对自己有直接好处的、有趣的问题。这种学习方式与我们在学校里的学习方式完全不同，不一定适用于任何情况，但很适合本章。

根据你创建命令行工具的方式，它们可以直接安装。作为应该在任何 Unix 环境中轻松工作的 shell 命令的示例，容器和微服务有相似之处。因为容器将依赖捆绑在一起，所以它可以在任何启用了适当运行时的系统中工作。我们已经在 3.1 节中介绍了微服务的一些组件，描述了与单体应用程序的一些关键区别。

但是微服务不仅仅是容器，而且几乎所有的云提供商都提供无服务器解决方案。无服务器允许开发人员专注于编写小型应用程序，而无须担心底层操作系统、应用程序依赖或运行时。尽管该产品可能看起来过于简单，但你可以利用该解决方案来创建整个 HTTP API 或类似管道的工作流。

你可以将所有这些组件和技术与来自云提供商的命令行和一些 ML 功能联系起来。这些技术的混合搭配意味着工程师可以用很少的代码为棘手的问题制定创造性的解决方案。每当你可以自动执行任务并提高生产力时，你就是在运用扎实的操作技能来帮助你将模型鲁棒地投入生产。

11.1 Python 打包

许多有用的 Python 命令行工具从一个单独的脚本文件开始，然后它们往往会发展为具有其他文件和可能的依赖的更复杂的场景。直到脚本需要额外的库时，保留脚本而不打包才不再可行。Python 打包不是很好。对于具有十多年的 Python 工作经验的我而言，Python 打包仍是一件痛苦的事情，打包仍然是语言生态系统中十分棘手的（未解决的）

问题的一个方面。

如果你正在修补并尝试一些没有外部依赖的自动化，那么使用单个 Python 脚本无须打包就可以了。另一方面，如果你的脚本需要一些其他依赖并且可能包含多个文件，那么你无疑应该考虑打包。正确打包的 Python 应用程序的另一个有用功能是它可以发布到 Python 包索引网站（*https://pypi.org*），以便其他人可以使用 pip（Python 包安装程序）等工具安装它。

几年前，在系统上安装 Python 包是有问题的：人们无法删除它们。这在现在听起来令人难以置信，但这是“虚拟环境”兴起的众多原因之一。在虚拟环境中，修复依赖关系就像删除目录一样简单——同时保持系统包完整。如今，卸载 Python 包更容易（并且可能），但依赖解析仍然缺乏鲁棒性。虚拟环境是处理 Python 项目的建议方式，因此环境是完全隔离的，你可以通过创建新环境来解决依赖问题。

在本书中（以及 Python 生态系统中的其他地方）推荐使用 virtualenv 模块并不奇怪。从 Python 3 开始，创建和激活虚拟环境的常用方法是直接使用 Python 可执行文件：

```
$ python -m venv venv
$ source venv/bin/activate
```

要验证虚拟环境是否已激活，Python 可执行文件现在应该与系统 Python 不同：

```
$ which python
/tmp/venv/bin/python
```

我建议使用适当的 Python 打包技术，以便你在需要时做好充分准备。只要你的命令行工具需要依赖，就可以将其声明为需求。你的工具的消费者也将解决这些依赖，使其他人更容易使用你的创作。

11.2 依赖文件

正如你将在本章下一节中看到的，有两种流行的定义依赖的方法。其中之一是使用 *requirements.txt* 文件。安装程序工具可以像 `pip` 一样使用这个文件来从包索引安装依赖。在此文件中，依赖在单独的行中声明，并且可选地带有一些版本约束。在此示例中，Click 框架没有约束，因此安装程序（`pip`）将使用最新版本。Pytest 框架固定到特定版本，因此 `pip` 将始终尝试在安装时找到该特定版本：

```
# requirements.txt
click
pytest==5.1.0
```

要从 *requirements.txt* 文件安装依赖，你需要使用 `pip`：

```
$ pip install -r requirements.txt
```

尽管没有严格的命名规则，但你通常可以在名为 *requirements.txt* 的纯文本文件中找到依赖。项目维护人员也可以根据需求定义多个文本文件。例如，当开发依赖不同于交付到生产的依赖时，这更常见。正如你将在下一节中看到的，还有一个 *setup.py* 文件可以安装依赖。这是 Python 中打包和依赖管理声明的一个相当不幸的缺陷。这两个文件都可以达到为 Python 项目安装依赖的目的，但是只有 *setup.py* 才能打包一个 Python 项目进行分发。因为 *setup.py* 文件是在安装时由 Python 执行的，所以除了安装任务之外，它允许做任何事情。我不建议扩展 *setup.py* 来执行打包任务以外的任何事情，以防止分发应用程序时出现问题。

一些项目更喜欢在 *requirements.txt* 文件中定义它们的依赖，然后将该文件的内容重用到 *setup.py* 文件中。你可以通过阅读 *requirements.txt* 并使用 `dependencies` 变量来实现此目的：

```
with open("requirements.txt", "r") as _f:
    dependencies = _f.readlines()
```

区分这些打包文件并了解它们的背景有助于防止混淆和误用。你现在应该可以更轻松地辨别项目是用于分发（*setup.py*）还是不需要安装依赖的服务或项目。

11.3 命令行工具

Python 语言的特性之一是能够快速创建应用程序，其中几乎包含你可以想象的任何内容，从发送 HTTP 请求到处理文件和文本，一直到对数据流进行排序。可用的开源库生态系统是巨大的。科学界将 Python 作为处理包括机器学习在内的工作负载的顶级语言之一，这似乎并不奇怪。

进行命令行工具开发的一种极好方法是确定需要解决的特定情况。下次遇到有点重复的任务时，可以尝试构建一个命令行工具来自动执行生成结果的步骤。自动化是 DevOps 的另一个核心原则，你应该尽可能（并尽可能多地）将其应用于整个 ML 的任务。尽管你可以创建单个 Python 文件并将其用作命令行工具，但本节中的示例将使用适当的打包技术，允许你定义所需的依赖并使用 Python 安装程序（如 `pip`）安装该工具。在第一个示例工具中，我将详细展示这些 Python 模式，以掌握命令行工具背后的思想，你可以将这些思想应用到本章的其余部分。

11.3.1 创建数据集 linter

在编写本书时，我决定将葡萄酒评级数据集及其描述放在一起。我找不到类似的东西，所以我开始收集数据集的信息。一旦数据集有足够数量的条目，下一步就是可视化信息并确定数据的鲁棒性。与初始数据状态一样，该数据集出现了几个异常情况，需要付出一些努力才能正确识别。

一个问题是，在将数据加载为 Pandas 数据结构后，很明显发现其中一列不可用：几乎所有列都是 NaN（也称为空条目）。另一个可能是最糟糕的问题是，我将数据集加载到 Azure ML Studio 以执行一些 AutoML 任务，这些任务开始产生一些令人惊讶的结果。尽管数据集只有六列，但 Azure 报告了大约四十列。

最后，Pandas 在本地保存处理过的数据时添加了未命名的列，我没有意识到这一点。该数据集可用于复现上述问题。首先加载 CSV（逗号分隔值）文件为 Pandas 数据结构：

```
import pandas as pd
csv_url = (
  "https://raw.githubusercontent.com/paiml/wine-ratings/main/wine-ratings.csv"
)
# set index_col to 0 to tell pandas that the first column is the index
df = pd.read_csv(csv_url, index_col=0)
df.head(-10)
```

Pandas 的表格输出看起来不错，但提示一列可能为空：

```
                  name  grape          region     variety  rating  notes
...                ...    ...             ...         ...     ...  ...
32765  Lewis Cella...    NaN  Napa Valley...  White Wine    92.0  Neil Young'..
32766  Lewis Cella...    NaN  Napa Valley...  White Wine    93.0  From the lo..
32767  Lewis Cella...    NaN  Napa Valley...  White Wine    93.0  Think of ou..
32768  Lewis Cella...    NaN  Napa Valley...    Red Wine    92.0  When asked ..
32769  Lewis Cella...    NaN  Napa Valley...  White Wine    90.0  The warm, v..

[32770 rows x 6 columns]
```

对该数据集进行探查描述后，问题就十分清晰了，*grape* 列为空：

```
In [13]: df.describe()
Out[13]:
       grape        rating
count    0.0  32780.000000
mean     NaN     91.186608
std      NaN      2.190391
min      NaN     85.000000
25%      NaN     90.000000
50%      NaN     91.000000
75%      NaN     92.000000
max      NaN     99.000000
```

删除有问题的列，并将数据集保存到一个新的 CSV 文件中，这样你就可以操作数据而不必每次都下载内容：

```
df.drop(['grape'], axis=1, inplace=True)
df.to_csv("wine.csv")
```

重新读取文件发现 Pandas 添加了额外的列。要重现该问题，请重新读取本地 CSV 文件，将其另存为新文件，然后查看新创建文件的第一行：

```
df = pd.read_csv('wine.csv')
df.to_csv('wine2.csv')
```

查看 *wine2.csv* 文件的第一行以发现新增加的列：

```
$ head -1 wine2.csv
,Unnamed: 0,name,region,variety,rating,notes
```

在 Azure 中问题更复杂，而且很难检测：Azure ML 将其中一列中的回车符解释为新列。为了找到这些特殊字符，我必须配置我的编辑器来显示它们（通常，它们是不可见的）。在本例中，回车显示为 `^M`：

```
"Concentrated aromas of dark stone fruits and toast burst^M
from the glass. Classic Cabernet Sauvignon flavors of^M
black cherries with subtle hints of baking spice dance^M
across the palate, bolstered by fine, round tannins. This^M
medium bodied wine is soft in mouth feel, yet long on^M
fruit character and finish."^M
```

在删除没有项目的列、删除未命名的列并去掉回车之后，数据现在处于更健康的状态。现在我已经完成了尽职调查清理工作，我想自动捕捉这些问题。一年后，我可能会忘记处理 Azure 中的额外列或其中包含无用值的列。让我们创建一个命令行工具来摄取 CSV 文件并产生一些警告。

创建一个名为 *csv-linter* 的新目录并添加一个如下所示的 *setup.py* 文件：

```
from setuptools import setup, find_packages

setup(
    name = 'csv-linter',
    description = 'lint csv files',
    packages = find_packages(),
    author = 'Alfredo Deza',
    entry_points="""
    [console_scripts]
    csv-linter=csv_linter:main
    """,
    install_requires = ['click==7.1.2', 'pandas==1.2.0'],
    version = '0.0.1',
    url = 'https://github.com/paiml/practical-mlops-book',
)
```

该文件允许 Python 安装程序捕获 Python 包的所有详细信息，例如依赖，在这种情况下，还可以获取名为 *csv-linter* 的新命令行工具的可用性。`setup` 调用中的大多数字段都很简单，但值得注意的是 `entry_points` 值的详细信息。这是 *setuptools* 库的一个特性，它允许在 Python 文件中定义一个函数来映射回命令行工具名称。在本例中，我将命令行工具

命名为 *csv-linter*，并将其映射到一个函数（`main`）上，接下来我将在名为 *csv_linter.py* 的文件中创建该函数。尽管我选择了 *csv-linter* 作为工具的名称，但它可以命名为任何名称。在幕后，*setuptools* 库将使用此处声明的任何内容创建可执行文件。将其命名为与 Python 文件相同的名称没有限制。

打开一个名为 *csv_linter.py* 的新文件并添加一个使用 Click 框架的函数：

```
import click


@click.command()
def main():
    return
```

即使示例没有明确提到使用 Python 的虚拟环境，创建一个虚拟环境总是一个好主意。拥有虚拟环境是隔离系统中安装的其他库的依赖和潜在问题的有效方法。

这两个文件几乎是你创建一个命令行工具所需的全部内容，该工具（目前）除了在你的 shell 路径中提供可用的可执行文件外不执行任何其他操作。接下来，创建一个虚拟环境并激活它以安装新创建的工具：

```
$ python3 -m venv venv
$ source venv/bin/activate
$ python setup.py develop
running develop
running egg_info
...
csv-linter 0.0.1 is already the active version in easy-install.pth
...
Using /Users/alfredo/.virtualenvs/practical-mlops/lib/python3.8/site-packages
Finished processing dependencies for csv-linter==0.0.1
```

setup.py 脚本有许多不同的调用方式，但你将主要使用我在示例中使用的 `install` 参数或 `develop` 参数。使用 `develop` 允许你对脚本的源代码进行更改并在脚本中自动获得这些代码，而 `install` 将创建一个单独的（或独立的）脚本，与源代码没有联系。在开发命令行工具时，我建议你在快速取得进展时使用 `develop` 来测试更改。调用 *setup.py* 脚本后，通过传递 `--help` 标志来测试新可用的工具：

```
$ csv-linter --help
Usage: csv-linter [OPTIONS]

Options:
  --help  Show this message and exit.
```

无须编写即可获得帮助菜单很棒，这是其他一些命令行工具框架提供的功能。现在该工具可作为终端中的脚本使用，是时候添加有用的功能了。为简单起见，此脚本将接受

CSV 文件作为单个参数。Click 框架有一个内置帮助程序来接受文件作为参数，以确保文件存在，否则会产生有用的错误。更新 *csv_linter.py* 文件以使用该内置帮助程序：

```
import click

@click.command()
@click.argument('filename', type=click.Path(exists=True))
def main():
    return
```

尽管脚本尚未对文件执行任何操作，但帮助菜单已更新以反映该选项：

```
$ csv-linter --help
Usage: csv-linter [OPTIONS] FILENAME
```

该命令仍然没有做一些有用的事情。检查一下，如果你传递一个不存在的 CSV 文件会发生什么：

```
$ csv-linter bogus-dataset.csv
Usage: csv-linter [OPTIONS] FILENAME
Try 'csv-linter --help' for help.

Error: Invalid value for 'FILENAME': Path 'bogus-dataset.csv' does not exist.
```

通过使用传递给 Pandas 的 `main()` 函数的 `filename` 参数来进一步使用该工具来描述数据集：

```
import click
import pandas as pd


@click.command()
@click.argument('filename', type=click.Path(exists=True))
def main(filename):
    df = pd.read_csv(filename)
    click.echo(df.describe())
```

该脚本使用 Pandas 和另一个名为 echo 的 Click helper 帮助程序，它允许我们轻松地将输出打印回终端。使用之前在处理数据集时保存的 *wine.csv* 文件作为输入：

```
$ csv-linter wine.csv
         Unnamed: 0  grape        rating
count  32780.000000    0.0  32780.000000
mean   16389.500000    NaN     91.186608
std     9462.915248    NaN      2.190391
min        0.000000    NaN     85.000000
25%     8194.750000    NaN     90.000000
50%    16389.500000    NaN     91.000000
75%    24584.250000    NaN     92.000000
max    32779.000000    NaN     99.000000
```

尽管如此，这并没有太大帮助，即使它现在可以使用 Pandas 轻松描述任何 CSV 文件。

我们在这里需要解决的问题是提醒我们三个潜在的问题：

- 检测零计数列。
- 存在 Unnamed 列时发出警告。
- 检查字段中是否有回车。

让我们从检测零计数列开始。Pandas 允许我们迭代它的列，并且有一个 count() 方法可以用于这个目的：

```
In [10]: for key in df.keys():
    ...:     print(df[key].count())
    ...:
    ...:
32780
0
32777
32422
32780
32780
```

将循环调整为与 *csv_linter.py* 文件中的 main() 分开的函数，以便它被隔离并保持可读性：

```
def zero_count_columns(df):
    bad_columns = []
    for key in df.keys():
        if df[key].count() == 0:
            bad_columns.append(key)
    return bad_columns
```

该 zero_count_columns() 函数将来自 Pandas 的数据框架作为输入，捕获所有计数为零的列，并在最后返回它们。它是隔离的，尚未与 main() 函数协调输出。由于它返回的是列名列表，因此可以在 main() 函数中遍历返回结果中的内容：

```
@click.command()
@click.argument('filename', type=click.Path(exists=True))
def main(filename):
    df = pd.read_csv(filename)
    # check for zero count columns
    for column in zero_count_columns(df):
        click.echo(f"Warning: Column '{column}' has no items in it")
```

针对同一个 CSV 文件执行脚本（请注意，我删除了 .describe() 调用）：

```
$ csv-linter wine-ratings.csv
Warning: Column 'grape' has no items in it
```

如果我在将数据发送到 ML 平台之前使用它，这个脚本不会为我节省很多时间。接下来，创建另一个函数，遍历列以检查 Unnamed 列：

```
def unnamed_columns(df):
    bad_columns = []
    for key in df.keys():
        if "Unnamed" in key:
            bad_columns.append(key)
    return len(bad_columns)
```

在这种情况下，该函数检查名称中是否存在 “ Unnamed ” 字符串，但不返回名称（因为我们假设它们都相似甚至相同），而是返回总计数。使用该信息，扩展 main() 函数以包含计数：

```
@click.command()
@click.argument('filename', type=click.Path(exists=True))
def main(filename):
    df = pd.read_csv(filename)
    # check for zero count columns
    for column in zero_count_columns(df):
        click.echo(f"Warning: Column '{column}' has no items in it")
    unnamed = unnamed_columns(df)
    if unnamed:
        click.echo(f"Warning: found {unnamed} columns that are Unnamed")
```

针对同一个 CSV 文件再次运行该工具以检查结果：

```
$ csv-linter wine.csv
Warning: Column 'grape' has no items in it
Warning: found 1 column that is Unnamed
```

最后，也许最难检测的是在大文本字段中查找回车符。此操作可能很费时，具体取决于数据集的大小。尽管有更高效的方法来完成迭代，但下一个示例将尝试使用最直接的方法。创建另一个函数来处理 Pandas 数据框架：

```
def carriage_returns(df):
    for index, row in df.iterrows():
        for column, field in row.iteritems():
            try:
                if "\r\n" in field:
                    return index, column, field
            except TypeError:
                continue
```

该循环可防止引发 TypeError。如果该函数对不同类型（如整数）进行字符串检查，则会产生 TypeError。由于该操作可能代价高昂，因此该函数会在第一个回车符号处跳出循环。最后，循环返回索引、列和整个字段以供 main() 函数报告。现在更新脚本以包含回车报告：

```
@click.command()
@click.argument('filename', type=click.Path(exists=True))
def main(filename):
    df = pd.read_csv(filename)
    for column in zero_count_columns(df):
        click.echo(f"Warning: Column '{column}' has no items in it")
    unnamed = unnamed_columns(df)
```

```
    if unnamed:
        click.echo(f"Warning: found {unnamed} columns that are Unnamed")

    carriage_field = carriage_returns(df)
    if carriage_field:
        index, column, field = carriage_field
        click.echo((
           f"Warning: found carriage returns at index {index}"
           f" of column '{column}':")
        )
        click.echo(f"         '{field[:50]}'")
```

测试最后一个检查很棘手，因为数据集不再有回车符。本章的代码仓库（*https://oreil.ly/aaevY*）中包括一个带有回车符的示例 CSV 文件。在本地下载该文件并将 *csv-linter* 工具指向该文件：

```
$ csv-linter carriage.csv
Warning: found carriage returns at index 0 of column 'notes':
         'Aged in French, Hungarian, and American Oak barrel'
```

为防止在输出中打印超长字段，警告消息仅显示前 50 个字符。该命令行工具利用 Click 框架实现命令行工具功能，利用 Pandas 实现 CSV 文件检查。虽然它只进行了三项检查并且性能不是很好，但对于我来说，防止在使用数据集时出现问题是非常宝贵的。有多种其他方法可以确保数据集处于可接受的格式，但这是如何自动化（和防止）你遇到的问题的一个很好的例子。自动化是 DevOps 的基础，命令行工具是开启自动化之路的绝佳方式。

11.3.2 模块化命令行工具

前面的命令行工具展示了如何使用 Python 的内部库从单个 Python 文件创建脚本。但是完全可以使用一个包含多个文件的目录来组成一个命令行工具。当单个脚本的内容开始变得难以阅读时，这种方法更可取。将长文件拆分为多个文件的原因没有硬性限制，我建议对共享共同职责的代码进行分组并将它们分开，尤其是在需要代码重用时。在某些情况下可能没有代码重用的用例，但拆分一些片段仍然可以提高可读性和维护性。

让我们重用 *csv-linter* 工具的示例，将单文件脚本改编为目录中的多个文件。第一步是创建一个包含 *__init__.py* 文件的目录，并将 *csv_linter.py* 文件移动到其中。使用 *__init__.py* 文件告诉 Python 将该目录视为模块。结构现在应如下所示：

```
$ tree .
.
├── csv_linter
│   ├── __init__.py
│   └── csv_linter.py
├── requirements.txt
└── setup.py

1 directory, 4 files
```

此时，无须在 Python 文件中重复该工具的名称，因此将其重命名为更模块化且与工具名称联系更少的名称。我通常建议使用 *main.py*，因此重命名文件：

```
$ mv csv_linter.py main.py
$ ls
__init__.py main.py
```

再次尝试使用 `csv_linter` 命令。该工具应该处于异常状态，因为文件被移动了：

```
$ csv-linter
Traceback (most recent call last):
  File ".../site-packages/pkg_resources/__init__.py", line 2451, in resolve
    return functools.reduce(getattr, self.attrs, module)
AttributeError: module 'csv_linter' has no attribute 'main'
```

这是因为 *setup.py* 文件指向一个不再存在的模块。更新该文件，使其在 *main.py* 文件中找到 `main()` 函数：

```
from setuptools import setup, find_packages

setup(
    name = 'csv-linter',
    description = 'lint csv files',
    packages = find_packages(),
    author = 'Alfredo Deza',
    entry_points="""
    [console_scripts]
    csv-linter=csv_linter.main:main
    """,
    install_requires = ['click==7.1.2', 'pandas==1.2.0'],
    version = '0.0.1',
    url = 'https://github.com/paiml/practical-mlops-book',
)
```

更改可能很难发现，但 `csv-linter` 的入口点现在是 `csv_linter.main:main`。这一变化意味着 *setuptools* 应该寻找一个带有 `main()` 函数的主模块的 *csv_linter* 包。语法有点难以记住（我总是必须查找它），但掌握更改细节有助于可视化事物是如何联系在一起的。安装过程仍然有所有旧引用，因此你必须再次运行 *setup.py* 以使其全部工作：

```
$ python setup.py develop
running develop
Installing csv-linter script to /Users/alfredo/.virtualenvs/practical-mlops/bin
...
Finished processing dependencies for csv-linter==0.0.1
```

现在 *csv-linter* 工具再次正常工作，让我们将 *main.py* 模块分成两个文件，一个用于检查，另一个仅用于命令行工具工作。创建一个名为 *checks.py* 的新文件，并将执行检查的函数从 *main.py* 移动到这个新文件中：

```
# in checks.py

def carriage_returns(df):
```

```
        for index, row in df.iterrows():
            for column, field in row.iteritems():
                try:
                    if "\r\n" in field:
                        return index, column, field
                except TypeError:
                    continue


    def unnamed_columns(df):
        bad_columns = []
        for key in df.keys():
            if "Unnamed" in key:
                bad_columns.append(key)
        return len(bad_columns)


    def zero_count_columns(df):
        bad_columns = []
        for key in df.keys():
            if df[key].count() == 0:
                bad_columns.append(key)
        return bad_columns
```

现在更新 *main.py* 以从 *checks.py* 文件导入检查函数。新更新的主模块现在应该如下所示：

```
import click
import pandas as pd
from csv_linter.checks import
     carriage_returns,
     unnamed_columns,
     zero_count_columns

@click.command()
@click.argument('filename', type=click.Path(exists=True))
def main(filename):
    df = pd.read_csv(filename)
    for column in zero_count_columns(df):
    click.echo(f"Warning: Column '{column}' has no items in it")
unnamed = unnamed_columns(df)
if unnamed:
    click.echo(f"Warning: found {unnamed} columns that are Unnamed")
carriage_field = carriage_returns(df)
if carriage_field:
    index, column, field = carriage_field
    click.echo((
       f"Warning: found carriage returns at index {index}"
       f" of column '{column}':")
    )
    click.echo(f"         '{field[:50]}'")
```

模块化是保持内容简短和可读的好方法。当工具以这种方式分离关注点时，更容易维护和理解。有很多次我不得不无缘无故地使用长达数千行的遗留脚本。现在脚本状态良好，我们可以进入微服务并进一步了解其中的一些概念。

11.4 微服务

正如我在本章开头提到的，微服务是一种新型应用范例，完全不同于旧式的单体应用。特别是对于 ML 操作，将模型投入生产过程中的职责尽可能地隔离是至关重要的。隔离组件可以为其他地方的可重用性铺平道路，而不仅限于单个模型的特定过程。

我倾向于将微服务和可重用组件视为 Jenga 拼图的一部分。单体应用程序将是一个非常高的 Jenga 塔，许多部分共同工作以使其站立，但有一个主要缺陷：不要试图触碰任何会使整个事物崩溃的东西。另一方面，如果拼图尽可能牢固地放在一起（就像在拼图游戏开始时那样），那么移除拼图并将它们重新用于不同的位置是很简单的。

软件工程师通常会快速创建与手头任务紧密耦合的实用程序。例如，一些从字符串中删除某些值的逻辑，然后你可以使用这些值将其保存在数据库中。一旦这几行代码证明了它们的价值，就可以考虑其他代码库组件的可重用性。我倾向于在我的项目中维护一个实用工具模块，公共工具放在那里，以便其他需要相同功能的应用程序可以导入和重用它们。

与容器化一样，微服务允许更多地关注解决方案本身（代码）而不是环境（例如，操作系统）。创建微服务的一种出色解决方案是使用无服务器技术。来自云提供商的无服务器产品有许多不同的名称（例如 lambda 和云函数）。尽管如此，它们都指的是同一个东西：用一些代码创建一个文件并立即部署到云端——无须担心底层操作系统或其依赖关系。只需从下拉菜单中选择一个运行时，如 Python 3.8，然后单击一个按钮。事实上，大多数云提供商都允许你直接在浏览器中创建函数。这种开发和供应是相当具有革命性的，它已经使以前用非常复杂程序才能实现的有趣应用程序模式成为可能。

无服务器的另一个关键方面是你可以毫不费力地访问大多数云提供商的产品。对于 ML，这是至关重要的：你是否需要执行一些计算机视觉操作？无服务器部署只需不到十几行代码即可完成此操作。这种在云中利用 ML 操作的方式可以让你获得速度、鲁棒性和可重复性：DevOps 原则的所有重要组成部分。大多数公司不需要从零开始创建自己的计算机视觉模型。“站在巨人的肩膀上”这句话非常适合抓住可能性。多年前，我在一家数字媒体机构工作，团队由十几名 IT 人员组成，他们决定在内部运行电子邮件服务器。（正确）运行电子邮件服务器需要大量的知识和持续的努力。电子邮件是一个需要解决的具有挑战性的问题。电子邮件会频繁地停止工作——事实上，这几乎每个月都会发生一次。

最后，让我们看看在云提供商上构建基于 ML 的微服务有哪些可选项。它们通常包括更多的 IaaS（基础设施即服务）和更多的 PaaS（平台即服务）。例如，在图 11-1 中，Kubernetes 是一种部署微服务的偏底层且复杂的技术。在其他场景中，例如本书前面介绍的 AWS App Runner，你可以将 GitHub 仓库指向该服务，然后单击几个按钮以获得完整部署的持续交付平台，其中某个能力是云函数。

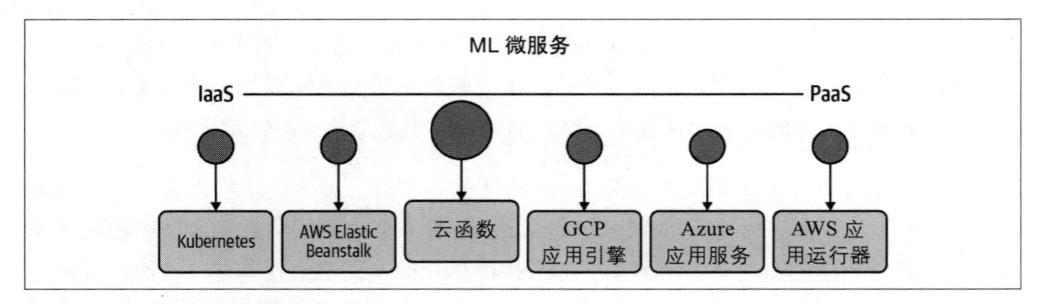

图 11-1：Cloud ML 微服务

贵公司的核心竞争力是什么？如果它不是最先进的计算机视觉模型，那么不要自己创建这些模型。同样，聪明地工作，而不是费力地工作，并在 AWS App Runner 或 Google Cloud Run 等高级系统之上构建。最后，抵制重新造轮子的冲动，充分利用云微服务。

11.4.1 创建无服务器函数

大多数云提供商在无服务器环境中公开他们的 ML 服务。计算机视觉、自然语言处理和推荐服务只是其中的一小部分。在本节中，你将使用翻译 API 来利用世界上最强大的语言处理产品之一。

对于这个无服务器应用程序，我将使用 Google Cloud Platform（*https://oreil.ly/IO8oP*）(GCP)。如果你之前没有注册，你可能会获得一些免费积分来尝试本节中的示例，尽管有流量限制，你应该仍然能够部署云函数而不会产生任何成本。

登录 GCP 后，从左侧边栏中的 Compute 部分下选择 Cloud Functions，如图 11-2 所示。

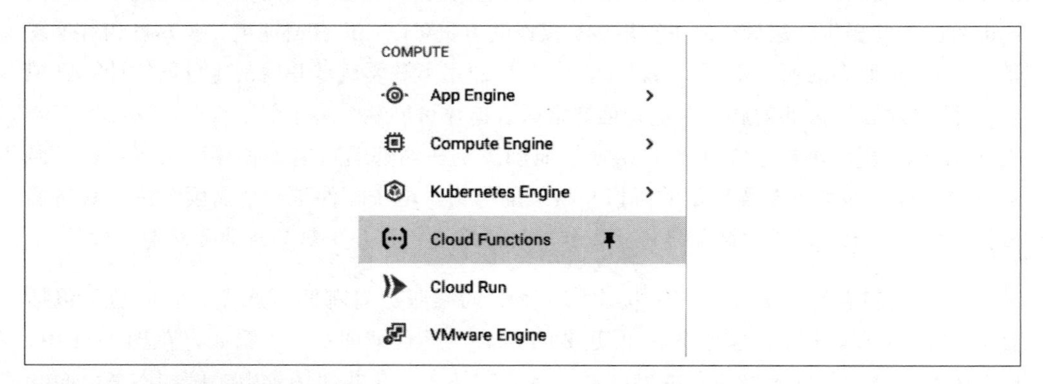

图 11-2：Cloud Functions 边栏

如果你之前没有创建过函数，提示消息应该会显示一个创建函数的链接。如果你已经部署了一个函数，则创建函数按钮应该可用。从 UI 创建和部署函数只需要几个步骤。图 11-3 是你需要填写的表格。

图 11-3：创建云函数

Basics 部分采用默认值即可。在这种情况下，表单预先填充了 function-1 作为名称并使用 us-central1 作为区域。确保将触发器类型设置为 HTTP，并且需要进行身份认证。单击保存，然后单击页面底部的下一步按钮。

尽管允许对函数进行未经身份认证的调用（就像在 Web 表单中选择选项一样简单），但我强烈建议你不要在未启用身份认证的情况下部署云函数。未经身份认证的通过 HTTP 公开的服务存在被滥用的风险。由于云函数的使用与你的账户和预算直接相关，因此未经授权的使用可能会产生重大财务影响。

进入代码部分后，你可以选择运行时和入口点。选择 Python 3.8，将入口点更改为使用 main，并将函数名称更新为使用 `main()` 而不是 `hello_world()`，如图 11-4 所示。

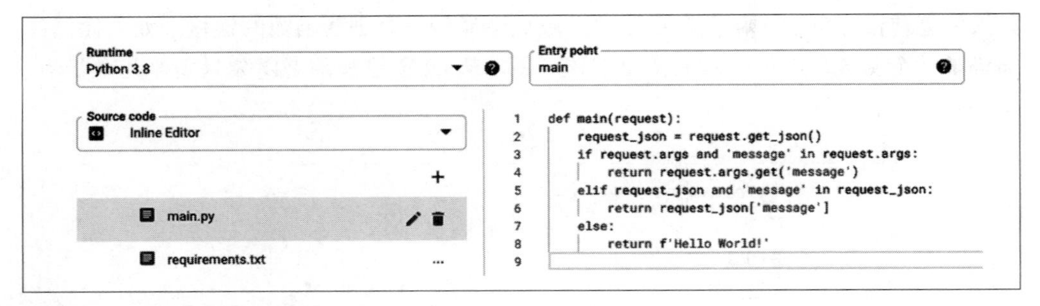

图 11-4：云函数代码

选择应用程序入口点的能力开辟了创建其他函数以辅助主函数或明确一些其他命名约定以与代码交互的可能性。灵活性很好，但拥有默认值和使用约定更有价值。进行必要的更改后，单击“部署”按钮将此函数引入生产环境。完成后，该函数应显示在 Cloud Functions 面板中。

接下来，在部署之后，让我们通过发送 HTTP 请求与其交互。有很多方法可以实现这一点。首先，单击所选函数的操作并选择测试函数。一个新页面加载，虽然一开始可能很难看到它，触发事件部分是你添加要发送的请求正文的地方。由于函数正在寻找“`message`”键，更新正文以包含如图 11-5 所示的消息，然后单击测试函数按钮。

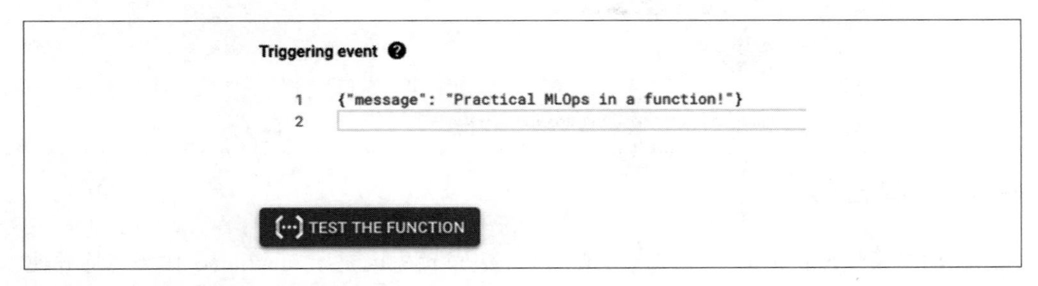

图 11-5：云函数代码——触发事件

只需要几秒钟就可以得到输出，该输出来自“`message`”键对应的值。除了该输出之外，还会显示一些日志，使其成为与函数交互的一种非常直接的方式。执行身份认证步骤不是必需的，尽管该函数是在启用身份认证的情况下创建的。每当你在调试并希望快速测试已部署的函数时，这是目前最简单的方法。

此函数接受 JSON（JavaScript Object Notation）作为输入。尽管尚不清楚云函数在测试时是否使用 HTTP，但这是将输入传递给函数的方式。JSON 有时被称为 Web 开发的通用语言，因为编程语言、其他服务和实现可以使用这些语言和服务理解的方式消费、生产原始结构体 JSON。

虽然 HTTP API 可以限制请求的类型和正文应该是什么格式，但使用 JSON 进行通信是比较常见的。在 Python 中，你可以将 JSON 加载到原始数据结构中，例如列表和字典，这些结构简单易用。

在探索与函数交互的其他方式（包括身份认证）之前，让我们通过谷歌的翻译服务来利用 ML 服务。默认情况下，谷歌云平台的所有 API 都被禁用。如果你需要与语言翻译等云产品进行交互，则必须在使用前启用 API。如果你创建了一个云函数（如本例中）而忘记这样做，那么也没有什么大问题。由此产生的行为将是日志中捕获的错误，并且 HTTP 500 作为错误响应返回给发出请求的客户端。这是一个函数的日志摘录，提示该函数尝试使用翻译 API 而没有先启用它：

```
google.api_core.exceptions.PermissionDenied: 403 Cloud Translation API has not
    been used in project 555212177956 before or it is disabled.
Enable it by visiting:
   https://console.developers.google.com/apis/api/translate.googleapis.com/
then retry. If you enabled this API recently, wait a few minutes for the
action to propagate to our systems and retry."
```

在对该函数进行任何进一步修改之前，请启用 Cloud Translation API（*https://oreil.ly/6SFRs*）。GCP 提供的大多数 API 需要以类似的方式启用，方法是转到 API 和服务链接（*https://oreil.ly/eV8sr*）并在函数库页面中找到你需要的 API。

如果你不是 GCP 账户的管理员并且没有看到可用的 API，则你可能缺乏启用 API 所需的权限。账户管理员需要授予你适当的权限。

启用 API 后，单击其名称返回该函数，以便加载面板。进入面板后，找到页面顶部的“编辑”按钮以更改源代码。在“编辑”部分，你可以配置之前的函数本身，然后配置代码。你无须对部署配置进行更改，因此单击“下一步”以获取源代码。单击 *requirements.txt* 链接打开该文件，以添加与翻译服务交互所需的 API 库：

```
google-cloud-translate==3.0.2
```

接下来，点击 *main.py* 来编辑内容。添加 `import` 语句以引入翻译服务，并添加一个新函数来负责翻译：

```
from google.cloud import translate

def translator(text="YOUR_TEXT_TO_TRANSLATE",
    project_id="YOUR_PROJECT_ID", language="fr"):

    client = translate.TranslationServiceClient()
    parent = f"projects/{project_id}/locations/global"

    response = client.translate_text(
```

```
        request={
            "parent": parent,
            "contents": [text],
            "mime_type": "text/plain",
            "source_language_code":"en-US",
            "target_language_code":language,
        }
    )
    # Display the translation for each input text provided
    for translation in response.translations:
        print(u"Translated text: {}".format(translation.translated_text))
    return u"Translated text: {}".format(translation.translated_text)
```

这个新函数需要三个参数来与翻译 API 交互：输入文本、项目 ID 和翻译的目标语言（默认为法语）。输入文本默认为英语，但该功能可以适用其他语言（例如，西班牙语）作为输入和英语作为输出。只要支持该语言，该函数就可以任意组合使用输入和输出。

翻译请求响应是可迭代的，所以翻译完成后需要一个循环。

接下来，修改 `main()` 函数，将“`message`”中的值传递给 `translator()` 函数。我使用的是我自己的项目 ID（“*gcp-book-1*”），因此如果尝试下一个示例，请确保使用自己的项目 ID 进行更新：

```
def main(request):
    request_json = request.get_json()
    if request_json and 'message' in request_json:
        return translator(
            text=request_json['message'],
            project_id="gcp-book-1"
        )

    else:
        return f'No message was provided to translate'
```

`main()` 函数仍然需要在传入的 JSON 请求中分配一个“`message`”值，但现在可以用它做一些有用的事情。在控制台中使用示例 JSON 输入对其进行测试：

```
{"message": "a message that has been translated!"}
```

测试页中会立即输出如图 11-6 所示内容。

```
Output   Complete
$ Translated text: un message qui a été traduit!

Logs   Fetched (up to 100 entries). View all logs
   Loading... Scanned up to 12/9/20, 2:59 AM. Scanned 4 GB.
 ▸ λ 2021-01-16 07:04:04.802 EST  function-2  o3k33zyu1wjr   Function execution started
```

图 11-6：翻译测试

11.4.2 云函数授权

我将 HTTP 访问视为访问民主：其他系统和语言可以使用 HTTP 协议将它们的实现与远程位置的单独服务进行交互，具有极大的灵活性。所有主要的编程语言都可以构造 HTTP 请求并处理来自服务器的响应。在 HTTP 的帮助下将服务组合在一起允许这些服务以新的（可能是最初没有想到的）方式工作。将 HTTP API 视为可扩展的功能，可以插入连接到因特网上的任何东西。但是通过因特网连接具有安全隐患，例如防止使用经过身份认证的请求进行未经授权的访问。

你可以通过多种方式与云函数进行远程交互。我将使用 `curl` 程序，从命令行开始。尽管我倾向于不使用 `curl` 与经过身份认证的请求交互，但它确实提供了一种直接的方式来记录你成功提交请求所需的所有细节。为你的系统安装谷歌云 SDK（*https://oreil.ly/2l7tA*），然后确定你之前部署的项目 ID 和函数名称。以下示例使用 `curl` 与 SDK 进行身份认证：

```
$ curl -X POST --data '{"message": "from the terminal!"}' \
  -H "Content-Type: application/json" \
  -H "Authorization: bearer $(gcloud auth print-identity-token)" \
  https://us-central1-gcp-book-1.cloudfunctions.net/function-1
```

在我的系统上，使用 function-1 URL，我得到以下响应：

```
Translated text: du terminal!
```

该命令似乎非常复杂，但它更好地说明了发出成功请求所需的条件。首先，它声明请求使用 POST 方法。当负载与请求相关联时，通常使用此方法。在这个例子中，`curl` 将 JSON 从参数发送到 `--data` 标志。接下来，该命令添加两个请求标头，一个表示正在发送的内容类型（JSON），另一个表示请求正在提供令牌。令牌是 SDK 发挥作用的地方，因为 SDK 为请求创建令牌，云函数服务需要令牌来验证请求是否已通过身份认证。最后，云函数的 URL 被用作这个经过身份认证的 POST 请求发送 JSON 的目标。

尝试单独运行以下 SDK 命令查看它的作用：

```
$ gcloud auth print-identity-token
aIWQo6IClq5fNylHWPHJRtoMu4IG0QmP84tnzY5Ats_4XQvClne-A9coqEciMu_WI4Tjnias3fJjali
[...]
```

现在你了解了请求所需的组件，可以直接尝试使用 SDK 为你发出请求以访问已部署的云函数：

```
$ gcloud --project=gcp-book-1 functions call function-1 \
  --data '{"message":"I like coffee shops in Paris"}'
executionId: 1jgd75feo29o
result: "Translated text: J'aime les cafés à Paris"
```

我认为像谷歌这样的云提供商提供其他设施来与他们的服务进行交互是一个很好的主

意，就像这里运行的云函数一样。如果只知道 SDK 命令与云函数交互，那么很难使用编程语言构建请求，例如 Python。这些选项提供了灵活性，而且环境越灵活，以最合理的方式适应环境需求的机会就越大。

现在让我们使用 Python 与翻译函数进行交互。

以下示例将使用 Python 直接调用 `gcloud` 命令，以便更轻松地快速演示如何创建 Python 代码以与云函数交互。但是，这不是处理身份认证的可靠方法。你需要创建一个服务账户（*https://oreil.ly/qNtoc*）并使用 google-api-python-client 来正确保护身份认证过程。

创建一个名为 *trigger.py* 的 Python 文件并添加以下代码，以从 `gcloud` 命令检索令牌：

```
import subprocess


def token():
    proc = subprocess.Popen(
        ["gcloud",  "auth", "print-identity-token"],
        stdout=subprocess.PIPE)
    out, err = proc.communicate()
    return out.decode('utf-8').strip('\n')
```

`token()` 函数将调用 `gcloud` 命令并处理输出以发出请求。值得重申的是，这是演示从 Python 发出请求以触发函数的快速方法。如果希望在生产环境中实现此功能，你应该考虑从 google-api-python-client 创建一个服务账户和 OAuth2。

接下来，使用该令牌创建请求以与云函数通信：

```
import subprocess
import requests

url = 'https://us-central1-gcp-book-1.cloudfunctions.net/function-1'


def token():
    proc = subprocess.Popen(
        ["gcloud",  "auth", "print-identity-token"],
        stdout=subprocess.PIPE)
    out, err = proc.communicate()
    return out.decode('utf-8').strip('\n')


resp = requests.post(
    url,
    json={"message": "hello from a programming language"},
    headers={"Authorization": f"Bearer {token()}"}
)

print(resp.text)
```

请注意，我已将 requests 库（本例中为 2.25.1 版）添加到脚本中，因此你需要在继续之前安装它。现在运行 *trigger.py* 文件来测试它，确保你已经用你的项目 ID 更新了脚本：

```
$ python trigger.py
Translated text: bonjour d'un langage de programmation
```

11.4.3 构建基于云的 CLI

现在你已经了解了构建命令行工具、打包和分发它的概念，同时利用云提供的 ML 产品，这些结合在一起看起来很有趣。在本节中，我将重用所有不同的部分来创建一个命令行工具。创建一个新目录，并将以下内容添加到 *setup.py* 文件中，以便立即解决打包问题：

```
from setuptools import setup, find_packages

setup(
    name = 'cloud-translate',
    description = "translate text with Google's cloud",
    packages = find_packages(),
    author = 'Alfredo Deza',
    entry_points="""
    [console_scripts]
    cloud-translate=trigger:main
    """,
    install_requires = ['click==7.1.2', 'requests==2.25.1'],
    version = '0.0.1',
    url = 'https://github.com/paiml/practical-mlops-book',
)
```

setup.py 文件将创建一个映射到 *trigger.py* 文件中的 `main()` 函数的 *cloud-translate* 可执行文件。我们还没有创建那个函数，所以添加上一节中创建的 *trigger.py* 文件并添加函数：

```
import subprocess
import requests
import click

url = 'https://us-central1-gcp-book-1.cloudfunctions.net/function-2'


def token():
    proc = subprocess.Popen(
        ["gcloud",  "auth", "print-identity-token"],
        stdout=subprocess.PIPE)
    out, err = proc.communicate()
    return out.decode('utf-8').strip('\n')


@click.command()
```

```
@click.argument('text', type=click.STRING)
def main(text):
    resp = requests.post(
            url,
            json={"message": text},
            headers={"Authorization": f"Bearer {token()}"})

    click.echo(f"{resp.text}")
```

该文件与直接使用 Python 运行的初始 trigger.py 没有什么不同。Click 框架允许我们定义一个文本输入，然后在它完成时将输出打印到终端。运行 `python setup.py develop` 以便所有东西都连接在一起，包括依赖。正如预期的那样，框架为我们提供了帮助菜单：

```
$ cloud-translate --help
Usage: cloud-translate [OPTIONS] TEXT

Options:
  --help  Show this message and exit.
$ cloud-translate "today is a wonderful day"
Translated text: aujourd'hui est un jour merveilleux
```

11.5 机器学习 CLI 工作流

两点之间的最短距离是一条直线。同样，命令行工具通常是使用机器学习最直接的方法。在图 11-7 中，你可以看到有许多不同风格的 ML 技术。在无监督机器学习的情况下，你可以"即时"训练；在其他情况下，你可能希望使用经过训练的模型并将其放置在对象存储中。然而，你可能希望使用高级工具，如 AutoML、AI APIs 或第三方在其他地方创建的模型。

请注意，存在许多不同的问题域，其中添加 ML 可以增强 CLI 或者是 CLI 的全部目的。这些领域包括文本、计算机视觉、行为分析和客户分析。

必须指出的是，部署包括机器学习在内的命令行工具有很多目标。像 Amazon EFS、GCP Filestore 或 Red Hat Ceph 这样的文件系统具有为集群提供中心化 Unix 挂载点的优势。bin 目录可能包含通过 Jenkins 服务器提供的 ML CLI 工具，该服务器挂载了相同的存储卷。

其他交付目标包括 Python Package Repository（PyPI）和公共容器仓库，如 Docker、GitHub 和 Amazon。还有更多的目标包括 Linux 软件包，如 Debian 和 RPM。打包机器学习的命令行工具比微服务拥有更广泛的部署目标集合，因为命令行工具是一个完整的应用程序。

以下是一些适合使用 CLI 进行机器学习的项目示例资源：

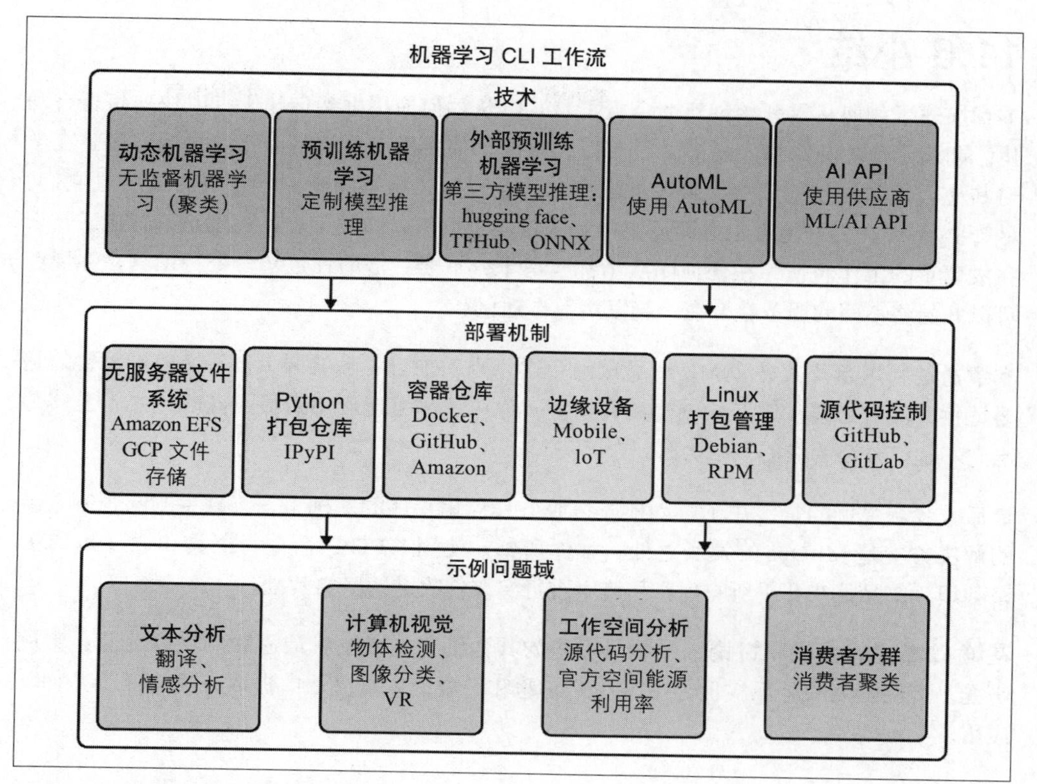

图 11-7：机器学习 CLI 工作流

DevML

DevML（*https://oreil.ly/pMU53*）是一个分析 GitHub 组织并允许 ML 从业者创建自己的“私有 ML 的项目”预测，可能通过将其连接到 streamlit（*https://streamlit.io*）或在 Amazon QuickSight 中包含开发人员聚集报告。

Python MLOps Cookbook

Python MLOps Cookbook GitHub 仓库（*https://oreil.ly/4jAUL*）包含一个用作工具集合的简单 ML 模型。该项目在第 7 章中有详细介绍。

Spot Price Machine Learning

另一个 ML CLI 示例是 Spot Price Machine Learning Clustering 项目。在此 GitHub 仓库（*https://oreil.ly/OiutZ*）中，AWS Spot 实例的不同属性（包括内存、CPU 和价格）被用于创建相似机器类型的集群。

完成这些 CLI 工作流后，让我们继续本章的总结部分。

11.6 小结

本章描述了如何从零开始创建命令行工具，以及如何使用框架创建工具以快速执行自动化。即使示例看起来微不足道，细节以及事物如何协同工作也是必不可少的方面。在学习其他人通常害怕的新概念或主题（例如打包）时，很容易感到气馁并尝试绕过它们。尽管 Python 在更好地打包方面还有很长的路要走，但入门并不难，通过正确打包工具来完成繁重的工作将使你在任何团队中都变得十分重要。借助打包和命令行工具，你现在可以开始将不同的服务整合在一起以实现自动化。

本章通过利用云及其许多 ML 产品做到了这一点：来自谷歌的强大翻译 API。重要的是要记住，没有必要从零开始创建所有模型，你应该尽可能利用云提供商的产品，尤其是当它不是你公司的核心竞争力时。

最后，我想强调的是，在了解如何连接服务和应用程序的基础上，为棘手的问题制定新的解决方案是 MLOps 的擅长之处。如你所知，使用 HTTP、命令行工具和通过其 SDK 来利用云产品是在几乎所有生产环境中进行实质性改进的坚实基础。

在第 12 章中，我们将讨论机器学习工程的其他细节，以及我最喜欢的主题之一：案例研究。案例研究的是现实世界中存在的问题和场景，你可以从中提取有用的经验并加以应用。

练习题

- 向使用云函数的 CLI 添加更多选项，例如使 URL 可配置。
- 了解服务账户和 OAuth2 如何与谷歌 SDK 配合使用并将其集成到 *trigger.py* 中以避免使用子流程模块。
- 通过翻译单独的源（如维基百科页面）来增强云函数。
- 创建一个新的云函数来进行图像识别并使其与命令行工具一起工作。
- 参考 Python MLOps Cookbook 仓库（*https://oreil.ly/fX1Uu*）并构建一个稍微不同的容器化 CLI 工具，将其发布到公共容器仓库中，如 DockerHub 或 GitHub Container Registry。

独立思考和讨论

- 列举未经身份认证的云函数的一种可能后果。
- 不使用虚拟环境有哪些缺点？
- 描述好的调试技术的两个方面，并说明它们为什么有用。

- 为什么了解打包技术有用？打包的一些关键方面是什么？
- 使用来自云提供商的现有模型是否是个好主意？为什么？
- 是使用公共容器仓库还是使用 Python Package Repository 来部署由机器学习提供支持的开源 CLI 工具，请解释两者之间的权衡。

第 12 章
机器学习工程和 MLOps 案例研究

Noah Gift

在陪同 Loewi 教授完成手术后，我花了更多时间在他的术后护理上，在此期间他对我进行了进一步指导。他在我那本他写的 62 页小书上签了名，并颤抖地在他的签名上方写道："没有理论的事实是混乱，没有事实的理论是幻想。"

——Joseph Bogen 博士

在现实世界中，技术的一个基本问题是，很难知道该听谁的建议。特别是，像机器学习这样的多学科主题是一个令人费解的挑战。你如何找到现实世界经验、当前的和相关的技能以及解释它的教学能力的正确组合？这种"独角兽"的教学能力正是本章的目的。目标是将这些相关方面提炼为机器学习项目的可操作智慧，如图 12-1 所示。

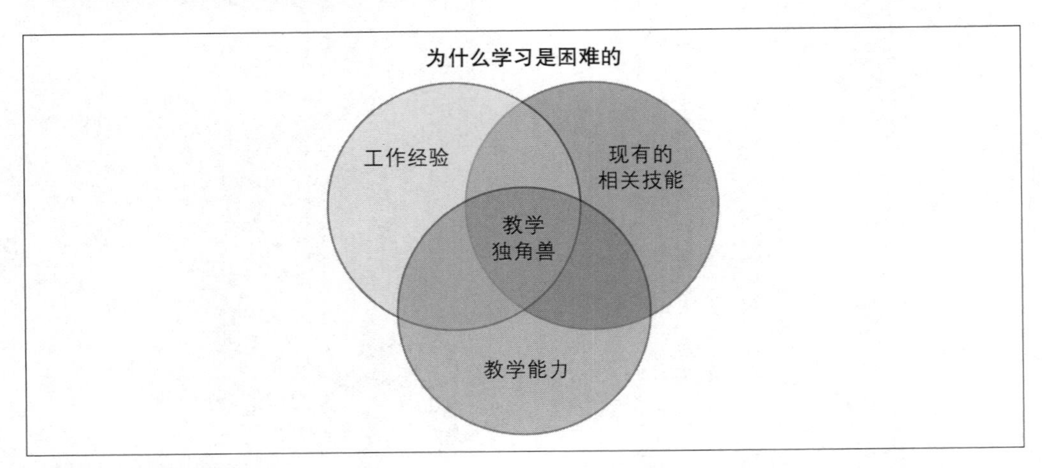

图 12-1：教学独角兽

其他领域则受到多学科领域带来的无限复杂性的诅咒，例如，营养科学、气候科学和综合格斗。然而，一个共同点是开放系统与封闭系统的概念。主要封闭系统的一个小例子是保温杯。在该示例中，由于环境的影响最小，因此更容易对冷液体的行为进行建模。但是，如果同样的冷液体装在普通杯子里，事情很快就会变得模糊不清。仅外部空气温度、湿度、风和阳光照射就对冷液体行为建模造成了级联复杂性。

本章将探讨 MLOps 如何利用这些从其他领域学到的知识，还将探讨封闭系统与开放系统如何影响特定领域的行为，以及如何将其应用于操作机器学习。

12.1 在构建机器学习模型时无知带来的难以置信的收益

无知有很多难以置信的好处。无知给了你尝试挑战的勇气，如果你知道它有多困难，你就永远不会做到。自 2013 年以来，无知在我同时做的两件事中发挥了至关重要的作用：在一家有 100 人的公司创建一个涉及数百万美元的生产机器学习模型；与顶级职业拳击手及奥运会摔跤和柔道选手一起学习、训练和比赛巴西柔术。从某种意义上说，这两件事是如此交织在一起，以至于在我看来很难将一个与另一个分开。从 2010 年到 2013 年，我花了三年时间在加州大学戴维斯分校的 MBA 课程中学习了所有统计学、概率论和建模课程，同时在旧金山的初创公司全职工作。自 2017 年以来，我还在加州大学戴维斯分校管理研究生院教授机器学习和云计算课程。毕业后，我曾准备担任总经理或首席技术官的职位，并成为运动社交网络的首批技术员工之一，担任首席技术官和总经理。

该公司文化的一部分是，员工们要在一个综合格斗馆一起锻炼，这里也有一般的健身课程。我出于好奇经常观看职业拳击手的格斗，一不小心开始接受了巴西柔术训练。最终，在了解事实之前，我与职业拳击手一起工作，并学会了制服的基础知识。有几次，我甚至在对练中不小心被掐晕了。我记得有一次我在想："我可能应该敲打头部和手臂。"后来，我想知道我在哪里，它看起来像一个体育馆，我不知道这是哪一年。我是在南加州的高中体育馆吗？我多大了？当血液回到我的大脑时，我意识到，啊，我晕过去了，我在加州圣罗莎的格斗馆里。

在我训练的头几年，我还参加了两场比赛，赢得了第一场比赛，一个"新手"级别，然后在几年后输掉了一场"中级"比赛。事后看来，老实说我不明白自己在做什么，并且面临着受重伤的真实风险。我观察到比赛中的许多人都受到了严重伤害，包括头部撞击，肩膀骨折和膝盖韧带撕裂。在我的第二场比赛中，40 岁的我与一名 20 岁的大学橄榄球运动员在 220 磅的重量级比赛中竞争。在他的上一场比赛中，他进行了一场真正的格斗，被打了头，鼻子也流血了，而且很生气。我担心他将情绪带入我们的比赛，想着："我为什么要报名这个比赛？"

我仍然庆幸自己三四十岁时对参加格斗比赛的实际危险一无所知。我仍然喜欢训练和学习巴西柔术，但如果我知道我今天所知道的，我就不会用我所拥有的那么少的技能来承担我所承担的风险。坦率地说，无知给了我勇气，让我敢于冒愚蠢的风险，但也学习得更快。

同样，在 2014 年，我同样无知地开始了为我的公司构建机器学习基础设施。如今，这被称为 MLOps。当时，关于如何操作机器学习的信息并不多。与巴西柔术一样，我渴望但对真正将要发生的事情以及其中的风险一无所知。后来，我在巴西柔术中感受到的恐惧，与我自己从零开始构建预测模型时所经历的恐惧相比，没有什么可比性，因为对于机器学习系统，我每年要承担数百万美元的责任。

在第一年，2013 年，我们公司建立了一个体育社交网络和移动应用程序。但是，正如初创公司的许多员工所知道的那样，构建软件只是初创公司挑战的一部分。另外两个重要的挑战是获取用户和创造收入。在 2014 年初，我们有一个平台，但没有用户，也没有收入。因此，我们需要迅速找到用户，否则初创公司就会破产。

对于软件平台，构建流量通常以两种方式发生。第一种方法是通过口碑建立有机增长。第二种方法是购买广告。购买广告的问题在于，它可以很快成为永久性的成本分配。我们公司的理想场景是在不购买广告的情况下让用户访问我们的平台。我们与一些体育明星建立了关系，包括前 NFL 四分卫 Brett Favre。这位最初的“超级明星”社交媒体影响者为我们使用有机“增长黑客”壮大我们的平台带来了深刻的洞察。

在某一时刻，这种机器学习反馈循环使我们的平台规模达到了每月数百万活跃用户。然后，Facebook 法律团队给我们发了一封信，他们隐喻地说“会将我们屏蔽在平台之外”。我们的“罪行”是创建独特的原创体育内容，这些内容链接到了我们的平台上。人们一直在质疑关于大型科技公司的潜在垄断力量，我们影响力算法的增长黑客力量引起了 Facebook 的注意。这是关于我们预测系统在现实世界中取得成功的另一个数据点。接下来，让我们深入了解一下我们是如何做到这一点的。

12.2 Sqor 运动社交网络中的 MLOps 工程

从零（即零员工、零用户和零收入）开始建立一家初创公司是一种充满压力的追求。从 2013 年到 2016 年，我花了很多时间在旧金山泛美大厦下面的公园里，就在我的办公室下面，策划这些事情。特别是，在机器学习预测上押注数百万美元的认知风险是可怕的，这个认知风险是我意识不到的。但是，在许多方面，技术挑战比心理挑战要舒适得多。

以下是该系统如何工作的概述。简而言之，用户发布原创内容，然后我们将内容交叉发布到其他社交网络，如 Twitter 和 Facebook。之后，我们收集了为我们的网站生成的综合浏览量。综合浏览量成为我们机器学习预测系统的目标。图 12-2 展示了我们社交媒体公司的 MLOps 管道。

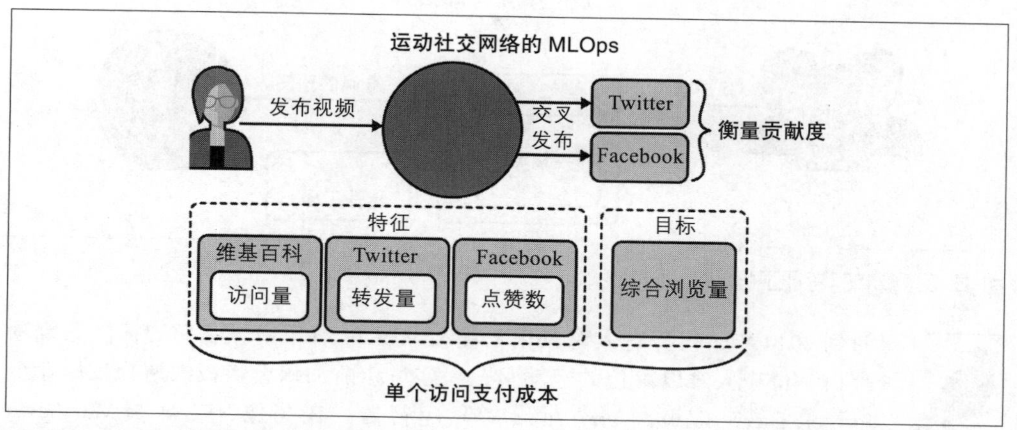

图 12-2：运动社交网络的 MLOps 管道

后来，我们收集了这些用户的社交媒体信号，即他们的转发中位数、点赞中位数和维基百科页面浏览量。这些数据成为特征，并帮助我们消除了诸如“假”关注者之类的虚假数据的干扰。然后，我们根据 Conor McGregor、Brett Favre、Tim McGraw 和 Ashlyn Harris 这些原创内容创作者在我们网站上生成内容的贡献度向他们付费。事实证明，我们在这方面遥遥领先，Snapchat 支付数百万美元让用户在其平台上发布原创内容（*https://oreil.ly/mPQq5*）。

问题中最具挑战性的部分是可靠地收集数据，然后根据预测决定支付数百万美元。两者都比我最初想象的要复杂得多。所以接下来我们将深入研究这些系统。

12.2.1 土耳其机器人数据标注

最初发现社交媒体信号给了我们足够的预测能力来达到“增长黑客”，这对我们的平台是一个巨大的突破。但不幸的是，最艰巨的挑战尚未到来。

我们需要为数千名“名人”社交媒体用户可靠地收集社交媒体句柄。不幸的是，这最初并不顺利，并以完全失败告终。我们的第一个过程如图 12-3 所示。

尽管一些实习生本身就是未来的 NFL 球员，但关键问题是他们没有接受过可靠地输入社交媒体句柄的培训。结果，很容易将 NFL 球员 Anthony Davis 与 NBA 球员 Anthony Davis 弄错，并混淆 Twitter 句柄。这个特征工程可靠性问题会扼杀我们模型的准确性。我们通过以 Amazon 土耳其机器人的形式添加自动化来解决此问题。我们训练了一群

"土耳其人"来查找运动员的社交媒体句柄，如果 7/9 同意，则我们发现这相当于大约 99.9999% 的准确率。图 12-4 展示了我们社交媒体公司的土耳其机器人标注系统。

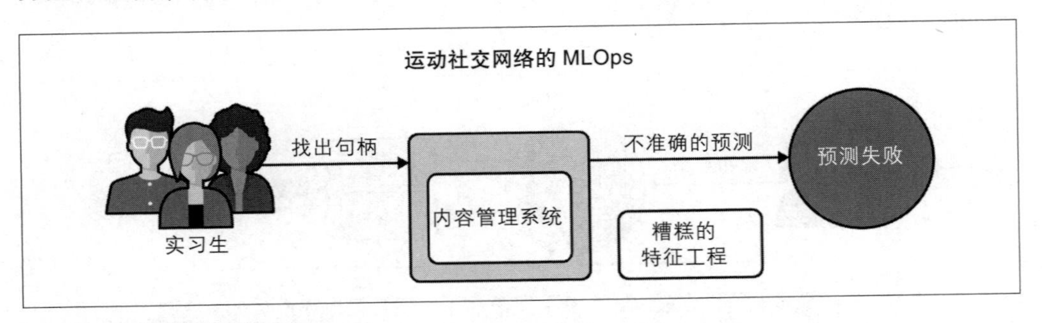

图 12-3：糟糕的特征工程

回到 2014 年，很少有人对数据工程和 MLOps 有了解。我们的标注系统项目由一位令人难以置信的运动员、程序员和前加州大学戴维斯分校毕业生 Purnell Davis（*https://oreil.ly/yc14S*）运行着。在与像 NFL 球员 Marshawn Lynch 或 300 磅重的职业 MMA 拳击手等运动员一起锻炼期间，Purnell 从零开始开发了这个系统。在午餐或黎明时分，这些运动员在同一家健身房与我们公司员工一起训练。

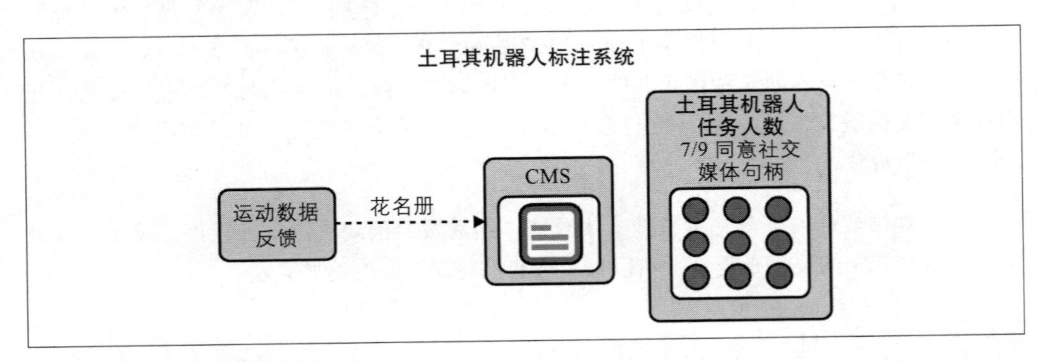

图 12-4：土耳其机器人标注

12.2.2 影响者排名

一旦我们可以标注数据，我们就必须从社交媒体 API 收集数据。你可以在此代码仓库中找到将其引入机器学习引擎所需代码类型的优秀示例（*https://oreil.ly/D6Wqb*）。

例如，根据我们的数据收集 API，LeBron James 在 Twitter 上的统计数据如下所示：

```
Get status on Twitter

        df = stats_df(user="KingJames")
```

```
In [34]: df.describe()
Out[34]:
 favorite_count retweet_count
count 200.000000 200.000000
mean 11680.670000 4970.585000
std 20694.982228 9230.301069
min 0.000000 39.000000
25% 1589.500000 419.750000
50% 4659.500000 1157.500000
75% 13217.750000 4881.000000
max 128614.000000 70601.000000

In [35]: df.corr()
Out[35]:
 favorite_count retweet_count
favorite_count 1.000000 0.904623
retweet_count 0.904623 1.000000
```

如果你熟悉 HBO 的 *The Shop*，你就会知道 Maverick Carter 和 LeBron James。我们与他们的正式合作几乎就要达成了，但谈判没有成功。我们最终与拜仁慕尼黑足球俱乐部建立了关系，而不是作为重要的合作伙伴。

然后，收集到的数据反馈到预测模型中。我在 2014 年湾区的 R 聚会上发表的演讲（*https://oreil.ly/rI0Sw*）展示了我们的一些成果。初始模型使用 R 库 Caret（*https://oreil.ly/MtN0Z*）来预测网页浏览量。在图 12-5 中，用于查找影响者的原始预测算法是在 R 中完成的，此基于 ggplot 的图表展示了预测的准确性。

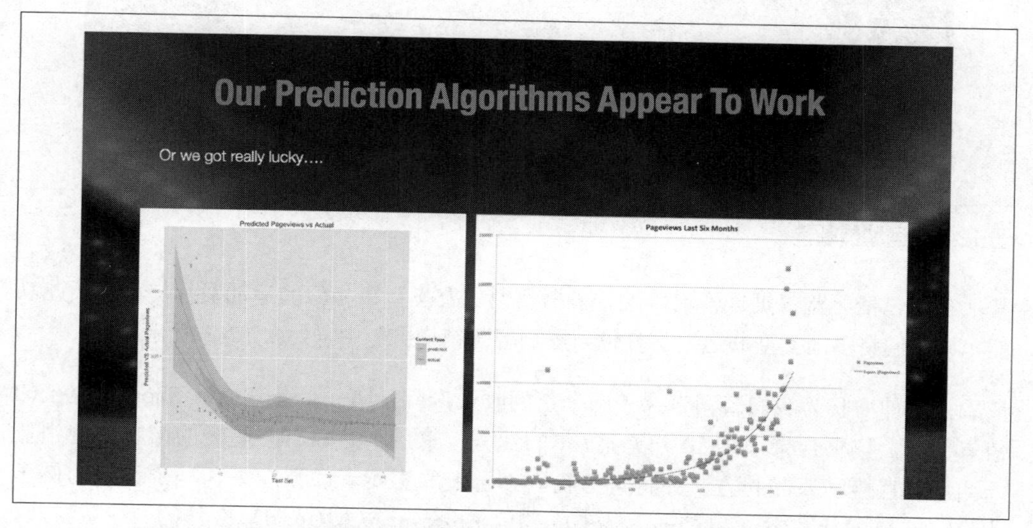

图 12-5：来自社交媒体影响者的预测网页浏览量与实际网页浏览量

然后，我们使用网页浏览量作为目标指标构建了一个支付系统模型。最终，它促使了指数级增长，推动了每月数百万次页面浏览量的快速扩张。但是，正如我之前提到的，可怕的是那些我不知道是否正在使公司走向破产的不眠之夜，因为在我帮助创建的预测上我们已经花费了数百万美元。

12.2.3 运动员智能

通过核心 MLOps 管道提供预测并在不购买广告的情况下推动我们的增长，我们开始将产品发展成一种名为“运动员智能”的 AI 产品。我们有两位 AI 产品经理全职管理这项工作。核心产品的大概想法是让“影响者”了解他们在支付方面的期望，以及品牌方使用此面板直接与运动员合作。

在图 12-6 中，我们使用无监督机器学习对运动员的不同方面进行分类，包括他们的社交媒体影响力。

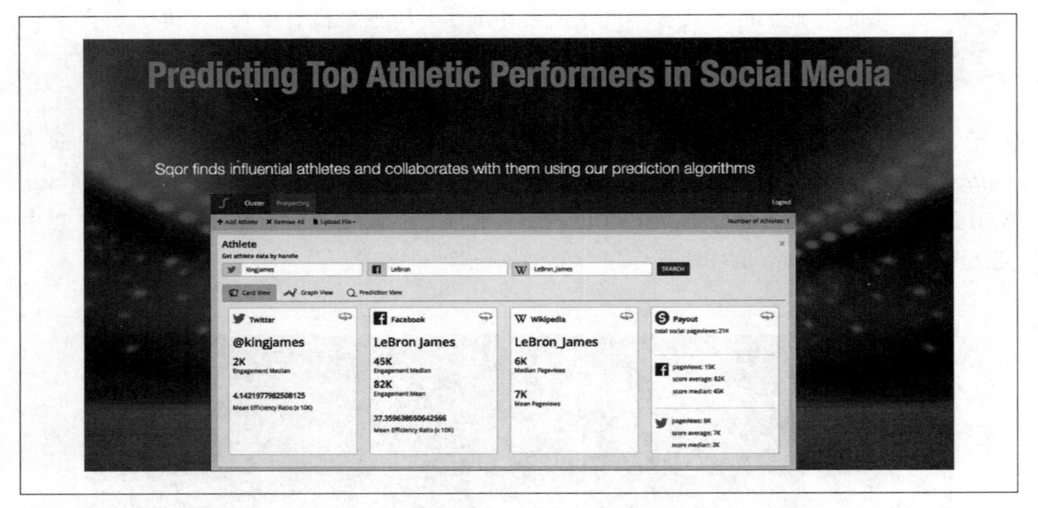

图 12-6：运动员智能

其他功能包括无监督机器学习，这些机器学习“聚类”了相似的运动员社交档案。此功能允许我们将不同类型的运动员打包到影响者营销捆绑包中（如图 12-7 所示）。

最后，这种增长为我们公司带来了两个新的收入产品。第一个是建立在 Shopify 之上的销售平台，该平台带来了 50 万美元 / 年的业务，第二个是数百万美元的影响者营销业务。我们直接联系品牌方，并将其与我们平台上的影响者联系起来。一个很好的例子是我们与 Machine Zone 和 Conor McGregor（*https://oreil.ly/G6JrI*）合作的“战争游戏”广告。

简而言之，拥有有效的 MLOps 管道使我们既获得了用户，也带来了收入。如果没有预测模型，那么我们将没有用户；没有用户，我们将没有收入；没有收入，我们就没有业务。实际的 MLOps 会带来红利。

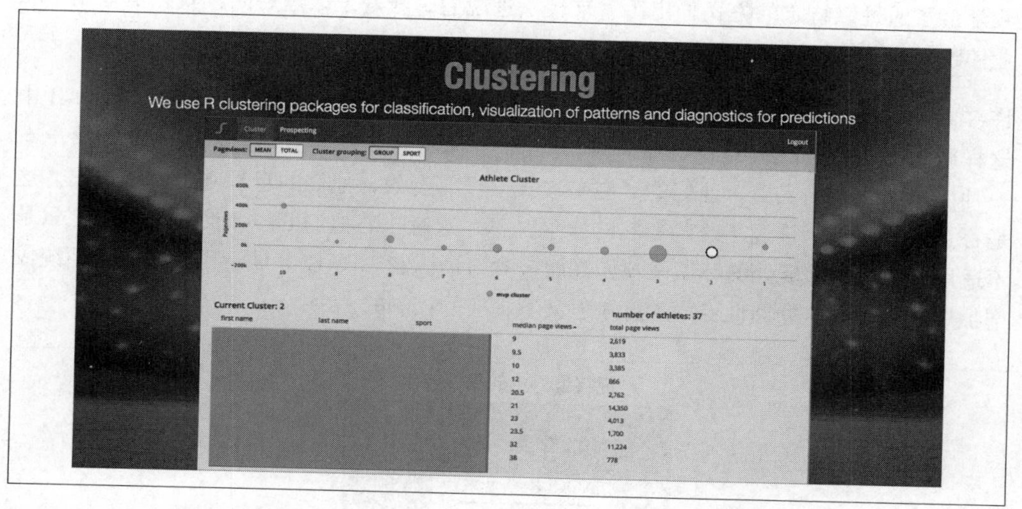

图 12-7：运动员智能聚类面板

12.3 节将更多地讨论开放系统与封闭系统。在受控环境中，事情似乎很简单，比如学术数据科学、穿 GI 的格斗馆，或者像卡路里的摄入与消耗这类营养方面的理论建议。然而，现实世界或开放系统还有许多其他影响，这些影响更具挑战性。

12.3 完美技术与现实世界

穿 GI 的巴西柔术黑带（格斗中的厚棉夹克制服）的十字固（通过过度伸展肘部而打断对手手臂的手臂攻击）对不穿 GI 的对手具有相同的效果吗？同样，在机器学习中，什么是最重要的？是准确性、技术，还是为客户提供价值的能力或为业务场景提供解决方案的能力？

如果你对在比赛中使用十字固是什么样子感到好奇，谷歌搜索“Ronda Rousey armbar”（龙达 · 鲁西十字固），你会看到一个熟练的技术人员在工作。

街头斗殴与格斗比赛或者 UFC 比赛与格斗比赛相比如何？即使是非专家也会认同一项技术涉及的规则越多，它在几乎没有规则或完全没有规则的环境（即现实世界）中取得成功的机会就越小。

当出差时，我通过随机前往美国各地的体育馆参加训练学到了一个教训。不止一次，GI

巴西柔术的棕带或黑带专家会对我使用 NOGI（没有制服），并立即尝试使用十字固。我花了数年时间与练习 NOGI 的专业摔跤手一起训练。在制服过程中被抓住数百次之后，我学会了通过以特定的方式伸出手臂来轻松逃脱它。我是怎么理解的？我只是复制了职业摔跤手所做的事情以及教给我的，并一遍又一遍地练习。

许多 GI 专家，从黑带到棕带再到奥运奖牌获得者，都说了类似的话："你不能在 GI 中这样做"，或者"我会在 GI 中那样做"，或者"你不应该这样做"等，因为他们脸上有一种惊恐或惊讶的表情。他们的"完美模式"没有奏效，他们的世界观受到了冲击。这是否意味着我甚至接近了这些专家的水平？不，这意味着他们的技术比我好得多，只是不适用于我们目前所处的环境——无制服擒拿。请注意，图 12-8 展示了封闭这个系统或增加规则是如何向外部世界增加更多但又不真实的控制的。

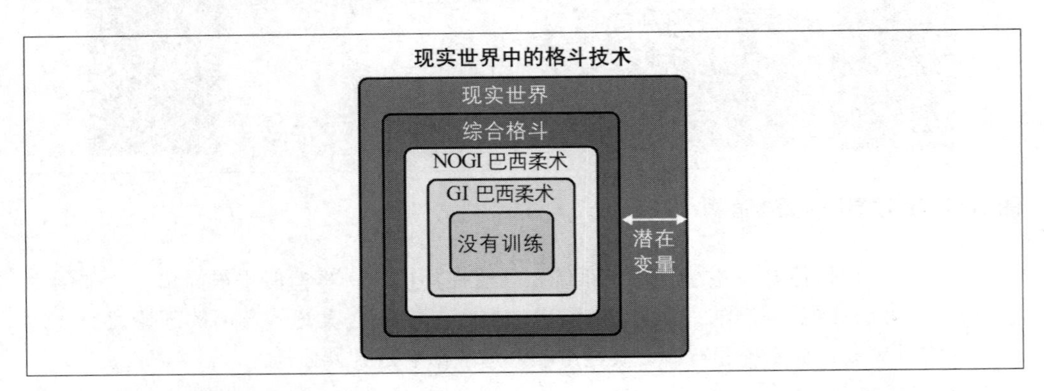

图 12-8：现实世界中的格斗技术

在 *Gritical Thinking*（MIT 出版社）一书中，Jonathan Haber 提到了伊隆大学的 Ann J. Cahill 和 Stephan Bloch-Schulman 是如何让他们的高等教育课程像一个武术工作室的：

> 在这种"武术"课程中，对每个连续的评估级别，学生还需要证明他们仍然保持着之前级别获得的技能。重要的是，一个正派的老师不会根据努力来授予腰带：一个学生是否努力掌握了某个动作并不重要。问题是，学生能挥拳吗？

当我在美国西北大学教授数据科学方向的一门课上解释同样的 MMA（综合格斗）和机器学习理论时，我发现我的一个学生在 NFL 度过了 14 年。然后他指出了他对 MMA 的钦佩之处，因为最好的运动员没有技术议程。相反，他们等着看会发生什么，并针对当前的情况应用正确的技术。

采访：武术和机器学习建模

我采访了一位顶级黑带和前综合格斗运动员，讨论了其他现实世界的武术以及它与机器学习建模的关系：

问：你是谁？你在武术、运动和格斗方面有什么经验？

答：我的名字是 Jacob Hardgrove。我已经参加巴西柔术训练大约 20 年了。我参加过摔跤和职业综合格斗比赛，MMA 战绩为 3-0。除了巴西柔术训练、准备 MMA 赛事，我还花了大量时间学习和训练其他形式的武术，如西方拳击、泰拳、自由式摔跤和摔跤。

问：为什么有些技术的教授非常正式，例如 GI 巴西柔术，而在真正的格斗中并不起作用，无论是在街上还是在格斗场上？

答：我对这个问题的思考过程使我考虑在一个不受控制的环境 / 情况下引入一个概念 / 技术与成功实施该概念 / 技术之间的二分法。

为了向初学者介绍技术或概念，讲师会尽可能多地分拆该技术，以创建易于重复的框架。该框架应尽可能精简，并由达到预期效果所需的主要基本组成部分组成。根据大多数传统武术，这个框架被称为“Kata”（形，套路）。

现在，我看到那些最终将自己淹没在柔术世界中的人忽视了这样一个事实，即他们正在与其他武术家练习武术技能，而不是与未经训练但仍有潜在生存力的暴力攻击者对抗。不幸的是，这个事实可能导致严重的“抓不住重点”的问题。

就像前 MMA 格斗选手黑带 Jacob 一样，我在现实世界的机器学习中也看到了类似的问题。作为一名教授，我在顶尖大学教授机器学习，并且还是一名行业从业者。像 sklearn（*https://oreil.ly/sub5D*）和 Pandas（*https://oreil.ly/uau1J*）这样的学术工具以及 Kaggle 上的教育数据集都是“Kata”。这些数据集和工具对于“剥离”现实世界的复杂性来作为教授材料是必要的。关键的下一步是让学生意识到机器学习 Kata 并不是现实世界，现实世界要危险和复杂得多。

12.4 MLOps 中的关键挑战

让我们讨论一下将机器学习引入生产环境的一些具体挑战。三个主要挑战是道德和意外后果、缺乏卓越运营，以及关注预测准确性而不是全局。在实施机器学习方面的卓越运营比现实世界中的技术更重要。这一点在研究论文“Hidden Technical Debt in Machine Learning Systems”（*https://oreil.ly/3RjTA*）中得到了明确的阐述。该论文的作者发现“……在现实世界的机器学习系统中，产生大量的持续维护成本是很常见的。”接下来，让我们讨论其中的一些问题。

12.4.1 道德和意外后果

在道德问题上，很容易华而不实或自以为是，令人反感。这个事实并不意味着这个话题不需要讨论。许多与社交媒体打交道的公司已经制造了大规模虚假信息的武器。根据 Tristan Harris（*https://oreil.ly/lIsEw*）的说法，“人们加入的极端主义团体中有 64% 来自 Facebook 自己的推荐系统”，以及 YouTube“推荐的 Alex Jones、InfoWars、阴谋论视频播放达 150 亿次。这超过了华盛顿邮报、BBC、卫报、福克斯新闻的流量总和”，YouTube 上 70% 的观看时间都是推荐。

这个后果不再是理论上的。许多社交网络和大型科技公司正在积极改变他们基于机器学习的系统的方法。这些更新包括暂停面部识别系统、更密切地评估推荐引擎的结果。现实世界中的道德考量也必须成为 MLOps 解决方案的一部分，而不仅仅是该技术是否具有预测能力。

回声室问题的一些解决方案已经出现——例如，*IEEE Spectrum* 上的文章“Smart Algorithm Bursts Social Networks Filter Bubbles”（*https://oreil.ly/HD0w5*）。他们接着说：“芬兰和丹麦的一个研究小组对社交媒体平台如何运作有不同的看法。他们开发了一种新算法，可以增加社交网络上曝光的多样性，同时仍然确保内容得到广泛分享。”

这种情况是道德发挥作用的地方。如果一家公司或机器学习工程师 100% 专注于提高参与度和利润，那么他们可能不想为了“拯救世界”而损失 10% 的利润。这种道德困境是外部效应的经典案例研究。核电设施可能会带来巨大的能源效益，但如果将核废料倾倒入海洋，那么其他无辜的受害者将付出代价，但却得不到任何回报。

12.4.2 缺乏卓越运营

机器学习工程的另一个反模式是无法有效地维护机器学习模型。推断这种情况的一个好方法是考虑建造一个木制书架而不是种植一棵无花果树。如果你做了一个书架，那么你可能再也不会修改它，一旦设计完成，项目就结束了。另一方面，无花果树是开放系统的一部分。它需要水、阳光、土壤、养分、风、树枝的修剪，以及昆虫和疾病的预防。无花果树会随着时间的推移而适应环境，但需要以后想要享受无花果的人的监督。换句话说，无花果树需要维护才能产生高质量的水果。机器学习系统就像任何软件系统一样，永远不会像书架一样完成。相反，它需要像无花果树一样培育。

接下来，让我们想象一家公司为每个新的家具店的客户预测信用额度。假设初始模型是在 2019 年 1 月开发的。从那时起，很多事情都发生了变化。用于创建模型的特征可能存在大量数据漂移（*https://oreil.ly/TvAng*）。我们知道，2020～2021 年许多零售店倒闭，商场商业模式受到严重威胁。COVID-19 加速了实体零售的下降趋势，以及基础数据的其他更新。结果导致数据产生了“漂移”，即在 COVID-19 之后购物模式大不相同，因此原始的静态机器学习模型可能无法按预期工作。

机器学习工程师明智的做法是考虑模型的不断重新训练（培育无花果树），方法是对数据变更设置警报，当数据漂移阈值发生时，发送警报。此外，如果逾期付款超过阈值，那么业务指标监控可能会发送警报。例如，让我们想象一下，通常一家销售家具的公司有 5% 的客户通过信用卡在 30 天后支付。如果突然有 10% 的客户在 30 天后支付费用，则底层机器学习模型可能需要更新。

机器学习的警报和监控概念不应该让传统软件工程师感到惊讶。例如，我们监控各个服务器上的 CPU 负载、移动用户的延迟以及其他关键性能指标。对于机器学习操作，同样的概念也适用。

12.4.3 关注预测准确性而非全局

正如本章前面所讨论的，即使是世界级的从业者有时也可能以牺牲大局为代价来专注于技术。但是，就像“完美十字固”一样，它在不同的情况下并不完全奏效，模型也可能同样脆弱。激烈竞争的一个很好的例子是 Nate Silver 与 Nassim Taleb 的辩论。Issac Faber 在 Medium 文章中对关键点（*https://oreil.ly/0sQhq*）进行了出色的分解。Issac 指出，并非所有模型都是现实世界的完美复制品，因为它们无法梳理出我们不知道的不确定性，即不可估量的风险。Nate Silver 与 Nassim Taleb 之间的争论归结为是否有可能通过模型预测选举，或者说这只是一种幻想。2020 年的选举事件似乎确实为 Nassim Taleb 提供了支持。

黑带 Jacob 说了同样的话，他指出 Kata 是实践技术的简化版本。现实世界的复杂性与训练练习存在内在冲突。模型或技术可能完美无缺，但这些对现实世界可能并不生效。例如，在 2020 年总统大选中，即使是最好的建模者也没有预料到叛乱或州官员被迫抛出选票的可能性。正如 Issac 所描述的这个问题，它是随机不确定性和认知不确定性之间的区别。你可以衡量随机风险，例如正面或反面的概率，但无法衡量认知风险，比如一场可能推翻总统选举的叛乱。

与我在加州理工学院一同工作几年的 Steven Koonin 博士在他关于气候科学的书中也说了类似的话。就像选举预测、营养科学和其他复杂系统一样，气候科学的话题正在两极分化。在这本书中，*Unsettled*（BenBella Books）库宁说：“我们不仅会因为没有从气候的大局出发而上当，而且还会因为没有从地球的大局出发而被愚弄。”此外，他接着说：“对未来气候和天气事件的预测依赖于明显不适合该目的的模型。”无论你是否相信他的陈述，复杂系统的现实建模的复杂性以及可能出错的地方都值得考虑。

对这种困境的一个很好的总结是要对预测或技术的信心持谨慎态度。与我一起训练的最可怕的、最有天赋的格斗家之一是为 UFC 冠军而战的 Dave Terrell，他告诉我永远不要与多个对手打架。从业者拥有的技能和“游戏中的皮肤”越多，他们就越能意识到认知风险。即使你是世界级的格斗家，为什么要冒着生命危险与多人进行街头斗殴？同样，当你预测选举、股票价格或自然系统时，为什么要过于自信呢？

在实践中，解决生产中的这个问题的最好方法是限制技术的复杂性，并假设对认识不确定性的了解较少。这种结论可能意味着传统的机器学习高可解释性比准确性略高的复杂深度学习模型更好。

采访 MLOps 从业者：Piero Molino

问：你的背景是什么？你是如何参与机器学习的操作的？

答：我在意大利巴里大学学习计算机科学，在那里我获得了开放领域问答（在 NLP、机器学习和信息检索的交叉领域）的博士学位。当我还是一名学生时，我就试图使用我正在构建的研究系统来创建可以在现实世界中使用的产品，而不是从未实际使用的实验室原型。这促使我在几家公司（Yahoo！、IBM Watson、Geometric Intelligence 和 Uber AI）从事应用 NLP 和机器学习的工作。在大多数情况下，我既做研究又做应用，这就是我喜欢工作的交叉部分：最终被人们使用的新想法。特别是在 Uber AI 中，我接触了公司中的许多机器学习应用程序（客户支持、预期交货时间、食物和餐厅推荐、驾驶员对话系统），我开发了 Ludwig，使我更容易从一个项目跳到另一个项目，因为它允许我避免每次重新发明轮子（数据预处理、训练循环、评估功能等），这使得我可以在几分钟内创建原型。

问：大规模部署和维护机器学习系统需要注意的 3～5 件最重要的事情是什么？

答：我的经验告诉我，当你生产模型时，模型本身只是一个更广泛的系统中相对较小的部分，但同时它既是最关键的一个（如果模型没有返回令人满意的预测，那么其余都是毫无意义的），也是想要得到正确结果更复杂的一个，因为数据、基础设施、监控（非常重要）具有更成熟的标准和更多的工程设计，所以这些与模型构建的任务相比，结果的不确定性较小。在机器学习开发过程中需要考虑这种不确定性。

另一个重要的教训是，部署机器学习系统和观察用户行为的现实通常会破坏我们的假设，因此该过程需要不断迭代。例如，系统接收的实时输入数据最终可能与训练数据有很大不同，输入和输出的分布可能会随着时间的推移而变化，并且在许多情况下使用系统的事实会影响将要收集的数据的分布（例如推荐系统，首次采用后收集的数据肯定会受到推荐者自身的建议的影响）。因此，监控变得极其重要。

最后，数据采集过程也非常重要。根据我参与过两个项目的经验，一个利用标注得到训练数据，另一个通过组织内生产过程的副产品得到训练数据。在前一种情况下，精确定义数据采集过程，向标注员提供确切的说明，观察并审查标注结果以及协议并不断迭代该过程，这比简单地提交要标注的数据并将其取回要复杂得多。在后一种情况下，深入理解生成数据的过程实际上是理解数据的唯一方法，这有助于识别异常值，正确设置模型期望值，并理解模型预测中的不确定性。根据我的经验，这种程度的理解和模型预测的分析一起促进了数据采集过程本身的改进，这反过来又促使用于训练更好模型的噪声数据更少，因此这里有一个良性循环在起作用。

问：对于机器学习，你现在最兴奋的是什么？为什么？

答：有两件事最让我兴奋。一方面是机器学习有在其他科学领域（如生物学、化学和物理学）和全新行业[如图形和视频游戏（例如机器学习用于内容生成、渲染和动画制作）]的渗透应用。另一方面是我正在积极从事的工作（如果它不让我兴奋，我就不会工作），那就是创建工具和抽象，使没有机器学习背景的人更容易使用机器学习来实现他们的目的。两者相交融洽。如果更多的人（也许是各自领域的领域专家）可以访问和使用机器学习，那么机器学习在各个领域的渗透应用速度会更快。

问：阅读本书的人要想在职业生涯中成功使用 MLOps 可以做的最重要的3～5件事是什么？

答：学会处理与机器学习开发过程相关的不确定性；学会在跨职能团队中工作，这些团队中包括几乎没有机器学习专业知识的人；创建可重复的流程；学会设身处地为用户着想；努力避免技术债务。

问：人们如何能和你进行交流？你想将哪些你正在做的事情分享给大家？

答：我不是一个狂热的社交媒体用户，但我偶尔会在 Twitter（@w4nderlus7）和 LinkedIn 上发布我正在做的事。我目前正在合作举办斯坦福 MLSys 系列研讨会（*https://oreil.ly/XU1gr*），我相信大多数读者都会对此感兴趣。我还有一个个人网站（*http://w4nderlu.st*），用于更新我的项目、出版物和我提供的一些讲座。我目前的主要兴趣是构建工具和抽象，使具有较少机器学习专业知识或没有相关专业知识的人更容易使用机器学习，以便他们可以利用自己的领域专业知识来训练和使用模型实现他们的目标。

采访 MLOps 从业者：Francesca Lazzeri

问：*你的背景是什么？你是如何参与机器学习的操作的？*

答：我有经济学背景。在加入微软之前，我是哈佛大学的商业经济学研究员，我在那里的技术和运营管理部门进行统计和计量经济学分析。在哈佛大学，我参与了多个专利、出版物、引文数据驱动的项目，以调查和衡量外部知识网络对公司竞争力和创新的影响。这次经历给了我一个独特的机会来学习如何从大数据中提取知识、从零开始构建预测模型，以及如何用 R 和 Python 编写代码。这是我进入神奇机器学习世界的第一步！

几年后，我在微软开始了我的数据科学家职业生涯。在微软任职期间，我通过机器学习算法和人工智能帮助公司实现运营转型，特别地，我负责以鲁棒、快速和可重复的方式将他们的模型从开发环境投入到生产环境。

问：*大规模部署和维护机器学习系统需要注意的 3 ～ 5 件最重要的事情是什么？*

答：许多公司将机器学习部署视为一种技术实践。但是，它更像是从公司内部开始的业务驱动计划。为了成为一家人工智能驱动的公司，现今成功运营和了解业务的人员必须与负责机器学习部署工作流程的团队密切合作。保持持续的交互非常重要，以便并行地理解模型试验过程和模型部署及消费阶段。大多数组织都在努力释放机器学习的潜力，以优化其运营流程，并让数据科学家、分析师和业务团队使用相同的语言。此外，机器学习模型必须根据历史数据进行训练，这需要创建预测数据管道，这是一项需要执行多个任务的活动，包括数据处理、特征工程和调优。每个任务，包括库的版本和缺失值的处理，都必须从开发环境精确复制到生产环境。有时，开发和生产中使用的技术差异会导致部署机器学习模型的困难。最后，数据科学语言可能运行很慢。Python 是机器学习应用程序最流行的语言之一，但出于速度原因，完整的生产模型很少以这些语言部署。将 Python 模型移植到生产语言（如 C++ 或 Java）中是具有挑战性的，并且通常会导致原始的、经过训练的模型的性能降低。

问：*对于机器学习，你现在最兴奋的是什么？为什么？*

答：我对开源框架的广泛采用感到非常兴奋［如 Fairearn（*https://oreil.ly/imtPL*）和 Interpret ML（*https://oreil.ly/1oNYI*）］，这些框架支持透明的可解释性并保证机器学习算法的公平性。数据科学家知道在开发机器学习模型时，准确性不再是唯一的问题，还必须考虑可解释性和公平性。为了确保机器学习解决方案是公平的并且其预测的结果易于理解和解释，必须构建开源工具，开发人员和数据科学家可以使用这些工具来评估其机器学习系统的公平性并缓解任何观察到的不公平问题。

问：阅读本书的人要想在职业生涯中成功使用 MLOps 可以做的最重要的 3～5 件事是什么？

答：1. 创建可重现的机器学习管道；2. 为端到端的机器学习生命周期采集治理好的数据；3. 监控机器学习应用程序的操作以及机器学习相关问题。

问：人们如何能和你进行交流？你想将哪些你正在做的事情分享给大家？

答：你可以在 Twitter @frlazzeri（*https://oreil.ly/Knbw0*）、LinkedIn（*https://oreil.ly/p6L5p*）和 Medium（*https://oreil.ly/XhSd2*）上关注我。我最近写了一本书 *Machine Learning for Time Series Fore casting with Python* (Wiley, 2020)[编辑注1]，在这本书中你可以找到现实世界的例子、资源和具体策略，来探索、转换数据，并开发可用的、实用的时间序列预测。在微软，我领导着一个由工程师和云开发人员倡导者组成的国际团队（在美国、加拿大、英国和俄罗斯），管理着庞大的客户组合。我的团队负责在 Azure 上构建技术内容和智能自动化解决方案，使用的技术包括 IoT、时间序列预测、计算机视觉、自然语言处理和开源框架等。目前，我还在哥伦比亚大学教授 Introduction to AI with Python 这门课。你可以在我的文章 The Importance of Teaching Machine Learning（*https://oreil.ly/ELUNv*）中阅读更多关于我的教学理念和经验的信息。

12.5 实施 MLOps 的最终建议

在结束之前，我们想向你介绍一些在你的组织中实施 MLOps 的建议。以下是一组最终的全局建议：

- 从小的胜利开始。
- 使用云，而不要抵触云。
- 让你和你的团队在云平台和机器学习专业化方面获得认证。
- 从项目开始就自动化。一个出色的初始自动化步骤是项目的持续集成。另一种推进的方式是“如果它不是自动化的，它就是坏的”。
- 实践 Kaizen，即持续改进你的管道。该方法可提高软件质量、数据质量、模型质量和客户反馈。
- 在处理大型团队或大数据时，请专注于使用 AWS SageMaker、Databricks、Amazon EMR 或 Azure ML Studio 等平台技术。让平台为你的团队完成繁重的工作。

编辑注 1：本书已由机械工业出版社翻译出版，书名为《时间序列预测：基于机器学习和 Python 实现》（书号为 978-7-111-69746-6）。

- 不要只关注技术的复杂性，即不一定使用深度学习而是使用任何有效的工具解决问题。
- 认真对待数据治理和网络安全。实现此目的的一种方法是对你的平台使用企业支持，并对架构和实践进行定期审核。

在考虑 MLOps 时，需要考虑三个自动化定律：

- 任何有关自动化的任务最终都会被自动化。
- 如果它不是自动化的，它就是坏的。
- 如果人类正在做这件事，机器最终会做得更好。

现在，让我们深入研究一些处理安全问题的技巧。

12.5.1 数据治理和网络安全

MLOps 中存在两个看似矛盾的问题：增长的网络安全问题和生产中机器学习能力的缺乏。一方面，规则太多，什么也没办法做。另一方面，对关键基础设施的勒索攻击正在增加，组织明智的做法是关注他们治理数据资源的方式。

同时解决这两个问题的一种方法是制定最佳实践清单。以下是数据治理最佳实践的部分列表，这些最佳实践将改善 MLOps 生产力和网络安全：

- 使用 PLP（最小特权原则）。
- 加密静态和传输中的数据。
- 假设非自动化系统是不安全的。
- 使用云平台，因为它们具有共享的安全模型。
- 使用企业支持并参与季度架构和安全审计。
- 通过对使用平台的员工进行认证来达到培训员工的目的。
- 让公司参与有关新技术和最佳实践的季度和年度培训。
- 以卓越的标准、称职的员工和有效的领导创造健康的公司文化。

接下来，让我们总结一些可能对你和你的组织有用的 MLOps 设计模式。

12.5.2 MLOps 设计模式

以下示例展示了推荐的 MLOps 设计模式的部分列表：

CaaS

容器即服务（CaaS）对于 MLOps 来说是一种有用的模式，因为它允许开发人员在桌面或云编辑器中处理机器学习微服务，然后通过 `docker pull` 命令与其他开发人员或公众共享。此外，许多云平台提供高阶层的 PaaS（平台即服务）解决方案来部署容器化项目。

MLOps 平台

所有云提供商都深度集成了 MLOps 平台。AWS 有 AWS SageMaker，Azure 有 Azure ML Studio，谷歌有 Vertex AI。如果大型团队、大型项目、大数据或上述所有情况都发挥作用，在你正在使用的云上使用 MLOps 平台将为你在构建、部署和维护机器学习应用程序方面节省大量时间。

无服务器

像 AWS Lambda 这样的无服务器技术是快速开发机器学习微服务的理想选择。这些微服务可以调用云 AI 上的 API 来执行 NLP、计算机视觉等任务，或者使用你自己开发的预训练模型或你下载的模型。

以 Spark 为中心

许多处理大数据的组织已经有了使用 Spark 的经验。在这种情况下，通过云平台（如 AWS EMR）使用 Spark 托管平台 Databricks 或者托管 Spark 的 MLOps 功能可能是有意义的。

以 Kubernetes 为中心

Kubernetes 是一个“装在盒子里的云”。如果你的组织已经在使用它，那么使用专注于 Kubernetes 上机器学习的技术（如 mlflow）可能是有意义的。

除了这些建议之外，附录 B 中的许多其他资源还讨论了从数据治理到云认证等主题。

12.6 小结

这本书最初是我在 Foo Camp 与 Tim O'Reilly 和 Mike Loukides 讨论如何使机器学习速度提高 10 倍而产生的。该小组的共识是，是的，它可以快 10 倍！ Matt Ridley 的著作《创新的起源：一部科学技术进步史》[编辑注 2]（Harper）阐明了非直觉的答案“创新是具有更好执行力的想法的重组”。我的现任同事 Andrew Hargadon 教授在我还是加州大学戴维斯分校的 MBA 学生时，第一次向我介绍了这些想法。他在 *How Breakthroughs Happen*（哈佛商业评论出版社）一书中提到，网络效应和思想的重组才是最重要的。

编辑注 2：本书已由机械工业出版社翻译出版，书号为 978-7-111-68436-7。

对于 MLOps 来说，这意味着现有想法的卓越运营是秘密武器。想要解决机器学习中的实际问题并快速解决这些问题的公司可以通过执行进行创新。世界需要这种创新来帮助我们通过预防性医学（如自动化更高精度的癌症筛查）、自动驾驶汽车和适应环境的清洁能源系统挽救更多的生命。

任何事情都可以考虑用来提高卓越运营。如果 AutoML 提升了快速原型设计的速度，那么请使用它。如果云计算提高了机器学习模型部署的速度，那么就实现它。正如最近的事件向我们表明的那样，随着 COVID-19 大流行以及由此产生的突破性技术创新，如 CRISPR 技术和 COVID-19 疫苗，我们可以以适当的紧迫感做令人难以置信的事情。MLOps 为这种紧迫感增加了严谨性，并允许我们帮助拯救世界，一次一个机器学习模型。

练习题

- 尽可能快地构建一个机器学习应用程序，并且需要持续训练和持续部署。
- 使用 Kubernetes 技术栈部署机器学习模型。
- 使用 AWS、Azure 和 GCP 的持续部署来部署相同的机器学习模型。
- 使用云原生构建系统为机器学习项目创建容器的自动安全扫描。
- 使用基于云的 AutoML 系统和使用本地 AutoML 系统（如 Create ML 或 Ludwig）训练模型。

独立思考和讨论

- 你如何能建立一个没有当前社交媒体推荐引擎那么多负面外部效应的推荐引擎？你会改变什么，并且如何改变？
- 可以做些什么来提高对营养、气候和选举等复杂系统进行建模的准确性和可解释性？
- 卓越运营如何成为一家希望成为机器学习相关技术领导者的公司的秘密要素？
- 如果卓越运营是 MLOps 的关键考虑因素，那么为确定合适的人才，组织的招聘标准是什么？
- 解释卓越运营在关于云计算的企业支持的机器学习中的作用，这重要吗，为什么？

附录

附录 A 关键术语

Noah Gift

本节包含在云计算、MLOps 和机器学习工程教学中经常出现的精选关键术语：

警报

警报是与操作相关的健康指标。例如，当 Web 服务返回多个错误状态代码时，向软件工程师发送文本消息的警报。

Amazon ECR

Amazon ECR 是一个容器注册表，用于存储 Docker 格式的容器。

Amazon EKS

Amazon EKS 是由 Amazon 创建的托管 Kubernetes 服务。

弹性伸缩

弹性伸缩是根据节点使用的资源数量自动增加或减少负载的过程。

AWS Cloud9

AWS Cloud9 是在 AWS 中运行的基于云的开发环境。它具有用于开发无服务器应用程序的特殊钩子。

AWS Lambda

由 AWS 提供的具有 FaaS 功能的无服务器计算平台。

Azure 容器实例

Azure 容器实例是微软的一项托管服务，允许你运行容器镜像，而无须管理托管它们的服务器。

Azure Kubernetes 服务

Azure Kubernetes 服务是由微软创建的托管 Kubernetes 服务。

black

black 工具可自动格式化 Python 源代码的文本。

构建服务器

构建服务器是一种在软件测试和部署中都可以工作的应用程序。流行的构建服务器可以是 SaaS 或开源的。以下是一些流行的选项：

- Jenkins（*https://jenkins.io*）是一个开源构建服务器，可以在任何地方运行，包括 AWS、GCP、Azure 或 docker 容器或在你的笔记本电脑上。
- CircleCI（*https://circleci.com*）是一种 SaaS 构建服务，它与 GitHub 等流行的 Git 托管服务提供商集成。

CircleCI

一种流行的 SaaS（软件即服务）构建系统，用于 DevOps 工作流程。

云原生应用

云原生应用是利用云独特功能的服务，例如无服务器。

容器

容器是一组与操作系统其余部分隔离的进程。它们的大小通常为兆字节。

持续交付

持续交付是将经过测试的软件自动交付到任何环境的过程。

持续集成

持续集成是在签入源控制系统后自动测试软件的过程。

数据工程

数据工程是使数据流自动化的过程。

灾难恢复

灾难恢复是设计软件系统以在发生灾难时进行恢复的过程。此过程可能包括将数据存档到另一个位置。

Docker 格式容器

容器有多种格式。一种新兴的形式是 Docker，它涉及一个 Dockerfile 的定义。

Docker

Docker 是一家创建容器技术的公司，包括一个执行引擎、通过 DockerHub 的协作平台以及一种称为 Dockerfile 的容器格式。

FaaS

一种云计算，可促进响应事件的功能。

谷歌 GKE

谷歌 GKE 是由谷歌创建的托管 Kubernetes 服务。

IPython

IPython 解释器是 Python 的交互式终端。它是 Jupyter Notebook 的核心。

JSON

JSON 代表 JavaScript Object Notation，它是一种轻量级、人类可读的数据格式，在 Web 服务中大量使用。

Kubernetes 集群

Kubernetes 集群是 Kubernetes 的部署，其中包含 Kubernetes 组件的整个生态系统，包括节点、Pod、API 和容器。

Kubernetes 容器

Kubernetes 容器是部署到 Kubernetes 集群中的 Docker 镜像。

Kubernetes Pod

Kubernetes Pod 是一个或多个容器的集合。

Kubernetes

Kubernetes 是一个开源系统，用于自动化容器化应用程序的操作。谷歌于 2014 年创建并开源。

负载测试

负载测试是验证软件系统规模特性的过程。

Locust

Locust 是一个负载测试框架，它接受 Python 格式的负载测试场景。

Logging

Logging 是创建有关软件应用程序运行状态的消息的过程。

Makefile

`Makefile` 是包含一组用于构建软件的指令的文件。大多数 Unix 和 Linux 操作系统都内置了对这种文件格式的支持。

指标

指标是为软件应用程序创建的 KPI（关键绩效指标）。参数的一个示例是服务器使用的 CPU 百分比。

微服务

微服务是一种轻量级、松散耦合的服务。它可以像一个函数一样小。

迁移

迁移是将应用程序从一个环境移动到另一个环境的能力。

摩尔定律

有一段时间，微芯片上的晶体管数量每两年翻一番。

操作化

使应用程序为生产部署做好准备的过程。这些操作可能包括监控、负载测试和设置警报。

pip

`pip` 工具用于安装 Python 包。

端口

端口是网络通信端点。端口的一个例子是通过 HTTP 协议在端口 80 上运行的 Web 服务。

Prometheus

Prometheus 是一个开源监控系统，具有高效的时间序列数据库。

pylint

`pylint` 工具用于检查 Python 源代码的语法错误。

PyPI

Python 包索引，其中已发布的包可用于使用 `pip` 等工具进行安装。

pytest

`pytest` 工具是一个用于在 Python 源代码上运行测试的框架。

Python 虚拟环境

Python 虚拟环境是通过将 Python 解释器隔离到一个目录并在该目录中安装软件包来创建的。Python 解释器可以通过 `python -m venv yournewenv` 执行此操作。

无服务器

无服务器是一种基于函数和事件构建应用程序的技术。

SQS 队列

由亚马逊构建的分布式消息队列，具有近乎无限的读取和写入。

Swagger

Swagger 工具是一种开源框架，可简化 API 文档的创建。

虚拟机

虚拟机是对物理操作系统的模拟。它的大小可以是千兆字节。

YAML

YAML 是一种人类可读的序列化格式，常用于配置系统。它很容易移植到 JSON 格式。

附录 B 技术认证

Noah Gift

“MLOps”一词直接意味着通过短语“Ops”与 IT、运营和其他传统技术学科的紧密联系。技术认证历来在验证行业专业人士的技能方面发挥着重要作用。认证专业人士的薪水令人印象深刻。Zip Recruiter（*https://oreil.ly/OuHfS*）称，2021 年 2 月，AWS 解决方案架构师的平均工资为每年 15.5 万美元。

考虑这个话题的一种方法是思考“三重威胁”。在篮球比赛中，这意味着一个球员非常全面，他们在一场篮球比赛中至少获得了 10 个篮板、10 个助攻和 10 分。你可以将这种相同的方法应用于 MLOps 职业，即拥有实践案例、获得认证、并拥有工作经验或相关学位的组合。

AWS 认证

让我们介绍一些 AWS 认证选项。

AWS 云从业者和 AWS 解决方案架构师

我建议 AWS Cloud 上的 MLOps 专家获得认证。AWS Cloud Practitioner 是对 AWS 认证世界的更简易的介绍，类似于 AWS 解决方案架构师认证。我经常向许多不同类型的学生介绍这个认证：数据科学硕士的在读学生、非技术业务专业人士和当前的 IT 专业人士。以下是一些常见的与这两种认证相关的问题和答案，特别面向期望通过考试的具有机器学习背景的人员。即使你没有获得 AWS 认证，这些问题对 MLOps 从业者来说也是至关重要的，对测试你的知识水平来说也是值得的。

问：我在连接 RDS（https://oreil.ly/LbcbJ）和与一群人共享连接时遇到问题。有没有更直接的方法？

答：你可能会发现使用 AWS Cloud9 作为开发环境连接 RDS 会更直接。你可以在亚马逊（*https://oreil.ly/lzO0P*）上查看演练。

问：云服务模型令人困惑。什么是 PaaS，它与其他模型有何不同？

答：考虑云产品的一种方法是将它们与食品行业进行比较。你可以在 Costco（*https://costco.com*）等商店批量购买食品。它具有相当的规模，并且可以将购买价格折扣传递给客户。但是，作为客户，你可能还需要将这些食物带回家、准备和烹饪。这种情况类似于 IaaS。

现在让我们看看像 Grubhub（*https://grubhub.com*）或 Uber Eats（*https://oreil.ly/zYbpE*）这样的服务。你不仅不必开车去商店取食物，而且食物已经为你准备、烹饪好并快递给你。这种情况类似于 PaaS。你所要做的就是吃食物。

PaaS（平台即服务），它的意思是作为开发人员，你可以专注于业务逻辑。因此，软件工程的许多复杂性消失了。两个早期 PaaS 服务的一个很好的例子是 Heroku（*https://heroku.com*）和谷歌应用引擎（*https://oreil.ly/1MGBA*）。AWS 上 PaaS 的一个完美示例是 AWS SageMaker（*https://oreil.ly/lCsUY*）。它解决了许多与创建和部署机器学习相关的基础设施问题，包括分布式训练和服务预测。

问：边缘位置的确切定义是什么？

答：AWS 边缘位置（*https://oreil.ly/IjPBi*）是世界上服务器所在的物理位置。边缘位置与数据中心不同，因为它们的用途更窄。内容的用户离服务器的物理位置越近，请求的延迟就越低。这种情况对于流媒体视频和音乐等内容交付以及玩游戏至关重要。AWS 上最常被提及的边缘服务是 CloudFront。CloudFront 是一个 CDN（内容交付网络）。同一电影文件的缓存或副本通过 CDN 保存在全球这些位置。这种情况使所有用户可以在流式传输此内容时获得出色的体验。

其他使用边缘站点的服务包括 Amazon Route 53（*https://oreil.ly/0gjiE*）、AWS Shield（*https://oreil.ly/FLjh4*）、AWS Web Application Firewall（*https://oreil.ly/pcqz9*）和 Lambda@Edge（*https://oreil.ly/XGKp9*）。

问：如果可用区（AZ）中的数据中心之一受到火灾影响怎么办？在自然灾害或人为灾害方面，数据中心之间的关系如何？应该如何为数据副本设计系统架构？

答：作为共享安全模型（*https://oreil.ly/g6Lyp*）的一部分，亚马逊负责云，客户负责云中的内容。这种情况意味着数据对于灾难性的意外故障（如火灾）是安全的。此外，如果发生中断，数据在该区域中断期间可能不可用，但最终会恢复。

作为架构师，客户有责任利用多可用区架构。一个很好的例子是 Amazon RDS 多可用区配置（*https://oreil.ly/uM7sb*）。如果某个区域发生中断，辅助故障转移数据库将获得数据副本并处理请求。

问：*什么是 HA？*

答：HA（高可用性）服务在构建时考虑了可用性。这种情况意味着失败是一种预期，设计支持数据和服务的冗余。HA 服务的一个很好的例子是 Amazon RDS（*https://oreil.ly/UYOvl*）。此外，RDS 多可用区设计允许跨可用区复制多个版本的数据库，从而最大限度地减少服务中断。

问：*你如何在 Spot 实例和按需实例之间做出选择？*

答：Spot 实例和按需实例均按第一分钟固定费用计费，然后按第二分钟计费。Spot 实例是最具成本效益的，因为它们可以提供高达 90% 的节省。当任务运行或中断无关紧要时，请使用 Spot 实例（*https://oreil.ly/OmTPP*）。在实践中，这为 Spot 实例创建了一个关键用例。以下是一些示例：

- 试验 AWS 服务。
- 训练深度学习或机器学习作业。
- 结合按需实例扩展 Web 服务或其他服务。

按需实例在工作负载以稳定状态运行时工作。因此，例如，生产中的 Web 服务不会只想使用 Spot 实例。相反，它可以从按需案例开始，当计算服务的使用量时（即 2 个 c4.large 实例），则应购买预留实例（*https://oreil.ly/tkDVZ*）。

问：*Spot 休眠如何工作？*

答：Spot 实例中断有几个原因（*https://oreil.ly/w1UJD*），包括价格（出价高于最高价格）、容量（没有足够的 Spot 实例未使用）和限制条件（即可用区目标太大）。要休眠，它必须有一个 EBS 根卷。

问：*EC2 中的标签是什么？*

答：在图 B-1 中，一个 EC2 实例应用了一个标签。这个标签可以将实例类型分组到一个逻辑组中，例如“网络服务器”。

对 EC2 资源使用标签的主要原因是将元数据附加到一组机器。这是一种情况。假设 25 个 EC2 实例正在运行一个购物网站，并且它们没有标签。稍后，用户启动另外 25 个 EC2 实例来临时执行诸如训练机器学习模型之类的任务。在控制台中确定哪些机器是临时的（并且可以删除）和哪些机器是生产机器可能具有挑战性。

与其猜测机器的角色，不如分配标签，让用户快速识别角色。这个角色可以是：

Key="role", Value="ml" 或者 Key="role", Value="web"。在 EC2 控制台中，用户可以按标签进行查询。然后，此过程允许进行批量操作，例如终止实例。标签也可以在分析成本方面发挥重要作用。如果机器角色包含标签，那么成本报告可以确定某些机器类型是否太昂贵或使用太多资源。你可以阅读亚马逊上的官方标签文档（*https://oreil.ly/cDxyb*）。

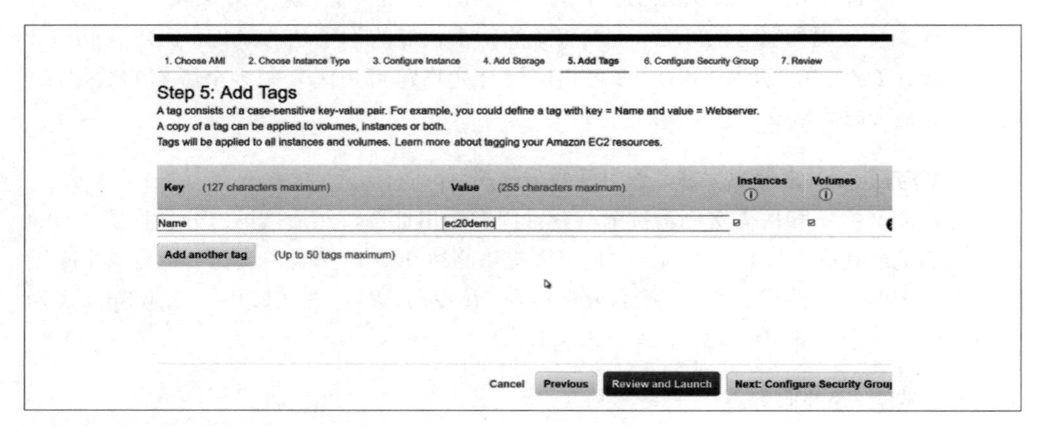

图 B-1：EC2 标签

问：什么是 PuTTY？

答：在图 B-2 中，PuTTY SSH 工具允许从 Windows 远程控制台访问 Linux 虚拟机。

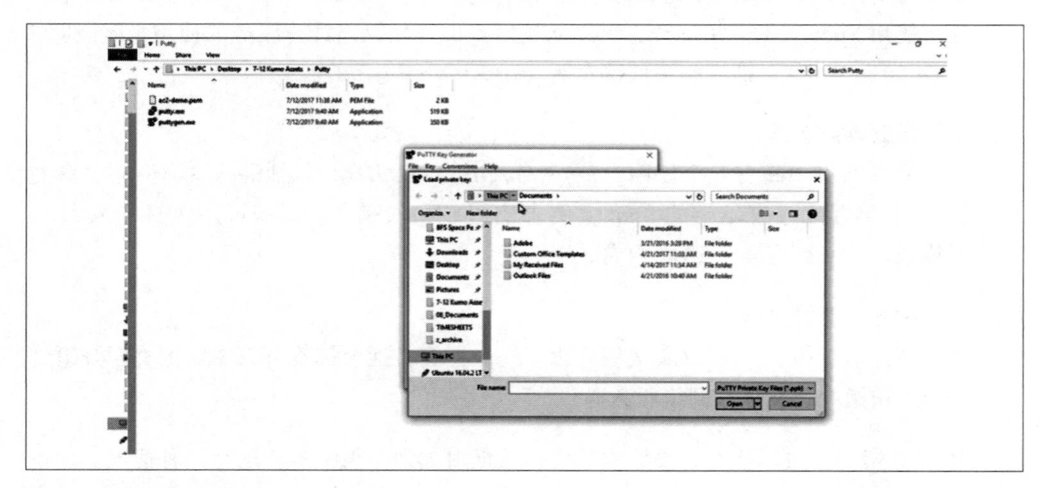

图 B-2：PuTTY

PuTTY 是在 Windows 操作系统上使用的免费 SSH 客户端。MacOS 和 Linux 内置了对 SSH 的支持。什么是 SSH？它是一种用于执行网络操作的加密网络协议。SSH 用于登录远程机器并通过终端命令管理设备。

你可以在此处阅读官方 PuTTY 文档（*https://oreil.ly/zw3fx*）。

问：Lightsail 与 EC2 或其他服务有何不同？

答：Lightsail 是 PaaS 或平台即服务。该平台意味着开发人员只需担心配置和开发 WordPress 应用程序。EC2 处于较低级别，称为 IaaS（基础设施即服务）。云计算有一个范围，提供较低级别的服务，就像 Costco 的散装原料一样。那些散装成分可以制作饭菜，但这需要技巧。同样，一个人可以点餐以送到他们家。这些饭菜更贵，但需要的专业知识很少。PaaS 类似，用户要为更高级别的服务支付更多费用。

其他 PaaS 解决方案（AWS 之外）是 Heroku（*https://heroku.com*）和谷歌应用引擎（*https://oreil.ly/4v9Qi*）。你可以在 *Python for DevOps*（O'Reilly）的"云计算"一章（*https://oreil.ly/F3g78*）中阅读有关云服务类型的更多信息。

问：我读到一个关于 AMI 的用例，它有以下描述："用它复制到机器的机组（深度学习集群）中。"机组是什么意思？

答：机组的工作方式与租车公司的工作方式相同。当你要求预订汽车时，他们会要求你选择一组：紧凑型汽车、轿车、豪华汽车或卡车。不能保证特定的模型，只能保证特定的组。同样，因为 Spot 实例是一个开放市场，所以可能没有特定的机器，例如 C3.8XLarge，但类似的组合是可用的。你可以通过选择一个队列来请求一组在 CPU、内存和网络功能方面相同的资源。你可以在亚马逊的博客（*https://oreil.ly/EDaGq*）上阅读有关 EC2 Fleet 的更多信息。

问：峰值流量（spikey）对按需实例的大小意味着什么？

答："峰值"工作负载可能是一个网站的流量突然增加了 10 倍。假设某个网站销售产品。一年中的流量通常是固定的，但在 12 月左右，流量会飙升至通常流量的 10 倍。这种场景将是"按需"实例扩展以满足此要求的合理用例。预期的流量模式应该使用预留实例，但对于峰值，这应该使用按需。你可以在亚马逊的博客（*https://oreil.ly/KHKy6*）上阅读有关峰值流量（*https://oreil.ly/7JhqV*）和预留实例的更多信息。

问："SUBSECOND"对于 AWS Lambda 的一项优势意味着什么？

答：这意味着你可以设计一种高效的服务，并且只在你的请求期间以 100 毫秒为间隔产生费用。这种情况与 EC2 实例不同，在 EC2 实例中，你每秒需要为持续运行的实例付费。使用 Lambda 函数，你可以设计基于事件的工作流，其中 Lambda 仅在响应事件时运行。一个很好的类比是一个传统的电灯，它可以关闭和打开。因为电灯有手动开关，所以很容易用更多的电。一种更有效的方法是运动检测照明，电灯将根据动作关闭和打开。这种方法类似于 AWS Lambda：响应事件，它打开，执行任务，然后退出。你可以在亚马逊的文档（*https://oreil.ly/y3JoQ*）中阅读有关 Lambda 的更多信息。你还可以在 GitHub（*https://oreil.ly/ZNmuk*）上构建 Python AWS Lambda 项目。

问：对于 AWS S3，有几个存储类。IA（不频繁访问）存储层是否包括标准 IA 和单区 IA，还是有更多类型？我在 AWS 网站（https://oreil.ly/plbG8）的 INFREQUENT ACCESS 部分只看到标准和单区。

答：IA 有两种类型。标准 IA 存储在三个 AZ（可用区）和单区中。单区的一个主要区别是可用性。它具有 99.5% 的可用性，低于三区 IA 和标准 IA。较低的成本反映了这种减少的可用性。

问：弹性文件系统（EFS）如何工作？

答：EFS 在概念上类似于 Google Drive 或 Dropbox。你可以创建一个 Dropbox 账户并与多台计算机或朋友共享数据。EFS 的工作方式非常相似。安装它的机器可以使用相同的文件系统。这个过程与 EBS（弹性块存储）非常不同，它一次属于一个实例。

问：对于 ELB 的用例，我不明白这两个用例：1）"单点访问"是什么意思？是不是说，如果你可以通过一个端口或服务器进入来控制你的流量，那么它就更安全了？2）"解耦应用环境"是什么意思？

答：我们以一个网站为例。该网站将在端口 443 上运行，该端口是 HTTPS 流量的端口。该站点可以是 *https://example.com*。ELB 是唯一暴露于外界的资源。当 Web 浏览器连接到 *https://example.com* 时，它只与 ELB 通信。同时，ELB 会向其背后的 Web 服务器询问信息。然后它将该信息发送回 Web 浏览器。

现实世界中的类比是什么？这就像"免下车"的银行出纳员。你开车到窗口，但只连接到银行出纳员。在银行里，很多人在工作，而你只和一个人互动。你可以在 AWS 博客（*https://oreil.ly/nvYV4*）上阅读有关 ELB 的博文。

问：为什么 ELB 的用例与 CLB 相同？

答：它们具有相同的特征，通过单一入口点访问、解耦应用环境，它们提供高可用性和容错能力，并增加弹性和可扩展性。

ELB 是指一类负载均衡器。有应用程序负载均衡器、网络负载均衡器和经典负载均衡器。在较高级别上，经典负载均衡器是一种较旧的负载均衡器，其功能少于应用程序负载均衡器。它适用于较旧的 EC2 实例已投入使用的情况。

这些称为 EC2 经典实例。在新场景中，应用程序负载均衡器将是 HTTP 服务之类的理想选择。你可以在亚马逊的文档（*https://oreil.ly/ASjxU*）中阅读有关 ELB 功能比较的博客文章。

AWS Certified Machine Learning - Specialty

商学院和数据科学学院已经完全接受了教师资格证。在加州大学戴维斯分校，我教学生传统的学分材料，如机器学习和云认证（*https://oreil.ly/aHoSB*），包括 AWS Cloud Practitioner 和 AWS Certified Machine Learning - Specialty。通过 AWS，我与其组织的许多部门密切合作，包括 AWS Educate、AWS Academy 和 AWS ML Hero（*https://oreil.ly/wACTB*）。

正如你可能猜到的，是的，我建议你获得 AWS 机器学习认证。了解参与创建 AWS ML 认证的许多人，并且可能对其创建有一些影响，我喜欢它的是对 MLOps 的高度关注。因此，让我们更详细地了解它。

推荐候选人（*https://oreil.ly/B0Np4*）具有至少 1～2 年开发、架构或运行机器学习 / 深度学习工作负载的知识和经验。在实践中，这意味着能够表达基本 ML 算法背后的原理、执行基本超参数优化、使用 ML 和深度学习框架的经验、遵循模型训练最佳实践以及遵循部署和操作最佳实践。简而言之，阅读本书是获得认证的绝佳准备步骤！

考试结构分为几个领域：数据工程、探索性数据分析、建模以及机器学习实施和运维。特别地，考试的最后一部分是关于 MLOps 的本质。因此，让我们深入研究这些部分，看看它们如何应用于本书中涵盖的概念。

数据工程

AWS 上数据工程、分析和机器学习的一个核心组件是数据湖，它也恰好是 Amazon S3。为什么要使用数据湖（如图 B-3 所示）？核心原因如下。第一，它提供了处理结构化和非结构化数据的能力。第二，数据湖还允许分析和机器学习工作负载。第三，你可以在不移动数据的情况下处理数据，这对于大数据来说至关重要。最后，它成本低。

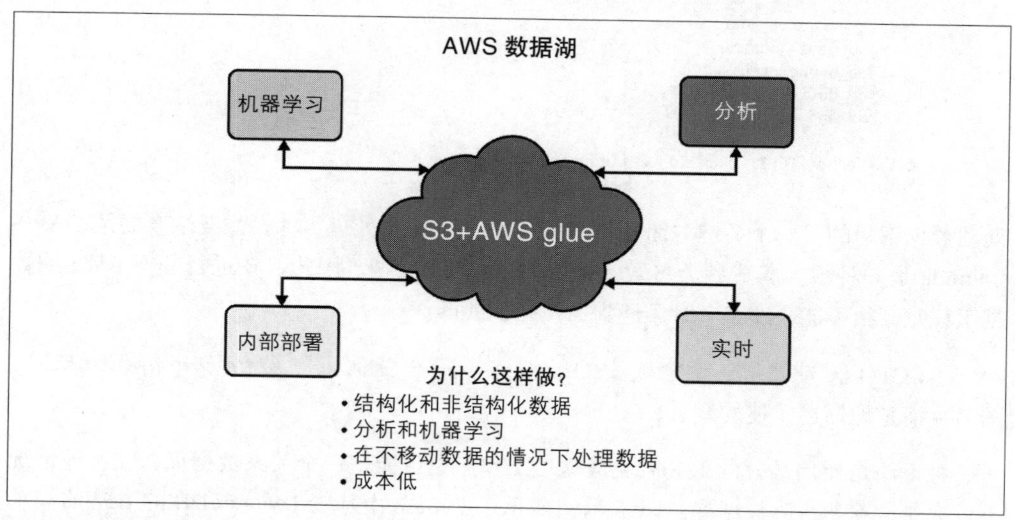

图 B-3：数据湖

AWS 数据工程的另一个重要主题是批处理数据与流数据。让我们先定义流数据。流数据通常是从许多来源发送的小数据。示例包括日志文件、指标和时间序列数据，如股票交易信息。AWS 上处理流的领先服务是 Kinesis。以下是一些理想的场景：时间序列分析问题、实时面板和实时指标。

批处理与流式处理对 ML 管道开发有显著影响。由于你可以决定何时重新训练 ML 模型，因此可以更好地控制批量模型训练。不断地重新训练模型可以提供更好的预测结果，但会增加复杂性。例如，是否使用 A/B 测试来测试新模型的准确性？ SageMaker 端点中提供模型 A/B 测试，因此这需要考虑到架构中。

对于批处理，有几种工具可以用作批处理机制。其中包括 Amazon EMR/Spark、AWS Glue、AWS Athena、AWS SageMaker 和恰当命名的 AWS Batch 服务（*https://oreil.ly/tbu9g*）。特别是对于机器学习，AWS Batch 解决了一个独特的问题。例如，假设你想扩展数千个同时进行的单独 k 均值聚类作业。一种方法是使用 AWS Batch。此外，你可以通过编写 Python 命令行工具为批处理系统提供一个简单的接口。以下是一段代码，展示了在实践中的样子：

```
@cli.group()
def run():
    """AWS Batch CLI"""

@run.command("submit")
@click.option("--queue", default="queue", help="Batch Queue")
@click.option("--jobname", default="1", help="Name of Job")
@click.option("--jobdef", default="test", help="Job Definition")
@click.option("--cmd", default=["whoami"], help="Container Override Commands")
def submit(queue, jobname, jobdef, cmd):
    """Submit a job to AWS Batch SErvice"""

    result = submit_job(
        job_name=jobname,
        job_queue=queue,
        job_definition=jobdef,
        command=cmd
    )
    click.echo(f"CLI:  Run Job Called {jobname}")
    return result
```

处理数据工程的另一个关键方面是使用 AWS Lambda 来处理事件。需要注意的是，AWS Lambda 是一种深入集成到大多数 AWS 服务中的黏合剂。因此，在进行基于 AWS 的数据工程时，很可能会在某个时候遇到 AWS Lambda。

AWS 的 CTO 认为“一个固定规模的数据库不适合任何人”（*https://oreil.ly/5LEz0*）。图 B-4 清楚地描述了他的意思。

另一种说法是使用最好的工具来完成这项工作。它可能是一个关系数据库，在其他情况下，它是一个键 / 值数据库。以下示例展示了 Python 中基于 DynamoDB 的 API 的简单工作方式。大部分代码是日志记录。

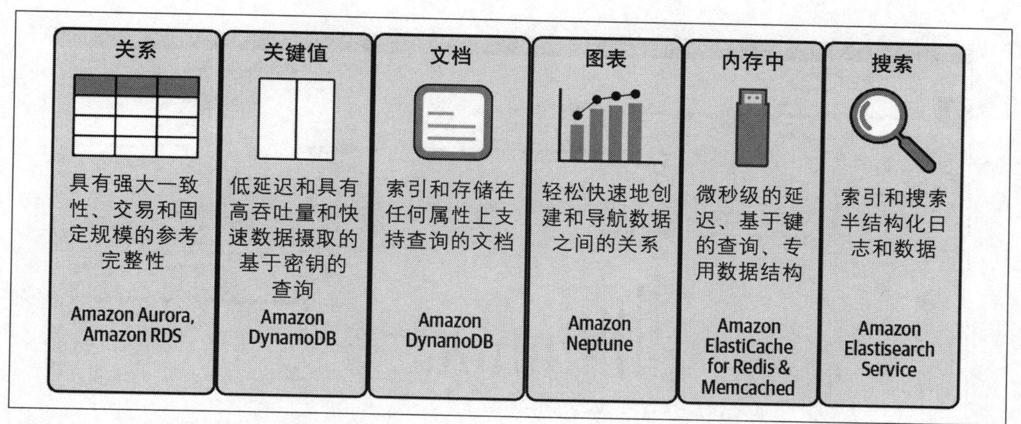

图 B-4：一个固定规模的数据库

```
def query_police_department_record_by_guid(guid):
    """Gets one record in the PD table by guid

    In [5]: rec = query_police_department_record_by_guid(
        "7e607b82-9e18-49dc-a9d7-e9628a9147ad"
        )

    In [7]: rec
    Out[7]:
    {'PoliceDepartmentName': 'Hollister',
     'UpdateTime': 'Fri Mar  2 12:43:43 2018',
     'guid': '7e607b82-9e18-49dc-a9d7-e9628a9147ad'}
    """

    db = dynamodb_resource()
    extra_msg = {"region_name": REGION, "aws_service": "dynamodb",
        "police_department_table":POLICE_DEPARTMENTS_TABLE,
        "guid":guid}
    log.info(f"Get PD record by GUID", extra=extra_msg)
    pd_table = db.Table(POLICE_DEPARTMENTS_TABLE)
    response = pd_table.get_item(
        Key={
            'guid': guid
            }
    )
    return response['Item']
```

数据工程中要讨论的最后三个项目是 ETL、数据安全和数据备份与恢复。使用 ETL，基本服务包括 AWS Glue、Athena 和 AWS DataBrew。AWS DataBrew 是较新的服务，它解决了构建生产机器学习模型的必要步骤，即自动化清理数据中的杂乱步骤。例如，在图 B-5 中，无须编写任何代码即可分析婴儿姓名数据集。

之后，这个相同的数据集可能成为 MLOps 项目的重要组成部分。一项有用的功能是能够跟踪数据集的沿袭、它的来源以及涉及数据集的操作。此功能可通过“ Data lineage”选项卡使用（如图 B-6 所示）。

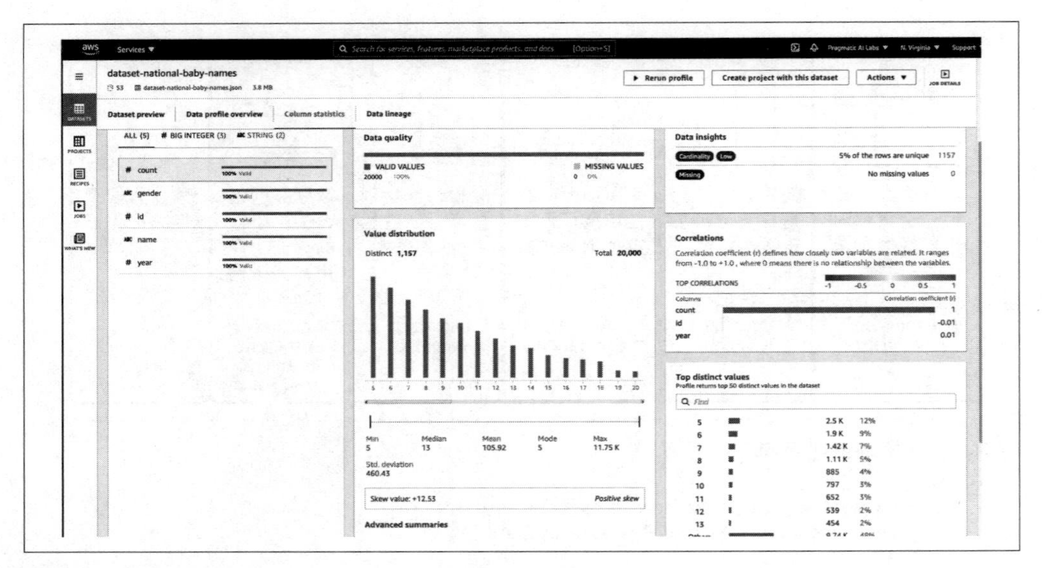

图 B-5：DataBrew

数据治理是解决数据安全和数据备份和恢复问题的简洁方法。AWS 通过 KMS（密钥管理服务）支持集成加密策略。此步骤至关重要，因为它提供了静态和传输中加密以及 PLP（最小权限原则）的实现。

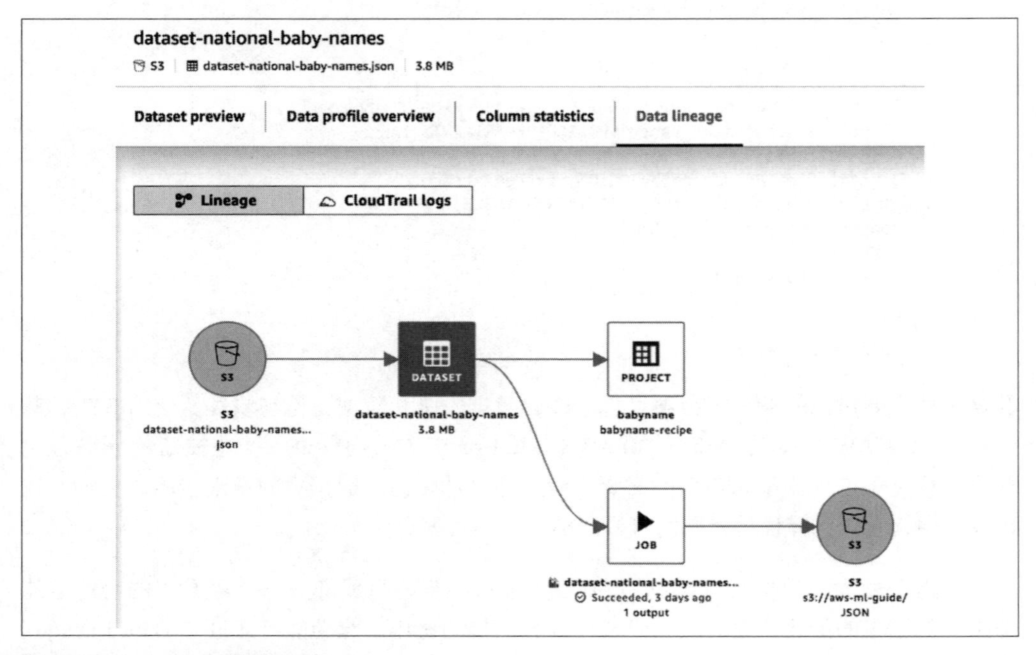

图 B-6：DataBrew 数据沿袭

数据安全的另一个方面是记录和审计数据访问的能力，如图 B-7 所示。定期审核数据访问是识别风险并降低风险的一种方法。例如，你可能会标记一个经常查看与其工作无关的 AWS 存储桶的用户，然后意识到这会带来一个需要关闭的重大安全漏洞。

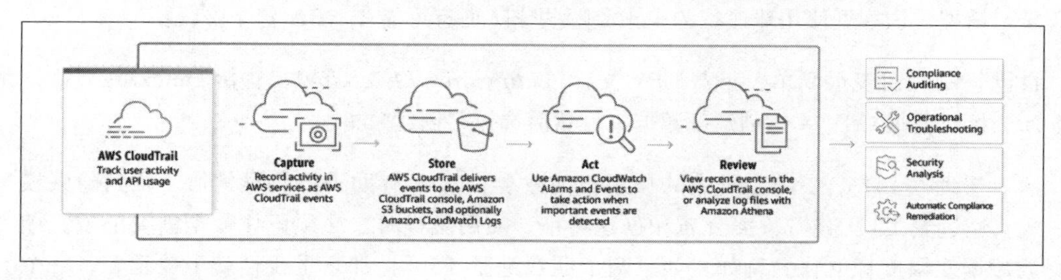

图 B-7：AWS CloudTrail

最后，数据备份和恢复可能是数据治理最重要的方面之一。大多数 AWS 服务都具有快照功能，包括 RDS、S3 和 DynamoDB。为存档到 Amazon Glacier 的数据设计有用的备份、恢复和生命周期对于数据工程中的最佳实践合规性至关重要。

探索数据分析

在进行机器学习之前，首先需要探索数据。在 AWS 上，有几个工具可以提供帮助。其中包括之前示例提到的 DataBrew 以及 AWS QuickSight。让我们看看可以使用图 B-8 中的 AWS QuickSight 完成什么。

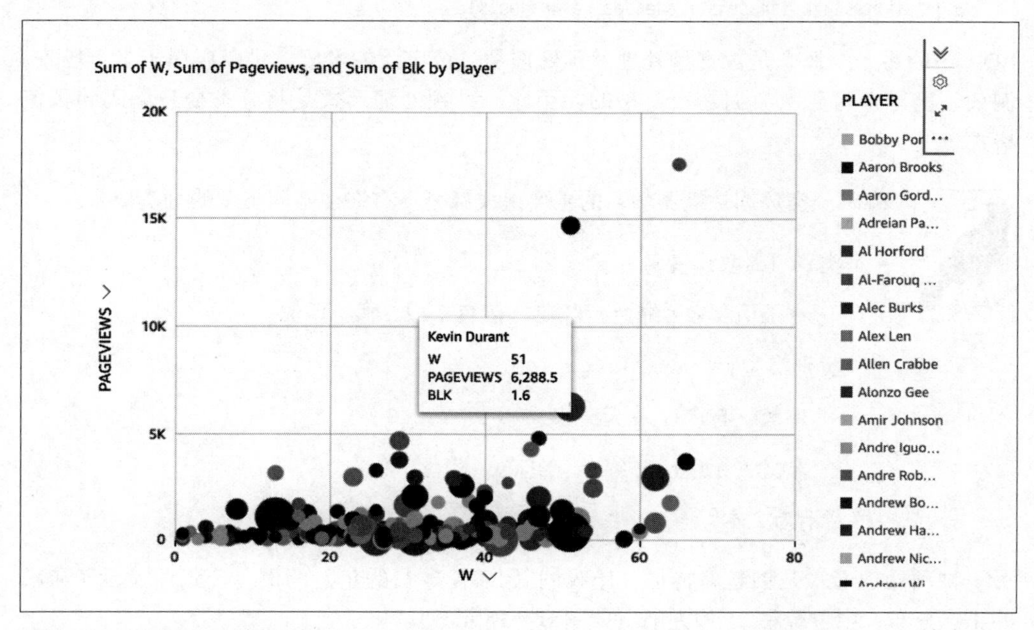

图 B-8：AWS QuickSight

请注意这种无代码/低代码方法如何在社交媒体（即来自维基百科的页面浏览量）上展示获胜和受欢迎程度之间的幂律关系。球迷可能会最关注“赢家”，注意到他们，并希望阅读有关这些球员的更多信息。这个最初的EDA步骤可能会立即开始开发一个机器学习模型，该模型使用球迷行为来预测哪些球队更有可能在NBA赛季中获胜。

自己复制此图表很简单：下载CSV文件（*https://oreil.ly/czUpe*），告诉QuickSight执行新分析，使用CSV文件创建新数据集，然后选择“创建分析”。

这对于理解EDA在MLOps中的作用至关重要。EDA有助于检测异常值、找到隐藏模式（通过聚类）、查看数据分布和创建特征。使用聚类时，必须记住数据需要缩放。缩放数据使幅度标准化。例如，如果两个朋友跑了“50”，那么重要性就至关重要。一个朋友可能跑了50英里，另一个朋友可能跑了50英尺。它们是截然不同的东西。如果不进行缩放，机器学习的结果会因一个变量或一列的大小而失真。下面是在实践中进行缩放的例子：

```
from sklearn.preprocessing import StandardScaler
from sklearn.preprocessing import MinMaxScaler

scaler = StandardScaler()

print(scaler.fit(numerical_StandardScaler(copy=True,
    with_mean=True, with_std=True)

# output
# [ 2.15710914 0.13485945 1.6406603 -0.46346815]
```

EDA中的另一个概念是数据预处理。预处理是一个广泛的术语，可以应用于多个场景。例如，机器学习要求数据是数值型的，因此一种预处理形式是将分类变量编码为数值格式。

编码分类数据是机器学习的重要组成部分。有许多不同类型的分类变量。

- 类别（离散）变量

  — 有限值集：{绿色、红色、蓝色}或{假,真}

- 类别类型：

  — 序数（有序）：{大、中、小}

  — 名义（无序）：{绿色、红色、蓝色}

- 表示为文本

另一种预处理形式是创建新特征。让我们以NBA球员的年龄为例。一张图显示了年龄的正态分布，中位数在25岁左右（如图B-9所示）：

```
import pandas as pd
import seaborn as sns
import matplotlib.pyplot as plt

df = pd.read_csv(
  r"https://raw.githubusercontent.com/noahgift/socialpowernba" \
  r"/master/data/nba_2017_players_with_salary_wiki_twitter.csv")
sns.distplot(df.AGE)
plt.legend()
plt.title("NBA Players Ages")
```

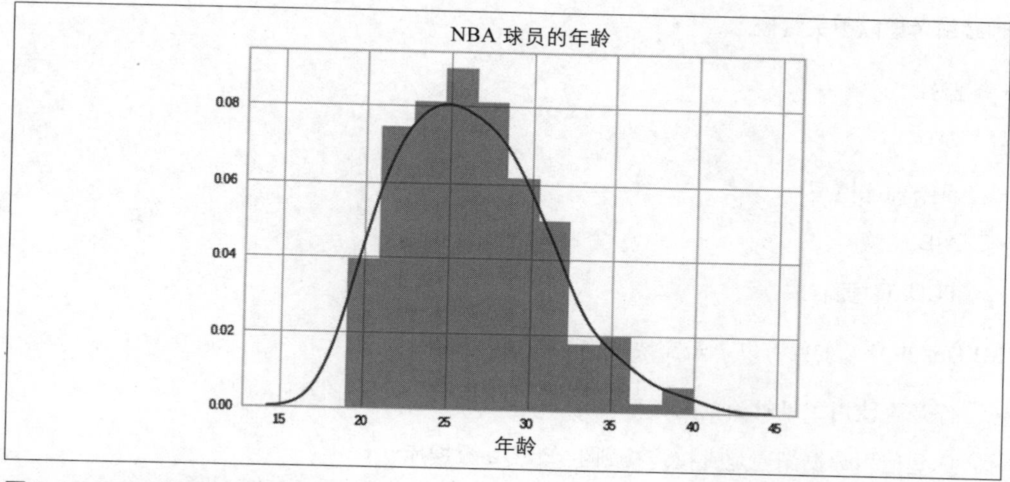

图 B-9：NBA 球员的年龄分布

我们可以利用这些知识来创建新的特征。该特征可以将年龄转换为几个类别：Rookie、Prime、Post Prime 和 Pre-Retirement。这些类别可能会预示未来的见解：

```
def age_brackets (age):
  if age >17 and age <25:
      return 'Rookie'
  if age >25 and age <30:
      return 'Prime'
  if age >30 and age <35:
       return 'Post Prime'
  if age >35 and age <45:
      return 'Pre-Retirement'
```

然后我们可以使用这些新类别对数据进行分组并计算出每个类别的工资中位数：

```
df["age_category"] = df["AGE"].apply(age_brackets)
df.groupby("age_category")["SALARY_MILLIONS"].media
```

请注意，工资中位数存在巨大差异。当球员开始时，他们的薪水最低，但他们的薪水在巅峰时期大约翻了三倍。一旦他们退休，就会发生巨大的变化，因为那时他们的工资将是巅峰时期薪酬的一半：

```
age_category
Post-Prime 8.550
Pre-Retirement    5.500
Prime             9.515
Rookie            2.940
Name: SALARY_MILLIONS, dtype: float64
```

机器学习实现与运维

让我们在 AWS ML Certification 考试的概念中讨论 MLOps 的一些关键组件。构建模型时必须考虑以下关键概念：

- 监控
- 安全
- 重新训练模型
- A/B 测试
- TCO（总拥有成本）

MLOps 本身又如何？以下是需要考虑的关键因素：

- 你是否使用了足够简单的模型？
- 你是使用数据湖还是直接连接到生产 SQL 数据库？
- 你是否为预测阈值失败设置了警报？
- 你有开发、预发和生产环境吗？

最后，有两个主题值得讨论：生产部署故障排除和 ML 系统的效率。对于生产部署，这些概念包括使用 CloudWatch、搜索 CloudWatch 日志、针对关键事件发出警报、使用自动扩展功能，以及使用企业支持。

对于 ML 系统的成本和效率，无论是在考试中还是在现实世界中，都必须了解以下关键概念：

- Spot 实例（显示 Spot 代码）
- 正确使用 CPU 与 GPU 资源
- 放大和缩小
- 上市时间
- 调用 AI API 与“自己动手”

其他云认证

除了 AWS 之外，Azure 和 GCP 也有对应的认证。

Azure 数据科学家和 AI 工程师

Azure 有一些值得一看的认证（*https://oreil.ly/fLHCh*），包括 Azure Associate Data Scientist（*https://oreil.ly/SASq0*）和 Azure AI Engineer Associate（*https://oreil.ly/T4R8g*）。这些认证分为三个级别（按专业知识顺序）：基础、助理和专家。此外，还有几条与 Azure 的 AI 平台相关的学习路径，这与 MLOps 密切相关：

- 入门指南（*https://oreil.ly/dRoNa*）
- 创建机器学习模型（*https://oreil.ly /wwHTK*）
- 使用 Azure 机器学习创建无代码预测（*https://oreil.ly/YvywB*）模型
- 使用 Azure 机器学习构建 AI 解决方案（*https://oreil.ly/xOocn*）

一个好的起点是阅读培训指南（*https://oreil.ly/Tpoyk*），其中包含令人信服的旅程列表（例如，数据和 AI 专业人士）以及 Azure AI Fundamentals 等明确认证（*https://oreil.ly/atHVw*）。这些旅程可以让你决定追求最有效目标的最佳策略。

此外，如果你是学生（*https://oreil.ly/0M5le*）或教职员工（*https://oreil.ly/9Ca0i*），那么还有免费（或大部分免费）资源可帮助你开始使用 Azure。这些产品往往会随着时间而变化，但在编写本书时，你可以在没有信用卡的情况下注册并立即开始使用。如果你是一名教育工作者，你可以使用其他优惠和有帮助的资源（*https://oreil.ly/cEh9m*）。

GCP

MLOps 从业者的一些值得注意的认证包括专业机器学习工程师（*https://oreil.ly/zJ62s*）和专业云架构师（*https://oreil.ly/wuGi6*）。最后，一个非常具体的 MLOps 相关认证是 TensorFlow 开发者证书（*https://oreil.ly/lAtEG*）。它允许你展示你使用 TensorFlow 解决深度学习和机器学习问题的熟练程度。

SQL 相关认证

要成功使用 MLOps，需要基本的 SQL 知识。稍后，建议更深入地研究 SQL 并在理论上和应用方式上掌握它。这里推荐一些资源：

- Databricks Apache Spark 3.0 认证助理开发人员（*https://oreil.ly/qI1k7*）

— 学习资料：Databricks 网站和 O'Reilly 学习平台

— O'Reilly 学习平台：Learning Spark（*https://oreil.ly/MYX1d*）

— O'Reilly 学习平台：Spark 权威指南（*https://oreil.ly/48PNO*）

- 微软认证：Azure 数据基础知识（*https://oreil.ly/F8SgJ*）

— 学习材料：Coursera，微软 Learn 和 O'Reilly 学习平台

— Coursera 课程微软 Azure DP-900 数据基础考试准备（*https://oreil.ly/WlLuC*）

— O'Reilly 学习平台：Exam Ref DP-900（*https://oreil. ly/vivnp*）

- Oracle 数据库 SQL 认证助理认证（*https://oreil.ly/bV6l5*）

— 学习材料：O'Reilly 学习平台和 Oracle

— O'Reilly 学习平台：OCA Oracle 数据库 SQL 考试指南（*https:/ /oreil.ly/HStDe*）

— Oracle：Oracle 数据库 SQL 认证助理认证（*https://oreil.ly/Pfpgh*）

- 谷歌数据分析专家（*https://oreil.ly/YeG Pd*）

— 学习材料：Coursera 和 O'Reilly 学习平台

— O'Reilly 学习平台：数据治理权威指南（*https://oreil.ly/9FLfc*）

— O'Reilly 学习平台：谷歌云平台上的数据科学（*https://oreil.ly/0qnAW*）

— O'Reilly 学习平台：谷歌 BigQuery 权威指南（*https://oreil.ly/hr9jL*）

— Coursera：谷歌数据分析专业版（*https://oreil.ly/AtOBK*）

你还可以在 Coursera（*https://oreil.ly/BZF5P*）上找到其他参考资料。

附录 C 远程工作

Noah Gift

在后 COVID-19 的世界中，拥有一个可以完成工作的稳定家庭办公室至关重要。另一个因素是远程优先优化结果。面对面环境的一个重要问题是进展与实际进展的“表象”。被拖到会议上几个小时没有结果就是一个很好的例子。让“销售”团队干扰在开放式办公室计划中编写代码的开发人员是另一回事。当重点完全放在结果上时，远程优先开始变得很有意义。

在过去的几年里，我一直在不断“优化”我的家庭办公室，以适应世界各地和主要顶尖大学的教学，以及进行远程软件工程和咨询。你可以在图 C-1 中看到我的设备。我想向你介绍如何设置自己的工作空间，从而提高工作效率。

图 C-1：居家工作设备

远程工作设备

网络

如果你远程工作，这里有一份简短的、非详尽的清单，列出了你需要考虑的事项。可靠的家庭网络可能是任何远程工作清单上最关键的项目。理想情况下，你可以以低于 100 美元的价格获得低成本的光纤连接。光纤是理想的，因为你可以在下行和上行获得相同的速度。请注意，不仅 1GB 光纤是美国许多地区的标准，2GB 光纤也正变得越来越普及。

在设置家庭网络时，需要注意的必要细节很少。让我们接下来讨论这些细节。

物理家庭网络

最好通过以太网将你的工作站插入家庭光纤或电缆网络。此步骤消除了可能干扰远程工作的一系列问题，即无线问题。实现这一目标的一个很好的方法是购买一个价格低廉的网络交换机，它可以提供 2.5 GB 或更高的容量，并使用 Cat6 网络电缆（提供高达 10 Gbps 的速度）连接它。那么如果你有 2GB 的光纤连接，就可以直接利用全速了。

除了有线网络，无线网状网络也可以带来巨大的收益。推荐的无线设置是使用网状 WiFi 6 路由器。这些让你可以覆盖整个家，甚至可以覆盖超过 5000 平方英尺的区域，无线速度可以超过 1 Gbps。现代网状网络还允许数百个同时连接，这对于家庭网络来说应该绰绰有余。

电源管理和家庭网络

当你的家成为真正的永久性办公室时，需要考虑两件重要的事情：成本和可靠性。例如，如果你家经常停电，那么你可能会损失大量的业务收入。同样，你的电费可能会大幅增加。

你可以帮助保护环境、降低家庭公用事业成本并解决停电期间的业务连续性问题。通过太阳能家庭设置，你可以执行以下操作。首先，使用 UPS（不间断电源）应对风暴和电源故障，并将重要的家庭办公室和家庭网络设备插入其中。

最后，Tesla Powerwall 电池或类似电池可以在从太阳能充电时提供数天的备用电源。这种类型的设置使你可以在任何大风暴中工作。为了进一步促进交易，太阳能设计可以节省大量税收。

居家工作区域

站立式办公桌、宽屏显示器、出色的麦克风和出色的相机大有帮助。一般的想法是购买设备，从而提高生产力，并希望缩短一天的时间。需要考虑的一件重要事情是购买你能负担得起的最好的工具，因为它们使你能够赚钱并提高工作效率。

健康和工作区

你能否加入站立式办公桌以减少下背部受伤并促进更多的体育活动？每天做 5 组 20 次（共 100 次）的壶铃摆动怎么样？当你的大脑开始感到超负荷时，你能安排每天散步吗？这些事情看似微不足道，但小事情会在提高你的健康、生产力和幸福感方面产生重大变化。

最后，你能否消除大多数公司垃圾食品的习惯，并用间歇性禁食和健康食品取而代之？阅读关于间歇性禁食的附录 F，了解我的旅程和研究。

家庭工作区虚拟工作室设置

将背景显示在相机后面可以极大地提高专业水平。这种设置意味着要有很好的照明、一些“舞台装饰”和其他添加到背景的项目。请注意，在这些设置中拥有语音自动化可能是一个巨大的优势，因为在你上镜头之前不需要大灯。

在图 C-2 中，我的背景设置为看起来很适合视频会议通话。这是远程工作中经常被遗忘的一个方面。

图 C-2：Studio 背景

位置

你能搬到一个可以接触大自然和好学校的低成本地区吗？在疫情之后的世界中，我们可以期待一个新的现实可能允许具有数据科学思维的远程工作者优化健康、生活质量和成本。一个驱动因素是拥有房屋的成本。在美国的某些地区，建立劳动力队伍是没有意义的，例如湾区。哈佛大学的 JCHS（住房研究联合中心）有许多交互式数据可视化可以解释这一点（*https://oreil.ly/a3bK4*）。你是为了生活而工作还是为了工作而生活？

当你围绕工作与生活的平衡、家庭和健康优化你的生活时，你可能会发现昂贵的抵押贷款可能会适得其反。远程工作让你可以考虑最重要的开支：你居住的地区。Numbeo（*https://oreil.ly/XCZ3A*）是一个可以帮助你决定住处的好网站，你可以考虑天气、生活成本、犯罪、教育和其他因素。此外，在纽约和旧金山等传统科技中心之外，还有许多令人难以置信的地方可供居住。

附录 D 像 VC 一样思考你的职业生涯

Noah Gift

在机器学习领域建立职业生涯的一个关键考虑因素是像 VC（风险投资家）一样思考。VC 与员工有何不同？他们做的一件事是通过投资一系列公司来避免失败。那么为什么不为你的职业做同样的事情呢？假设你从一开始就考虑多公司战略。在这种情况下，你可以始终专注于长期过程，以获得更多技能、构建副业项目和工作组合以及工作之外的收入。

此外，对收入和支出的了解使你能够建立自主权——例如，自主权可以使你能够放弃在夏季所做的工作，并深入研究下一个大型 MLOps 技术。让我们深入探讨如何考虑收入和支出。

PEAR 收入战略

我们生活在一个新时代，可以通过笔记本电脑和互联网连接开展业务。作为一名长期的顾问和企业家，我开发了一个适合我的框架。在评估与谁合作以及要从事的项目时，我会想到 PPEAR 或“pear”：

- P（被动）
- P（主动）
- E（指数）
- A（自主性）
- R（25% 规则）

以下是你可以使用此框架“副业”的方式。

被动

许多人为了更高的薪水而跳槽，但薪水是固定的：无论你的工作多么出色，你的薪水仍然是一样的。被动收入是一种投资于指数结果的形式。每个技术工人都应该有薪水和一些资产投资的混合，这些资产可以带来指数级的结果。理想情况下，此结果与你的工作直接相关：

- 此行为是否会导致被动收入（书籍、产品、投资）？
- 你拥有客户吗？理想情况下，你专注于留住客户。
- 什么是权利关系？

捕食者（20% 或更低）

与捕食者合作应该有非常令人信服的理由。他们也许会让你曝光，或者会抓住你的机会。捕食者的缺点是他们通常有一个官僚程序。你需要与多少人互动才能完成某件事情？完成一件事需要多长时间？它可能比自己工作的时间长 10～100 倍。

合作伙伴（50% 或更高）

平等的合作伙伴关系有很多令人喜欢的地方。合作伙伴在金钱和时间方面拥有“风险与利益共担”。

平台（80% 或更高）

使用平台有利有弊。平台的优势在于，如果你自给自足，你可以保留大部分收入。缺点是你可能还没有基准。你可能没有一个关于什么是“好”的框架。你可能想与捕食者合作，在直接进入平台之前看看他们是如何做事的。

不是每个人都想成为作家或创造者，但每个人都可以成为投资者。也许这会将你的 W2 收入的 50% 投入指数基金或出租房屋。

主动

在从事项目或与合作伙伴合作时，必须是一种积极的体验。如果环境有毒，即使得到很好的报酬最终也会变老。要问的一些问题是：

- 我每天都快乐吗？
- 我是否尊重每天与之共事的人？
- 与我共事的人是否有成功的记录？
- 我的健康在睡眠、健身和营养方面是否有所改善或保持？
- 既然你是与你相处时间最长的五个人的平均值，你怎样才能和积极的人在一起？

指数

关于项目或与合作伙伴合作的另一个重要问题是指数潜力。也许你已决定与捕食者进行伙伴合作，因为该项目具有指数级的潜力。另一方面，如果你正在与捕食者合作，但该项目没有指数潜力，那么它可能不是一个好项目。

这个项目或合作伙伴关系是否会导致收入、用户、流量、媒体或声望的指数级反应？

自主性

关于项目或与合作伙伴合作的另一个重要问题是自主性。如果你擅长你的工作，你就需要自由。你知道什么是好的，你的合作伙伴可能不会。你有多少独立性？你能最终赌在自己身上，还是成功掌握在别人手中？

一些示例问题包括：

- 此行为是否会增加自主性或产生依赖性？
- 我是否在学习和成长——新技能、新声望或品牌归属？
- 行为是自动化的还是手动的？避免无法自动化的任务。

25% 规则

你赚的钱是什么颜色的？图 D-1 展示了三种考虑收入的方式：雇员、顾问或投资。

成为一名雇员对你来说可能很有价值，因为你可以学习技能并建立网络。不过请记住，这是“红”钱。这红钱随时可能消失。不受你控制。

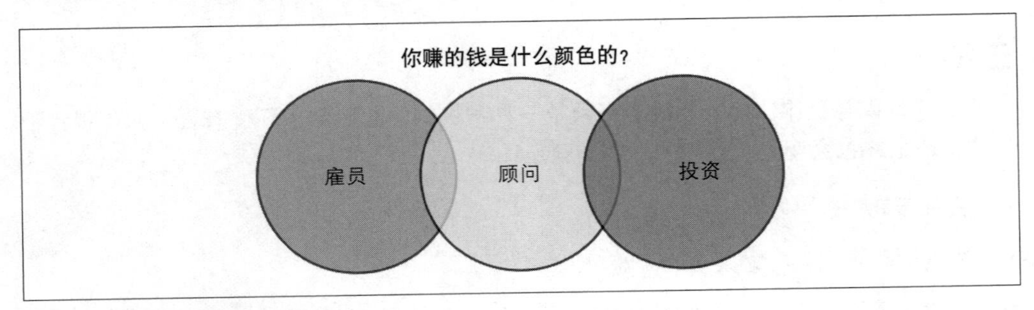

图 D-1：你赚的钱是什么颜色的

顾问是“黄”钱。这是朝着正确方向迈出的重要一步。你可以在作为雇员工作的同时进行一些咨询。这一行动消除了作为雇员的一些风险。但是，作为顾问，你必须小心，永远不要让一个客户超过你总收入的 25%，最好不要超过你咨询收入的 25%。熟悉会产生蔑视。最好的关系是人们表现出最好的行为并且知道该关系只是为了解决问题。

房地产、指数基金和数字产品等投资是“绿色货币”。这个收入流将永远支付给你。理想的情况是用绿色资金赚取收入的 80%，并将咨询或就业限制在收入的 20%。

注释

以下注释和资源对构建本附录有帮助：

- Warren Buffet 在此主题上有一句名言："如果你找不到在睡觉时赚钱的方法，你会一直工作到死。"
- 文章中有很好的相关建议，"1000 名忠实粉丝？尝试 100"（*https://oreil.ly/BL9Hj*）。
- 最后，感谢 Andrew Hargadon（*https://oreil.ly/lys5q*）和 Dickson Louie（*https://oreil.ly/pLuPJ*）的反馈和鼓舞人心的想法。

附录 E 构建 MLOps 技术组合

Noah Gift

我向大家推荐的一件事情是成为"三重威胁"。在篮球中，三重威胁位置意味着可以得分、篮板或传球的人。防守者必须防范所有三个选项。从职业角度来看，你也可能是三重威胁，这意味着你可以顺利通过招聘"守门员"，因为你具备三个威胁：技术组合、相关认证以及工作经验或相关学位。

我在附录 B 中就云认证提供建议，但在这里我们将深入探讨你的技术组合。构建一个投资组合项目可以丰富你的简历，其中包含指向高质量源代码和演示视频的链接，而另一份简历则没有。你会打电话让谁参加面试？我会召集在我们见面之前已经向我展示了他可以做什么的候选人。

在构建一个项目时，选择你认为会在未来两年内"发挥作用"的东西。可以考虑以下想法：

- 带有源代码的 GitHub 项目和解释该项目的 *README.md*。*README.md* 应该具有专业品质并使用商业写作风格。
- 100% 可重复的笔记本或源代码。
- 原创作品（不是 Kaggle 项目的副本）。
- 真实的热情。
- 五分钟的最终演示视频以展示其工作原理。
- 演示需要非常技术性并准确地展示如何完成任务，即，你需要一步一步地教别人。（想想一个厨师演示如何制作巧克力曲奇的烹饪节目。这个细节水平需要相似。）
- 视频应至少为 1080p，纵横比为 16:9。
- 考虑使用低成本的外接麦克风录音。

构建 Jupyter Notebook 时要考虑的事情是将数据科学项目中的步骤进行分解。通常这些步骤包括：

- 数据摄取

- EDA（探索性数据分析）
- 建模
- 结论

对于 MLOps 组合项目，下面的一些建议已经帮助学生在主要科技公司（如 FAANG）和尖端技术初创公司找到 ML 工程、数据工程师和数据科学家方面的工作。

项目：在 PaaS 平台上持续交付 Flask/FastAPI 数据工程 API

以下项目是测试你构建 API 知识的绝佳方法：

1. 在云平台上创建 Flask 或 Fast 应用程序并将源代码推送到 GitHub。
2. 配置云原生构建服务器（AWS App Runner、AWS Code Build 等）以将更改部署到 GitHub。
3. 创建一个真实的数据工程 API。

你可以参考 O'Reilly 使用 FastAPI 函数来构建微服务的演练（*https://oreil.ly/29gnT*）以获得更多想法，或参考这个示例 Github 项目（*https://oreil.ly/D1eYf*），使用 FastAPI 实现完整工作的 AWS App Runner 启动项目。

项目：Docker 和 Kubernetes 容器项目

许多云解决方案都涉及 Docker 格式的容器。让我们在以下项目中利用 Docker 格式容器：

1. 从部署 Python ML 应用程序的当前 Python 版本创建自定义 Docker 容器。
2. 将镜像推送到 DockerHub、Amazon ECR、Google Container Registry 或其他一些 Cloud Container Registry。
3. 把镜像拉下来，在云平台 cloud shell 上运行：Google Cloud Shell 或者 AWS Cloud9。
4. 将应用程序部署到云管理的 Kubernetes 集群，如 GKE（Google Kubernetes Engine）或 EKS（Elastic Kubernetes Service）等。

项目：无服务器 AI 数据工程管道

重现图 E-1 所示示例无服务器数据工程项目的架构。然后，通过扩展 NLP 分析的功能来增强项目：添加实体提取、关键短语提取或其他一些 NLP 功能。

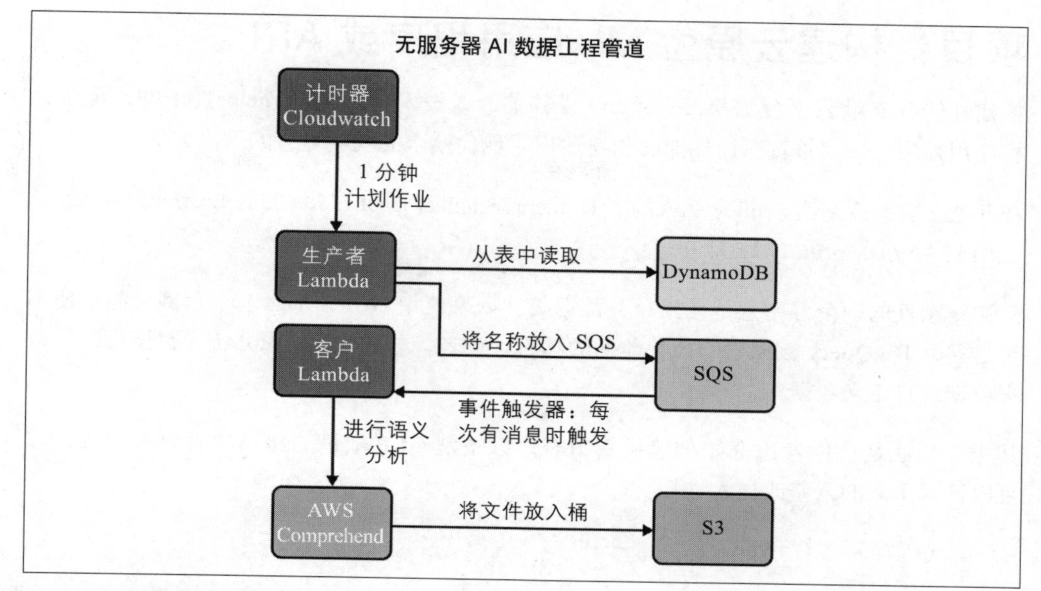

图 E-1：无服务器数据工程

该项目的一个很好的资源请见 Github 仓库：*https://github.com/noahgift/awslambda*。

项目：构建 Edge ML 解决方案

使用书中介绍的技术之一构建和部署基于边缘的计算机视觉解决方案：

- Intel Movidius Neural Compute Stick 2
- AWS DeepLens
- Coral AI
- 智能手机（iOS、Android）
- 树莓派

以下是你项目的可交付成果：

- 在 GitHub 仓库中将结果发布为 Jupyter Notebook、Colab Notebook 文件夹或两者。
- 以 PDF 格式撰写两页的研究项目概要。
- 在你的两页概要中包含指向你已发表作品的链接。
- 制作一个 60 秒的演示视频，展示你正在工作的用来推理（预测）的计算机视觉项目。
- 将你的项目提交给英特尔或 AWS 社区项目。

项目：构建云原生 ML 应用程序或 API

构建托管在谷歌云平台、AWS、Azure 或其他云或技术（即 Kubernetes）上的云原生分析应用程序。该项目旨在让你能够创建适用于现代技术的现实可行的解决方案。

在开始之前，请阅读 Sculley 等人的 " Hidden Technical Debt in Machine Learning Systems "（2015）（*https://oreil.ly/keGLy*）。

限制复杂性的一个好主意是使用公共数据集。如果使用 GCP，那么一个示例可能是使用来自谷歌 BigQuery 数据集的公共数据的项目。或者，如果使用 AutoML，数据可以是教程数据或自定义数据。

其主要想法是让你考虑开始创建投资组合。以下是 GCP 项目的建议项目要求列表，你可以针对不同的云修改技术堆栈。

- 源代码存储在 GitHub。
- 从 CircleCI 持续部署。
- 数据存储在 GCP（BigQuery、谷歌云存储等）。
- 创建和提供机器学习预测（AutoML、BigQuery 等）。
- 安装 Stackdriver 用于监控。
- 谷歌应用引擎通过带有 JSON 有效负载的 REST API 提供 HTTP 请求。
- 部署到 GCP 环境中。
- 一份两页的单行距项目描述文件，将在移交阶段向客户描述要考虑的最终项目清单。

以下是要考虑的最终项目清单的示例。

- 它是否执行机器学习预测 / 推理？
- 是否有单独的环境？
- 是否有全面的监控和警报？
- 是否使用了正确的数据存储，即关系、图形、键 / 值？
- 最小特权原则是否适用？
- 数据在传输中和静止时是否加密？
- 你是否对应用程序进行了负载测试以验证性能？

找工作：不要攻城略地，走后门

科技行业总是有一个“梦想”的职位。这些职位换来换去。这里有一些例子：Unix 系统管理员、网络管理员、网站管理员、网络开发人员、移动开发人员、数据科学家。当这些职位出现时，公司对招聘这些职位感到恐慌。

然后所有的进展都停止了，越来越多的籓出现了。一个经典的例子是在一项技术仅存在一年的情况下，向某人询问十年的经验。最后，进入“城堡”变得不可能了。城堡的前面有守卫、热油、长矛，还有一个怪物在护城河中等待。相反，考虑一个后门。后门通常是一个不太有声望的职位。

如何学习

软件相关的职业与其他职业相比是独一无二的。软件相关的工作与职业运动员、武术家或音乐家有更多的共同点。达到精通的过程涉及对痛苦的拥抱和对犯错的热爱。

创造 20% 属于自己的时间

永远不要相信公司是你需要学习的唯一来源。你必须开辟你的学习途径。一种方法是将每天花几个小时学习新技术作为一种习惯。将其视为你职业生涯的锻炼。

拥抱错误的心态

避免错误并追求完美是很常见的。例如，我们尽量避免车祸、杂货掉落和其他错误，大多数学生都希望在考试中获得完美的“A”。

在学习成为一名称职的软件工程师时，最好把它颠倒过来。不断出现的错误意味着你走在正确的轨道上。这周你犯了多少错误？你今天做了多少？ William Blake 在 1790 年说得最好，他说：“如果傻瓜坚持他的愚蠢，那么他就会变得聪明。”

寻找平行的爱好来测试你的学习

如果你问一群拥有 10 年以上经验的成功软件工程师，那么你会听到这样的一些版本：“我是一台学习机器。”那么，学习机器如何在学习方面变得更好呢？一种方法是选择一项需要数年时间才能掌握的运动，让你完全是初学者并观察自己。

特别适合这项活动的两种游戏是攀岩和巴西柔术。巴西柔术的额外作用是教你实用的自卫能力。你会发现你在学习上有盲点，然后可以在“真正的”工作中修复。

附录 F 数据科学案例研究：间歇性禁食

Noah Gift

在 20 世纪 90 年代初期，我就读于加州理工大学圣路易斯奥比斯波分校，主修营养科学。我选择这个学位是因为我痴迷于成为一名职业运动员。我觉得学习营养科学可以给我额外的优势。我首先发现了关于卡路里限制和衰老的研究。

我还在营养生物化学课上进行了自我实验。我们将血液离心并计算出低密度脂蛋白、高密度脂蛋白和总胆固醇水平。在同一课程中，我们补充了大剂量的维生素 C，然后收集我们的尿液以查看吸收了什么。事实证明，健康的大学生群体没有吸收任何物质，因为当水平低时，身体会通过增加吸收敏感性来智能地对营养的吸收做出反应。维生素补充剂通常是浪费钱。

我学习了一年的解剖学和生理学，学会了如何解剖人体。我了解了克雷布斯循环以及糖原储存的工作原理。身体产生胰岛素以增加血糖并将其储存在肝脏和肌肉组织中。如果这些区域“饱和”，它会将糖原放入脂肪组织或“脂肪”中。同样，当身体没有糖原或正在进行有氧活动时，脂肪组织是主要的燃料。这个存储是我们的“额外”储气罐。

我还在加州理工大学度过了一年，作为一名失败的一级十项全能运动员。我从艰难的过程中学到的一件事是，举重过多会严重损害跑步等运动的表现。我身高 6 英尺 2 英寸，体重 215 磅，可以卧推 225 磅来回约 25 次（类似于 NFL 线卫的卧推表现）。我还可以在 4 分 30 秒内跑完 1500 米（约一英里），并定期与一级长跑运动员一起进行 3 英里的训练。我还可以在罚球线附近扣篮，然后在 10.9 秒内跑完 100m。

简而言之，我是一名优秀的运动员，全面发展，但多年来积极地从事错误类型的锻炼(健美)。我的职业道德出类拔萃，但对我选择的运动非常无效和适得其反。我还高估了自己参加一级运动项目的能力，我甚至没有做过很多活动，例如撑竿跳高。我几乎也组成了团队——在我面前有一个人。然而，在我生命的这一部分，“几乎”不算数。这是我第一次投入全部精力和努力，但最终失败的经历。这是一次令人谦卑的经历，很高兴在生命的早期摆脱困境。我学会了如何处理失败，这对我在软件工程和数据科学方面很有帮助。

作为一名前硅谷软件工程师，我后来为这种行为找到了一个词：YAGNI。YAGNI 代表“你不需要它”。就像那些年我增加了 40 磅的额外肌肉，最终降低了我的运动表现一样，你也会在软件项目中做错事。这方面的示例包括构建你在应用程序中不使用的功能或过于复杂的抽象，如高级面向对象编程。这些技术实际上是“致死重量”。它们是有害的，并且会永久减慢项目的速度，因为它们需要时间来开发，而这些时间可能会花在更有价值的事情上。就像在我的田径运动经验中一样，一些最有动力和最有才华的人可能是给项目增加不必要的复杂性的最糟糕的滥用者。

营养科学领域也存在 YAGNI 问题，间歇性禁食是简化技术的一个很好的例子。它的工作原理很像删除一篇 2000 字文章的一半可以使它变得更好。事实证明，几十年来食物中增加的“复杂性”可以忽略和删除：经常吃零食、早餐和超加工食品[注1]。

你不需要吃早餐或零食。为了进一步简化，你不需要每天吃很多次。这是浪费时间和金钱。你也不需要超加工食品：早餐麦片、蛋白质棒或任何其他“人造”食品。事实证明，YAGNI 再次对我们的饮食产生了影响。你也无须购买独特工具来帮助健康饮食，例如书籍、补充资料或膳食计划。

有一个著名的问题叫作旅行商问题，它提出了以下问题：给定一个城市列表和每对城市之间的距离，那么最短的可能路线是什么，该路线只访问每个城市一次并返回起源城市？这个问题很重要，因为没有完美的解决方案。在日常用语中，这意味着解决方案过于复杂而无法在现实世界中实施。此外，创建有关数据的答案将花费越来越长的时间。因此，计算机科学使用启发式方法解决了这些问题。我在研究生院写了一个启发式解决方案，不是特别创新，但它给出了一个合理的答案[注2]。它的工作方式是随机选择一个城市，然后当出现可能的路线时，你总是选择最短的路线。在最终解决方案中，计算总距离。然后，无论你有多少时间，你都可以重新运行此模拟，然后选择最短距离。

间歇性禁食之所以如此有效，是因为它也跳过了计算卡路里来减肥的无法解决的复杂性。间歇性禁食是一种有效的启发式方法。与其计算卡路里，不如在一天中的某个时段不进食[注3]。这些时段可能如下：

每日禁食：

- 8 小时进食窗口或 16:8
  - 中午 12 点至晚上 8 点。
  - 上午 7 点至下午 3 点。
- 4 小时进食窗口或 20:4
  - 下午 6 点至晚上 10 点。
  - 上午 7 点至上午 11 点。

更长的禁食模式更复杂：

注 1：参见 Harvard Health Publishing 的“Eating More Ultra-Processed Foods May Shorten Life Span”（*https://oreil.ly/5uiEj*）。

注 2：参见 GitHub（*https://oreil.ly/k4rIk*）。

注 3：参见 DietDoctor（*https://oreil.ly/qD9on*）与《新英格兰医学杂志》（*https://oreil.ly/IuoQB*）以了解更多。

- 5:2

  — 五天正常饮食和两天热量限制，通常为 500 卡路里。

- 隔日禁食

  — 一天正常饮食，另一天限制卡路里，通常为 500 卡路里。

我主要尝试每天禁食 16 小时或 20 小时。作为一名数据科学家、营养学家和仍然具有竞争力的运动员，我也带着数据而来。我有 2011～2019 年的体重数据[注4]。从 2019 年 8 月到 2019 年 12 月，我大部分时间都在 16:8 间歇性禁食例程中。

在图 F-1 中，我能够使用从我的体重秤收集的数据对我自己的身体进行数据科学，并找出哪些有效，哪些无效。

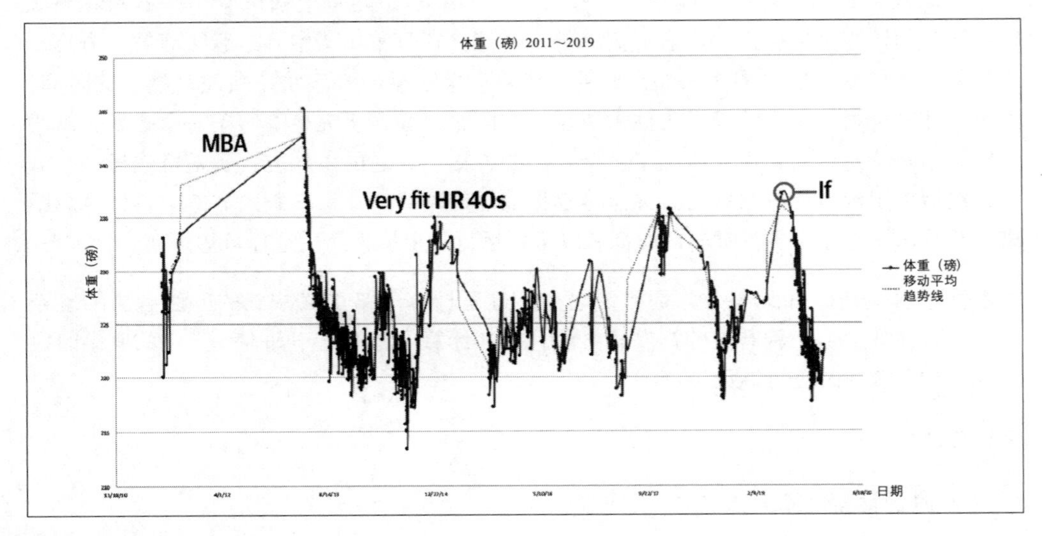

图 F-1：体重

我在分析体重和试验数据时学到的一件事是，一些小事情会产生很大的影响：

- 避免“人造”食物。
- 获得 8 小时睡眠（MBA 和创业公司人员通常由于睡眠不足导致体重增加）。
- 每天锻炼。
- 间歇性禁食。
- 你无法通过锻炼来摆脱不良饮食。

注 4：参见 GitHub（*https://oreil.ly/SXM9Y*）。

图 F-2 展示了 YAGNI 批准的膳食示例。

图 F-2：健康食物鳄梨煎蛋卷

以下是鳄梨蘑菇煎蛋卷的食谱：

- 鸡蛋
- 香菇
- 奶酪
- 鳄梨
- 沙拉

只需几分钟即可制作，脂肪和全食物让你感到饱足，而且价格不贵。

我什么时候“超重”，是在我没有遵循之前的建议的时期：在初创公司疯狂工作，吃“人类”制作的食物。在禁食状态下锻炼需要一点时间来适应，但我发现它可以提高我在许多运动中的表现：抱石、举重、高强度训练和巴西柔术。同样，我在编写软件、写书和从事智力工作方面也很有效率。我添加的主要“技巧”是经常饮用普通冷泡咖啡和水。

我的结论是，间歇性禁食是显著改善一个人生活的最佳方式之一。它不花钱，而且如果你每天练习，那么做起来很简单，并且有科学支持。此外，许多人很难找到有趣的数据科学和机器学习项目。为什么不将自己用作测试用例，如本案例研究所示？

关于间歇性禁食、血糖和食物的说明

来自《新英格兰医学杂志》（*The New England Journal of Medicine*，NEJM）的“越来越多的证据表明，6 小时内进食和 18 小时禁食可以引发从基于葡萄糖到基于酮的能量的代谢转换，且有助于抗压能力的提高、寿命的延长以及包括癌症和肥胖在内的疾病发病率的降低。”NHS（Nurse’s Health Study，护士健康研究）的研究表明：“一些生活方式行为可能会影响一个人能否长期保持能量平衡。例如，含糖饮料、糖果和加工食品的摄入可能会使长期保持能量平衡变得更难，而全谷物、水果和蔬菜的摄入可能会使长期保持能量平衡更容易。”

这也展示了数据科学和机器学习方法有助于解决肥胖问题。增加坚果、水果和酸奶的份量。减少或消除薯片、土豆和含糖饮料（请注意，超加工食品和胰岛素峰值之间存在联系）。这些是导致体重增加的主要食物：

- 薯片
- 土豆
- 含糖饮料

这些是与体重增加负相关的主要食物：

- 坚果
- 水果
- 酸奶

当你已经可以看到其背后的数据时，像间歇性禁食生活方式的改变当然更容易尝试！

附录 G 附加的教育资源

Noah Gift

我们都知道，一本书、一门课程或一个学位是不够的，相反，持续学习的过程是紧跟时代潮流的最佳方法。持续学习的一种方法是与你的朋友一起在工作中或者学校组建一个学习小组以保持成长。我教授的机器学习工程、MLOps 和应用计算机视觉课程中的以下资源可以帮助你入门。

附加的 MLOps 独立思考问题

- 一位前创业工程经理提到，仅靠“敏捷”项目管理不足以交付最小可行产品

（MVP）。通常还需要 3 个月的周计划（即瀑布计划）。讨论你对该观点的看法。

- 持续集成（CI）系统解决了哪些问题？
- 为什么 CI 系统是 SaaS 软件的重要组成部分？
- 为什么云平台是分析应用程序的理想目标？
- 深度学习如何从云中受益？
- 谷歌 BigQuery 等托管服务的优势是什么？
- 谷歌 BigQuery 与传统 SQL 有何不同？
- 直接从 BigQuery 获得的机器学习预测如何为谷歌平台增加价值？
- 这对分析应用工程有什么好处？
- AutoML 如何降低总拥有成本？
- 它怎么可能具有更高的总拥有成本？
- 不同的环境能解决哪些问题？
- 不同的环境会产生哪些问题？
- 如何在云中正确管理意外成本？
- 在谷歌云平台上，有哪三种工具可帮助你管理成本？
- 在 AWS 平台上，有哪三种工具可帮助你管理成本？
- 在 Azure 平台上，有哪三种工具可帮助你管理成本？
- 为什么 JavaScript 对象表示法（JSON）格式的日志记录通常比非结构化日志记录更好？
- 警报发出过多的缺点是什么？
- 通过回答以下问题来制定终身学习计划：本季度你将学习哪些技能，为什么，以及如何学习？到今年年底，你将学习哪些技能，为什么，以及如何学习？到明年年底，你打算学习什么技能，为什么，以及如何学习？到五年结束时，你将学习哪些技能，为什么，以及如何学习？
- 持续交付系统解决了哪些问题？
- 为什么持续交付系统是数据工程的重要组成部分？
- 持续集成和持续交付之间的关键区别是什么？
- 解释监控和日志记录如何在数据工程中发挥关键作用。
- 解释运行健康检查可能出现的问题。

- 解释为什么“数据治理”是网络安全的“无名英雄”。
- 解释测试如何在数据工程中发挥关键作用。
- 解释自动化和测试是如何紧密相连的。
- 选择一个最喜欢的 Python 命令行框架，写一个 hello-world 示例，然后分享。你能解释一下你为什么选择它吗？
- 解释云计算如何影响数据工程。
- 解释无服务器技术如何影响数据工程。
- 共享一个简单的 Python AWS Lambda 函数并解释它的功能。
- 解释什么是机器学习工程。
- 创建并共享运行 Flask 应用程序的简单 `Dockerfile`。解释它是如何工作的。
- 解释什么是数据工程。
- 截断和随机排列大型数据集，加载到 Pandas 中，并共享你的工作。解释你使用的方法。
- 解释什么是 DevOps 以及它如何增强数据工程项目。
- 在考虑现实世界的计算机视觉问题时，云解决了什么问题？
- 如何使用 Colab Notebook 和 Jupyter Notebook 来交流想法或建立研究组合？
- 生物视觉和机器视觉之间有哪些关键区别？
- 生成建模有哪些实际用例？
- 解释游戏机如何使用计算机视觉来获胜。
- 使用计算机视觉 API 解决实际问题的优缺点是什么？
- AutoML 现在如何影响数据科学，以及未来将如何影响数据科学？
- 基于边缘的机器学习的实际用例是什么？
- 有哪些基于边缘的机器学习平台？
- 集成平台如何适应现有公司的机器学习策略？
- SageMaker 如何改变组织中的机器学习模型创建？
- AWS Lambda 有哪些实际使用案例？
- 解释迁移学习的实际用例。请解释如何在项目中使用它。
- 如何将构建的机器学习模型提升到更高级的功能阶段？

- 什么是 IAC，它解决了什么问题？
- 公司应该如何决定项目适用什么级别的云抽象产品：SaaS、PaaS、IaaS、MaaS、无服务器？
- AWS 上有哪些不同的网络安全层，每个层解决了哪些独特的问题？
- AWS Spot 实例解决了什么问题，你如何在项目中使用它们？
- 创建 Docker 格式容器，并建议如何在项目中使用它们。
- 评估容器管理服务，如 Kubernetes 和托管的 Kubernetes，并使用它们创建解决方案。
- 汇总容器注册表以及如何使用它们创建自定义容器。
- 什么是容器？
- 容器能解决什么问题？
- Kubernetes 和容器之间有什么关系？
- 准确评估分布式计算的挑战和机遇，并将这些知识应用于现实世界的项目。
- 总结最终一致性如何在云原生应用程序中发挥作用。
- CAP 定理在云设计中如何发挥作用？
- 阿姆达尔定律对机器学习项目有何影响？
- 为 ASICS 推荐合适的用例。
- 考虑摩尔定律终结的影响。
- 应用于关系数据库的“一刀切”方法存在哪些问题？
- 像谷歌 BigQuery 这样的服务如何改变你处理数据的方式？
- 像 Athena 这样的“无服务器”数据库能解决什么问题？
- 块存储和对象存储之间的关键区别是什么？
- 数据湖解决的基本问题是什么？
- 无服务器架构有哪些权衡取舍？
- 使用 Cloud9 进行开发有哪些优势？
- 谷歌应用引擎解决了什么问题？
- Cloud Shell 环境解决了哪些问题？

附加的 MLOps 教育材料

除了本书中的资源之外，下面这些附加资源更新比较频繁，你可以利用它们来持续提升技能：

- Pragmatic AI Solutions（*https://oreil.ly/g8oz3*）在 O'Reilly 平台上每周更新许多与 MLOps 相关的视频。你还可以在 O'Reilly 学习平台上查看 Katacodas。
- Pragmatic AI Labs 网站（*https://paiml.com*）上提供了一些免费书籍。
- 订阅 Pragmatic AI Labs YouTube 频道。
- 参加 Duke 和 Coursera 合作的构建大规模云计算解决方案的专业课程（*https://oreil.ly/8QbE0*）。

教育颠覆

颠覆是对已建立的模型或流程的破坏、中断或更改。本节提供了我对教育颠覆以及它如何影响学习 MLOps 技术的看法。

事后看来，颠覆总是很容易发现的。考虑一下出租车司机和像 Lyft 和 Uber 等当前服务的问题。要求司机们支付 100 万美元购买出租车奖章（*https://oreil.ly/DjMHY*）作为一种促进公共出租车服务的机制有何意义（如图 G-1 所示）？

图 G-1：出租车奖章[注1]

Lyft（*https://lyft.com*）和 Uber（*https://uber.com*）等公司解决了什么问题？

- 更低的价格

注 1：来源 CALIFORNIA, SAN FRANCISCO 1996 – TAXI MEDALLION SUPPLE MENTAL LICENSEPLATE-Flickr-woody1778a.jpg。

- 推送与拉取（司机来找你）
- 可预测的服务
- 养成循环反馈的习惯
- 异步设计
- 数字与模拟
- 非线性工作流

让我们考虑一下关于教育的相同想法。

将被颠覆的高等教育现状

教育也发生了类似的混乱。根据 Experian（*https://oreil.ly/ugcPX*）的数据，学生债务自 2008 年以来一直呈线性增长，如图 G-2 所示。

与这种令人不安的趋势同时发生的是一个同样令人不安的统计数据，即 2019 年 4/10 的大学毕业生从事的工作（*https://oreil.ly/ZfS9y*）不需要学位（如图 G-3 所示）。

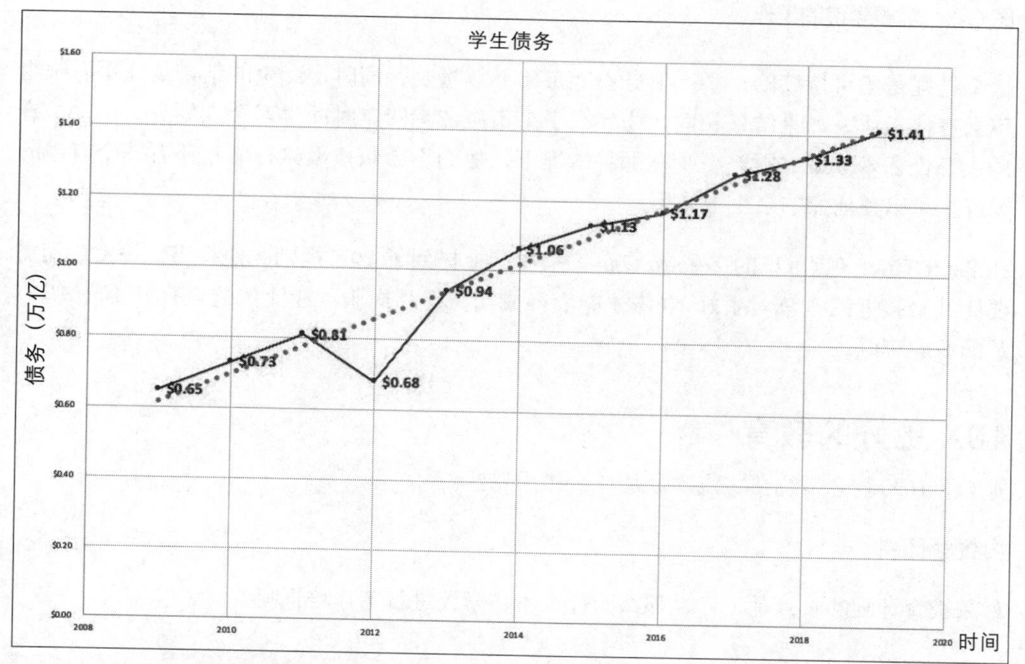

图 G-2：Experian 学生债务

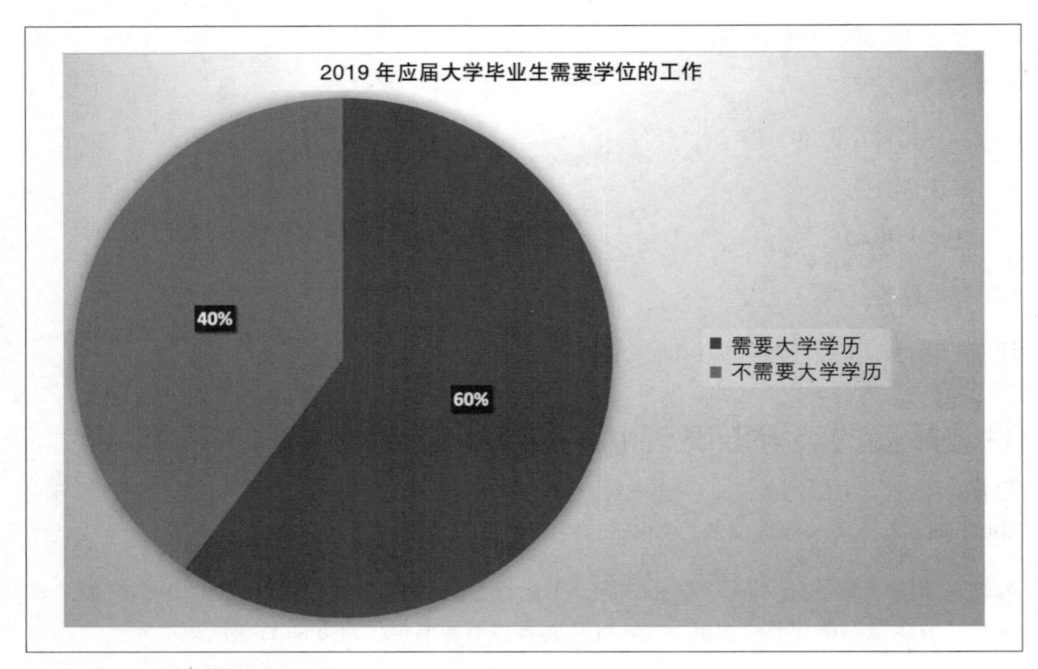

图 G-3：需要学位的工作

这个过程是不可持续的。学生债务不能每年继续增长，同时，产生的结果是几乎有一半不会直接工作。如果结果相同，为什么学生不应该花四年时间学习个人健身、运动、音乐或烹饪艺术等爱好呢？至少在那种情况下，他们不会负债累累，而且还有一个有趣的爱好，可以在他们的余生中使用。

在 Peter Thiel（货币）的 *Zero to One* 一书中，他提到了 10X 规则。他指出，一家公司需要比其最接近的竞争对手好 10 倍才能取得成功。产品或服务能比传统教育好 10 倍吗？是的，它可以。

10X 更好的教育

那么，10X 教育系统在实践中会是什么样子呢？

内置学徒制

如果教育计划的重点是工作，那么为什么不在学校进行工作培训呢？

以客户为中心

目前高等教育系统的大部分重点是教师和教师研究。谁在为此买单？客户和学生正在为此付费。教育工作者的一个基本标准是在著名期刊上发表内容。只有与客户的间接联系。

与此同时，像 Udacity（*https://oreil.ly/EONTI*）、Coursera、O'Reilly 和 Edx（*https://edx.org*）这样的公司正在直接向客户提供这些商品。这种培训是针对特定工作的，并且以比传统大学快得多的速度不断更新。

可能是教给学生的技能只专注于获得工作成果。大多数学生专注于找工作。他们不太专注于成为更好的人。这个目标还有其他渠道。

缩短完成时间

学位需要四年才能完成吗？如果学位的大部分时间都花在非必要的任务上，则可能需要很长时间。为什么学位不能花一年或两年的时间？

成本更低

据 USNews（*https://oreil.ly/7uGRp*）报道，公立州立大学四年每年学费中位数为 10 116 美元；公立外州大学为 22 577 美元；私立大学为 36 801 美元。自 1985 年以来，获得四年制学位（根据通货膨胀调整）的总成本无限上升（如图 G-4 所示）。

竞争对手能否提供便宜 10 倍的产品？一个起点是撤销 1985～2019 年发生的事情。如果产品没有改进，但成本增加了两倍，那么颠覆的时机已经成熟。

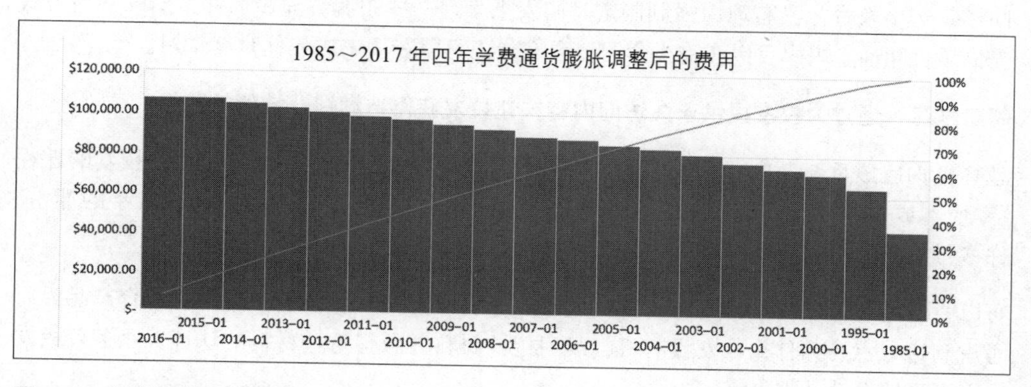

图 G-4：通胀调整后的学费

异步和远程优先

许多软件工程公司已决定变成“远程优先”（*https://oreil.ly/IpFYA*）。在其他情况下，像 Twitter 这样的公司正在转向分散的员工队伍（*https://oreil.ly/T3j9D*）。在构建软件时，输出是数字产品。如果工作是数字化的，那么环境可以完全异步和远程。异步和远程的一大优点是大规模分散。

“远程优先”环境的优势之一是组织结构更注重结果而不是位置。由于不必要的会议、嘈杂的工作环境和长途通勤，许多软件公司都存在巨大的干扰和浪费。许多学生将进入“远程优先”的工作环境，对他们来说，在这些环境中学习取得成功的技能可能是一个显著的优势。

包含优先与排除优先

许多大学公开说明有多少学生申请了他们的课程，有多少学生被录取。这种基于排除优先的方法旨在增加需求。如果出售的资产是实物的，例如马里布海滩的房子，那么是的，价格会根据市场调整得更高。如果销售的产品是数字化的，并且具有无限可扩展性，那么排除就没有意义。

但是，没有免费的午餐，严格的训练营风格的计划（*https://oreil.ly/GOrXU*）并非没有问题。特别是，课程质量和教学质量不应该是事后才想到的。

非线性与连续的

在数字技术出现之前，许多任务都是持续运营。一个很好的例子是电视剪辑技术。我在20世纪90年代担任ABC网络的剪辑。你需要物理磁带进行剪辑。很快，录像带就变成了硬盘上的数据，这开辟了许多新的剪辑技术。

同样，对于教育，没有理由强制制定时间表来学习一些东西。异步为许多新的学习方式提供了可能性。妈妈可以在晚上学习；现有员工可以在周末或午休时间学习。

终身学习：通过为校友提供永久访问内容来让校友获得持续提升技能的路径

教育机构应该重新考虑“远程优先”的另一个原因是，它将允许创建提供给校友的课程(零成本或SaaS服务的费用)。SaaS可以作为一种保护方法，以防止竞争对手的冲击。许多行业需要不断提升技能。一个很好的例子是技术行业。

可以肯定地说，任何技术工作者都需要每六个月学习一项新技能。目前的教育产品没有考虑到这一点。为什么校友没有机会学习这些材料并获得这些材料的认证？服务好校友可以更好地提升品牌价值。

将被颠覆的区域就业市场

作为前湾区软件工程师和房主，我认为以目前的成本结构生活在该地区没有任何未来优势（如图G-5所示）。高速发展地区的高生活成本导致许多连锁问题：无家可归、通勤时间增加、生活质量大幅下降等。

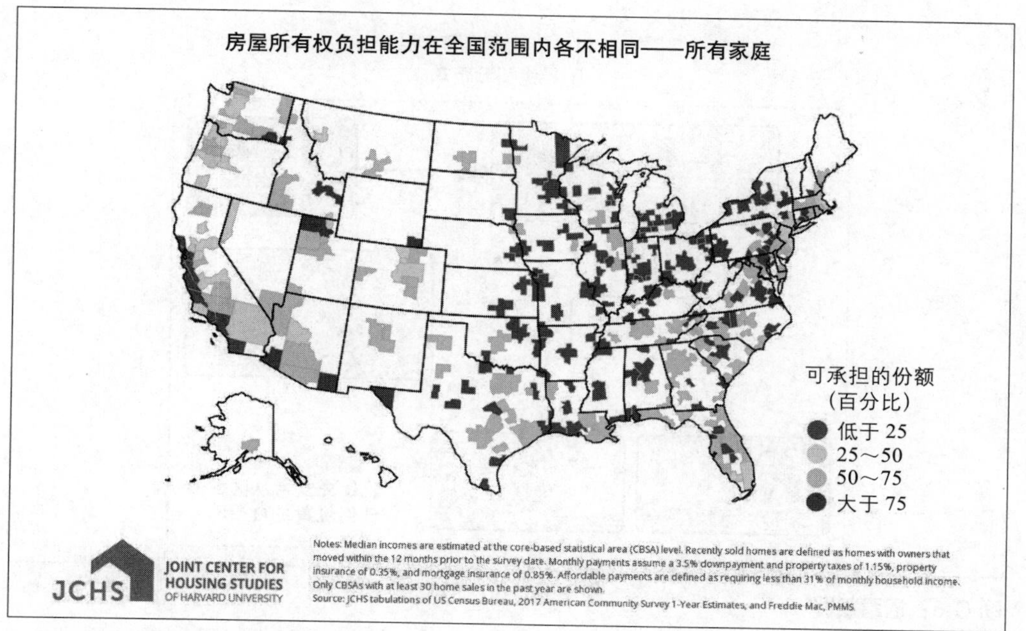

图 G-5：美国的住房负担能力

哪里有危机，哪里就有机遇。许多公司意识到，无论超高成本地区有什么好处，都不值得。相反，拥有优良基础设施和低生活成本的区域中心拥有巨大的机会。可以作为就业增长中心的地区的一些特征包括可以进入的大学、交通、低廉的住房价格以及良好的政府增长政策。

像这样的地区的一个很好的例子是田纳西州。它拥有免费的副学士学位课程（*https://tnreconnect.gov*），可以进入许多顶尖大学，生活成本低，并拥有橡树岭国家实验室（*https://ornl.gov*）等顶级研究机构。这些地区可能会极大地破坏现状，特别是如果它们接受远程优先、异步教育和劳动力。

招聘流程的颠覆

美国的招聘流程已经做好了被颠覆的准备。因为专注于直接的、同步的行动，它很容易被颠覆。图 G-6 展示了如何通过取消所有面试，代之以自动征聘具有适当证书的个人来颠覆招聘。这是一个典型的分布式编程问题，通过将任务从串行和“错误”工作流更改为完全分布式工作流来修复瓶颈。公司应该从工人那里“拉取”，而不是不断地从被锁资源那里徒劳无功的获取。

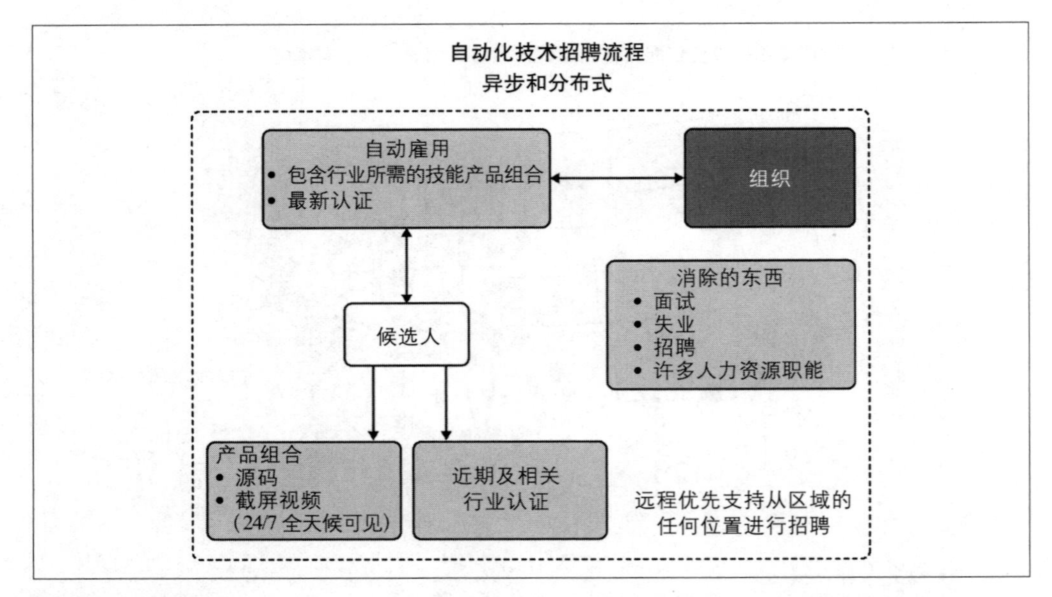

图 G-6：招聘颠覆

云计算之所以成为如此重要的技能，一个原因是它简化了软件工程的许多方面。它简化的问题之一是构建解决方案。许多解决方案通常涉及 YAML 格式文件和一点 Python 代码。

总结

教育不再是一成不变的。要与 MLOps 相关，需要一种发展的心态。这种发展心态意味着你必须在产生结果的同时不断学习东西。好消息是，如果积极进取的人利用技术培训机会的爆炸式发展，他们成功的机会就会越来越大。

附录 H 技术项目管理

Noah Gift

在云计算高等技术课程的第一周，我提出了技术项目管理以及执行我在本附录中描述的内容的重要性。一位学生在课堂上举手问了以下问题：“这是一堂项目管理课吗？我以为这节课是关于云计算的。”

同样，在现实世界中，人们很容易认为项目管理无关紧要。不过，少量的技术项目管理知识对 MLOps 至关重要。项目管理的三个基本组成部分如下：

- 尝试在你必须完成的时间内规划你的项目，如使用周里程碑的 12 周计划。

- 每周向你的团队演示展示进度。
- 将任务按周拆分成 4 小时的任务块，并使用简单的任务跟踪系统（如 Trello 或 GitHub）对其进行跟踪。

现在，让我们介绍足够的基础知识，以确保你能成功。

项目计划

MLOps 在项目管理方面没有什么独特之处。尽管如此，还是值得指出一些有助于构建机器学习项目的项目管理的不明显亮点。特别是，构建机器学习解决方案的一个强大概念是按照 10～12 周的时间表进行思考，并尝试绘制出每周的单独结果。在本书的源代码库中，有一个示例模板可供参考（*https://oreil.ly/kzPGu*）。

一个要点是创建脚手架的计划，这个脚手架是将机器学习代码部署到生产所必需的，并且每周的演示创建了责任机制。

在图 H-1 中，逐周项目计划允许对项目复杂性进行初步范围界定。

周	里程碑：高层级目标	每周演示任务（30 秒视频）
1	启动	启动（展示规划）
2	持续部署	持续部署
3	设置 GCP	GCP 骨架项目
4	Big Query 设置	Big Query 整合
5	Big Query 建模和预测	Big Query 预测
6	AutoML 设置	AutoML 预测
7	创建多个环境	预发环境
8	整合 API	计算机视觉 API
9	堆栈驱动程序设置	监控
10	完成最低可行产品	最低可行产品

图 H-1：项目计划

接下来，让我们讨论一下每周演示项目。

每周演示

在这两种现实世界的场景中，当我与一个将代码部署到生产或教育系统中的团队一起工作时，每周演示和项目计划都是降低项目风险的重要组成部分。做演示的另一个隐藏的事实是让做演示的人了解他们在做什么并交流信息。

罗马谚语“Docendo discimus”指出“我们通过教学学习”。这句谚语也与有关学习的学术研究有关，这是我在行业和课堂上看到的比较有效的教学方法之一。视频演示对消费者和创作者来说都是很强大的。

任务跟踪

你可以在线查看到基本的公共的 Trello 跟踪面板（*https://oreil.ly/iJ4iX*）。在图 H-2 中，请注意只有三列的简单方法：To Do（待办）、In Progress（处理中）和 Done（完成）。每项任务大约需要四个小时才能完成，因为这是分解任务的一个比较好的工作单元。

最后，这些卡片中的每一个通常每周都应完成。此工作流程展示出了每周的进度。请注意，你可以使用任何基于面板的跟踪系统来完成同样的事情。要点是保持简单！简单的项目管理系统仍然存在，但复杂的项目管理系统不会。

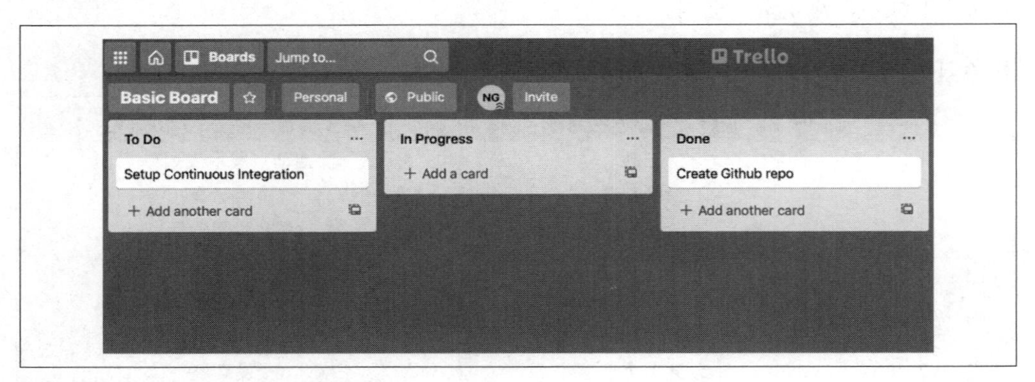

图 H-2：使用 Trello 进行任务跟踪

关于作者

Noah Gift 是 Pragmatic A. I. 实验室的创始人。他曾在 MSDS、美国西北大学、杜克大学 MIDS 研究生数据科学项目、加州大学伯克利分校研究生数据科学项目、加州大学戴维斯分校管理研究生院 MSBA 项目、北卡罗来纳大学夏洛特数据科学计划和田纳西大学（作为田纳西州数字工作工厂的一部分）授课。他教授和设计研究生的机器学习、MLOps、人工智能和数据科学课程，并为学生和教师提供机器学习和云架构方面的咨询。作为前首席技术官、个人贡献者和顾问，他在电影、游戏和 SaaS 等许多行业有 20 多年提供创收产品的经验。

Alfredo Deza 是一位充满激情的软件工程师、演讲者和作者，他还曾是奥运会运动员，拥有近 20 年的 DevOps 和软件工程经验。他目前教授机器学习工程，并在全球范围内提供有关软件开发、个人发展和职业运动的讲座。Alfredo 写了几本关于 DevOps 和 Python 的书籍，并持续在课程、书籍和演示文稿中分享他关于弹性基础设施、测试和鲁棒开发实践的知识。

关于封面

本书封面上的动物是斑点狗（学名家犬）。虽然现在在全球各地都有发现，但这种狗可以追溯到历史悠久的达尔马提亚地区（今天的克罗地亚）。

斑点狗是一种中等大小的肌肉犬，身高在 19～23in（或 48～58cm），具有独特的白色毛皮和黑色斑点。这些狗是一种高度培育的品种，是受欢迎的家庭宠物，也是犬舍俱乐部比赛的参赛者。它们有与繁殖相关的健康问题（包括耳聋、过敏和尿结石），通常寿命在 11～13 年。达尔马提亚犬是作为猎犬饲养的，但后来经常被用作马车犬，与富人的马车一起小跑以保护马车及乘客，在英格兰摄政时期被认为是身份的象征。它们通常还会保护酿酒商、罗姆人大篷车和消防员的马匹及马车。

O'Reilly 出版的图书封面上的许多动物都濒临灭绝，它们对世界都很重要。

封面插图由 Karen Montgomery 基于 Wood 的 *Animate Creation* 中的黑白版画绘制而成。

推荐阅读

机器学习实战：基于Scikit-Learn、Keras和TensorFlow（原书第2版）

作者：Aurélien Géron ISBN：978-7-111-66597-7 定价：149.00元

机器学习畅销书全新升级，基于TensorFlow 2和Scikit-Learn新版本

Keara之父、TensorFlow移动端负责人鼎力推荐

“美亚”AI+神经网络+CV三大畅销榜冠军图书

从实践出发，手把手教你从零开始构建智能系统

这本畅销书的更新版通过具体的示例、非常少的理论和可用于生产环境的Python框架来帮助你直观地理解并掌握构建智能系统所需要的概念和工具。你会学到一系列可以快速使用的技术。每章的练习可以帮助你应用所学的知识，你只需要有一些编程经验。所有代码都可以在GitHub上获得。

机器学习算法（原书第2版）

作者：Giuseppe Bonaccorso ISBN：978-7-111-64578-8 定价：99.00元

本书是一本使机器学习算法通过Python实现真正“落地”的书，在简明扼要地阐明基本原理的基础上，侧重于介绍如何在Python环境下使用机器学习方法库，并通过大量实例清晰形象地展示了不同场景下机器学习方法的应用。

推荐阅读

机器学习与深度学习：通过C语言模拟

作者：[日]小高知宏 著 译者：申富饶 于僡 译 ISBN：978-7-111-59994-4 定价：59.00元

本书以深度学习为关键字讲述机器学习与深度学习的相关知识，对基本理论的讲述通俗易懂，不涉及复杂的数学理论，适用于对机器学习与深度学习感兴趣的初学者。当前机器学习的书籍一般只讲述理论，没有具体的程序实例。有些以实例为主的机器学习书籍则依赖于一些函数库或工具，无法理解其内部算法原理。本书没有使用任何外部函数库或工具，通过C语言程序来实现机器学习和深度学习算法，读者不太理解相关理论时，可以通过C语言程序代码来进行学习。

本书从强化学习、蚁群最优化方法、神经网络、深度学习等出发，分阶段介绍机器学习的各种算法，通过分析C语言程序代码，实际执行C语言程序，使读者能快速步入机器学习和深度学习殿堂。

自然语言处理与深度学习：通过C语言模拟

作者：[日]小高知宏 著 译者：申富饶 于僡 译 ISBN：978-7-111-58657-9 定价：49.00元

本书初步探索了将深度学习应用于自然语言处理的方法。概述了自然语言处理的一般概念，通过具体实例说明了如何提取自然语言文本的特征以及如何考虑上下文关系来生成文本。书中自然语言文本的特征提取是通过卷积神经网络来实现的，而根据上下文关系来生成文本则利用了循环神经网络。这两个网络是深度学习领域中常用的基础技术。

本书通过实现C语言程序来具体讲解自然语言处理与深度学习的相关技术。本书给出的程序都能在普通个人电脑上执行。通过实际执行这些C语言程序，确认其运行过程，并根据需要对程序进行修改，能够更深刻地理解自然语言处理与深度学习技术。

推荐阅读

MLOps实战：机器学习模型的开发、部署与应用

[英] 马克・特雷维尔(Mark Treveil) [美] the Dataiku Team 著

译者：熊峰 温泉 李磊 译

本书介绍了MLOps的关键概念，以帮助数据科学家和应用工程师操作ML模型来驱动真正的业务变革，并随着时间的推移维护和改进这些模型。以全球众多MLOps应用课程为基础，9位机器学习专家深入探讨了模型生命周期的五个阶段——开发、预生产、部署、监控和治理，揭示了如何将强大的MLOps流程贯穿始终。